猕猴桃基础理论研究与产业应用

李洁维　王发明　龚弘娟　叶开玉　莫权辉　主编

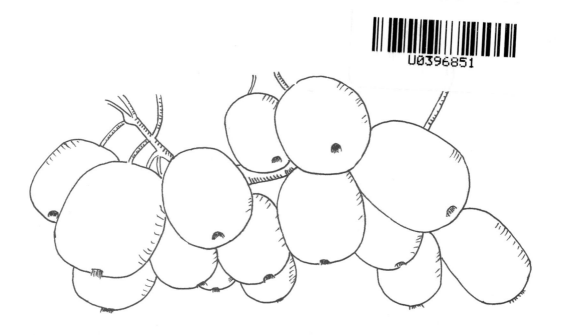

广西科学技术出版社

图书在版编目（ＣＩＰ）数据

猕猴桃基础理论研究与产业应用/李洁维等主编. —南宁：广西科学技术出版社，2023.12

ISBN 978-7-5551-1539-7

Ⅰ. ①猕…　Ⅱ. ①李…　Ⅲ. ①猕猴桃—果树园艺　Ⅳ. ①S663.4

中国国家版本馆CIP数据核字（2023）第248338号

MIHOUTAO JICHU LILUN YANJIU YU CHANYE YINGYONG

猕猴桃基础理论研究与产业应用

李洁维　王发明　龚弘娟　叶开玉　莫权辉　主编

责任编辑：韦秋梅　　　　　　　　　　封面设计：梁　良

责任印制：陆　弟　　　　　　　　　　责任校对：苏深灿

出 版 人：梁　志

出版发行：广西科学技术出版社　　　　地　　　址：广西南宁市东葛路66号

邮政编码：530023　　　　　　　　　　网　　　址：http://www.gxkjs.com

经　　销：全国各地新华书店

印　　刷：广西桂川民族印刷有限公司

开　　本：889 mm×1194 mm　　1/16

字　　数：206千字　　　　　　　　　　印　　张：24.25

版　　次：2023年12月第1版　　　　　　印　　次：2023年12月第1次印刷

书　　号：ISBN 978-7-5551-1539-7

定　　价：78.00元

前　言

　　猕猴桃（*Actinidia chinensis*）原产于中国，是 20 世纪从野生驯化到人工栽培最成功的水果，如今已在全世界大面积商业栽培。最早将猕猴桃引种驯化成功并商业化栽培的国家是新西兰。1904 年，新西兰女教师伊莎贝尔从湖北宜昌带回一小把野生美味猕猴桃（*Actinidia chinensis* Planch. var. *delicious* A. Cheval.）种子，经过多年的培育，选育出大果型的"海沃德"品种，在 20 世纪中期开始商业栽培出口世界各地，20 世纪 80 年代形成全球性产业，其间经历了近 100 年。作为猕猴桃原产地，我国于 1978 年才开始进行猕猴桃野生资源调查和优良品种选育，由于拥有资源优势，现已成为品种数量、种植面积、产量均居世界第一的猕猴桃生产大国。至 2020 年，我国猕猴桃栽培面积 $1 \times 10^5 \, hm^2$，占世界栽培面积的 68.9%，产量 $2 \times 10^6 \, t$，占世界产量的 50.13%。

　　广西是猕猴桃主要产区之一，全区 67 个县有猕猴桃分布，蕴藏着大量的野生猕猴桃资源，分布在广西的猕猴桃种类约占全国猕猴桃种类的 1/3，与云南省并列全国首位，其中有许多种类为广西特有。广西壮族自治区中国科学院广西植物研究所（以下简称广西植物研究所）于 1978 年开始与全国同步开展猕猴桃种质资源调查与优良株系选育，至今已 40 多年。其间得到了国家自然科学基金项目、广西科技计划项目、广西自然科学基金项目、国家现代农业产业技术体系广西创新团队建设专项、桂林市科技攻关项目等的大力支持，有效推动了广西猕猴桃产业的发展。作者所在团队从事猕猴桃研究工作 40 多年，亲历了广西猕猴桃种质资源调查、种质资源收集、种质资源迁地保护、种质资源圃建设、良种选育和推广，以及猕猴桃产业逐步发展的历程，积累了许多猕猴桃研究成果与丰富的实践经验。如今全国猕猴桃产业发展势头正旺，广西的猕猴桃生产方兴未艾，急需科学技术的支撑，因此，本研究团队根据多年的研究成果与生产实践总结出来的丰富经验，编写《猕猴桃基础理论研究与产业应用》一书。本书是作者及团队 40 多年来对猕猴桃研究成果的总结，汇集了广西猕猴桃种质资源调查、分类、迁地保护、良种选育、营养成分含量、生理生态繁殖技术、高产栽培技术研究等方面的内容，全面系统、针对性强，具有重要的参考价值和借鉴意义。

　　本书是广西植物研究所三代从事猕猴桃研究的科技人员集体努力的结晶，是科技人员40多年来辛勤劳作的成果。我们衷心希望本书的出版能对广西乃至全国猕猴桃科研与产业发展起到推动作用。由于时间仓促和编者水平有限，书中错漏和不足之处在所难免，敬请有关专家和读者批评指正。

编著者

2021 年 12 月

桂林猕猴桃

漓江猕猴桃

临桂猕猴桃

宛田猕猴桃

金花猕猴桃

两广猕猴桃

白花柱果猕猴桃

美丽猕猴桃

阔叶猕猴桃

异色猕猴桃

卵圆叶猕猴桃

长果猕猴桃

华南猕猴桃

毛花猕猴桃

中越猕猴桃

融水猕猴桃

桃花猕猴桃

网脉猕猴桃

五瓣花猕猴桃

白萼猕猴桃

革叶猕猴桃雄花

白花柱果猕猴桃雌花

融水猕猴桃雌花

桃花猕猴桃雌花

五瓣花猕猴桃雌花

毛花猕猴桃雌花

毛花猕猴桃雄花

二色花猕猴桃雌花

大叶革叶猕猴桃雌花

金花猕猴桃雌花

两广猕猴桃雌花

临桂猕猴桃雌花

异色猕猴桃雌花

红花两广猕猴桃雌花

桂海四号结果状

桂海四号纵横切面

易剥皮型猕猴桃"桂翡"

易剥皮新品种"桂翡"剥皮状

红心猕猴桃品种"桂红"

红心猕猴桃"桂红"横切面

绿肉猕猴桃"实美"

绿肉猕猴桃"实美"横切面

设施育苗 1

设施育苗 2

露地育苗

培育嫁接苗

整地育苗

标准化建园

幼苗施肥试验

密植园高空引蔓模式

高空引蔓整形技术

人工点花授粉

人工液体喷雾授粉

人工授粉枪喷粉授粉

光合作用测定

与新西兰专家探讨猕猴桃嫁接技术

与新西兰专家探讨猕猴桃高空引蔓整形技术

野外调查 1

野外调查 2

新品种审定现场查定 1

新品种审定现场查定 2

项目现场查定 1

项目现场查定 2

项目现场查定 3

项目现场查定 4

项目现场查定 5

新品种推介会

广西创新团队启动仪式

给贫困户送猕猴桃苗

给贫困户送猕猴桃苗 2

龙脊梯田猕猴桃种植

给基层农技干部培训

产业扶贫培训 1

产业扶贫培训 2

产业扶贫培训 3

产业扶贫培训 4

产业扶贫培训 5

猕猴桃标准化栽培培训 1

猕猴桃标准化栽培培训 2

猕猴桃标准化栽培培训 3

给农资经营人员培训

猕猴桃栽培技术培训

科技特派员活动

专家现场指导 1

专家现场指导 2

专家现场指导 3

专家现场指导 4

专家现场指导 5

专家现场授课 1

专家现场授课 2

专家现场授课 3

专家现场授课 4

专家现场授课 5

专家现场服务

项目验收会

1980 年度广西优秀科技成果三等奖

1989 年度广西科学技术进步奖三等奖

1990 年度农业部科学技术进步奖二等奖

1990 年度中国农业科学院科学技术进步奖二等奖

1991 年度国家科学技术进步奖三等奖

1995 年度广西科学技术进步奖三等奖

2015 年度广西科学院科技成果特等奖

2017年度广西科学技术进步奖二等奖

2017年度桂林市科学技术进步奖二等奖

易剥皮新品种"桂翡"审定证书

红心猕猴桃新品种"桂红"品种审定证书

目 录

第一部分 猕猴桃种质资源

第二部分 良种选育

第三部分　生理生态

第四部分　繁殖技术

第五部分　栽培技术

第一部分

猕猴桃种质资源

第一章　概述

猕猴桃是对猕猴桃属（*Actinidia* Lindl.）植物的统称，也称中华猕猴桃（*Actinidia chinensis* Planch.），国外称为奇异果（kiwifruit），民间称狐狸桃、藤梨、木子、羊桃、麻藤果、羊奶子等。果实一般为椭圆形，早期外观呈绿褐色，成熟后呈红褐色，表皮覆盖浓密星毛，里面是呈亮绿色的果肉和一圈黑色或褐色的种子。因猕猴喜食，故名猕猴桃，亦有说法是因为果皮覆毛，貌似猕猴而得名，是一种品质鲜嫩、营养丰富、风味鲜美的水果。

猕猴桃的质地柔软，口感酸甜，具有草莓、香蕉、菠萝三者的混合味道。猕猴桃果实除含有猕猴桃碱、蛋白水解酶、单宁果胶和糖类等有机物，以及钙、钾、硒、锌、锗等微量元素和人体所需的17种氨基酸外，还含有丰富的维生素 C（Vc）、葡萄酸、果糖、柠檬酸、苹果酸、脂肪。

1　原产于中国

猕猴桃是原产于中国的古老野生藤本果树。早在先秦时期的《诗经》中就有猕猴桃的记载："隰有苌楚，猗傩其枝。""苌楚"为猕猴桃的古名。李时珍在《本草纲目》中描绘猕猴桃的形、色时说："其形如梨，其色如桃，而猕猴喜食，故有诸名。"1977 年，研究人员在广西田东县发现猕猴桃叶片化石，说明距今 2300 万～ 2600 万年的中新世早期猕猴桃就存在于中国，中国是猕猴桃的起源中心。浙江省台州市黄岩区焦坑村还保存有 200 多年前从深山移植到田边栽植的猕猴桃植株。

古人采食猕猴桃的历史非常悠久，除《诗经》外，在《尔雅·释草》中也记载有苌楚，东晋著名博物学家郭璞把它定名为羊桃。湖北和四川东部一些地方的百姓仍称猕猴桃为羊桃。

猕猴桃这个名称，很可能到唐代才出现。唐代《本草拾遗》记载："猕猴桃味咸温无毒，可供药用，主治骨节风，瘫痪不遂，长年白发，痔病，等等。"这是猕猴桃之名的早期记载，那时就已经作为药用植物。由于猕猴桃的叶和花都很漂亮，在唐代就开始作为观赏花木在庭院栽培。唐代诗人岑参的《太白东溪张老舍即事，寄舍弟侄等》诗中有"中庭井栏上，一架猕猴桃"的句子，很形象地写出当时人们用猕猴桃美化家居的情形。

宋开宝年间编纂的《开宝本草》曾记载："一名藤梨，一名木子，一名猕猴梨。"还说"其形似鸡卵大，其皮褐色，经霜始甘美可食"。从这些记载中，可以看出古人是将猕猴桃作为野果食用。宋元丰五年（1082 年），唐慎微在《经史证类备急本草》上说："味甘酸，生山谷，藤生著树，叶圆有毛，其果形似鸭鹅卵大，其皮褐色，经霜始甘美可食。"宋政和六年（1116 年），药物学家寇宗奭在《本草衍义》中记述："猕猴桃，今永兴郡南山甚多，食之解实热……十月烂熟，色淡绿，生则极酸，子繁细，其色如芥子，枝条柔弱，高二三丈，多附木而生，浅山傍道则有存者，深山则多为猴所食。"也许正是后面这个原因，它才有猕猴桃之称。当然，它在当时还有很多别名。

《安徽志》云："猕猴桃，黟县出，一名阳桃。"李时珍解"羊桃"云："叶大如掌，上绿下白，有毛，似苎麻而团。此正是猕猴桃，非羊桃也。"李时珍记载的羊桃确实是猕猴桃，但他不知道这一点，还以为猕猴桃是另一种果品，因此在"草部"和"果部"分列两条。

从有关史料来看，野生猕猴桃一直被山区人们利用，但利用的方式可能与金樱子类似，一直未被驯化栽培。清代吴其濬《植物名实图考》记载："今江西、湖广、河南山中皆有之，乡人或持入城市以售。"

2 传播国外

1899 年，英国一家著名花卉种苗公司派出的园艺学家威尔逊（E. H. Wilson）在湖北西部引种植物时注意到这种花丛美丽、果实美味的果树，并迅速将它引种到英国和美国。但当时未能把它转化成商业果品，只是作为观赏植物栽培。

1903 年，一位在新西兰北岛西海岸汪加努女子学校教书的女教师伊莎贝尔，利用假期到宜昌看望她的姐妹。1904 年 2 月，伊莎贝尔返回新西兰的时候，把猕猴桃种子带回自己的国家，然后给了学校一个学生的父亲，后者又把这些种子给了他的兄弟——在当地养羊和种果树的农场主艾利森（A. Allison）。艾利森将种子栽培后于 1910 年结果，后来新西兰栽培的猕猴桃都可以追溯到这个农场果园。由于土壤和气候条件适宜，加上味道符合当地人的口味，且富含维生素，所以不断地进行驯化和品种改良，最终取得了成功。

在 20 世纪 30 ~ 40 年代的新西兰，猕猴桃作为果树栽培并成为商品。1940 年，新西兰北岛的几个果园栽培的猕猴桃已有可观的产量。经过一段时间的栽培选育，又育出大果品种。1952 年，猕猴桃鲜果首次出口到英国伦敦，随即打开国际市场，逐渐成为新西兰最重要的农产品之一。新西兰培育出来的品种已引种到世界各地，产量较多的国家（不包括中国）依次是新西兰、意大利、日本、美国、法国、澳大利亚、希腊和智利等。由于新西兰向许多国家出口猕猴桃果实获得了很高的经济效益，激发了不少国家的栽培热情，从 20 世纪 60 年代后期开始，许多国家纷纷从新西兰进口苗木或自己建园育苗，到 20 世纪 80 年代猕猴桃逐渐发展成为一个世界性的新兴果树产业。

奇异果是 kiwifruit 的中文译名，在新西兰经过培育、改良后才在国际上名声大振。从 20 世纪初新西兰引种猕猴桃至今，新西兰出产的绿色奇异果已经风行全世界，而新西兰在奇异果营销、研发和价格方面的影响力也是世界第一。至于为什么叫 kiwifruit，是出于商业考虑。1960 年之前它称为中国醋栗（Chinese gooseberry），1962 年，一位叫 Frieda Caplan 的美国女士经营的一家公司（Produce Specialties，Inc.，现名 Frieda'sInc.）应客户要求，开始从新西兰进口猕猴桃，因为那时的美国人对猕猴桃还比较陌生，Caplan 用了数月才售完第一批的 1000 个猕猴桃。有水果商建议 Caplan 采用新西兰特有的鸟类 kiwi 来命名该水果，因为 kiwi 也有类似猕猴桃那样毛茸茸的羽毛，颜色也相差不远。kiwi 是尾巴和翅膀极短不会飞的鸟，非常珍贵，只有在新西兰僻静的丛林里才能见到，所以成为新西兰的国鸟。kiwi 是新西兰人的骄傲，新西兰人也自称为 kiwi。于是 Caplan 将这个主意告诉了新西兰的种植商，他们欣然接受，于是将猕猴桃商品果命名为 kiwifruit，听上去倒是像新西兰土生土长的水果了。也有人认为此名在 20 世纪 50 年代就开始使用了。美国出版的 WEBSTER'S 英文大词典上，标出

Kiwifruit 一词最早出现于 1966 年。

3　分布范围

猕猴桃属植物自然分布于以中国为中心，南起赤道、北至寒温带（北纬 50°）的亚洲东部地区，即以中国为中心延伸至周边国家。其分布区域既属泛北极植物区系，又具有古热带植物区的组分，体现出中国众多特有属植物的典型特征。猕猴桃属植物绝大多数为中国特有种，仅有尼泊尔猕猴桃（*A. strigosa* Hook. & thomas.）和日本的白背叶猕猴桃（*A. hypoleuca* Nakai）这 2 个种为周边国家所特有分布。猕猴桃自然分布在我国广袤的山区，根据生物地理学意义上的分布格局，猕猴桃的自然地域分布从西南至东北主要划分为西南地区（云南、贵州、四川西部和南部、西藏）、华南地区（广东、海南、广西和湖南南部）、华中地区（湖北、四川东部、重庆、湖南西部、河南南部和西南部、甘肃南部、安徽和陕西南部）、华东和东南地区（江苏、浙江、江西、福建和台湾）、华北地区（河北、山东、山西、北京和天津）和东北地区（辽宁、吉林和黑龙江）。

4　营养价值

世界上消费量最大的前 20 多种水果中，猕猴桃的营养成分最为丰富全面。猕猴桃果实中的 Vc、镁及微量元素含量居前列。在前三位低钠高钾水果中，猕猴桃因比香蕉、柑橘含有更多的钾而位居榜首。同时，猕猴桃中的维生素 E（Ve）、维生素 K（Vk）含量被定为优良，脂肪含量低且无胆固醇。据分析，中华猕猴桃果实每 100 g 鲜样中的维生素含量一般为 90 ~ 200 mg，高的达 400 mg，是柑橘的 5 ~ 10 倍；含糖类 8% ~ 14%，酸类 0.9% ~ 2.0%，还含酪氨酸等氨基酸 17 种。

与其他水果不同的是，猕猴桃含有丰富的营养成分，大多数水果富含两三种营养成分，但是每个猕猴桃可提供 8% DV（推荐日摄入量）叶酸、8% DV 铜、8% 泛酸、6% DV 钙和镁、4% DV 铁和维生素 B_6、2% DV 磷和维生素 A（Va），另外还含有猕猴桃碱、蛋白水解酶、单宁果胶和糖类等有机物，钾、硒、锌、锗等微量元素和人体所需的 17 种氨基酸，以及丰富的维生素、葡萄酸、果糖、柠檬酸、苹果酸、脂肪。

5　保健功效

（1）减肥健美。猕猴桃果实含糖量低，是营养最丰富全面的水果之一。人们可从猕猴桃果实的单位热量中获得最平衡的营养。

（2）增白、淡斑、除暗疮、排毒、抗衰老。平均每 100 g 红心猕猴桃的 Vc 含量可达 95.7 ~ 135 mg，被誉为 Vc 之王。

（3）预防口腔溃疡。猕猴桃果肉中含有丰富的 Vc 和维生素 B（Vb）及微量元素，对预防口腔溃疡有天然的药效作用。

（4）防治大便秘结、结肠癌及动脉硬化。红心猕猴桃含有较多的膳食纤维和低聚糖、蛋白质分解酵素，可快速清除体内堆积的有害代谢产物，防治大便秘结、结肠癌及动脉硬化。

（5）预防眼病（白内障）。越来越多的成年人患有白内障，猕猴桃富含植物化学成分叶黄素，而叶黄素可在人的视网膜上积累可缓解相应症状。

（6）增强免疫功能。猕猴桃被认为是一种免疫辅助剂，主要是由于其含有大量的 Vc 和抗氧化物质。

（7）消除紧张疲劳。猕猴桃中含有较高的 5- 羟色胺（血管收缩剂），5- 羟色胺对人体有镇静作用。

（8）保持人体健康。猕猴桃含有大量的矿物质，补充高温天气下人体因体育锻炼而损失的电解质。

（9）治疗食欲不振、消化不良。

（10）可预防内科、外科、妇科疾病，还可用于保健抗衰老。

（11）预防心血管疾病。

（12）预防癌症。科学研究已经证明猕猴桃含有一种抗突变成分谷胱甘肽，有利于抑制诱发癌症基因的突变。

（13）预防抑郁症。猕猴桃果实含有肌醇，肌醇是细胞内第二信使系统的一种前体，对预防抑郁症有一定效果。医学研究表明，成人抑郁症与某种大脑神经递质缺乏有关。猕猴桃中含有的血清促进素具有稳定情绪、镇静的作用，另外它所含的天然肌醇，有助于脑部活动，因此能帮助抑郁之人走出情绪低谷。

6 食疗功效

猕猴桃含有丰富的矿物质，包括丰富的钙、磷、铁元素，还含有胡萝卜素和多种维生素，对保持人体健康具有重要的作用。

猕猴桃可以作为一种饮料治疗 Vc 缺乏症。它含有的 Vc 有助于降低血液中的胆固醇水平，起到扩张血管和降低血压的作用。它还能加强心脏肌肉。定期喝一茶匙猕猴桃粉加上适量的温水制成的饮料，可以帮助稳定人体血液中胆固醇的水平。

猕猴桃具防治抗糖尿病的潜力。它含有铬，有治疗糖尿病的药用价值。铬化合物可刺激孤立组细胞分泌胰岛素，因此可以降低糖尿病患者的血糖。猕猴桃粉末与苦瓜粉混合，可以调节血糖水平。经常摄入甜、酸、辣和油腻的食品会导致身体造成酸性化。此外，深夜吃东西、喝咖啡或茶也会触发酸化条件。因此，若身体出现什么与酸性有关的问题，如胃灼热或胃酸倒流等，可以把猕猴桃作为一种很好的解酸剂。它还可以治疗腹泻和痢疾，一杯猕猴桃果汁或一包粉末可以减少肠胃不适。

猕猴桃含有丰富的营养物质，因此可以提高总蛋白质水平。在餐后喝一杯猕猴桃粉制成的饮料，可以缓解胃虚弱问题。猕猴桃可以有效治疗呼吸问题，与蜂蜜结合使用还可以有效改善视力。此外，它还是一种强大的抗氧化剂，可以改善皱纹和细纹。但如果皮肤有损伤或过敏，在使用猕猴桃前应该首先咨询医生。

猕猴桃的功效还包括提升免疫功能，治疗肝脏疾病、泌尿系统疾病，呼吸系统疾病，脑疾病等。它还可以促进红细胞生长，坚固牙齿和指甲。健康均衡的饮食和摄入适量的水，再加上使用猕猴桃可以预防很多影响健康的疾病。

第二章　论猕猴桃属植物的分布

关于猕猴桃属植物的分布，梁畴芬通过编写《中国植物志·猕猴桃科》，完成了前人有关猕猴桃属志述的研读考订和国内各大标本室所藏本属标本的鉴定整理。我们统计本属的种和种下分类群，共得53 种 56 变种 15 变型，但从所看过的不完整标本和无法确定的情况来看，本属的分类群肯定不止这个数，但这个数字已包含本属的绝大多数。

梁畴芬在标本鉴定工作中，曾把绝大部分标本的采集地点以县为单位记载下来，又进一步加工把每一个种的分布点（县）画到地图上，然后根据分布点勾画出每个种的分布区，同时也画出了每个组的分布区，又对着几张分布区图仔细研究，看看它们有什么特点。他认为，认识一个较大的分类群的分布特点，究其规律，如果不将它的亲缘系统和系统发育联系起来研究，其意义不大。本文根据梁畴芬所发表的研究成果汇编，截至 1989 年，共计 57 种 59 变种 11 变型，仅供参考。

1　猕猴桃属系统分类群及其地域分布

猕猴桃属 *Actinidia* Lindl.

组 I　净果组 Seet. *Leiocarpae* Dunn

系 1　髓系 Ser. *Lamellatae* C. F. Liang

1　软枣猕猴桃（种群）*A. arguta* (Sieb. & Zucc.) Planch. et Miq.

1a 软枣猕猴桃（变种）*A. arguta* var. *arguta*

黑龙江：尚志；辽宁：九山、千山、鞍山、连山关、五龙背、岫岩、草河口、庄河、西丰、凤城、东沟、绥中、桓仁、本溪、清原；山东：大昆仑山、崂山、牙山、青岛、泰山；山西：介休、霍县、灵石；河北：东陵、涞水、涿鹿、兴隆、承德；陕西：宁陕、华山；河南：西峡、卢氏；安徽：黄山、歙县；浙江：天目山、天台山、昌化、遂昌；江西：庐山；湖北：利川；云南：维西、贡山；福建：崇安。朝鲜、日本亦有分布。

1b. 凸脉猕猴桃新变种 *A. arguta* var. *nervosa* C. F. Liang

浙江：天台山；四川：城口。

1c. 紫果猕猴桃（新组合）*A. arguta* var. *Purpurea* (Rehd.) C. F. Liang

陕西：佛坪；河南：西峡；山西：安邑；江西：庐山；浙江：龙泉；湖北：宣恩、恩施；湖南：龙山、慈利、桑植、城步、衡山；四川：汉川、峨眉、宝兴、天全、城口、石棉、奉节、雷波、康定、摩天岭、峨边、米易；云南：维西、镇雄、屏边、兰坪、昭通、富民、禄劝、宾川、丽江、贡山、漾濞、大关、蒙自；贵州：威宁、雷山、梵净山、独山、三都；广西：龙胜、融水、临桂；甘肃：成县；福建：连城。

1d. 陕西猕猴桃 *A. argut* var. *giraldii*（Diels）Voroshilov

陕西：产县、平利；河南：嵩县；湖北：建始、恩施、兴山、竹溪、五峰。

1e. 心叶猕猴桃 *A. argut* var. *cordifolia*（Miq.）Bean

辽宁：千山寺；山东：具体地点未知；陕西：户县；河南：卢氏县；湖北：建始；浙江：昌化、天目山、淳安。朝鲜、日本有分布。

2. 河南猕猴桃 *A. henanensis* C. F. Liang

3. 圆果猕猴桃（新种）*A. globosa* C. F. Liang

广西：资源；湖南：黔阳。

4. 黑蕊猕猴桃（种群）*A. melanandra* Franch

4a. 黑蕊猕猴桃（变种）*A. melanandra* var. *melanandra*

四川：南川、灌县、巫山、城口、奉节、峨边、石棉；云南：兰坪、景东；贵州：印江、大方、雷山、梵净山；甘肃：天水；陕西：太白山、两县、宁陕、周至；河南：卢氏；湖北：巴东、通城、宣恩、咸丰、罗田、恩施、房县；湖南：平江、衡山、宣章、淑浦；江西：修水、铜鼓、武功山、宜丰；安徽：歙县、九华山、黄山；浙江：天目山、昌化、孝丰、天台山、遂昌、开化、大顺；福建：建宁。

4b. 垩叶猕猴桃（新变种）*A. melanandra* var. *cretacea* C. F. Liang

湖北：三岔口。

4c. 广西猕猴桃（新组合）*A. melanandra* var. *kwangsiensis*（Li）C. F. Liang

广西：罗城。

4d. 褪粉猕猴桃（新变种）*A. melanandra* var. *subconcolor* C. F. Liang

浙江：天台山、瑞安、丽水。

4e. 无髯猕猴桃（新变种）*A. melanandra* var. *glabrescens* C. F. Liang

湖南：衡山。

5. 狗枣猕猴桃 *A. kolomikta*（Maxim.& Rupr.）Maxim

黑龙江：带岭、尚志、阿城、饶河、伊春；吉林：漫江、长白山、敦化、珲春、桦甸、抚松、临江；辽宁：抚顺、草河口、连山关、本溪、桓仁、凤城；河北：易县；陕西：平利；湖北：恩施、巴东；四川：峨边、峨眉、奉节、美姑、天全、南川、灌县、石棉、普格、甘洛、越西、宝兴；云南：永善、大关、绥江。俄罗斯、朝鲜、日本也有分布。

6. 海棠猕猴桃（种群）*A. Maloides* Li

6a. 海棠猕猴桃（变型）*A. Maloides* form. *Maloides*

甘肃：武都；四川：峨眉、清溪、越嶲、雷波、南川、奉节、天宝、南江、汉源、峨边、兴文、洪雅、理县、康定、宝兴、石棉、屏山；湖北：恩施；云南：绥江、大关。

6b. 心叶海棠猕猴桃（新变型）*A. Maloides* form. *cordata* C. F. Liang

四川：雷波、兴文、南川。

7. 四萼猕猴桃（种群）*A. tetramera* Maxim

7a. 四萼猕猴桃（变种）*A. tetramera* var. *tetramera*

甘肃：平凉、西吉、天水、漳县、兰州；陕西：太白山、鄠邑区、佛坪、华县、宁陕、石泉、华山；河南：灵宝、卢氏县、商城；湖北：房县、兴山；四川：茂县、理县、巫溪、大金、黑水、开县、小金、城口、丹巴、康定、松潘、宝兴、灌县、峨眉、南江、平武、天全。

7b. 巴东猕猴桃（新变种）*A. tetramera* var. *badongensis* C. F. Liang

湖北：巴东。

系 2　实心系 Ser. *Soiidae* C. F. Liang

8. 葛枣猕猴桃 *A. polygama*（Sieb. & Zucc.）Maxim.

吉林：辑安；辽宁：宽甸、本溪、凤城、桓仁、岫岩；山东：崂山；甘肃：天水；陕西：佛坪、太白山、鄠邑区、洋县、宁陕、石泉、安康、平利；河南：卢氏；湖北：宣恩、合丰、八大公山、竹溪、房县、兴山；湖南：桑植、龙山、慈利、衡山；浙江：天目山；四川：小凉山、石棉、城口、天全、南川、巫溪、雷波、宝兴、巫山、平武；云南：永善、大关；贵州：梵净山、印江。俄罗斯（远东地区）、朝鲜和日本有分布。

9. 对萼猕猴桃（种群）*A. valvata* Dunn

9a. 对萼猕猴桃（变种）*A. valvata* var. *valvata*

安徽：黄山、旌德、太平；江苏：宜兴；浙江：昌化、杭州、天目山、天台山；江西：黄龙山、兴国、务远、武宁、黎川、庐山、浮梁、修水、铜鼓、永修、靖安；湖北：咸丰、宜昌；湖南：衡山、宁乡、慈利、龙山、雪峰山、平江；广东：阳山、乳源。

9b. 麻叶猕猴桃（新变种）*A. valvata* var. *boemeriaefolia* C. F. Liang

江西：庐山；浙江：临歧、昌化。

10. 大籽猕猴桃（新种，种群）*A. Macrosperma* C. F. Liang

10a. 大籽猕猴桃（变种）*A. Macrosperma* var. *Macrosperma*

浙江：天目山；江西：靖安；江苏：具体地点未知；湖北：宜昌；安徽：歙县；广东：乳源。

10b. 梅叶猕猴桃（新变种）*A. Macrosperma* var. *mumoides* C. F. Liang

浙江：杭州；安徽：九华山；江苏：江宁。

组 II　斑果组 Sect. Maculatae Dunn

11. 簇花猕猴桃（新种，种群）*A. fasciculoides* C. F. Liang

11a. 簇花猕猴桃（变种）*A. fasciculoides* var. *fasciculoides*

云南：西畴。

11b. 圆叶猕猴桃（新变种）*A. fasciculoides* var. *orbiculata* C. F. Liang

广西：龙州。

11c. 楔叶猕猴桃（新变种）*A. fasciculoides* var. *cuneata* C. F. Liang

广西：田林。

12. 伞花猕猴桃（新种，种群）*A. umbelloides* C. F. Liang

12a. 伞花猕猴桃（变种）*A. umbelloides* var. *umbelloides*

云南：景东、腾冲。

12b. 扇叶猕猴桃（新变种）*A. umbelioides* var. *flabellifolia* C. F. Liang

云南：勐海。

13. 红茎猕猴桃（种群）*A. rubricaulis* Dunn

13a. 红茎猕猴桃（变种）*A. rubricaulis* var. *rubricaulis*

四川：峨边、峨眉、马边、嘉定、奉节、北碚；云南：屏边、麻栗坡、广南、富宁、文山、西略、蒙自；贵州：望潢、兴仁、赤水、梵净山、毕节、桐梓、都匀、安龙；湖北：宣恩；湖南：保靖、龙山、桑植、慈利；广西：天峨、南丹。

13b. 革叶猕猴桃（新位置）*A. rubricaulis* var. *coriacea*（Fin. & gagu.）C. F. Liang

四川：峨边、峨眉、马边、嘉定、奉节、南川、合用、天全、灌县、雷波、筠连、纂江、乐山、忠县、云阳、城口、屏山、巴县、青城山；云南：富宁、河口、盐津、绥江；贵州：毕节、印江、黄平、松桃、罗甸、赤水、独山、鰼水、遵义、江口、梵净山、婺川、瓮安、都匀、桐梓；湖北：宣恩、合丰、利川、来凤、巴东、咸丰、恩施；湖南：龙山、永顺、慈利、桑植；广西：南丹、凌云、隆林；江西：庐山。

14. 榆叶猕猴桃（新种）*A. ulmifolia* C. F. Liang

四川：屏山。

15. 硬齿猕猴桃（种群）*A. callosa* Lindl.

15a. 硬齿猕猴桃（变种）*A. callosa* var. *callosa*

云南：漾濞、凤庆、景东、屏边、文山、西畴、富宁；湖南：具体地点未知；浙江：天台山；台湾：乌来。不丹和印度北部有分布。

15b. 台湾猕猴桃 *A. callosa* var. *formosana* Fin. & gagn.

特产于台湾。

15c. 尖叶猕猴桃（新变种）*A. callosa* var. *acuminata* C. F. Liang

湖南：汝城。

15d. 毛叶硬齿猕猴桃（新变种）*A. callosa* var. *strigillosa* C. F. Liang

贵州：凯里；湖南：宜章；广西：融水。

15e. 京梨猕猴桃 *A. callosa* var. *henryi* Maxim.

陕西：洋县、安康、平利、镇坪；甘肃：甘南；四川：灌县、峨眉、奉节、南川、城口、巫山、巫溪、天全、雷波、合川、宝兴、平武、马边、凉山、峨边、松潘、洪雅；云南：屏边、广南、富宁、西畴、景东、凤庆、大理、勐海、大关、突良、绥江、马龙、昭通、嵩明、文山、龙陵、漾濞、元江、新平；贵州：梵净山、松桃、黄平、印江、榕江、右阡、凯里、望漠、安龙、花溪、册享、凤岗、纳雍、雷山、清镇、普定、安顺、桐梓、都匀、毕节、兴仁、独山、德江、瓷安；安徽：歙县、黄山、宣城、广德、太湖、九华山、泾县；浙江：天目山、杭州、昌化、寿昌、龙泉、天台、黄岩；江西：修水、遂川、上饶、萍乡、井冈山、铜鼓、庐山、婺源；福建：崇安、武夷山；湖北：兴山、利川、均县、房县、宣恩、建始、咸丰、巴东、长阳、鹤峰、宜昌、均城、竹溪、恩施；湖南：宜章、洞口、武冈、宁远、黔阳、怀化、芷江、大庸、永顺、凤冈、龙山、保靖、桑植、慈利、常德、新宁、雪峰山、道县、城步、衡山；广东：乳源、翁德、乐昌、阳山、连南、信宜；广西：龙胜、资源、全州、兴安、临桂、灵川、三江、融水、南丹、田阳、凌云、乐业、田林、贺州、容县、那坡。

15f. 异色猕猴桃（新变种） *A. callosa* var. *discolor* C. F. Liang

四川：峨眉、巫溪；云南：昭通、文山；贵州：梵净山；安徽：祈门、黄山、休宁、歙县、广德；浙江：丽水、泰顺、龙泉、建德、开化、寿昌、英川、昌化、宁波、遂昌、淳安、乐清、天台、义乌、云和；台湾：台北；福建：建阳、崇安、仙游、连城、长汀、永安、三明、萃口、上杭、溪雍、南平、宁化、沙县、邵武；江西：安远、宜丰、永新、序山、南丰、黎川、广丰、上饶、大余、玉山、广昌、会昌、遂川、瑞金、石城、贵溪、资溪、铜鼓、武宁、庐山、德兴、泰和、务远、寻乌、崇义、修水、安福、宁冈、井冈山、宁都、靖安、宜黄；湖南：通州、黔阳、永顺、雪峰山、宜章；广东：平远、信宜、乐昌、饶平、新丰、大帽山、惠来、和平、乳源、英德、曲江、大埔、连平、龙川、翁源、怀集、仁化、南雄、增城、从化、龙门、阳山；广西：隆林、凌云、乐业、兴安、灵川、永福、富川、钟山、容县、贺州。

15g. 驼齿猕猴桃（新变种） *A. callosa* var. *ephippioidea* C. F. Liang

云南：凤庆、景东；四川：凉山。

16. 薄叶猕猴桃 *A. leptophylla* C. Y. Wu

云南：永善、镇雄；贵州：毕节；四川：峨边。

17. 显脉猕猴桃（种群） *A. venosa* Rehd

17a. 显脉猕猴桃（变型） *A. venosa* form. *venosa*

四川：峨眉、天全、马边、合川、金阳、雷波、灌县、宝兴、石棉、西康、越西、冕宁、茂县、屏山、汶川、峨边、洪雅、康定、米场；云南：维西、永善、丽江、德钦、贡山、大理、中旬、兰坪、云县、大关；西藏：易贡、错那、泼密、墨脱、实阡、定结、林芝。

17b. 柔毛猕猴桃 *A. venosa* form. *pubescens* Li

四川：会理、峨眉、屏山、盐源、会东；云南：镇雄、永善、维西、丽江、贡山。

18. 柱果猕猴桃（新种，种群） *A. cylindrica* C. F. Liang

18a. 柱果猕猴桃（变种） *A. cylindrica* var. *cylindrica*

18a 1. 柱果猕猴桃（变型） *A. cylindrica* var. *cylindica* form. cylindrica

广西：融水（大苗山）。

18a 2. 钝叶猕猴桃（新变型） *A. cylindrica* var. *cylindrica* form. *obtusifolia* C. F. Liang

广西：融水（大苗山）。

18b. 网脉猕猴桃 *A. cylindrica* var. *reticulata* C. F. Liang

广西：融水。

19. 纤小猕猴桃（新种）*A. gracilis* C. F. Liacg

广西：都安、平果、马山。

20. 滑叶猕猴桃（新种）*A. laevissima* C. F. Liang

贵州：江口、印江、梵净山。

21. 华南猕猴桃（种群）*A. glaucophylla* F. Chun

21a. 华南猕猴桃（变种）*A. glaucophylla* var. *glauco phylla*

湖南：宜章、新宁、江华、江永、适县、洞口、芷江、宁远、东安、邵阳；广西：龙胜、资源、钟山、富川、兴安、临桂、灵川、全州、恭城、灌阳、环江、罗城、融水、融安、大明山、武鸣、宾阳、横州、马山、东兰；广东：乳源、乐昌、仁化、罗浮山、肇庆、连南、阳山；贵州：榕江、贵定。

21b. 耳叶猕猴桃（新组合）*A. glaucophylla* var. *asymmetrica*（F. Chun）C. F. Liang

广西：横州、宾阳、东兴、武鸣、上思、融水、凌云；广东：高要、信宜。

21b. 粗叶猕猴桃（新变种）*A. glaucophylla* var. *robusta* C. F. Liang

广西：龙胜。

21c. 团叶猕猴桃 *A. glaucophylla* var. *rotunda* C. F. Liang

广西：大新。

22. 金花猕猴桃（新种）*A. chrysantha* C. F. Liang

广西：临桂、龙胜、兴安、贺州、资源；湖南：宜章、宁远、芷江；广东：阳山、乳源。

23. 中越猕猴桃 *A. indochinensis* Merr.

云南：屏边、西畴、大围山、马关、麻栗坡；广西：十万大山（上思）、龙州、那坡、德保、武鸣、容县；广东：信宜。越南北部有分布。

24. 粉叶猕猴桃 *A. glaucocalosa* C. Y. Wu

云南：景东、龙陵、腾冲。

25. 毛蕊猕猴桃 *A. trichogyna* Franch.

四川：城口、巫山、巫溪、天全、峨眉；湖北：利川、鹤峰；江西：黎川、浮梁。

26. 清风藤猕猴桃 *A. sabiaefolia* Dunn

福建：闽中、南平、邵武；江西：上饶；安徽：青阳；湖南：介章、宁远。

组Ⅲ 糙毛组 Sect. *Strigosae* Li

27. 糙叶猕猴桃 *A. rudis* Dunn

云南：屏边、蒙自。

28. 全毛猕猴桃 *A. holotrioha* Fin. & Gagn.
云南：昭通。

29. 昭通猕猴桃 *A. rubus* Level.
云南：昭通。

30. 城口猕猴桃 *A. chengkouensis* C. Y. Chang
四川：城口、巫山、巫溪；陕西：岚皋；湖北：巴东。

31. 葡萄叶猕猴桃 *A. vitifolia* C. Y. Wu
四川：马边、峨边、雷波；云南：彝良。

32. 条叶猕猴桃 *A. fortunatii* Fin. & Gagn.
贵州：平伐。

33. 美丽猕猴桃 *A. melliana* Hand. –Mazz.
江西：全南、龙南；湖南：江华、江永、衡阳；广西：荔浦、贺州、金秀、苍梧、容县、昭平、博白；广东：英德、乳源、阳山、连山、怀集、德庆、封开、信宜，海南。

34. 肉叶猕猴桃（种群）*A. carnosifolia* C. Y.Wu
34a. 肉叶猕猴桃（变种）*A. carnosifolia* var. *carnosifolia*
云南：麻栗坡、马关、广南。
34b. 奶果猕猴桃（新变种）*A. carnosifolia* var. *glaucescens* C. F. Liang
广西：龙胜、融水、凌云、乐业、兴安、临桂、田林、罗城、永福；广东：信宜、乳源、乐昌、仁化、连南、云浮、德庆、茂名；湖南：江华、东安；贵州：榕江、凯里、雷公山、安龙；云南：麻栗坡。

35. 蒙自猕猴桃（种群）*A. heriryi* Dunn
35a. 蒙自猕猴桃（变种）*A. henryi* var. *henryi*
云南：屏边、建水、河口、蒙自。
35b. 多齿猕猴桃 *A. henryi* var. *polyodonta* Hand.–Mazz.
云南：富民、河口。
35c. 光茎猕猴桃（新组合）*A. henryi* var. *glabricaulis*（C.Y. Wu）C. F. Liang
云南：西畴、文山、麻栗坡。

36. 长叶猕猴桃（种群）*A. hemsleyana* Dunn
36a. 长叶猕猴桃（变种）*A. hemsleyana* var. *hemsleyana*
福建：连城、仙游、崇安、武夷山、沙县、邵武、南平、古田、寿宁、宁德、建阳；浙江：景宁、泰顺、庆元、平阳、丽水、瑞安、龙泉、温州、遂昌；江西：铅山。
36b. 粗齿猕猴桃（新组合）*A. hemsleyana* var. *kengiana*（Metc.）C. F. Liang
浙江：遂昌、景宁、龙泉；福建：具体地点未知。

组Ⅳ　星毛组 Sect. *Stellatae* Li

系 1　完全星毛系 Ser. *Perfectae* C. F. Liang

37. 粉毛猕猴桃（新种）*A. farinosa* C. F. Liang
广西：田林。

38. 红毛猕猴桃（种群）*A. rufotricha* C. Y. Wu
38a. 红毛猕猴桃（变种）*A. rufotricha* var. *rufotricha*
云南：麻栗坡。
38b. 密花猕猴桃（新变种）*A. rufotricha* var. *glomerata* C. F. Liang
广西：乐业、凌云；贵州：安龙。

39. 黄毛猕猴桃（种群）*A. fulvicoma* Hance
39a. 黄毛猕猴桃（变种）*A. fulvicoma* var. *fulvicoma*
广东：乳源、英德、乐昌、阳山、连平、始兴、南雄、蕉岭、仁化、龙门、五华、大埔、丰顺、惠阳、饶平、罗浮山；湖南：宜章、桂阳、汝城、资兴；江西：遂川、寻乌、龙南、全南、南康、崇义、大余、上饶、井冈山；福建：南靖。
39b. 厚叶猕猴桃 *A. fulvicoma* var. *pachyphylla*（Dunn）Li
广东：从化、丰顺。
39c. 绵毛猕猴桃（新组合，变种群）*A. fulvicoma* var. *lanata*（Hemsl.）C. F. Liang
39c 1. 绵毛猕猴桃（变型）*A. fulvicoma* var. *lanata* form. *lanata*
江西：大余、龙南；福建：连城、仙游、永定；湖南：江华、宁远、道县、武冈、城步、洞口、邵阳、黔阳、宜章、新宁、云山、会同、江永；广东：高要、德庆、乐昌、连山、新丰、信宜、连州、饶平、河源；广西：龙胜、兴安、资源、全州、永福、临桂、融水、金秀、三江、罗城、凌云、乐业、大明山、武鸣、岑溪、那坡；贵州：榕江、兴仁、雷公山、三合。
39c 2. 糙毛猕猴桃（新组合）*A. fulvicoma* var. *lanata* form. *hirsuta*（Fin. & gagn.）C. F. liang
广西：南丹、天峨、凌云、乐业、田林、隆林、那坡、德保、东兰、融水、罗城；贵州：瓮安、榕江、都匀、兴仁；云南：富宁、西畴；湖南：东安。
39c 3. 丝毛猕猴桃（新变型）*A. fulvicoma* var. *Ianata* form. *arachnoidea* C. F. Liang
广西：龙州。

40. 灰毛猕猴桃（新种，种群）*A. cinerascens* C. F. Liang
40a. 灰色猕猴桃（变种）*A. cinerascens* var. *cinerascens*
广东：罗浮山、惠阳、英德。
40b. 菲叶猕猴桃（新变种）*A. cinerascens* var. *tenuifolia* C. F. Liang
广东：蕉岭。
40c. 长叶柄猕猴桃（新变种）*A. cinerascens* var. *Iongipetiolata* C. F. Liang
湖南：道县。

41. 栓叶猕猴桃 *A. suberifolia* C. Y. Wu

云南：屏边、蒙自。

42. 阔叶猕猴桃（种群）*A. latifolia*（Gardn&champ.）Merr

42a. 阔叶猕猴桃（变种）*A. latifolia* var. *latifolia*

安徽：九华山；浙江：淳安；江西：大余、莲花、泰和、崇义、寻乌、兴四、安福、全南、永新、吉安、铅山、宁冈、龙南、瑞金、萍乡、赣县、遂县、永丰、乐安；福建：寿宁、莆田、连城、永泰、南平、古田、武夷、长汀、沙县、平和；湖南：宜章、衡山、武冈、道县、宁远、江永、江华、灵县、芷江、大庸、永顺、麻阳、东安、黔阳、江宁、洞口、安江、邵阳、资兴、会同；四川：万山；云南：屏边、富宁、大围山、麻栗坡；贵州：雷公山、凯里、松桃、榕江、梵净山、印江、三合；广西：龙胜、资源、全州、临桂、灌阳、恭城、阳朔、贺州、富川、灵川、金秀、罗城、融水、百色、十万大山、龙州、宁明、梧州、巴马、玉林、容县、三江、贵港、东兰、荔浦；广东：英德、乐昌、乳源、连南、连平、连山、大埔、紫金、河源、蕉岭、仁化、翁源、饶平、龙门、新丰、阳山、惠阳、信宜、丰顺、封川、五华、德庆、高要、平远、怀集、梅县、恩平、新兴、洁远、台山、阳春、罗浮山、莲花山；海南：琼中、铜中、东方、崖县、保亭、陵水、澄迈、儋州、林高、白沙、乐东；台湾：恒春、南投、台中。马来西亚有分布。

42b. 长绒猕猴桃 *A. latifolia* var. *mollis*（Dunn）Hand. –Mazz.

云南：屏边、富宁、思茅、麻栗坡。

43. 安息香猕猴桃（新种）*A. styracifolia* C. F. Liang

湖南：芷江；福建：具体地点未知。

44. 小叶猕猴桃 *A. lanceotata* Dunn

安徽：休宁、黄山；浙江：龙泉、泰顺、寿昌、江水、天童、太白山、四明山、昌化、丽水、景宁、天台山、宁波、青田、遂昌、仙居、龙尤、临安、温州；江西：安远、广丰、全南、庐山、资溪、铜鼓、宜黄、修水、宜丰、贵溪、上饶、黎川、奉新、永修；福建：古田、建阳、崇安、南平、武夷山、沙县、尤溪、福清、长汀；湖南：芷江、宜章；广东：乐昌、阳山、大埔、仁化、梅县。

45. 毛花猕猴桃（种群）*A. eriantha* Benth.

45a. 毛花猕猴桃（变种）*A. eriantha* form. *eriantha*

贵州：凯里、雷公山、榕江、贵定、平伐；湖南：宜章、汝桂、新宁、道县、宁远、洞口、江华、江永、灵县、黔阳、东安、邵阳、零陵、会同；浙江：龙泉、庆元、太顺、景宁、丽水、瑞安、北雁荡山、云和、青田、遂昌、平阳、温州；江西：安远、铅山、寻乌、萍乡、黎川、序山、广丰、泰和、莲花、会昌、南丰、宁都、龙南、遂川、吉安、永新、安福、石城、兴国、瑞金、宜黄、宁冈、南康、上饶、崇文、武功山、武夷山、井冈山、大余、玉山；福建：建瓯、古田、崇安、建阳、龙岩、连城、长汀、南靖、安溪、南平、大田、德化、宁德、宁化、龙溪、浦城、邵武、延平、沙县；广东：英德、乐昌、乳源、翁源、连山、南连、阳山、河源、蕉岭、梅县、饶平、平远、五华、连平、仁化、龙川；广西：兴安、龙胜、临桂、灵川、永福、富川、钟山、三江、融水、罗城。

45b. 白色毛花猕猴桃 *A. eriantha*. form. *alba* C. F. Liang

浙江：庆元。

45c. 棕毛毛花猕猴桃（新变种）*A. eriantha* var. *brunnea* C. F. Liang

广西：桂林（广西植物研究所）。

45d. 秃毛花猕猴桃（新变种）*A. eriantha* var. *calvescens* C. F. Liang

广西：桂林（广西植物研究所）。

46. 两广猕猴桃（新种）*A. liangguangensis* C. F. Liang

广西：金秀、贺州、容县、昭平；广东：连山、怀集、清远；湖南：江平。

47. 刺毛猕猴桃 *A. setosa*（Li）C. F. Liang et A. R. Ferguson

台湾：阿里山。

48. 中华猕猴桃（种群）*A. chinensis Planch.*

48a. 中华猕猴桃（变种）*A. chinensis* var. *chinensis*

陕西：平利、勉县；河南：商城、西峡、嵩县、新县、内乡、卢氏、鸡公山、永城、信阳；安徽：黄山、祁门、岳西、金寨、歙县、广德、休宁、汤口、九华山、泾县；江苏：南部某地；浙江：天目山、杭州、宁波、丽山、寿昌、瑞安、龙泉、昌化、天台、景宁、建德、黄岩；湖北：通城、宜昌、崇阳、建始、宜恩、合丰、兴山、恩施、利川；湖南：衡山、洞口、城步、新宁、黔阳、保靖、麻阳、永顺、零陵、邵阳、慈利、宜章、芷江、会同、资兴、雪峰山；江西：铅山、东乡、铜鼓、兴国、庐山、安福、宜黄、广昌、浮梁、贵溪、吉安、黎川、遂川、井冈山、务元里、石城、永新、南丰、德兴、永修、武宁、婺源；广东：乳源、乐昌；广西：全州、资源、龙胜、兴安、三江；福建：泰宁、崇安、宁化、邵武、建宁。

48b. 红肉猕猴桃 *A. chinensis* var. *chinensis* form. *rufopulpa* C. F. Liang et A. R. Ferguson

湖北：五峰。

48c. 井冈山猕猴桃 *A. chinensis* var. *chinensis* form. *jinggangshanensis* C. F. Liang

江西：永新、井冈山、奉新、广昌、安福、乐安、宜黄、新建。

49. 美味猕猴桃（种群）*A. deliciosa*（Cheval.）C. F. Liang etA. R. Ferguson

49a. 美味猕猴桃 *A. deliciosa* var. *deliciosa*

甘肃：天水；陕西：太白山、佛坪、郿县、岚皋、石泉、宁陕、商南、丹凤、户县；河南：卢氏县、西峡；湖北：均县、房县、巴东、兴山、鹤峰、利川、建始、宣恩、五峰、咸丰、恩施、崇阳、通山、来凤、竹溪；湖南：永顺、慈利、龙山、大庸、桑植；四川：马边、屏山、峨眉、南川、峨边、奉节、天全、巫山、巫溪、灌艮、雷波、平武、宝兴、石棉、城口、苍溪、筠连、松潘、南江、通江、万源、洪雅、凉山；云南：镇雄、马龙、盐津、奕良、永善、者海、罗平；贵州：瓮安、兴义、兴仁、印江、石阡、松桃、安龙、毕节、凯甩、雪山、遵义、纳雍、榕江、威宁、广顺、德江、沼河、梵净山、清镇、大定、桐梓、都匀、独山、仁怀、江口；广西：资源、三江。

49b. 长毛猕猴桃 *A. deliciosa* var. *longipila*（Liang et Wang）C. F. Liang et A. R. Ferguson

陕西：眉县；四川：具体地点未知；重庆：南部。

49c. 绿果猕猴桃 *A. deliciosa* var. *chlorocarpa*（C. F. Liang）C. F. Liang et A. R. Ferguson

云南：会泽；四川：峨边；广西：资源。

50. 浙江猕猴桃 *A. zhejiangensis* C. F. Liang

浙江：庆元；福建：永泰、连城。

系 2 不完全星毛系 Ser. *Imperfectae* C. F. Liang

51. 漓江猕猴桃 *A. Lijiangensis* C. F. Liang et Y.X. Lu

广西：桂林。

52. 桂林猕猴桃 *A. guilinensis* C. F. Liang

广西：隆安、上思、邕宁、桂林。

53. 贡山猕猴桃 *A. pilosula*（Fin. & Gagn.）Stapf et Hand. –Mazz

云南：贡山、绥江、威信、云龙。

54. 大花猕猴桃（新种）*A. grandiflora* C. F. Liang

四川：天全、屏山；云南：镇雄、会泽；贵州：贵阳。

55. 星毛猕猴桃 *A. stellatopilosa* C. Y. Chang

四川：城口。

56. 倒卵叶猕猴桃 *A. obovata Chun* et C. F. Liang

贵州：清镇、江口；云南：绥江。

57. 花楸猕猴桃（新种）*A. sorbifolia* C. F. Liang

贵州：印江、安龙；湖南：城步；云南：绥江、彝良、会泽。

2 分类群地区分布的统计分析

根据前文分布资料，以省（区、市）为单位，分别记载各地有分布的分类群，并统计其数目。最后按合计的分类群多少排列，同时把邻国有分布的资料列于后，找出其分布特点，并做出若干概括。

（1）表 2-1 显示分类群以云、桂、湘、川、黔、赣、浙、粤、鄂、闽等省（区、市）为多，陕、皖、豫亦有一定数量的分布。

（2）总的趋势是越往南分类群越多越复杂。但远离大陆的岛屿，其分类群甚少，如台湾与海南。与大陆相连的太南地区亦是极少，如越南。

（3）越往北分类群越少。寒冷且干旱的青海、宁夏、新疆和内蒙古几乎没有分布，反映本属植物对水热条件的总要求。

（4）几乎所有中国的邻国都有本属植物，但数量都是寥寥无几，说明这些国家处于本属分布区域的边缘。换句话说，中国内陆是本属分布的主体。中国台湾地区的自然条件和植被都是很好的，但它的分类群也不多，也旁证了这一论断。

（5）变种和变型较多的地区，意味着该地区猕猴桃属植物演化较为强烈。这是植物现代发展中心的特征。

（6）纵观分类群较多的省（区、市）均为本属密集分布区中山林较多的地区，反映出猕猴桃属植物的存在是与山林植被相联系的。

表2-1中的数字是猕猴桃属诸分类群在各省（区、市）的数目，亦可反映猕猴桃属系统发育进行中在哪些地方较为兴盛。从基本资料还可以计算特有分类群在哪些省（区、市）最多。如表2-2所示，各省（区、市）特有猕猴桃属分类群的数目与分类群总数几乎成正比，即分类群总数较多的，其特有分类群亦较多，尤以云南和广西最为突出。

综合表2-1、表2-2，可知猕猴桃属的分布中心是在长江与珠江之间，北纬25°～30°的带状地区，包括西部的云贵高原，中部的江南丘陵和南岭山地，东部的东南沿海丘陵等。由于下属各组发展成型明显，在地理上各有一定的发展重点地盘。在这分布中心地带上，净果组的发展中心在东段，斑果组和糙毛组在西段，星毛组在中段偏南。

表2-1 猕猴桃属种及种下分类群在中国各地及邻国的分布数目统计

分布地	云南	广西	湖南	四川	贵州	江西	浙江	广东	湖北	福建	陕西	安徽	河南	甘肃	台湾	江苏	海南
种	14	9	10	9	1	4	2	5	4	5	3	2	2				2
变种	22	24	18	12	14	15	17	15	15	13	9	9	8	6	5	4	
变型	4	4	1	8	1	2	1				1						
分类合计	40	37	29	29	21	21	20	20	19	18	13	11	10	6	5	4	2

分布地	辽宁	山东	山西	河北	吉林	黑龙江	西藏	青海	宁夏	新疆	内蒙古	朝鲜	日本	俄罗斯	印度	不丹	越南
种	2	1		1	2	1						2	2	2			1
变种	2	2	2	1		1	1					2	2		1	1	
变型																	
分类合计	4	3	2	2	2	2	1	0	0	0	0	4	4	2	1	1	1

表2-2 中国各省（区）特有的猕猴桃属分类群统计

省（区）	云南	广西	四川	贵州	湖南	广东	湖北	台湾	浙江	江西	河南
种	6	2	3	3							1
变种	10	7		1	3	3	2	2	1		
变型		2	1				1			1	1
分类合计	16	11	4	4	3	3	3	2	2	1	1

3 分布区的分析

根据前文的基本资料，以种为分类单位（共53个），以县为分布单位，按一组一图的办法把每一个种在各省各县的分布——点在地图上，然后按照点的符号位置勾画出每一个种的分布区。种的分布区集合起来成为一个组的分布区，再把4个组的分布区搬到另一地图上成为本属分组对照的分布区。

（1）猕猴桃属的分布区特点。①分布区南北跨度大。从热带赤道 0° 至温带北纬 50°，纵跨泛北极植物区和古热带植物区，这是高等植物属分布中所罕见的。②分布区南北跨度虽很大，但本属的大部分分类群集中在秦岭以南、横断山脉以东地区。这是猕猴桃属的密集分布区域。③本属一方面有一个密集的分布区域，另一方面在东西南北的各个方向都有分布延伸部分。东可到日本四岛和我国台湾，西可远达西藏的雅鲁藏布江流域，南延伸至赤道附近的苏门答腊和加里曼丹等地，北上至黑龙江流域和库页岛。这一有密有稀、联系四方的分布模式，在一定程度上代表着中国植物区系的分布特征。

（2）净果组的分布。该组是本属 4 组中分布最北（北纬 50°）、最东（东经约 145°，包括整个日本四岛），南界最高（约在北纬 26° 的南岭山地）的组，可见它是温带型的分类群，在区系上具有东亚植物区系特征。从内部分析，分布最广，同时也是分布最北、最东的种为软枣猕猴桃（*A. arguta*）、黑蕊猕猴桃（*A. melanandra*）、狗枣猕猴桃（*A. kolomikia*）和葛枣猕猴桃（*A. polygama*）等 4 种。这就从地理分布方面证明这 4 个种在净果组里的古老性（当然还有形态上的证明）。在植物形态方面，亦证明古老的种大多有一个比较广大的分布区。另外一个相反的情形，我们认为从形态上看属于新发展起来的种，如对萼猕猴桃（*A. valvata*）、大籽猕猴桃（*A. Macrosperma*）和梅叶猕猴桃（*A. Macrosperma* var. *mumoides*），其分布则是相对较为狭小的。从形态上比较分析，认为海棠猕猴桃（*A. Maloides*）是来自狗枣猕猴桃；圆果猕猴桃（*A. globosa*）和河南猕猴桃（*A. henanensis*）可能是软枣猕猴桃和黑蕊猕猴桃的杂交种。这在地理分布状况方面也倾向于支持这些论点。从好几个种的分布区位置和 1、4 两种在日本各有一个变种的情况看，净果组的发展中心是在本属分布区的偏东地区，即江西、江苏、浙江、安徽等省。

（3）斑果组的分布。该组是本属 4 组中分布最西（东经约 85° 的西藏南部）的组，是唯一与喜马拉雅山植物区系有联系的一个组。它的一个分布区最大的种——硬齿猕猴桃（*A. callosa*）恰好就是变种最多，在组内（甚至在属内）影响力最强的一个种，其分布区几乎把所有的种的分布区完全包围在内。这个组有较多的种，特别是新发展起来的种都在组分布区的西南地区，东南沿海各省很少分布。这样，也就可以说这个组的发展中心是在本属分布区的偏西地区，亦即云贵高原，包括广西西部山区。

（4）糙毛组的分布特点是种的分布区很零散，又是本属 4 组中分布区最小的一个组。其零散、孤立、互不相干的分布状况恰好和其种与种之间缺少很多亲缘关系特征的情况相一致。它的各个种的分布区之小，也象征它在系统发育方面是本属中最不发达的一支。从糙叶猕猴桃、金毛猕猴桃、邵通猕猴桃、城口猕猴桃、葡萄叶猕猴桃、条叶猕猴桃、蒙自猕猴桃等种的分布位置看，这个组的发展中心是偏西的即云贵高原地区。

（5）星毛组分布最南（赤道附近）。大多数种类分布在长江以南的大陆上，显示它是亚热带型的组。在区系上它是与东南亚植物区系有联系的。它的两个分布区最大的种一个是阔叶猕猴桃（*A. latifolia*），另一个是中华猕猴桃（*A. chinensis*）。它们广大的分布区无疑是同它们在本系统发育中强大的影响力相一致的。它的大多数的种都有偏南分布现象，可以说它的发展中心是偏南的。如果把几个不完全星毛系的种除外，更是如此。其具体地区主要是两广和云贵高原东南部地区。

第三章 广西猕猴桃种质资源调查研究

　　猕猴桃是猕猴桃属植物的统称，也是中华猕猴桃的简称，广西俗称杨桃、藤梨子、牛奶子、羊奶子等。《本草纲目》中记述："猕猴桃，其形如梨，其色如桃，而猕猴喜食，故有诸名"。

　　猕猴桃果实甜酸适口，营养丰富，含有可溶性固形物 2.5%～19.5%，总糖 0.376%～11.02%，总酸 0.52%～3.77%，蛋白质 1.6% 和人体所需要的 17 种氨基酸，蛋白质水解酶以及钙、磷、铁等各种营养物质，特别是 Vc 含量丰富，可鲜食，亦可加工成各种营养食品。并且有特殊的药用价值，近年医学研究表明，猕猴桃中含有能阻断致癌物亚硝基合成的活性物质。因此，猕猴桃在国际市场上享有很高的声誉，被誉为果中珍品、水果之王，有"仙桃""长寿果"之称，成为当今世界各国竞相发展种植的新兴果树。

　　我国是猕猴桃的分布中心，资源丰富，种类繁多，而且有很多优良品种，但长期以来未重视与利用，任其在山野中自生自灭，反而被外国引种栽培，产品倾销国际市场。20 世纪 80 年代已有 20 多个省（区、市）开展猕猴桃资源调查、加工利用、良种选择及引种栽培等方面的研究，并取得了显著成效。

　　广西是猕猴桃主要产区之一，资源丰富。本着摸清这一资源分布情况，为开发利用研究和发展生产提供依据的初衷，编者于 1980 年开始猕猴桃的相关研究，并在梁畴芬猕猴桃属植物分类研究成果的基础上，把广西划分为桂北（含桂东北）、桂南、桂东（含桂东南）、桂西、桂西北等若干大区，在各大区中重点调查龙胜、资源、三江、临桂、融水、容县、德保、田林、贺州等县（市、区），先后与龙胜各族自治县农业局、科学技术委员会，资源县科学技术委员会，临桂县林业局、林业科学研究所，德保县科学技术委员会，容县农业局等单位组成联合调查组开展上述地区的猕猴桃资源调查，同时全面开展广西的猕猴桃资源、良种选择、生态特性等方面的调查研究。调查方法采用专业队伍深入产区、访问当地主管部门和居民，了解猕猴桃分布及利用情况，并采用线路调查方法，在不同产区、不同高度、不同坡向、不同密度的山地选择有代表性的林地设立样方，统计猕猴桃的种类、密度、分布比重和产量，收集不同种类的腊叶、花果标本和样品，进行果实性状测定。五年里，先后调查 60 个县，设立样方 210 多个，收集腊叶标本 472 份，花果标本 160 份，测定果实营养成分的样品 112 份，收集测定了土壤样品 15 份。现将调查结果进行总结。

1　猕猴桃的种质资源

　　调查结果表明，广西地质组成复杂，山地面积大，生态环境复杂，猕猴桃属植物资源极为丰富，计有 33 个种或变种、变型。

　　（1）紫果猕猴桃 Actinidia arguta var. purpurea（Rehd.）C. F. Liang

　　（2）圆果猕猴桃 A. globosa C. F. Liang

（3）广西猕猴桃 *A. melanandra* var. *kwangsiensis*（Li）C. F. Liang

（4）圆叶猕猴桃 *A. fasciculoidcs* var. *orbiculata* C. F. Liang

（5）楔叶猕猴桃 *A. fasciculoides* var. *cuaeata* C. F. Liang

（6）红茎猕猴桃 *A. rubricaulis* var. *rubricaulis*

（7）苋叶猕猴桃 *A. rubuicaulis* var. *coriacea*（Fin & gagn.）C. F. Liang

（8）毛叶硬猕猴桃 *A. callosa* var. *strigillosa* C. F. Liang

（9）京梨猕猴桃 *A. callosa* var. *henryi* Masim.

（10）异色猕猴桃 *A. callosa* var. *discolor* C. F. Liang

（11）柱果猕猴桃 *A. cylindrica* var. *cylindrica* form. *cylindrica*

（12）钝叶猕猴桃 *A. cylinerica* var. *cylindrica* form. *obtusifolia* C. F. Liang

（13）网脉猕猴桃 *A. cylindrica* var. *reticulata* C. F. Liang

（14）纤小猕猴桃 *A. gracilis* C. F. Liang

（15）华南猕猴桃 *A. glaucophylla* var. *glaucophylla*

（16）耳叶猕猴桃 *A. glaucophylla* var. *asymmetric*（F. Chun）C. F. Liang

（17）粗叶猕猴桃 *A. glaucophylla* var. *robusta* C. F. Liang

（18）团叶猕猴桃 *A. glaulophylla* var. *rotunda* C. F. Liang

（19）金花猕猴桃 *A. chrysantha* C. F. Liang

（20）中越猕猴桃 *A. indochinensis* Merr.

（21）美丽猕猴桃 *A. melliana* Hand. Mazz.

（22）奶果猕猴桃 *A. carnosifolia* var. *glaucescens* C. F. Liang

（23）粉毛猕猴桃 *A. farinosa* C. F. Liang

（24）密花猕猴桃 *A. ruforicha* var. *glomerata* C. F. Liang.

（25）绵毛猕猴桃 *A. fulvicoma* var. *lanata*（Hemil.）C. F. Liang form *lanata*

（26）糙毛猕猴桃 *A. fulvicoma* var. *lanata* form. *hirsuta*（Fin & gagn.）C. F. Liang

（27）丝毛猕猴桃 *A. fulvicoma* var. *lanata* form. *arachnoidea* C. F. Liang

（28）阔叶猕猴桃 *A. latifolia*（Gardn. & Chanp）Merr. var. *latifolia*

（29）毛花猕猴桃 *A. eriantha* Benth. form. *eriastha*

（30）两广猕猴桃 *A. liangguangensis* C. F. Liang

（31）中华猕猴桃（硬毛猕猴桃）*A. chinensis planch.* var. chinensis

（32）美味猕猴桃（软毛猕猴桃）*A. deliciosa*（cheval.）C. F. Liang et A. R. Feygust

（33）绿果猕猴桃 *A. deliciosa* var. *chlorocarpa*（C. F. Liang）C. F. Liang et A. R. Ferguson

上述 33 个种或变种、变型中，广西猕猴桃、圆叶猕猴桃、楔叶猕猴桃、柱果猕猴桃、钝叶猕猴桃、网脉猕猴桃、纤小猕猴桃、粗叶猕猴桃、团叶猕猴桃、粉毛猕猴桃和丝毛猕猴桃等 11 个种或变种变型为广西特有的种类。团叶猕猴桃、网脉猕猴桃、绿果猕猴桃等 3 个变种、变型为这次调查发现的新种类或新分布。

广西猕猴桃种类繁多，具有较高的天然产量，年产果量达 5000 t，不同种类猕猴桃的产量有较大的差异。以阔叶猕猴桃、中华猕猴桃、美味猕猴桃、绿果猕猴桃、金花猕猴桃、毛花猕猴桃、中越猕猴桃、京梨猕猴桃以及糙毛猕猴桃等种类的产量较高。阔叶猕猴桃年产量达 2000 t，广西各地均有分布，植株生长旺盛，单株产果量 5 ~ 30 kg，甚至高达 50 kg，龙胜、资源、兴安、全州、灵川、永福、融水、罗城、贺州、容县、上思、凌云、乐业、田林等地年产量在 50 t 以上。中华猕猴桃、美味猕猴桃和绿果猕猴桃等种集中分布于桂北和桂东北，年产量 1500 t 以上，以龙胜、资源、三江、全州等地产量最大，龙胜有中华猕猴桃 45 万株左右，其中结实植株约 15 万株，年贮藏量达 500 t。资源县中华猕猴桃分布密度较大，200 m² 的样方内最大密度达 39 株，全县约 70 万株，其中结实植株 10 万株左右，年产量 450 t 左右。三江中华猕猴桃贮藏量仅次于资源，毛花猕猴桃、金花猕猴桃、中越猕猴桃、京梨猕猴桃、糙毛猕猴桃等种类年产量分别为 400 t、280 t、250 t、150 t、155 t 左右，但分布不均，如金花猕猴桃在临桂区年产量达 155 t。中越猕猴桃以十万大山、德保、那坡等地分布密度较大，产量较高，十万大山的年产量约 75 t。其他种类的产量均较低，年产量合计仅 150 t 左右，特别是圆果猕猴桃、圆叶猕猴桃、红茎猕猴桃、革叶猕猴桃、毛叶硬齿猕猴桃、纤小猕猴桃、耳叶猕猴桃、粗叶猕猴桃、丝毛猕猴桃等种类产量极小。

2 猕猴桃各种类的果实性状和营养成分

猕猴桃果实性状和营养成分含量直接影响其利用价值，为了更好地利用野生猕猴桃资源，我们在资源调查过程中对不同产地、不同时间采集 19 种或变种变型的果实样品进行了果实性状测定及营养成分分析，由表 3-1 可知，猕猴桃不同种类的果实形状、颜色、大小等性状均有较大的差异，以果实大小而言，最大单果重达 114.2 g，小的仅 0.5 g；大的平均果重达 90 g，小的仅 0.72。不同种类猕猴桃的果实营养成分含量也有较大的差别（表 3-2），以 Vc 的含量而言，中华猕猴桃、美味猕猴桃、绿果猕猴桃、毛花猕猴桃、阔叶猕猴桃、金花猕猴桃等 6 个种类含量高，达 20.24 ~ 1107.92 mg/100 g 鲜果，其低含量与柑橘、苹果相同，高含量比柑橘高 1 ~ 25 倍，比苹果高 13 ~ 202 倍，被誉为"果中珍品"。

表3-1 猕猴桃不同种类的果实性状

种类	果形	果顶	果蒂	萼片	果柄/cm	果实大小				果皮		果点				毛茸			果肉		果心		汁液多少	风味	香气	种子			
						纵径/cm	横径/cm	最大果重/g	平均单果重/g	颜色	厚薄	颜色	形状	大小	稀密	种类	长短	稀密	颜色	质地	大小	质地				形状	颜色	单果种子/粒	千粒重/g
中华猕猴桃	多种果形	平、圆凸	平、圆凹	脱落	3.0~4.0	3.30~5.79	3.18~5.80	114.2	90.0~225.4	多色	薄	褐、深褐	多形	大、中小	稀、中密	软	短	稀	淡黄、黄、黄绿	细	中小	软	多	酸甜	香、清香	扁卵	褐、深褐	6.0~68.6	1.07~1.90
美味猕猴桃	长圆	凸	平	脱落	2.0~3.0	3.50~6.70	3.30~3.90	52.9	31.61~35.15	褐	薄	褐	椭圆	中	稀	硬	长	较密	白至绿	细	中	软	多	酸甜	香	扁圆	深褐	2.87	1.00~1.40
绿果猕猴桃	长圆	凸	平	脱落	2.0~3.0	5.59	1.13	100	74.85	绿	中	褐	圆	小	稀	微硬	中	密	绿	细嫩	中	软	多	酸甜	清香	扁卵	深褐	3.68	1.20
金花猕猴桃	长圆、短圆	凸、微凸	平	宿存	2.2~3.0	2.35~3.91	2.43~3.14	32.5	9.32~25.31	淡绿、褐绿	薄	褐、黄褐	圆、块状	小	密	—	—	无	绿、淡绿	嫩	中	软	多	甜酸	香	扁卵	深褐	99.2~252.8	1.26~1.65
毛花猕猴桃	长圆、短圆	凸、微凸	平	脱落	1.2~2.5	3.57~4.01	2.82~2.96	21.4	15.22~20.16	灰绿	薄	灰褐	圆	中	密	白茸毛	长	密	绿	细	中	软	多	甜酸	香	扁卵	棕褐	293.2~879.8	0.65~0.80
阔叶猕猴桃	长圆、短圆	平	平	宿存	2.0	1.71~2.68	1.15~2.33	10.45	1.90~7.65	深绿、浅绿	厚	黄褐	圆	中	稍密	软	短	少	绿、淡绿	细	中	稍硬	少	酸	无	扁椭圆	深褐	153.4~154.2	0.70~0.80
中越猕猴桃	长圆、短圆	凸	圆、平	脱落		1.45~3.50	1.45~2.50	13.90	4.96~9.84	黄至紫	薄	褐	圆	小	中	—	—	无	绿至深绿	细	小	软	多	酸甜	无	扁椭圆	黄褐	204.2	0.80~1.50
紫果猕猴桃	长圆、卵圆	微凸	平	脱落	1.5~2.8	2.01~2.70	1.31	2.70	2.10	黄至紫	厚	—	圆	小	中	—	—	中	黄至紫	脆软	中	中	中	清甜	无	扁椭圆	黄褐	57.3	1.20
京梨猕猴桃	长圆	微凹、微凸	微凸	宿存	4.5	2.63~3.63	1.34~1.68	7.90	5.07~5.66	深绿、浅绿	薄	褐	块	大	中	—	—	无	绿	硬	中	稍硬	中	稍酸	无	扁椭圆	黄褐	147.6	1.30~0.72

续表

种类	果形	果顶	果蒂	萼片	果柄/cm	果实大小				果皮		果点				毛茸			果肉		果心		汁液多少	风味	香气	种子			
						纵径/cm	横径/cm	最大果重/g	平均单果重/g	颜色	厚薄	颜色	形状	大小	稀密	种类	长短	稀密	颜色	质地	大小	质地				形状	颜色	单果种子/粒	千粒重/g
绵毛猕猴桃	长圆	微凸	平	宿存	1.1	2.43~2.69	1.20~1.50	6.50	2.30~4.48	绿、青绿	薄	褐、黄褐	圆	中	稍密	黄茸毛	短	少	深绿	软	中	稍硬	少	酸	无	扁卵	褐	115.2~322.2	0.15~0.20
美丽猕猴桃	长圆	微凹	平、微凹	脱落	1.5~2.0	1.67~2.90	0.90~1.20	3.65	1.98	浅绿	薄	浅褐	圆	小	稀	糙	短	少	绿	软	中	稍硬	少	酸	无	扁卵	暗褐	47.3	0.30
两广猕猴桃	长圆	微凸	平、微凹	宿存	2.0	1.80~3.13	0.90~1.43	4.10	2.44	绿	薄	褐	圆	小	稀	糙	短	多	深绿	软	中	硬	少	酸	无	椭圆	褐	68.7	0.15~0.20
糙毛猕猴桃	长圆	微凸、平凹	平	宿存	0.8~1.45	1.49~2.50	0.88~1.36	5.40	0.76~2.85	深绿	薄	深褐	圆	小	中	糙	长	多	深绿	软	小	软	多	酸甜	无	椭圆	褐	48.2~91.6	0.15~0.25
粉毛猕猴桃	长圆	平	平	脱落	0.8	1.40~2.50	0.75~1.05	1.70	1.07	浅绿	薄	灰褐	圆	小	稀	茸毛	短	少	绿	中	中	软	少	酸甜	无	椭圆	褐	55.1	0.37
柱果猕猴桃	长圆	微凸	微凹	宿存	1.0	1.38~2.98	0.88~1.17	3.20	1.69	绿	薄	浅褐	近圆	小	稀	茸毛	短	少	绿	细	小	软	少	酸甜	无	椭圆	浅褐	129.1	0.23~0.28
早色猕猴桃	短圆	微凹	平	宿存	1.0~2.5	1.50~1.90	1.10~1.30	2.00	1.65	浅绿	薄	黄褐	圆	中	稀	茸毛	短	少	深绿	脆	小	硬	少	酸	无	扁卵	浅褐	266.7	0.30~0.50
密花猕猴桃	卵珠短圆	平	微凹	宿存	0.68~1.23	1.31~1.66	0.80~0.95	0.90	0.72	浅绿	薄	浅褐	圆	小	稀	茸毛	短	少	绿	细	小	软	中	无	无	圆	褐	29.4	0.08
革叶猕猴桃	卵珠	平有微尖	近圆、微凹	宿存	0.80~1.40	1.27~1.88	0.84~1.26	1.80	1.11	绿	薄	浅褐	长块	小	中	—	—	—	绿	细	小	软	多	无	无	圆	褐	11.4	0.60
华南猕猴桃	短圆	平	平	宿存	0.8	1.85	0.82	1.20	0.95	绿	薄	褐	圆	小	中	茸毛	短	少	绿	细	小	软	少	酸	无	扁卵	深褐	82.4	0.20~0.49

表3-2 不同种类猕猴桃的果实营养成分

种 类	糖分（%）			Vc（mg/100 g鲜果）	酸度（%）	可溶性固形物（%）
	还原糖	蔗糖	总糖			
中华猕猴桃	1.209～7.454	0.0062～2.883	1.261～8.028	20.24～179.96	0.880～2.562	5.0～19.5
美味猕猴猴	4.033～6.717	0.440～4.500	5.072～11.021	105.16～146.30	0.516～1.796	12.0～17.0
绿果猕猴桃	5.539	0.215	5.754	88.44	1.208	16.5
金花猕猴桃	3.479～5.966	0.381～0.963	4.436～6.347	58.08～71.74	0.769～1.750	10.5～11.0
毛花猕猴桃	1.502～5.166	0.020～0.427	1.929～5.186	317.90～1107.92	1.144～1.624	7.0～12.0
阔叶猕猴桃	2.177～5.694	0.0069～1.621	2.430～5.831	373.98～1046.54	1.143～2.562	6.5～16.0
中越猕猴桃	4.518～5.941	0.436～1.835	6.352～6.378	13.64～16.50	2.024～3.059	—
紫果猕猴桃	3.416	0.013	3.429	80.96	1.260	8.0
京梨猕猴桃	1.129～3.583	0.198～1.331	1.320～4.914	15.84～20.02	0.735～2.303	2.5～7.0
绵毛猕猴桃	0.188～2.433	0.036～0.904	0.376～3.337	14.52～33.88	0.821～3.251	5.0～8.0
美丽猕猴桃	1.1623	0.294	1.457	44.88	2.510	8.5
两广猕猴桃	1.8244	0.123	1.948	9.68	1.165	—
糙毛猕猴桃	0.988～2.073	0.128～1.188	1.292～2.921	23.10～35.42	1.714～2.262	8.0～9.5
粉毛猕猴桃	—	—	—	16.28	1.831	—
柱果猕猴桃	0.516～3.761	0.245～2.139	0.761～5.900	8.80～11.66	2.550～3.768	14.0
异色猕猴桃	0.793～1.487	0.224～0.657	1.017～2.144	12.54	1.086～1.190	3.0
密花猕猴猴	2.580	0.079	2.660	22.44	2.565	11.0
革叶猕猴桃	—	—	—	15.84	—	—
华南猕猴桃	1.677	0.347	2.024	22.44	—	9.0

3 猕猴桃的分布

猕猴桃属植物产于亚洲，分布于马来西亚至俄罗斯西伯利亚东部的广阔地带。

据目前所知，除宁夏、青海、新疆、内蒙古等省区外，我国各地几乎都有分布。

广西是猕猴桃主要产区之一，可以说从桂北到桂南、从桂东到桂西的广阔低中山区及丘陵地带都有猕猴桃属植物分布，其地理分布范围在北纬21°32′～26°21′，东经104°29′～112°04′。

广西猕猴桃属植物不同种类的主要分布区域及垂直分布均不同（表3-3）。从各地的分布种类数量来看，以桂北（含桂东北）的猕猴桃种类最多，资源最丰富，如龙胜、资源、三江、融水等地猕猴桃种类在10种以上，而且集中了经济价值较大的种类，如利用价值大的中华猕猴桃、美味猕猴桃、绿果猕猴桃和金花猕猴桃均集中分布于这一地区。其次为桂西北，再次为桂南和桂东南。其他地区猕猴桃种类较少，产量也较少。

从猕猴桃种类的地理分布来看，阔叶猕猴桃分布范围最广泛，广西有 50 多个县有分布，其地理分布范围包括了广西所有猕猴桃种类的分布范围。华南猕猴桃、绵毛猕猴桃、京梨猕猴桃等种类的分布也较广泛，达 16～25 个县（市、区）。经济价值较大的种类，如中华猕猴桃、美味猕猴桃、绿果猕猴桃集中分布在桂北和桂东北，以全州的庙头、永岁至灌阳的都庞岭连成一线作为东线、西抵融水的安太、大年，南起临桂的宛田，北至资源的梅溪、龙胜的平等、三江的林溪。其地理分布为北纬 25°33′～26°16′、东经 190°02′～111°。金花猕猴桃分布于临桂、龙胜、兴安、资源以及桂东南的贺州等县市，地理分布为北纬 25°33′～26°17′、东经 109°38′～111°35′。毛花猕猴桃的分布范围稍广于中华猕猴桃和金花猕猴桃，其地理分布为北纬 24°0′～26°16′、东经 108°33′～111°35′。中越猕猴桃则分布于桂西和桂南，地理分布为北纬 21°11′～23°33′、东经 105°35′～110°45′。广西特有的 11 种猕猴桃，分布范围均较狭窄，除纤小猕猴桃分布于平果、都安、马山外，绝大多数的种类仅分布于某一个县。

猕猴桃的各个种类在广西的分布高度也不同。中华猕猴桃分布高度的高差较大，分布于海拔 200～1800 m 的乔灌木林、残次林中，以海拔 400～1000 m 范围内的分布群较密、结果较多。阔叶猕猴桃不仅地理分布广，而且分布高度的高差较大，在海拔 80～1300 m 丘陵山地的路边、田边、山坡、山谷、山沟的灌丛和林下常见有分布，且植株普遍生长旺盛。金花猕猴桃大多出现在海拔 700～1500 m 的疏林或灌木丛中。毛花猕猴桃和京梨猕猴桃多生于海拔 300～1000 m 的高草灌丛中。中越猕猴桃分布海拔为 400～1300 m，一般多分布在海拔 600～900 m 的山地。其他种类多分布于海拔 300～1000 m 的地域。

表 3-3　广西各县猕猴桃属植物资源

地区	种数（个）	猕猴桃种类
龙胜	13	紫果、京梨、异色 *、华南、粗叶、金花、奶果、绵毛、阔叶、毛花、中华、美味 *、绿果
资源	12	紫果、圆果、京梨、异色 *、华南、金花、绵毛、阔叶、毛花 *、中华、美味、绿果 *
临桂	11	紫果 *、华南、京梨、金花、网脉 *、奶果、绵毛、阔叶、美丽 *、毛花、中华
兴安	10	京梨、异色、华南、金花、奶果、绵毛、阔叶、毛花 *、中华、美味 *
全州	8	京梨、华南、绵毛、阔叶、毛花 *、中华、美味 *、绿果 *
灵川	6	京梨、异色、华南、绵毛、阔叶、毛花
永福	5	异色、奶果、绵毛、阔叶、毛花
灌阳	5	异色 *、华南、阔叶 *、毛花 *、中华 *
平乐	4	美丽 *、绵毛 *、阔叶 *、毛花 *
恭城	3	华南、阔叶、毛花
阳朔	2	美丽、阔叶
荔浦	1	阔叶

续表

地区	种数（个）	猕猴桃种类
融水	15	紫果、毛叶、硬齿、京梨、柱果、钝叶、网脉 *、华南、耳叶、奶果、绵毛、糙毛、阔叶、毛花、中华 *
三江	7	京梨、华南 *、绵毛、阔叶、毛花、中华、美味
金秀	4	美丽、绵毛、阔叶、两广
象州	3	美丽 *、绵毛 *、阔叶 *
融安	2	华南、阔叶
鹿寨	1	阔叶 *
武宣	1	阔叶
罗城	7	广西、华南、绵毛、阔叶、毛花、糙毛、奶果
南丹	4	红茎、京梨、糙毛、革叶
东兰	3	华南、糙毛、阔叶
天峨	2	红茎、糙毛
巴马	2	糙毛 *、阔叶
环江	1	华南
河池	1	糙毛 *
都安	1	纤小
田林	9	楔叶、红茎、京梨、异色 *、奶果、粉毛、糙毛、密花 *、阔叶
凌云	9	红茎、革叶、京梨、异色、耳叶、毛花、绵毛、糙毛、阔叶 *
乐业	9	红茎、革叶、京梨、异色、奶果、毛花、绵毛、糙毛、阔叶 *
隆林	5	红茎、革叶、异色、糙毛、阔叶 *
那坡	4	京梨、中越、绵毛、糙毛
德保	3	中越、糙毛、阔叶
西林	1	糙毛 *
田阳	1	京梨
百色	1	阔叶
平果	1	纤小
武鸣	5	华南、耳叶、中越、绵毛、阔叶 *
龙州	4	圆叶、中越、丝毛、阔叶
上林	4	华南、中越、绵毛、阔叶
马山	5	华南、纤小、中越、绵毛、阔叶
宾阳	2	华南、耳叶

续表

地区	种数（个）	猕猴桃种类
横州	2	华南、耳叶
宁明	2	中越 *、阔叶
大新	1	团叶 *
扶绥	1	阔叶 *
邕宁	1	阔叶 *
上思	3	耳叶、中越、阔叶
防城	3	耳叶、中越 *、阔叶 *
钦州	1	阔叶 *
容县	8	京梨、异色、中越、绵毛 *、阔叶、美丽、两广、毛花 *
北流	4	美丽、绵毛、阔叶、毛花
平南	2	绵毛 *、阔叶 *
桂平	4	美丽 *、阔叶 *、绵毛 *、毛花 *
陆川	2	美丽 *、阔叶 *
博白	1	美丽
玉林	1	阔叶
贵港	1	阔叶
贺州	8	京梨、异色、华南、金花、美丽、阔叶、两广、毛花 *
钟山	6	异色、华南、美丽 *、绵毛 *、阔叶 *、毛花
富川	4	异色、华南、阔叶、毛花
蒙山	3	美丽 *、绵毛 *、阔叶 *
昭平	3	美丽、阔叶 *、两广、
苍梧	2	美丽、阔叶、
岑溪	1	绵毛
藤县	1	阔叶 *

注：有"*"的种类，为调查时在当地发现的新分布或新种类。

4 猕猴桃的生态环境及其特性

猕猴桃属植物生长发育与其生存环境有密切的关系，它们既有相似的生存环境和共同的生态特性，也表现出一定的各自特殊生态特性。

4.1 猕猴桃与温度的关系

广西猕猴桃属植物种类多、分布广，有些种类分布于热带北缘的桂南，有些种类分布于中亚热带南缘的桂北，而有些种类则从中亚热带南缘的桂北至热带北缘的桂南均有分布，各自对气温有一定的适应性。但总的来说，对气温要求不甚严格。以阔叶猕猴桃为例，它在广西的分布范围广泛，主要产区的历年平均气温 16.4～22.4 ℃，最热月（7 月）平均气温 26.3～28.9 ℃，最冷月（1 月）平均气温 5.6～14.8 ℃，绝对高温（5～9 月）36.9～40.4 ℃，绝对低温（12～2 月）2.3～8.4 ℃。在这样的气温条件下，阔叶猕猴桃都能正常生长发育。但调查结果表明，在历年平均气温 19.5～21.2 ℃时，植株生长旺盛，产量高，果实较大。另外，同一年份，桂南的物候期要比桂北的物候期早一个月。可见阔叶猕猴桃对气温要求有一个较适宜的范围（表 3-4）。

表 3-4 广西猕猴桃属植物的地理分布

种类名称	分布县数	分布县（市、区）	分布海拔（m）
紫果	4	龙胜、融水、资源*、临桂*	700～800
圆果	1	资源	1000～1200
广西	1	罗城	1000
圆叶	1	龙州	400
楔叶	1	田林	800
红茎	6	天峨、南丹、凌云、乐业、田林、隆林	300～1800
革叶	4	南丹、凌云、隆林、乐业*	1000 以上
毛叶硬齿	1	融水	750～1400
京梨	16	龙胜、资源、全州、兴安、临桂、灵川、三江、融水、南丹、田阳、凌云、乐业、田林、贺州、容县、那坡	570～1300
异色	14	隆林、凌云、乐业、田林*、兴安、灵川、永福、龙胜*、资源*、灌阳*、贺州、钟山、容县、富川	300～1135
柱果	1	融水	600～800
钝叶	1	融水	400
网脉*	2	融水*、临桂*	600～800
纤小	3	都安、平果、马山	900
华南	22	龙胜、资源、兴安、临桂、灵川、全州、恭城、灌阳、三江*、融水、融安、罗城、环江、东兰、马山、上林、武鸣、宾阳、横州、贺州、富川、钟山	600～1000
耳叶	7	融水、凌云、武鸣、横州、宾阳、上思、防城	450
粗叶	1	龙胜	500～1000
团叶	1	大新*	—

续表

种类名称	分布县数	分布县（市、区）	分布海拔（m）
金花	5	临桂、龙胜、资源、兴安、贺州	700～1500
中越	10	德保、那坡、龙州、宁明*、上思、防城*、武鸣、上林*、马山*、容县	600～1300
美丽	15	临桂*、平乐*、荔浦、蒙山、昭平、贺州、钟山*、苍梧、容县、北流*、陆川*、桂平*、博白、金秀、象州*	200～800
奶果	10	龙胜、临桂、永福、兴安、融水、罗城、武鸣、田林、凌云、乐业	400～1240
粉毛	2	田林、凌云	1270
密花	3	乐业、凌云、田林*	1100
绵毛	26	龙胜、资源、兴安、全州、临桂、灵川*、永福、平乐*、三江、融水、金秀、象州*、罗城、凌云、乐业、那坡、武鸣、上林、马山、岑溪、蒙山*、钟山、容县*、北流*、平南*、桂平*	300～960
糙毛	14	河池*、南丹、天峨、东兰、巴马*、罗城、凌云、乐业、田林、隆林、那坡、德保、西林*、融水	1000～1800
丝毛	1	南丹	—
阔叶	52	龙胜、资源、全州、兴安、临桂、永福*、灵川、平乐*、荔浦、阳朔、恭城、灌阳、贺州、富川、蒙山、昭平、梧州、钟山、玉林、容县、贵港、藤县*、平南*、桂平*、北流*、陆川*、龙州、宁明、武鸣、上林、马山*、扶绥*、邕宁*、百色、凌云*、乐业*、巴马、东兰、德保、田林*、隆林*、上思、防城*、钦州*、罗城、融水、融安*、三江、金秀、象州*、武鸣、鹿寨	80～1190
毛花	16	龙胜、资源*、临桂、灵川、永福、兴安、全州*、恭城*、灌阳*、平乐*、贺州*、富川、钟山*、三江、融水、罗城、桂平*、容县*、北流*	250～1100
两广	4	金秀、贺州、昭平、容县	250～1000
软毛	8	龙胜、资源、全州、兴安、临桂*、灌阳*、三江、融水*	200～1800
美味	5	龙胜*、资源、全州*、兴安、三江	800～1800
绿果*	3	资源*、龙胜*、全州*	800～1400

注：种名有"*"的为调查时新发现的种类；县名有"*"为调查时发现的新分布。

中华猕猴桃在广西分布于中亚热带的桂北和桂东北，分布区的历年平均气温16.4～19.8℃，7月平均气温26.3～28.8℃，1月平均气温5.9～9.4℃，绝对高温（6～9月）36.9～40.4℃，绝对低温（12～2月）-3.0～-8.4℃。正常年份，绝对低温-8.4℃，一般不会遭受冻害。但在气候反常的年份，如1982年3月初，分布于龙胜、资源两县的中华猕猴桃正在抽梢显蕾时，出现倒春寒，中高山地区气温大降，普遍下雪并出现冰冻，刚萌发的新梢受伤害枯萎，产量显著下降，由此表明中华猕猴桃虽有一定的耐寒性，但仍易遭受倒春寒的冻害。

金花猕猴桃、毛花猕猴桃对气温的适应性与中华猕猴桃相似。中越猕猴桃在广西分布于南亚热带地区，主要产区历年平均气温 18.7 ～ 22 ℃，最热月（7 月）平均气温 23.6 ～ 27.3 ℃，最冷月（1 月）平均气温 15.6 ～ 18.7 ℃，绝对高温（4 ～ 9 月）35.5 ～ 40.8 ℃，绝对低温（12 ～ 2 月）0.2 ～ 3.4 ℃，表明中越猕猴桃适应于较高气温条件下生长。

4.2　猕猴桃与水分的关系

猕猴桃分布区一般年降水量为 1045.8 ～ 1940.5 mm，相对湿度为 75% ～ 84%，这样的雨量和湿度能满足猕猴桃生长发育的要求。然而，猕猴桃多分布于丘陵山地，且多生长在山冲溪边及山腰比较阴湿不积水的乔灌木林中，很少出现在干燥的山脊灌木林和荒草坡地，这表明各种猕猴桃在长期的系统发育过程中，由于自然选择的结果，形成了对湿度要求较大，喜生长在潮湿而不渍水山地的生态特性。

4.3　猕猴桃与光的关系

猕猴桃植物个体生长发育与光照有密切的关系，不同地区的日照时数和猕猴桃不同种类的地理分布均有差异，因此各种类所得到的日照强度也不一样。阔叶猕猴桃分布最广泛，其分布区历年日照时数为 1255.2 ～ 1907.7 h，日照时数充足而变化大。中华猕猴桃分布区日照时数 1255.2 ～ 1634.7 h。金花猕猴桃和毛花猕猴桃分布区的日照情况与中华猕猴桃基本相似。中越猕猴桃分布区日照强度比中华猕猴桃、金花猕猴桃、毛花猕猴桃等种类的大，历年日照时数 1380.6 ～ 1800.8 h。各个种类分布区的日照时数可以说明各品种与光照有一定关系。但是，所有猕猴桃植物多生长在一定郁闭度的乔灌木林中，乔木层的盖度 40% ～ 60%。据调查所见，生长在郁闭度较大的林地的猕猴桃植株一般比较弱小，不结果，即使喜生于灌木丛中的华南猕猴桃、革叶猕猴桃等个体较弱小的种类，成年植株亦多攀缘在灌木上，这些灌木植物构成了它们的天然棚架。另外，猕猴桃在坡向、坡位的分布没有明显的规律，各种坡向、坡位均见有分布，且分布密度差异不大，但阴坡分布密度略大于阳坡。上述表明，猕猴桃属植物基本上属于半阴性植物，苗期需要一定的荫蔽，而成年植株则需要一定的光照。

4.4　猕猴桃与土壤的关系

猕猴桃属植物地理分布不同，分布区的土壤类型也有差异，但多为红壤、黄壤、黄棕壤。猕猴桃林地土壤性态（表 3-5）表明，猕猴桃林地土壤表土层较薄，有机质及速效钾的含量较高，氮、磷的含量较低，土壤呈强酸性，土壤肥力中等，说明猕猴桃植物对土壤要求不严。但调查结果表明，猕猴桃植物生长在疏松肥沃，腐殖质较丰富的砂壤土的条件下，植株长势旺盛，开花结果较多。

表3-5 猕猴桃分布区土壤性态

采样地	剖面	层次	厚度（cm）	颜色	pH值	有机碳（%）	有机质（%）	全氮（%）	全磷（%）	速效钾（mg/100 g 土）
德保	1	1	1～12	黑	4.9	4.1342	7.1274	0.3383	0.0631	11.4
		2	13～20	褐、黄	4.4	1.5814	2.7263	0.1645	0.0446	1.9
		3	21～50	黄	4.3	0.4981	0.8587	0.1201	0.0370	1.5
全州	2	1	1～10	灰、黑	5.1	3.6227	6.2615	0.6236	0.0315	12.25
		2	11～29	黑、黄	4.8	1.7250	2.9739	0.2327	0.0226	5.0
		3	30～37	灰、黄	4.8	0.6905	1.1904	0.0719	0.0195	4.5
		4	74～126	黄	4.8	0.5438	0.9375	0.0572	0.0192	4.0
融水	3	1	1～2	黑	4.9	10.5662	18.2161	1.5225	0.0448	33.5
		2	3～22	黄、黑	4.8	2.7282	4.7208	0.3398	0.0307	6.5
		3	22～35	黄	4.8	1.6078	2.8092	0.2019	0.0221	9.0
		4	36～100	—	4.8	0.8432	1.4527	0.1716	0.0203	8.5
乐业	4	1	1～18	灰、棕	4.5	3.7052	6.3878	0.6194	0.0517	3.5
		2	19～40	灰、黄	4.7	1.6811	2.8982	0.2911	0.0414	3.5
		3	41～80	淡黄	4.7	0.7667	1.3218	0.2601	0.0382	3.0
		4	81～130	黄	4.8	0.6495	1.1197	0.1721	0.0375	2.5

4.5 主要的伴生植物

由于各地气候干湿程度和岩石基质不同，故各地植被类型也不同，构成植被的植物种类也不尽相同，因此猕猴桃伴生植物种类也不一样。现概括主要的伴生植物。

猕猴桃林地乔木层主要树种有松树、杉树、板栗、枫树、樟树、山苍子、米椎、大叶椎、青岗栎、栓皮栗、漆树、荷木、亮皮树、泡桐、樱桃、野桂皮、香椿、野柿、乌桕及棕榈等。乔木层郁闭度40%～60%。由于乔木层郁闭度小，林下灌木生长较茂盛，主要灌木有茅栗、盐肤木、白背娘、柃木、山胡椒、茶、油茶、油桐、杜鹃、算盘子、五指牛奶、棠梨、夹竹桃、山楂、粗叶悬钩子、吊杆泡、野兰淀、水竹、苦竹等。灌木层下还生长有巴箕、芒箕、菝葜及各种蕨类和杂草，以及葛麻藤、松筋藤和金银花等藤本植物。猕猴桃植物多生长在上述树种组成的乔灌木林中，且多攀缘在乔灌木上，这些乔灌木植物构成了猕猴桃的天然阴棚和棚架。

5 猕猴桃良种选择

广西猕猴桃仍有不少处野生状态，种类繁多，果实形状、大小、品质及成熟期很不一致，且大小年显著，直接影响鲜果的销售和现代化工业生产，需采用良种进行人工栽培，建立生产基地。因此，结合资源调查，开展了猕猴桃的良种选择工作。

5.1　类型选择

猕猴桃植物在进化过程中，由于自然变异，不仅不同种类的植物学特征特性及经济性状有很大区别，而且同一种类的不同个体也存在较大差异。如中华猕猴桃，果实形状有长圆形、短圆形、凹底形、桃形、肾形等；平均果重达 90 g，小的仅 22.54 mg；果实可溶性固形物高的达 19.5%，低的仅 5%；Vc含量高的达 179.96 mg/100 g 鲜果，低的仅 22.24 mg/100 g 鲜果。因此，我们以果实形状、颜色覆被物、果实大小、品质、产量等因子作为划分类型的主要依据，将中华猕猴桃、美味猕猴桃、金花猕猴桃、毛花猕猴桃、阔叶猕猴桃、中越猕猴桃等经济价值较大的种类初步划分出几个类型。

从表 3-6、表 3-7 可知，猕猴桃各个种类根据果实性状均可划分出不同的类型。中华猕猴桃划分出的类型较多，其中以桂软扁圆果的果实较大，桂软椭圆果、桂美扁圆果、桂软长圆果等次之；果实Vc 含量以桂美凹底果最高，其次为桂软扁圆果、桂美扁圆果和桂美长圆果等。从综合性状进行分析，桂软长圆果植株生长旺盛，叶片较大，中果枝结果，每果序一个果，少有两个果；果实长圆形、果顶平或微凸，果蒂平成圆或稍凹；果实较大、外观好，品质较佳，既可作鲜品销售，也适于加工成罐头。因此，可以认为桂软长圆果是较优良的果型，可在生产上推广。

桂金长褐果、桂毛短圆果、桂阔长圆果、中越长棕果等类型为各个种类的优良类型，如桂毛短圆果和桂阔长圆果的果实 Vc 含量特高，分别达 1197.92 mg/100 g 鲜果和 1046.54 mg/100 g 鲜果。因此，这些类型不仅是培育良种的理想亲本材料，而且是发展生产的良好种质。

5.2　优株选择

猕猴桃属植物由于自然变异，群体间和个体都存在较大的差异，这为选育良种提供了丰富的材料。结合资源调查和类型选择，采用专业队伍调查与群众报优相结合的方法，开展中华猕猴桃、美味猕猴桃、绿果猕猴桃、金花猕猴桃、毛花猕猴桃、阔叶猕猴桃、中越猕猴桃等种类的优良单株选择。以果实大，果皮较光滑无毛，丰产性较好，风味佳或具特殊性状等为选优标准，至 1982 年，初选出中华猕猴桃的优良单株 10 株，美味猕猴桃 2 株，绿果猕猴桃、金花猕猴桃、毛花猕猴桃、阔叶猕猴桃、中越猕猴桃等种类各 1 株，共 17 株。但因交通不便，有些单株未能系统观察，仅对桂软 1 ~ 7 号、桂绿 1 号做了 3 年的开花结果习性观察，以及单株产量和果实性状测定，然后进行综合性状评比。桂软 1 号、3 号、7 号，桂绿 1 号等被评为中选优株，其果实特征特性见表 3-6。

（1）桂软 1 号。选自龙胜，树龄约 9 年，植株生长于海拔 900 m 左右坡地，攀缘在高大的杉树、板栗树上，株高 10 m 左右，树势强，茎径 9.7 cm，冠幅 13.5 m²，比较高产稳产，1979 年株产果 40 kg，1980 年株产果 41.5 kg，1981 年株产果 37.5 kg，果实较大，含糖量高，作鲜食水果和加工利用均有较大价值，但抗病力较弱。

（2）桂软 3 号。选自龙胜，树龄约 57 年，植株生长于海拔 900 m 左右一户农民的屋旁，冠幅

$24\,m^2$，1981 年株产果 30 kg，1982 年株产果 35 kg，1983 年株产果 15 kg，果实大，最大单果重达 114.2 g，为广西果实最大的优株，果肉细腻，汁多，清香，作鲜食水果较为理想，缺点是抗病力较弱。

（3）桂软 7 号。与桂软 3 号是姊妹株，1981 年株产果 20 kg，1982 年株产果 25 kg，1983 年株产果 15 kg。果实大而均匀，果肉黄色，细腻，甜且浓香，但与桂软 1 号、3 号一样，抗病力较弱。

（4）桂绿 1 号。选自全州，树龄约 15 年，植株生长旺盛，叶柄紫红色，叶痕隆起，混合芽长在隆起的叶痕上，物候期较迟，比较稳产，1981 年株产果 22.5 kg，1982 年株产果 25 kg，1983 年株产果 20 kg，果实大，最大单果重达 100 g，且大小均匀，长圆形，幼果期被锈色长硬毛，果熟时期脱落，仅两端残留少量的毛，果肉翠绿色，细腻，汁多，清香，作鲜销和加工利用均有较大价值，且植株抗性较强，果实较耐贮藏，为比较理想的优株。

表 3-6　猕猴桃不同类型果实特征特性 1

类型名称		桂软长圆果	桂软短圆果	桂软椭圆果	桂软扁圆果	桂软凹底果	桂软肾形果	桂软桃形果	桂美凹底果	桂美扁圆果	桂金长褐果
果形		长圆	近圆	椭圆	扁圆	圆	肾形	桃形	短圆	扁圆	长圆
果顶		平微凸	圆微凸	凸	凸	凹	平	凸	微凹	平	凸
果蒂		圆平微凹	平圆微凸	平圆微凸	平凹	凹	圆微凸	微凹	微凹	平	平
果实大小	纵径（cm）	5.42	3.70	4.80	5.56	4.34	4.65	4.6	3.71	4.70	3.91
	横径（cm）	4.36	3.77	4.04	4.37	4.37	4.81	5.75	3.39	4.70	3.14
	最大果重(g)	78	37.2	80	80	100	61.6	56.3	47.3	68.5	32.5
	平均单果重（g）	55.56	22.85	56.80	59.95	54.68	48.64	36.14	24.40	55.58	25.30
果皮颜色		黄褐、黄绿	淡褐	青绿、黄褐	黄褐、青绿	黄褐、黄绿	绿褐	绿褐	暗绿	绿	深褐
果点	颜色	淡褐、褐	黄褐	褐	黄褐	褐黄、褐	褐	褐	黄褐	黄	褐
	形状	近圆	圆不规则	长圆	近圆	圆	块状	圆	近圆	圆	圆
	大小	中	中	大	小	中	大	小	中	大	小
	稀密	中	密	密	稀	密	稀	稀	密	密	密
毛茸	种类	软	软	软	软	软	软	软	硬	硬	软
	长短	短	短	短	短	短	短	短	短粗	短	短
	稀密	稀	稀	密	稀	稀	稀	稀	稀	密	少
果肉	颜色	黄白、淡绿	白黄、淡绿	黄白、黄绿	黄绿	黄绿、淡黄	淡绿	黄绿、浅绿	绿	黄绿	淡绿
	质地	细	细	中	细	细	细	细	粗	细	细

续表

类型名称		桂软长圆果	桂软短圆果	桂软椭圆果	桂软扁圆果	桂软凹底果	桂软肾形果	桂软桃形果	桂美凹底果	桂美扁圆果	桂金长褐果
果心	大小	中	中	大	大	中	中	中	大	大	小
	质地	硬、软	硬、软	硬、软	软	软	软	软	软	软	软
汁液多少		多	多	多	多	多	多	多	多	多	多
风味		甜	甜酸	酸甜	酸甜	酸甜	酸甜	酸甜	酸	甜	酸甜
香气		清香	香或无	香	香	清香	香	香	无	香	香
种子	颜色	黄褐	棕褐	褐	棕褐	棕褐	—	棕褐	褐	深褐	褐
	单果种子数（粒）	378	308.7	361.5	405.3	352.4		324	658	287	—
	千粒重（g）	1.38	1.49	1.35	1.42	1.35	—	1.5	1.45	1.4	1.65
糖分（%）	还原糖	4.02	4.16	4.77	4.06	3.90	5.24	5.21	6.52	4.63	3.47
	蔗糖	1.22	1.81	1.18	2.11	0.38	0.54	0.18	4.50	0.44	0.96
	总糖	5.23	5.98	5.95	6.17	4.27	5.78	5.48	11.02	5.07	4.44
Vc（mg/100 g 鲜果）		96.42	68.75	74.69	106.92	61.45	49.5	69.01	146.3	125.16	71.72
酸度（%）		2.01	2.04	1.87	2.04	2.07	1.98	2.19	1.80	0.57	1.75
可溶性固形物（%）		13.3	10.2	15.3	12.3	9.3	14.5	11	13.5	17	11

表 3-7　猕猴桃不同类型果实特征特性 2

类型名称		桂金短褐果	桂金长绿果	桂金短绿果	桂毛长圆果	桂毛短圆果	桂阔长圆果	桂阔短圆果	桂阔小圆果	中越黄棕果	中越黄褐果
果形		短圆	长圆	短圆	长圆	近圆	长圆	近圆	圆	长圆	长圆
果顶		平微凹	微凸	平	平	微凸	凸	平凹	凹	凸	凹平
果蒂		平	平	平	平	平	平	平	平	凹平	平
果实大小	纵径（cm）	3.25	3.38	2.35	3.81	3.36	2.81	2.01	1.54	2.59	2.07
	横径（cm）	2.74	3.05	2.29	2.82	2.62	1.58	1.54	1.2	2.12	1.96
	最大果重(g)	18	22.4	15.9	22.5	19.5	10.9	8.4	1.6	13.9	7.4
	平均单果重（g）	13.25	19.02	9.32	18.02	15.92	7.65	6.04	1.23	7.69	4.46
果皮颜色		深褐	淡绿	绿	灰褐	灰褐	淡绿	绿	深绿	黄棕	黄褐

续表

类型名称		桂金短褐果	桂金长绿果	桂金短绿果	桂毛长圆果	桂毛短圆果	桂阔长圆果	桂阔短圆果	桂阔小圆果	中越黄棕果	中越黄褐果
果点	颜色	褐	银白	银白	—	淡褐	白	黄褐	黄褐	黄棕	褐
	形状	圆	长圆	圆	—	圆	近圆	近圆	圆	圆	圆
	大小	小	小	小	—	小	中	小	小	小	小
	稀密	较密	密	密	—	稀	中	密	密	中	中
毛茸	种类	—	软	软	绒	绒	细	软	稍硬	—	—
	长短	—	短	短	长	长	短	短	长	—	—
	稀密	无	少	少	密	密	稀	稀	密	—	—
果肉	颜色	黄绿	黄绿	黄绿	绿	绿	深绿	绿	深绿	绿	暗褐
	质地	细	细	细	细	细	细	细	细	细	细
果心	大小	中	小	中	大	小	中	大	中	小	小
	质地	软	软	软	稍硬	脆	稍硬	硬	硬	软	软
汁液多少		多	多	多	多	多	少	少	少	多	多
风味		甜	酸甜	甜	甜	甜	酸	酸	酸	酸甜	酸甜
香气		香	香	香	香	香	无	无	无	无	无
种子	颜色	深褐	黄褐	褐	褐	黄褐	浅褐	浅褐	褐	褐	褐
	单果种子数（粒）	166	174.5	99.2	629	531.3	154.2	153.4	—	—	—
	千粒重（g）	1.45	1.3	1.26	0.8	0.8	0.8	0.7	—	1.4	1.2
糖分（%）	还原糖	—	—	5.97	1.50	3.52	3.28	5.69	—	5.94	4.52
	蔗糖	—	—	0.78	0.43	0.056	1.62	0.14	—	1.83	1.84
	总糖	—	—	6.35	1.92	3.58	4.90	5.83	—	6.38	6.36
Vc（mg/100 g 鲜果）		—	—	58.08	822.14	1107.92	1046.54	908.82	—	16.5	13.64
酸度（%）		—	—	0.27	1.25	1.62	2.56	1.86	—	3.06	2.45
可溶性固形物(%)		13.2	9.5	10.5	7	9	16	10	—	—	—

表 3-8 猕猴桃中选优株果实特征特性

| 优株号 | 果实外观 | | 果实大小 | | | | 果肉 | | | 种子 | | | 糖分（%） | | | Vc（mg/100 g 鲜果） | 酸度（%） | 可溶性固形物（%） |
	形状	皮色	茸毛	纵径（cm）	横径（cm）	最大果重（g）	平均果重（g）	颜色	质地	香气	颜色	单果种子数（粒）	干粒重（g）	还原糖	蔗糖	总糖			
桂软1号	椭圆	青绿色	少	4.98	4.04	80.5	65.9	黄白色	细软	清香	褐色	259	1.15	4.06	2.32	6.38	72.24	1.8	19.5
桂软3号	凹形	黄褐色	稀少	5.36	5.39	114.2	90.5	黄白色	细软	清香	棕褐色	570.8	1.73	3.87	1.64	5.51	62.7	1.36	12.5
桂软7号	圆	黄褐色	较密	4.98	5.08	93	83.9	黄绿色	细	浓香	深褐色	635.5	1.67	5.15	0.15	5.3	69.12	2.04	14.7
桂绿1号	长圆	暗绿色	较多	5.59	4.13	100	74.9	翠绿色	细嫩	清香	深褐色	368	1.2	5.54	0.22	5.76	88.44	1.21	16.5

第四章 广西中华猕猴桃和美味猕猴桃资源分布及品种选择

中华猕猴桃和美味猕猴桃是猕猴桃属植物中果实最大，风味好，营养丰富，利用价值较高的种类。我国野生猕猴桃资源丰富，广西是主要产区之一，且有较大的蕴藏量。为摸清其在广西的资源分布情况，为研究和开发利用提供科学依据，广西植物研究所从 1980 年开始在有关部门的配合下，对广西中华猕猴桃和美味猕猴桃的资源分布及品种进行了调查。

1 种群资源

1.1 品种资源

根据梁畴芬对猕猴桃属的分类研究，将原中华猕猴桃种群划分为 3 个种、4 个变种。

中华猕猴桃又称软毛猕猴桃（*A. chinensis* Planch），下分红肉猕猴桃 [*A. chinensis* Planch var. *rufopulpa* （C. F. Liang et R. H. Huang）C. F. Liang et A. R. Ferguson] 和井岗山猕猴桃 [*A. chinensis* Planch. var. *jinggangshanensis* （C. F. Liang）C. F. Liang et A. R. Ferguson] 2 个变种。美味猕猴桃又称硬毛猕猴桃 [*A. deliciosa* （A. Cheval.）C. F. Ling et A. R. Ferguson]，下分长毛猕猴桃 [*A. deliciosa* var. *longpila* （Ling et Wang）C. F. Liang et A. R. Ferguson] 和绿果猕猴桃 [*A. deliciosa* var. *chlorcarpa* （C. F. Liang）C. F. Liang et A. R. Ferguson] 2 个变种。刺毛猕猴桃 [*A. setosa* （Li）C. F. Liang et A R. Ferguson]。

广西产 2 个种和 1 个变种，即中华猕猴桃（软毛猕猴桃）、美味猕猴桃（硬毛猕猴桃）和绿果猕猴桃。

中华猕猴桃别名阳桃、羊桃藤、藤梨等，为大型落叶藤本。幼枝被有灰白色茸毛，老时秃净；隔年枝皮孔长圆形，比较显著或不甚显著，髓白色至淡褐色，片层状。叶纸质，倒阔卵形至倒卵形或阔卵形至近圆形，长 6～17 cm，宽 7～15 cm，顶端截形并中间凹入或具突尖、急尖至短渐尖，基部钝圆形，截平形至浅心形，边缘具脉出的直伸睫状小齿；叶面深绿色，无毛或中脉和侧脉上有少量软毛，叶背苍绿色，密被灰白色或淡褐色星状茸毛，侧脉 5～8 对，常在中部以上分歧成叉状，侧脉比较发达易见，网脉不明显。单花腋生或聚伞花序 1～3 花，初放时白色，开放后变淡黄色，有香气，直径 1.7～4.0 cm；萼片 3～7 枚，通常 5 枚，阔卵形至卵状长圆形，两面密被黄褐色茸毛；花瓣 5 片，阔倒卵形，长 0.8～2.0 cm，宽 0.6～1.7 cm；雄蕊 29～48 枚，花丝狭条形，长 5～10 mm，花药黄色，长圆形，长 1.5～2.0 mm，基部叉开或不叉开，子房球形，横径 0.2～0.8 cm，纵径 0.2～0.8 cm；密被金黄色茸毛；花柱狭条形。果黄褐色、绿色等，形状多样，纵径 3.7～5.6 cm，横径 3.4～4.8 cm，被茸毛，成熟时秃净，具小而多的淡褐色至褐色斑点。染色体数目为 2n=58。

美味猕猴桃，有别于中华猕猴桃的是小枝、叶柄和果实均被黄褐色长糙毛或长硬毛。染色体数目为 6n=174。当今一些国外果树文献仍然将美味猕猴桃混称为 *A. chinensis* planch.，俗名叫中国醋栗（Chinese gooseberry）或奇异果（kiwifruit）。

绿果猕猴桃，属美味猕猴桃种群的变种，有别于美味猕猴桃的是枝条、果皮上的粗糙茸毛易脱落，果实成熟时毛被几乎脱落，仅在两端有少数残留，果皮呈暗绿色，果肉翠绿色，叶痕大而隆起，物候期较晚。

1.2 分布

在广西，中华猕猴桃和美味猕猴桃分布范围多集中于北部和东北部的龙胜、资源、全州、兴安、临桂、灌阳、三江、融水等地；绿果猕猴桃分布范围小，仅分布于龙胜、资源和全州等县。它们在水平分布上呈现出交错、重叠现象，在垂直分布上也同样表现出这一现象。中华猕猴桃多分布在海拔 200 ~ 1800 m 的疏林、残次林中；美味猕猴桃多分布在海拔 800 ~ 1800 m；绿果猕猴桃则多分布在海拔 800 ~ 1400 m。总的来说，这 3 种猕猴桃均以海拔 400 ~ 1100 m 的群体较密。

1.3 蕴藏量

广西以中华猕猴桃的蕴藏量最大，美味猕猴桃次之，绿果猕猴桃较少。以中华猕猴桃进行统计，年蕴藏量为 150 多万 kg，其中以龙胜、资源、三江和全州等地最大。龙胜的年蕴藏量约为 500 t，资源约为 450 t，三江次于资源。

2 生态环境及其特性

中华猕猴桃与其生存环境有密切的关系，表现了一定的生态特性。美味猕猴桃、绿果猕猴桃的生态特性与中华猕猴桃基本相似，现以中华猕猴桃为例进行分析。

2.1 温度

中华猕猴桃分布于桂北和桂东北的低中山丘陵地区，属中亚热带山地气候。根据有关气象资料，分布区的年平均气温为 16.4 ~ 19.8 ℃，7 月平均气温 26.3 ~ 28.8 ℃，1 月平均气温 5.6 ~ 9.4 ℃，绝对高温 36.9 ~ 40.4 ℃，绝对低温 –3.0 ~ –8.4 ℃。由此可见，分布区的气温有一定的变化幅度，在这样的气温条件下，中华猕猴桃均能正常生长发育，表明它对温度的适应性较强。在正常年份，一般不遭受冻害。但在气候反常的年份，如 1982 年 3 月初，分布于龙胜、资源的中华猕猴桃已抽梢现蕾，此时出现了倒春寒，中高山区气温显著下降，普遍降雪，刚萌发出的新梢遭受冻害，大部分枯死，产量显著下降。由此可知，中华猕猴桃虽然较耐寒，但遇到严重倒春寒的气候也会遭受冻害。

2.2 水分

中华猕猴桃分布区的年降水量为1298.0～1894.1 mm，降水集中在4～8月，占全年降水量的63.8%～72.8%，相对湿度为75%～82%。从立地条件来看，中华猕猴桃多分布于山冲溪边及山腰缓坡比较阴湿的、排水良好的疏林中，很少发现在较干燥的山脊灌木林中，荒草坡几乎未见有分布，表明中华猕猴桃具有喜湿的生态特性。

2.3 光照

中华猕猴桃个体生长发育与光照有密切关系。分布区年平均日照时数为1255.2～1634.7 h，光照较强，而中华猕猴桃多生长在有一定郁闭度的乔灌疏林中，成年植株都缠绕至乔灌木的树冠上，这表明成年植株需要较多的光照。中华猕猴桃在不同坡向、坡位的分布没有明显的规律，但阴坡分布密度略大于阳坡。可见中华猕猴桃是半阴性植物，苗期需要一定的阴蔽，而成年植株则需要一定的光照。

2.4 土壤

据调查，中华猕猴桃分布区林地土壤多为红壤、黄壤和黄棕壤，土壤肥力见表4-1。

表4-1　中华猕猴桃林地土壤肥力

采样地	剖面	层次	深度（cm）	颜色	pH值	有机碳（%）	有机质（%）	全氮（%）	全磷（%）	速效钾（mg/100 g 土）
全州	1	1	1～10	灰、黑	5.1	3.6337	6.2645	0.6236	0.0315	12.25
		2	11～29	灰、黑、黄	4.8	1.7250	2.9739	0.2327	0.0236	5.00
		3	30～73	灰、黄	4.8	0.6905	1.1904	0.0719	0.0195	4.50
		4	74～126	黄	4.8	0.5438	0.9375	0.0572	0.0192	4.00
融水	2	1	1～2	黑	4.9	10.5662	18.2161	1.5235	0.0448	33.50
		2	3～22	黄、黑	4.8	2.7383	4.7208	0.3398	0.0307	6.50
		3	23～35	黄	4.8	1.6078	2.8063	0.2019	0.0221	4.00
		4	36～100	黄	4.8	0.8432	1.4537	0.1716	0.0203	3.50

从表4-1可知，土壤呈酸性，表土层较薄，有机质及速效钾的含量较高，氮、磷的含量较低，土壤肥力中等，说明中华猕猴桃对土壤要求不高。

2.5 伴生植物

中华猕猴桃多分布于疏林中，乔木层主要树种有马尾松（*Pinus Massoniana*）、杉木（*Cunninghamia* lanceolata）、板栗（*Castanea mollissima*）、枫香（*Liquidambar formosana*）、香椿（*Toona sinensis*）、樟（*Cinnamomum camphora*）、甜槠（*Castanopsis eyrei*）、水青冈（*Fagus longipetiolata*）、栓皮栎（*Quercus variabilis*）、青冈栎（*Quercus glauca*）、野漆树（*Rhus succedanea*）、光皮桦（*Betula luminifera*）、泡桐（*Paulownia fortunei*）、毛桂（*Cinnamomum appelia-num*）等。灌木层植物有短柄樱桃（*Prunus brachypoda*）、野柿（*Diospyros kaki* var. *silvestris*）、棕榈（*Trachycarpus fortunei*）、茅栗（*Castanea sequinii*）、盐肤木（*Rhus chinensis*）、木姜子（*Litsea cubeba*）、山茶（*Camellia caudata*）、油茶（*camellia oleifera*）、油桐（*Varnicia fordii*）、岭南杜鹃（*Rhododendron Mariae*）、杜鹃花（*Rhododendron simsii*）、算盘子（*Glochidion puberum*）、花竹（*Phyllostachys nidularia*）、水竹（*Phyllostachys congesta*）、苦竹（*Pleiobiastus amarus*）等。草本植物有芦苇（*communis*）、淡竹叶（*Lophatherum gracile*）及各种蕨类和杂草，还有野葛（*Pueria lobata*）和金银花（*Lonicera Macrantha*）等藤本植物。中华猕猴桃是在由上述伴生植物组成并具有一定郁闭度的乔灌木疏林中生长的。

总之，中华猕猴桃在长期的系统发育过程中形成了较耐寒、喜湿、半阴性、对土壤要求不严格的生态特性。因此发展猕猴桃生产，要注意选择土壤疏松、比较湿润，有一定坡度，排水良好的沙质壤土的林地，苗期需采取一定的遮阴措施。

3 生物学特性

3.1 物候期

中华猕猴桃、美味猕猴桃和绿果猕猴桃的物候期略有不同，前两种的物候期基本相似，于 2 月下旬至 3 月上旬开始伤流，3 月中下旬萌芽抽梢，现蕾期与抽梢期相同，4 月上中旬开花，7 月下旬至 8 月上旬果实定形，9 月中旬成熟。绿果猕猴桃的物候期比上述两者晚 10 天左右。如 1984 年，中华猕猴桃于 4 月 18 日进入盛花期，而绿果猕猴桃的盛花期在 4 月 30 日。不同年份的物候期也不同，如中华猕猴桃 1983 年于 4 月 10 日开花，而 1984 年则于 4 月 17 日开花。物候期还与海拔高度有关，随着海拔高度的递增而推迟。在广西植物研究所试验地（海拔 154 m）栽培的植株，1983 年 4 月 10 日开花，而长在龙胜江底乡高丰的植株（海拔 900 m）则于 4 月 26 日才开始开花。

3.2 根的生长特性

中华猕猴桃根的皮层很厚，多汁，初生根白色，不久便转为淡黄色，老根黄褐色，表面有裂纹。老根转为黑色时则失去生机，由基部长出新根替代。

主根在出苗时较明显，当出现 5 ～ 6 片叶子时便停止生长，被侧根所代替。早春播种，年终观察时，主根已不明显，而出现 5 ～ 6 条长 25 cm 左右的侧根，同时，在这些侧根及其基部上长出大量须根，形成发达的圆盆形根系。

中华猕猴桃枝根埋入土中，从节间附近可长出不定根，受伤根或起苗后残留土中的根可产生不定芽，不定芽继续生长便成为新的植株。在生产上可用较粗壮的侧根进行繁殖育苗。试验结果表明，用粗 0.5 cm、长 5 ～ 7 cm 的侧根扦插育苗，成苗率可达 80% 以上。

3.3　枝蔓生长特性

中华猕猴桃为落叶藤本植物，幼枝缠绕他物生长。实生苗的第一年生长较缓慢，1 年生苗高 17 ～ 133 cm，随后生长逐年加快，到了生长旺盛期，春梢生长很快，新梢一天能伸长 10 ～ 15 cm，当年生枝蔓一般长 3 ～ 4 m，最长可达 8 m。

中华猕猴桃枝蔓可分为主蔓枝、侧蔓枝、徒长枝、生长枝、结果母枝和结果枝等类型。

枝蔓的长势与季节有关。春季除主蔓上抽生的枝蔓生长粗壮外，从侧蔓或结果母枝上抽生的结果枝长势中等，开花结果时停止生长。夏季萌发的夏梢，生长迅速，枝条粗壮且萌发期长，可持续至初秋。中华猕猴桃枝蔓萌发率很高，春梢多为结果枝；夏梢和秋梢为生长枝，且有部分生长枝发育为徒长枝，长势过于旺盛，会消耗大量养分，一般应及早剪去徒长枝和过多的生长枝，促进高产稳产。

3 种猕猴桃中，以绿果猕猴桃长势最好，美味猕猴桃中等，中华猕猴桃较差。

3.4　开花结果特性

中华猕猴桃为雌雄异株植物，实生苗 3 ～ 4 年开花，嫁接苗雌雄株均能在定植后第二年开花。雄株较雌株易形成花枝，花枝较短且花的数量多。花期较集中，单株花期 5 ～ 7 天，成片植株花期为 10 ～ 15 天。单花开放历时 2 天，开花时间多在 4：00 ～ 8：00。扬粉一般在 8：00 左右。

雌株抽生的结果枝有长果枝、中果枝和短果枝之分。花期很短，单株花期为 5 ～ 7 天，比雄株迟开 1 天左右。单花开放历时 2 天，授粉后 2 ～ 3 天花谢，花瓣从花托部位脱落。中华猕猴桃的果实为浆果，自受精后子房就开始发育，特别是花谢后半个月内发育迅速，6 月中下旬出现生理落果，7 月下旬至 8 月上旬果实基本定形，9 月中旬成熟，果实从开始发育至成熟约需 150 天。

4　品种选择

中华猕猴桃与美味猕猴桃的植物学特征有所不同，在同一种内不同群体和个体的果实形状、大小、品质、成熟期很不一致，平均果重大的可达 90 g，最小的仅 22.5 g，最大单果重达 114 g；可溶性固形物高的达 19.5%，低的仅 5%；每 100 g 鲜果 Vc 含量高的达 179.96 mg，低的仅 20.24 mg，这直接影响开发利用。因此，进行人工栽培时，必须选用良种，以提高产量和产品质量，我们结合资源调查，开展了中华猕猴桃种群的类型选择工作。我们以果实形状、颜色、被覆物、经济性状、产量等因子作为划分类型的主要依据，将中华猕猴桃和美味猕猴桃初步划分为以下品种（表 4-2）。

表4-2　中华猕猴桃、美味猕猴桃不同品种的果实性状

类型名称	果形	果顶	果蒂	果实大小				果皮颜色	果点				毛茸			果肉		果心		汁液多少	风味	香气	种子			糖分（%）			Vc mg/100 g鲜果	酸度/%	可溶性固形物/%
				纵径/cm	横径/cm	最大果重/g	平均单果重/g		颜色	形状	大小	稀密	种类	长短	稀密	颜色	质地	大小	质地				颜色	单果种子数/粒	千粒重/g	还原糖	蔗糖	总糖			
桂软长圆果	长圆	平微凸	平圆微凹	5.4	4.4	78.0	55.6	黄褐	淡褐	近圆	中	中	软	短	稀	淡黄绿	细	中	硬软	多	甜	清香	黄褐	378.0	1.4	4.0	1.2	5.2	96.3	2.0	13.3
桂软短圆果	近圆	圆微凸	平圆微凸	3.7	3.8	37.2	22.9	淡褐	黄褐	不规则	中	密	软	短	密	淡黄绿	细	中	硬软	多	甜酸	香	棕褐	308.7	1.5	4.2	1.8	6.0	68.8	2.0	10.8
桂软椭圆果	椭圆	凸	平圆	4.8	4.0	80.0	56.8	青绿	褐	长圆	大	密	软	短	密	黄绿	中	大	硬软	多	酸甜	香	褐	361.5	1.4	4.8	1.2	6.0	75.0	1.9	15.3
桂软扁圆果	扁	凸	平微凹	5.6	4.4	80.0	60.0	黄褐	黄褐	近圆	小	稀	软	短	密	黄绿	细	大	软	多	酸甜	香	棕褐	405.3	1.4	4.5	2.1	6.6	106.9	2.0	12.3
桂软凹底果	圆	凹	凹平	4.3	4.4	100.0	54.7	黄褐	黄褐	近圆	中	稀	软	短	稀	淡黄绿	细	中	软	多	酸甜	清香	棕褐	352.4	1.4	3.9	0.4	4.3	61.5	2.1	9.3
桂软肾形果	肾形	平	凹	4.7	4.8	61.6	48.6	绿褐	褐	块状	大	稀	软	短	稀	淡绿	细	中	软	多	酸甜	香	—	—	—	5.2	0.5	5.7	49.5	2.0	14.5
桂软桃形果	桃形	凸	圆微凹	4.6	3.8	56.3	36.1	绿褐	淡褐	圆	小	稀	软	短	密	淡黄绿	细	中	软	多	酸甜	香	棕褐	324.0	1.5	5.3	0.2	5.5	69.0	2.2	11.0
桂美凹底果	短圆	微凹	微凹	3.7	3.4	47.3	24.4	暗绿	黄褐	近圆	中	密	硬	短粗	稀	绿	粗	大	软	多	酸	无	褐	658.0	1.5	6.5	4.5	11.0	146.3	1.8	13.5
桂美扁圆果	扁圆	平	微凹	4.7	4.7	68.5	55.6	绿	黄	圆	大	密	硬	短	密	黄绿	细	大	软	多	甜	香	深褐	287.0	1.4	4.6	0.4	5.0	105.2	0.6	17.0

从表 4-2 可看出，果实以桂软扁圆果较大，平均果重达 60 g，其次为桂软椭圆果、桂美扁圆果和桂软长圆果等。果实 Vc 含量以桂美凹底果最高，鲜果 Vc 含量达 146.3 mg/100 g，其次为桂软扁圆果、桂美扁圆果和桂软长圆果等，鲜果 Vc 含量分别为 106.9 mg/100 g、105.2 mg/100 g、96.3 mg/100 g。从综合性状分析，桂软长圆果植株长势好，叶片较大，中果枝结果，每果序结 1 果，少有 2 果者，果实长圆形，果顶平或微凸，果蒂平或圆或稍凹，果实较大，品质较佳。适于加工成水果罐头，加工利用率较高，果实感观好，也可作为鲜销。因此，可以认为桂软长圆果为较优良的品种，可在生产上应用。

5 结语

中华猕猴桃、美味猕猴桃和绿果猕猴桃是猕猴桃属植物中果实最大的种类，利用价值高，特别在调查中发现的绿果猕猴桃，不仅果实大且果肉翠绿色，质细腻，风味佳，既可鲜销，又适于加工等，是利用和发展前景较好的一个种类。

中华猕猴桃是半阴性植物，虽具有一定的耐寒力，但也易受倒春寒的冻害，喜湿又不耐渍水，对土壤要求不严，但在肥沃疏松、腐殖质较丰富的壤土中生长较好。因此，人工栽培时，应根据它的特性，注意选背风向阳，有一定坡度，土壤肥沃疏松的山地作园地，并加强水肥管理，注意防治病虫害，幼苗期应采取一定的遮阴措施。

第五章　猕猴桃属植物种质迁地保护研究

我国是猕猴桃属植物分布中心，资源丰富，全球有猕猴桃属植物 63 种，原产于我国的猕猴桃有 59 种、43 变种、7 变型，其中不少种质濒临灭绝。为充分发挥我国这一资源优势，促进我国猕猴桃产业的发展；收集保护猕猴桃属植物种质，特别是收集保护濒危种质已成为迫切任务；开展种质特点、生物学特性研究，抗衡于世界各国关于猕猴桃属植物种质科学研究对我国的冲击，使我国在这方面的研究跻身于国际领先地位；建设猕猴桃属植物系统发育和选育种以及对外交流协作基地。因此，分别在桂林、武汉、北京等地建立猕猴桃属植物活种质资源库（种质库）。

1　材料与方法

1.1　试验地自然条件

猕猴桃属植物活种质库分别建于桂林、武汉、北京，各地的自然条件差异很大。桂林猕猴桃属植物活种质库自然条件：试验地海拔 170 m，年平均气温 19.2 ℃，最热的 7 月平均气温 28.3 ℃，最冷的 1 月平均气温 8.4 ℃，极端高温 40 ℃，极端低温 –6 ℃，冬有霜冻，偶见雪；年平均降水量 1655.6 mm，降雨集中在 4 ～ 6 月，冬季雨量较少，干湿交替明显，年平均相对湿度 78%，土壤为酸性红壤，质地为黏壤土。武汉试验地海拔 23.3 m，年平均气温 16.7 ℃，极端高温 42 ℃，极端低温 –18.1 ℃，严寒期 47 天，年降水量 1100 ～ 1200 mm，雨季集中在 4 ～ 5 月，秋季干旱，土壤为酸性黄褐黏壤。北京试验地海拔 61.6 m，年平均气温 12.8 ℃，年降雨量 532.6 mm，雨季在 7 ～ 8 月，一月平均气温 –2.5 ℃，七月平均气温 32 ℃，极端低温 –13.8 ℃，极端高温 38 ℃，土壤为褐土。

1.2　种质收集

采用资源调查和种质交换的方法开展种质收集，20 世纪 80 年代在广西植物研究所建成 5 亩猕猴桃属植物活种质库，在中国科学院武汉植物研究所（现中国科学院武汉植物园）建成 2 亩猕猴桃属植物活种质库，在中国科学院植物研究所结合珍稀濒危特有植物展览区的建立，收集保存猕猴桃属植物种质 10 个。各地累计收集猕猴桃属植物种质 57 个，收集未确定名称的种质 3 个，实生变异种质 8 个，杂交后代种质 2 个，合计收集猕猴桃属植物种质 70 个，另外收集后未存活种质 6 个。

1.3 活种质库的试验设置

将收集的各种质的种子，采用相同方法进行处理后繁殖育苗，用 1 年生实生苗定植在种质库内，大多数采用随机排列，按收集先后顺序排列定植，个别需要特殊阴湿条件的种质，视具体情况定植在阴湿条件较好的位置。各种质定植 5 ~ 15 株，行距 4 m，株距 1 m，待开花后，雌株全部保留，雄株只保留必要的植株，其余去除。还有个别种质未能收集到种子，只收集到枝条的，采用中华猕猴桃作砧木，嫁接成活后定植在种质库内。种质库采用常规管理。

1.4 种质特征特性、孢粉学和细胞学的观测及果实化学成分分析

分别对各地收集的种质进行特征特性的观测；对 41 个猕猴桃种质及 2 个种间杂交后代的花粉形态进行电镜扫描；收集 29 个猕猴桃种质和 2 个杂交后代的染色体数目；进行 35 个猕猴桃种质果实主要营养成分、9 个种质及 2 个杂交后代果实氨基酸含量分析；对猕猴桃果实生长发育规律进行测定。

2 结果与分析

2.1 各种质种子发芽情况

猕猴桃属植物各种质播种时气温已逐渐回升，旬平均气温 14 ~ 16 ℃。苗圃架设荫棚，苗床施足基肥，整细，播种后苗床盖稻草，注意淋水，保持苗床的湿度，待种子开始发芽出土时揭去稻草进行观测。猕猴桃属植物不同种质的种子发芽率有较大差异，发芽率高的可达 87%，低的仅 1.5%。影响发芽率的因素有多方面，如采收时期、种子成熟饱满度、播种量等，因此很难做出较确切的比较。但多年的实践观察结果表明，中华猕猴桃、京梨猕猴桃、糙毛猕猴桃、金花猕猴桃、中越猕猴桃、阔叶猕猴桃等种质的分布面较广，分布的高度差别较大，且分布普遍，这些种质的种子发芽率较高；而紫果猕猴桃、异色猕猴桃、团叶猕猴桃、密花猕猴桃等种质的分布面较窄，分布高度的差别较小，只是零星分布，这些种质的种子发芽率均较低，多次播种的结果差异不大，且种子发芽以后也难成苗；一些分布偏北的种质种子发芽率较低，如狗枣猕猴桃、葛枣猕猴桃等。软枣猕猴桃直接从北方引入的种子发芽率较低，而在桂林种植后获得的种子发芽率较高。可见环境条件对猕猴桃属植物各种质的繁殖能力有一定的制约作用。分布区气候条件较好或分布较广泛的种质，其种子发芽率较高，反之，其种子发芽率较低。这可能是有些种质分布数量不多，有灭绝危险的原因之一。这说明收集保存猕猴桃属植物种质资源的重要性。

2.2 各种质幼苗形态特征

猕猴桃属植物各种质的种子播种后先长胚根，后出子叶，胚根肥壮，子叶椭圆形，易区别于其他杂草，但种质间幼苗不易区别。继子叶之后初生几片真叶，各种质间也较难区别。猕猴桃属植物不同

种质幼苗的叶形、叶色、毛被及生势等显示出多样性,以叶形而言,叶片有椭圆形、披针形、卵形、长卵形、阔卵形等多种形状,这些差异为种质鉴别提供了依据。

2.3 各种质成年植株特征

猕猴桃属植物各种质幼苗期的形态特征有较大的差异,而成年植株形态特征的差异更为显著。不同种质的株型、茎干皮色,枝条的质地、皮色、毛被以及叶片形状、颜色、毛被等特征均有较显著差异。以株型而言,可分为大株型、中株型、小株型等3个类型。不同株型种质的长势、生长量均不同,一般而言,大株型种质的植株生长迅速、旺盛、分枝多,小株型种质的植株长势较弱、生长量较少、分枝较少,但也有些小株型种质的植株长势较旺、分枝较多。

2.4 各种质生物学特性观察

2.4.1 各种质的物候期

在桂林雁山立地条件下,猕猴桃属植物各种质的物候期各异,大多数种质于2月中下旬开始萌芽,而中越猕猴桃、阔叶猕猴桃等种质则于1月下旬开始萌动,奶果猕猴桃等一些种质则延到3月下旬才开始萌动。美味猕猴桃、中华猕猴桃、糙毛猕猴桃、绵毛猕猴桃等在8～9月出现二次开花,在武汉种植的阔叶猕猴桃、两广猕猴桃的花期延至7月中旬。猕猴桃各种质不同年份的物候期亦有差异,相差半个月左右。同一个种质个体间的物候期亦有一定的差异。

2.4.2 各种质开花结果习性

对24个猕猴桃种质进行了开花结果习性观察,每个种质选一代表株,每株选2个标准枝进行观察,标准枝长度以自然生长的长度而定,枝条粗壮,发育充实,生长状况处于植株各类枝条的中上水平。观察结果表明,各种质的开花结果习性有较大的差异,萌芽率高的可达84.2%,低的仅14.3%。各种质春季抽生的枝条成为结果枝的比率较高,分别为22.2%～100%。多数种质每花序有花1～3朵,部分种质每花序仅有花1朵,少数种质每花序有花数较多,如阔叶猕猴桃每花序有花数少的为5朵,多的达30朵,形成一个花球。有些种质开花相当集中,单株从始花到花末期仅经历3天时间,如漓江猕猴桃和美味猕猴桃;而有些种质单株始花至花末期经历时间可达15～17天,如奶果猕猴桃、粉毛猕猴桃。在武汉,有的杂种 F_1 代从5月始花,一年开花5～6次,每次花期7～20天,最后一次花期在10月。各种质开花结果习性的差异受多因素的影响,如种质的遗传因子、开花时的气候因子、植株年龄、生长情况、标准枝的代表性、授粉状况等,如有的种质坐果率达80%以上,而有些种质的坐果率几乎为零,其原因除种质的固有特性及生长状况外,授粉水平可能是重要的因素。

2.4.3 各种质的花器观测

花器官是植物遗传性比较稳定的特征,不仅是植物分类的重要依据,也是植物选育种的重要依据。观测32个猕猴桃种质的花器官特征,各种质均为雌雄异株,无论是雄花花器还是雌花花器均有较大的差异。花序柄有长有短,长短比达10∶1。各种质花色有白色、黄白色、青绿色、黄绿色、金黄色、粉红色以及深红色等。花药的颜色有淡黄色、绿黄色、橙黄色、金黄色、褐黄色、黄色、黄褐色、暗褐色、紫黑色以及黑色等。花丝多的可达 158 枚，少的仅 22 枚，前者为后者的 7 倍。多数种质雄花的花柱已完全退化，而少数种质的雄花仍可见残留花柱，个别种质还能见到发育正常的花柱。猕猴桃属植物各种质间花器官结构的差异，说明猕猴桃属植物是一个复杂的大群体，且是还在分化的大群体。

2.5　各种质的花粉形态特征

关于猕猴桃属植物花粉形态的研究已有所报道，张芝玉于 1987 年报道了 15 个猕猴桃种类花粉形态的观察结果。李洁维等 1989 年报道了猕猴桃属几种植物的花粉形态。本文借助光学显微镜观察了猕猴桃属植物 36 个种质、4 个实生变异体和 2 个杂交后代的花粉形态，并进行了 11 个种质和 5 个杂交后代的花粉电镜扫描观察，为该属植物的孢粉学研究提供了较完整资料，亦为该属植物在育种上的应用提供重要的科学依据。

观测结果表明，猕猴桃属植物的花粉属于小型的花粉，形状为长球形至近长球形或近球形，少数扁球形。极面观为三裂圆形或三裂瓣形，少数近圆形。赤道面观为椭圆形、近圆形或扁圆形，大小为（14.6 ~ 28.10）μm ×（13.06 ~ 21.27）μm，具三孔沟或三拟孔沟，仅美丽猕猴桃偶见四孔沟和红花两广猕猴桃偶见二孔沟，沟长，沟中央在赤道处缢缩形成沟桥，沟桥明显，沟长 11.93 ~ 23.51 μm，沟间距为 10.74 ~ 17.05 μm，内孔很小或不明显，外壁厚 0.98 ~ 2.0 μm，多数为 1.5 μm，分层明显，少数种质层次不明显，两层几乎等厚或外层略厚于内层。外壁表面近光滑或具模糊颗粒、细颗粒或拟网纹。实生变异体与原种在植株形态与植物学特征上有很大的差异，而花粉形态基本相似，如粉红山梨猕猴桃与山梨猕猴桃，大叶两广猕猴桃、红花两广猕猴桃与两广猕猴桃等，它们的花粉粒从形状、大小到外壁纹饰等都基本相似。同一种质的植株毛被颜色的差异不引起花粉形态上的差异，如毛被为棕红色的绵毛猕猴桃与毛被为淡绿色的绵毛猕猴桃，其花粉形态基本相似；同一种质不同花色的植株，花粉形态基本相似。猕猴桃属植物无论组内或组间和各个种质的花粉形态，包括孔沟类型、形状、大小等均没有明显的差异，呈无规律性变化。但据对 11 个种质和 5 个杂交后代进行的电镜扫描观察结果，各种质的花粉外壁纹饰则可分为皱块状纹饰、皱块上具细条纹、不规则瘤状纹饰、小沟或小孔状纹饰、比较规则的小瘤状纹饰等不同类型。杂交后代属于倾向其母本的双亲纹饰的结合型。

2.6　各种质的染色体

关于猕猴桃属植物染色体核型的研究，由于该属植物的染色体数目多，体形小，制片困难，因此这方面的工作进展较缓慢。1983 年张洁和 E. J. Beuzenberg、张芝玉分别报道了中华猕猴桃和美味猕猴桃的染色体数目，1985 年熊治庭等报道了软枣猕猴桃、对萼猕猴桃、中华猕猴桃、毛花猕猴桃等 4 个种质的染色体数目，1988 年熊治庭等报道了 13 个猕猴桃种质的染色体数目，上述累计报道了 18 个猕猴桃种质的染色体数目。根据本文所收集的 29 个猕猴桃种质和 2 个杂交后代的染色体资料，认为猕猴桃属植物染色体为 2 ~ 6 倍体，2n=58/174，杂交种质为 3 倍体，染色体数目为 87。猕猴桃属植物系统的细胞学和系统发育的分析还有待进一步的深入研究，尤其有待进行染色体核型的研究。

2.7　各种质的果实营养成分

猕猴桃属植物不同种质的果实营养成分含量差异较大。总糖含量为0.93%～9.06%，中华猕猴桃果实含糖量最高，达9.06%，绵毛猕猴桃果实含糖量最低，为0.93%，最高值为最低值的9倍多，大多数种质的果实总糖含量在2%以上。果实（鲜果）Vc含量为12.54～1404.52 mg/100 g，圆果阔叶猕猴桃果实含量最高（1404.52 mg/100 g），异色猕猴桃的果实含量最低，仅12.54 mg/100 g.，最高含量为最低含量的112倍。果实总酸含量的变化幅度为0.29%～2.57%。可溶性固形物含量为5.0%～15.8%，中华猕猴桃优良株系果实可溶性固形物可达19.5%，一些杂交后代的可溶性固形物含量高达26.5%。从11个猕猴桃种质（包括2个杂交后代）果实中检出的氨基酸种类有17种，干物质氨基酸总含量为1.79%～9.04%，中华猕猴桃鲜果中氨基酸总含量为0.52%，干物质氨基酸总含量为2.97%；毛花猕猴桃鲜果中氨基酸总含量为0.86%，干物质氨基酸总含量为5.17%；杂交后代鲜果中平均氨基酸总含量为0.64%。分析结果表明，杂交亲本的果实氨基酸含量对杂交后代影响很大，杂交后代果实氨基酸含量介于亲本之间，这是否具有普遍性有待进一步研究。

猕猴桃属植物果实汁液的颜色与果实的营养成分含量呈一定的相关性。一般来说，汁液呈绿黄色的种质含糖量较高，如大籽猕猴桃、革叶猕猴桃、大花猕猴桃、中华猕猴桃等，而汁液呈绿色或黄绿色的种质，含糖量则较低。汁液呈黄绿色黏稠的种质，如圆果阔叶猕猴桃、长果阔叶猕猴桃、桂林猕猴桃、毛花猕猴桃等，Vc的含量特别高，达592.56～1404.52 mg/100 g。而汁液颜色呈绿色无黏稠状的种质，如异色猕猴桃、柱果猕猴桃等，Vc的含量相对较低，仅为12.54～34.67 mg/100 g。需要指出的是，高Vc含量的种质的汁液黏稠状有别于胶体，两广猕猴桃汁液呈胶体状，但Vc含量低。这种黏稠状是否起保护Vc的作用，或是导致高Vc含量的因素，有待进一步研究。

猕猴桃属植物各分类组内不同种质的果实营养成分含量有较大的差异，在测定的种质中，净果组的Vc含量为22.22～80.86 mg/100 g，平均值为46.84 mg/100 g，总糖含量为3.20%～5.60%，总酸含量为0.43%～1.74%，可溶性固形物含量为5.0%～10.5%；斑果组Vc含量为12.54～146.65 mg/100 g，平均值为49.84 mg/100 g，总糖含量为1.74%～6.49%，总酸含量为0.29%～2.30%，可溶性固形物含量为7.0%～12.4%；糙毛组Vc含量为13.80～64.70 mg/100 g，平均值39.25 mg/100 g，总糖含量2.58%～3.55%，总酸含量为1.70%～1.79%，可溶性固形物含量为6.5%～9.5%；星毛组果实Vc含量为16.28～1404.52 mg/100 g，平均值为381.17 mg/100 g，含量最高的圆果阔叶猕猴桃为含量最低的粉毛猕猴桃的86倍，总糖含量为0.93%～9.06%，总酸含量为0.43%～2.57%，可溶性固形物含量为8.5%～14%。4个分类组中，以星毛组的果实营养成分含量平均值最高，开发利用价值最大，其次为斑果组，糙毛组最低。

分析测定结果还表明，人工栽培情况下的种质果实的主要营养成分含量比野生状态下的高，如革叶猕猴桃在野生状态下Vc含量仅为15.84 mg/100 g，而在栽培条件下是41.78 mg/100 g，是野生状态下的2.6倍。两广猕猴桃在栽培条件下的Vc含量是野生状态下的9倍。因此，猕猴桃属植物种质迁地保护，既能使种质得以繁衍，又能改善品质，是开发利用种质资源的重要手段。

猕猴桃属植物不同种质的开花期各不相同，果实的成熟期亦不相同，但果实的生长发育规律基本一致，各种质的果实生长发育到最大值所需时间为16～18周。各种质果实体积的变化过程可分为3

个时期：迅速增长期、缓慢增长期、停滞增长期。

3 结语

猕猴桃属植物大部分种类在迁地保护区都能正常生长、开花结果。但一些地域性分布的种类对环境条件要求较严格，如分布于较高海拔的紫果猕猴桃在桂林的立地条件下无法正常生长，而在武汉却能开花结果；一些分布于东北的种类如狗枣猕猴桃、葛枣猕猴桃、软枣猕猴桃等在桂林虽能生长，但长时间不开花结果；一些广西特有的种类（常绿）引到北方在露地无法存活，只有保护地才能保存。

经过多年的努力，现已分别在广西植物研究所建成 5 亩猕猴桃属植物活种质库，在中国科学院武汉植物研究所建成 2 亩猕猴桃活种质库，合计收集保存猕猴桃种质 70 个，为国内外的猕猴桃系统发育和良种选育较大的基地，也是对外交流协作的重要基地。

猕猴桃属植物不同种质的种子发芽率有较大的差异，分布区气候条件好或分布较广泛的种质，其种子发芽率较高，反之，种子发芽率较低，这正是有的种质分布数量不多，有灭绝危险的原因之一。这说明收集保存猕猴桃属植物种质资源的重要性。

对 40 个猕猴桃种质生物学特征特性进行观测，取得了较完整的资料，为猕猴桃属植物系统发育、良种选育、制定种质保护技术措施提供了重要的科学依据。

借助光学显微镜观测了 42 个猕猴桃种质的花粉形态，进行了 29 个种质和 2 个杂交后代的染色体数目观察，为该属植物的孢粉学研究提供了较完整的资料，亦为该属植物起源及系统进化研究提供重要的依据。对猕猴桃属植物种质的果实营养成分含量研究报道较少，尤其在相同栽培条件下猕猴桃属植物种质的果实营养成分含量研究国内外尚未见报道。本文完成猕猴桃属植物活种质库内 35 个种质的果实营养成分测定和研究，并取得 9 个种质及 2 个杂交后代果实氨基酸含量数据以及果实生长发育规律的观测结果，为该属植物种质研究和开发利用提供了重要的科学依据。

第六章　猕猴桃属植物生物学特征

猕猴桃属植物不同种的生物学特征特性各异。多年来我们对该属植物不同种进行了生物学特征特性的观测，以为该属植物的系统发育、杂交育种选择亲本、定向培育以及制定相应的栽培技术措施等研究提供科学依据。

1　材料与方法

1.1　观测材料

收集于桂林猕猴桃属植物种质圃的各种猕猴桃，均进行了生物学特征特性观察和测试，因一些种收集较晚，未进入开花结果期，取得的资料尚不完整，有待进一步的观测，仅将取得较完整资料的种进行生物学特征特性报道。包括软枣猕猴桃（*A. arguta* var. *arguta*）、紫果猕猴桃（*A. arguta* var. *purpurea*）、河南猕猴桃（*A. henanensis*）、狗枣猕猴桃（*A. kolomikta*）、葛枣猕猴桃（*A. polygama*）、对萼猕猴桃（*A.valvatA.* var. *vavlata*）、大籽猕猴桃（*A. Macrosperma* var. *Macrosperma*）、梅叶猕猴桃（*A. Macrosperma* var. *mmoides*）、革叶猕猴桃（*A.rubricaulis* var.*coriacea*）、京梨猕猴桃（*A. calosa* var. *henryi*）、异色猕猴桃（*A.callosa* var. *discolor*）、柱果猕猴桃（*A. cylindrica* var. *cylindrica*）、钝叶猕猴桃（*A. cylindrica* var. *reticulata* form. *obtusifolia*）、网脉猕猴桃（*A. cylindrica* var. *reticulata*）、华南猕猴桃（*A. glaucophylla* var. *glaucophylla*）、金花猕猴桃（*A. chrysamtha*）、中越猕猴桃（*A. indochinensis*）、清风藤猕猴桃（*A. sabiaefolia*）、美丽猕猴桃（*A. melliana*）、奶果猕猴桃（*A. carnosifolia* var. *glaucescens*）、长叶猕猴桃（*A. hemsleyana* var.*hemsleyana*）、粉毛猕猴桃（*A. farinosa*）、密花猕猴桃（*A. rufotricha* var. *glomerata*）、黄毛猕猴桃（*A. fulvicoma* var. *fulvicoma*）、绵毛猕猴桃（*A. fulvicoma* var. *lanata*）、糙毛猕猴桃（*A. fulvicoma* var. *lanata* form. *hirsuta*）、阔叶猕猴桃（*A. latifolia* var. *latifolia*）、脱毛阔叶猕猴桃（*A. latifolia* var.*glabra*）、安息香猕猴桃（*A. styracifolia*）、毛花猕猴桃（*A. eriantha*）、秃果毛花猕猴桃（*A. eriantha* var. *calvescens*）、江西猕猴桃（*A. jiangxiensis*）、两广猕猴桃（*A. liangguangensis*）、中华猕猴桃（*A. chinensis* var. *chinensis*）、美味猕猴桃（*A. deliciosa*）、绿果猕猴桃（*A. deliciosa* var. *chlorocarpa*）、浙江猕猴桃（*A. zhejiangensis*）、漓江猕猴桃（*A. lijiangensis*）、桂林猕猴桃（*A. guilinensis*）、大花猕猴桃（*A. grandiflora*）、山梨猕猴桃（*A. rufa*）等 41 个种及重瓣猕猴桃（中华 × 毛花）、江山娇猕猴桃（毛花 × 中华）等 2 个种间杂交后代。

1.2 观测内容

主要观测指标包括幼苗形态特征，成苗形态特征，花、果和种子形态特征，物候期和开花结果习性。

2 结果与分析

2.1 植物学特征特性

2.1.1 幼苗形态特征

对猕猴桃属植物23个种的幼苗形态特征进行观察。猕猴桃属植物的种子播种后先长胚根，后出子叶。胚根肥壮，子叶椭圆形，易区别于其他杂草，但各种间不易区别。继子叶之后初生几片真叶，各种间也较难区别，其他形态特征见表6-1。

猕猴桃属植物不同种幼苗的叶形、叶色、毛被及长势等显示出多样性，如叶片形状有椭圆形、披针形、卵形、长卵形等多种形状，这些差异为我们进行苗期鉴别提供了依据。

表6-1 各种猕猴桃幼苗形态特征简要（1年生苗）

种的名称	苗高（cm）	苗粗（cm）	苗茎颜色	叶片						根系		
				形状	颜色	毛被	毛色	长（cm）	宽（cm）	支根数（条）	支根长（cm）	须根情况
软枣猕猴桃	3 ~ 6.5	0.12 ~ 0.25	淡绿	椭圆	绿	茸毛	白	3.1	1.9	5	26.9	少
紫果猕猴桃	7 ~ 20.0	0.23 ~ 0.35	紫绿	披针	绿	短刚毛	白	4.2	1.3	5	15.0	中
对萼猕猴桃	84 ~ 172	0.30 ~ 0.50	青绿	卵	绿	茸毛	黄褐	5.9	5.2	7	25.0	多
大籽猕猴桃	7 ~ 83	0.25 ~ 0.45	浅绿	心形	绿	无	—	3.3	2.1	6	16.5	多
革叶猕猴桃	7 ~ 113	0.25 ~ 0.55	褐绿	披针	绿	刚毛	黄白	8.7	2.6	5	12.0	多
京梨猕猴桃	10 ~ 43	0.20 ~ 0.50	褐	卵	绿	茸毛	灰白	8.0	3.5	4	8.5	中
异色猕猴桃	2 ~ 6.7	0.14 ~ 0.28	灰绿	披针	绿	短刚毛	浅黄褐	6.1	2.2	3	14.5	多
柱果猕猴桃	6 ~ 84	0.30 ~ 0.70	绿	披针	暗绿	硬毛	黄褐	9.5	3.1	5	36.0	多
金花猕猴桃	6 ~ 34	0.30 ~ 0.50	褐绿	披针	深绿	无	—	8.7	2.9	6	17.0	多
中越猕猴桃	12 ~ 85	0.20 ~ 0.40	绿	披针	绿	无	—	6.4	1.8	3	9.5	中
清风藤猕猴桃	11 ~ 68.5	0.20 ~ 0.25	淡绿	长卵	绿、脉紫	茸毛	—	4.1	1.8	3	12.4	中
美丽猕猴桃	13 ~ 80	0.20 ~ 0.50	褐绿	披针	深绿	茸毛	棕红	10.4	2.6	5	23.0	中
长叶猕猴桃	6 ~ 10.5	0.30 ~ 0.75	淡绿	卵	绿	茸毛	棕褐	8.2	5.7	7	20.0	多
粉毛猕猴桃	1 ~ 2.2	0.08 ~ 0.15	紫红	椭圆	紫绿	短刚毛	紫红	1.8	1.1	5	16.8	少

续表

种的 名称	苗高 （cm）	苗粗 （cm）	苗茎 颜色	叶片						根系		
				形状	颜色	毛被	毛色	长 （cm）	宽 （cm）	支根数 （条）	支根长 （cm）	须根 情况
绵毛猕猴桃	8 ～ 67	0.30 ～ 0.70	灰绿	卵	灰绿	茸毛	灰白	11.9	5.8	6	23.0	多
糙毛猕猴桃	9 ～ 78	0.25 ～ 0.60	暗绿	椭圆	淡绿	茸毛	黄褐	11.9	6.1	5	17.0	多
阔叶猕猴桃	5 ～ 104	0.30 ～ 0.65	褐绿	长卵	青绿	无	—	11.1	6.1	7	17.0	多
毛花猕猴桃	11 ～ 76	0.40 ～ 0.70	淡绿	卵	绿	茸毛	淡白	12.1	8.2	4	25.0	多
两广猕猴桃	6 ～ 58	0.20 ～ 0.70	褐绿	卵	深绿	茸毛	紫红	7.7	3.8	5	13.0	多
中华猕猴桃	23 ～ 133	0.30 ～ 0.70	青绿	卵	青绿	茸毛	黄绿	12.9	8.6	5	27.0	多
美味猕猴桃	17 ～ 110	0.40 ～ 0.70	青绿	阔卵	淡青	硬毛	黄褐	12.0	9.8	6	25.0	多
浙江猕猴桃	3 ～ 114	0.25 ～ 0.65	褐绿	卵	绿	短刚毛	黄白	9.0	3.7	4	16.0	多
山梨猕猴桃	2.7 ～ 5.8	0.13 ～ 0.26	紫红	椭圆	绿	茸毛	白	3.5	2.1	5	31.6	中

2.1.2 成年植株形态特征

猕猴桃属植物不同种幼苗期的形态特征有较大的差异，而成年植株的差异更为显著。不同种的株型、茎干皮色，枝条的质地、皮色、毛被以及叶片形态、颜色、毛被等特征均有较显著差异。就株型而言，可分为大株型、中株型及小株型 3 个类型。不同株型分类群的长势、生长量均不同。一般而言，大株型种的植株生长迅速、旺盛、分枝多，小株型种的植株长势较弱、生长量较少、分枝也较少，但也有些小株型的种，植株长势较旺、分枝较多。不同种的植株特征特性见表 6-2。

表 6-2 各种猕猴桃植株特征简要（成年）

种的名称	株龄(a)	基茎(cm)	株型	茎干 皮色	茎干 皮孔	茎干 类型	茎干 质地	1年生枝条 皮色	1年生枝条 皮孔	1年生枝条 毛被	1年生枝条 毛色	叶片 形状	叶片 颜色	叶片 毛被	叶片 毛色	叶片 长(cm)	叶片 宽(cm)
软枣猕猴桃	7	2.57	中	灰白	无	长	中	灰白	明显	无	—	卵形至长卵形	绿	无	—	(4.8)12.0(16.5)	(3.4)9.8(11.6)
河南猕猴桃	4	1.2	中	灰褐	明显	短	硬	栗褐	明显	无	—	长卵形	淡绿	无	—	(5.4)8.4(10.4)	(3.1)4.5(6.5)
大籽猕猴桃	9	3.6	中	灰褐	不明显	长	中	灰绿	明显	无	—	卵形	绿	无	—	(3.5)7.3(9.6)	(1.8)5.0(6.1)
革叶猕猴桃	9	2.1	小	灰褐	明显	中	软	棕褐	明显	无	—	披针形	绿	无	—	(3.7)7.8(12.0)	(1.2)2.8(3.5)
京梨猕猴桃	7	3.25	大	灰褐	明显	长	中	菁绿	明显	革毛	—	长卵形	淡绿	革毛	紫	(10.6)16.6(22.1)	(5.6)10.9(16.5)
异猕猴桃	3	1.79	小	灰褐	明显	短	中	褐绿	明显	无	—	椭圆形	淡绿	无	—	(4.4)9.7(16.7)	(2.5)5.3(9.6)
柱果猕猴桃	7	0.85	小	灰褐	明显	中	中	菁褐	明显	无	—	披针形	深绿	无	—	(3.0)10.8(16.8)	(1.3)4.2(6.1)
钝叶猕猴桃	2	0.7	小	浅褐	不明显	中	中	浅褐	不明显	无	—	卵形	绿	无	—	(3.5)4.2(5.4)	(2.0)2.2(2.6)
网脉猕猴桃	9	4.8	中	褐	明显	长	软	菁绿	明显	革毛	褐	长卵形	暗绿	无	—	(6.6)11.5(16.4)	(3.9)5.5(8.3)
华南猕猴桃	3	0.6	小	褐	不明显	短	硬	灰绿	不明显	无	—	披针形	淡绿	无	—	(5.6)9.2(10.1)	(1.4)2.1(2.7)
金花猕猴桃	5	3.27	大	灰褐	明显	中	硬	绿黄	明显	无	—	长卵形	绿	无	—	(4.5)11.7(19.2)	(2.5)8.6(10.0)
中越猕猴桃	5	4.24	大	暗褐	明显	中	中	棕褐	明显	无	—	披针形	淡绿	无	—	(4.0)14.9(16.4)	(2.1)5.8(6.9)
清风藤猕猴桃	9	2.56	中	暗褐	明显	中	中	褐绿	不明显	粉毛	褐	披针形	淡绿	刺毛	白	(5.7)12.3(20.4)	(2.2)3.7(4.7)
美丽猕猴桃	9	2.5	中	暗褐	不明显	短	软	菁绿	不明显	长硬毛	锈	披针形	淡绿	长硬毛	锈	(5.2)12.3(20.4)	(2.2)5.1(6.8)
奶果猕猴桃	2	0.65	小	灰白	明显	中	软	灰白	明显	长硬毛	淡白	披针形	淡绿	无	—	(4.4)8.3(13.0)	(2.2)3.7(4.7)
长叶猕猴桃	8	1.8	中	灰褐	不明显	中	中	褐绿	不明显	长硬毛	棕褐	披针形	淡绿	短刺毛	棕褐	(5.5)12.7(19.7)	(2.0)5.0(5.9)
粉毛猕猴桃	9	2.5	中	灰褐	不明显	中	中	褐绿	不明显	粉毛	黄褐	短圆形	深绿	粉毛	黄褐	(5.7)13.0(16.6)	(4.2)8.5(13.0)
密花猕猴桃	10	1.75	小	灰褐	不明显	中	中	褐绿	不明显	刺毛	褐	椭圆形	绿	刺毛	紫褐	(8.2)13.7(19.8)	(5.4)7.9(16.7)
黄毛猕猴桃	2	0.85	中	灰褐	明显	中	中	褐绿	明显	糙毛	锈	卵形	淡绿	无	—	(6.0)11.5(13.5)	(3.2)6.7(8.4)

续表

种的名称	株龄（a）	基茎（cm）	株型	茎干				1年生枝条				叶片					
				皮色	皮孔	类型	质地	皮色	皮孔	毛被	毛色	形状	颜色	毛被	毛色	长（cm）	宽（cm）
绵毛猕猴桃	9	2.5	小	褐	明显	短	中	淡绿	不明显	茸毛	淡白	卵形	淡绿	茸毛	淡白	(8.5)11.6(13.2)	(4.0)6.8(9.0)
糙毛猕猴桃	9	1.85	小	灰褐	不明显	中	中	青绿	不明显	糙毛	黄褐	卵形	黄绿	糙毛	黄褐	(5.0)13.0(17.2)	(3.3)8.9(11.4)
阔叶猕猴桃	9	6.5	大	灰褐	明显	中	中	灰绿	明显	粉茸毛	褐	卵形	淡绿	茸毛	白	(5.3)12.0(13.4)	(3.0)8.8(10.8)
脱毛猕猴桃	5	5.13	大	灰褐	明显	长	中	灰绿	明显	无	—	心形	暗绿	茸毛易脱	白	(7.0)10.4[13.7]	(4.7)8.5(11.6)
安息香猕猴	11	4.7	中	淡褐	明显	长	中	淡绿	明显	茸毛	锈	卵形	淡绿	茸毛	白	(5.0)11.7(16.2)	(3.4)7.7(10.0)
毛花猕猴桃	9	4.5	大	灰褐	明显	中	中	灰白	不明显	茸毛	灰白	卵形	淡绿	茸毛	白	(7.1)14.0(16.4)	(3.8)8.8(11.7)
江西猕猴桃	4	1.35	中	灰褐	明显	中	中	灰褐	明显	茸毛	淡褐	阔卵形	黄绿	无	—	(5.0)14.0(18.0)	(3.0)8.9(11.2)
两广猕猴桃	9	1.75	中	暗褐	不明显	长	中	淡绿	不明显	茸毛	淡褐	卵形	青绿	茸毛	白	(4.8)11.8(18.0)	(2.6)8.0(13.1)
中华猕猴桃	9	7	大	暗褐	明显	中	中	灰绿	明显	茸毛	黄褐	阔卵形	淡绿	茸毛	白	(4.3)10.4(11.4)	(6.0)13.9(16.2)
美味猕猴桃	9	5.2	大	灰褐	不明显	长	中	褐绿	不明显	硬毛	褐	近圆形	淡绿	短硬毛	褐	(10.2)16.2(20.5)	(9.5)14.0(22.2)
绿果猕猴桃	9	7	大	灰褐	不明显	中	中	褐绿	明显	硬毛	褐	阔卵形	淡绿	短硬毛	褐	(6.5)13.5(14.7)	(6.4)13.7(16.3)
滴江猕猴桃	9	2.27	中	灰褐	明显	长	中	褐绿	明显	茸毛	褐	近圆形	淡绿	茸毛	黄褐	(7.1)10.6(15.3)	(6.0)8.5(13.1)
桂林猕猴桃	7	4.31	大	灰褐	明显	长	中	灰白	明显	无	—	卵形	淡绿	无	—	(7.3)12.4(14.2)	(5.0)7.0(10.2)
大花猕猴桃	7	3.96	大	灰褐	不明显	长	中	绿	明显	茸毛	褐	心形或圆形	淡绿	茸毛	黄褐	(6.3)16.5(22.0)	(8.5)16.4(21.8)
山梨猕猴桃	10	4.7	大	褐	明显	长	中	灰绿	明显	无	—	长卵形	深绿	无	—	(6.5)16.0(20.5)	(4.0)9.0(11.6)
红肉猕猴桃	2	1.18	大	暗褐	明显	中	中	淡绿	明显	茸毛	黄褐	阔卵形	淡绿	茸毛	淡褐	(4.0)7.5(13.6)	(4.6)10.9(15.0)
月月红	3	1.95	大	灰白	不明显	中	中	灰白	不明显	茸毛	灰褐	卵形	黄绿	无	—	(8.5)1.2(13.2)	(6.5)7.6(9.3)

2.1.3 不同种花的形态特征

花器官是植物遗传性比较稳定的特性，不仅是植物分类的重要依据，也是植物选育种的重要依据。猕猴桃属植物均为雌雄异株，间间无论是雄花花器官还是雌花花器官均有较大的差异。如花序柄长度，有些种很长，而有些种却很短，前者长于后者 10 倍以上。花瓣颜色多样，有白色、黄色、青绿色、黄绿色、金黄色、粉红色以及深红色等。花药的颜色也是多样的，有淡黄色、绿黄色、橙黄色、金黄色、褐黄色、黄色、褐色、暗褐色、紫黑色和黑色等。花瓣和花药的颜色可以说五彩缤纷。从这点来说，猕猴桃属植物是很好的园林观赏植物。猕猴桃属植物的花丝多少也表现出较大差异，多的可达 158 枚，少的仅 18 ~ 22 枚，前者约为后者的 7 倍。从雄花花器官来看，多数种的花柱已完全退化，而少数种的花柱却仍可见到残留，个别种还能见到发育不正常的花柱，如异色猕猴桃、网脉猕猴桃、长叶猕猴桃、毛花猕猴桃、绿果猕猴桃等。同一种的雄花和雌花在结构上亦有一定差异，以中华猕猴桃为例，除雄花子房退化变小、花柱已完全退化外，雌花的花序柄比雄花的短而粗，小花柄也如此，花朵相对而言也较大，这可能是有利于挂果的特性。相反地，雄花的花丝比雌花的多而长。绿果猕猴桃雄花还可见到柱头发育不正常的花柱，其花柱数量正好是雌花的一半，这是巧合还是发育特性，目前还不能作出结论。猕猴桃属植物不同种花器官结构上的差异，也说明猕猴桃属植物是一个复杂的大群体，且是还在分化中的大群体，如绿果猕猴桃，如前所述其雄花除保留了雌花半数的花柱外，其雄花的花冠大小、花丝多少和长度等介于中华猕猴桃和美味猕猴桃之间，这些特征可能说明它是后两者的自然杂交后代，从它在广西的自然分布情况看，只有中华猕猴桃和美味猕猴桃混交的地区才出现绿果猕猴桃，这也间接证实了上述观点，绿果猕猴桃还在分化中。

2.1.4 果实和种子形态特征特性

果实和种子的特征特性是猕猴桃属植物的重要特征特性，因此对猕猴桃属种质圃中已结实的种，在果实成熟期采收果实，分大、中、小三级按比例选择有代表性的 10 个果，观测其果形、大小、颜色、毛被、萼片存脱、果皮厚薄、果重、果肉颜色、汁液多少、风味及种子形态、颜色等性状。观测结果表明，猕猴桃属植物果实形状有长圆形、短圆形、卵圆形及近圆形等。果皮颜色有绿色、淡绿色、黄褐色、褐色、紫色之分；果顶有平、微凸或微凹等。萼片有脱落、宿存之别。至于果实大小则差异更大，最大单果重达 114.2 g，小的仅 0.8 g，平均单果重大的 59.5 g，小的仅 0.42 g。果肉颜色有绿色、淡绿色、黄绿色、暗绿色、翠绿色、黄橙色、深绿色、黄色至紫色、绿色至紫色等。果实的风味也各异，有清甜、甜酸、苦甜、酸甜、微甜、酸、微酸、稍酸等之别。不同种的单果含种子数差异也较大，最多的为秃果毛花猕猴桃，单果含种子数达 718 粒，其次为桂林猕猴桃，单果种子数 657 粒，单果种子含量最少的是金花猕猴桃，仅 37 粒。种子大小也相差甚远，有的种其种子千粒重为 8.3 g（如大籽猕猴桃），而有的仅有 0.16 g（如糙毛猕猴桃）。种子的颜色也表现多样性，有褐色、浅褐色、黄褐色、暗褐色、黑褐色、深褐色、栗褐色、棕褐色等。猕猴桃果实的其他特征诸如果皮、果点、茸毛等在不同种间也显示较大差异。

2.2 物候期

多年来，我们观察了猕猴桃属植物在桂林雁山立地条件下的物候期。结果表明，猕猴桃不同种的物候期各异，大多数于2月中旬至3月上旬开始萌动，而中越猕猴桃则于1月下旬即开始萌动；狗枣猕猴桃、钝叶猕猴桃、脱毛阔叶猕猴桃、毛花猕猴桃、秃果毛花猕猴桃、绿果猕猴桃、美味猕猴桃等则延至3月下旬才开始萌动。中越猕猴桃、中华猕猴桃、漓江猕猴桃等的花期较早，始花期于4月上旬，而绵毛猕猴桃、糙毛猕猴桃、阔叶猕猴桃、脱毛阔叶猕猴桃、桂林猕猴桃等的花期较迟，延至5月中下旬，有些年份延至6月上中旬。绵毛猕猴桃、糙毛猕猴桃、两广猕猴桃等在8～9月出现二次开花。在武汉种植的阔叶猕猴桃、两广猕猴桃的花期延至7月中旬，有些杂交 F_1 代一年多次开花，5～10月开花5～6次。同一种不同年份的物候期亦有差异。如中华猕猴桃，一些年份的萌动期为2月下旬，花期为4月上旬，而另一些年份的萌动期为3月上中旬，花期为4月中下旬，不同年份的物候期相差半个月左右。另外，同一种的不同栽培品种间的物候期亦有一定的差异，这可能与各个种的地理分布有关，是各个种长期自然选择的结果，有待进一步研究其生态生物学特性。一般来说，春季温度较低的年份，猕猴桃的物候期相对延迟，温度偏高的年份则相对提前些。

2.3 开花结果习性

对猕猴桃属24个种进行了开花结果习性观测，每个种或变种、变型选一代表植株，每株选2个标准枝进行观测，标准枝长度以自然生长的长度而定，枝条粗壮，发育充实，生长状况处于植株各类枝条的中上水平。观测结果见表6-3。

根据观测结果，猕猴桃属植物不同种的开花结果习性有较大差异，枝条萌芽率较高的可达84.2%，低的仅14.3%。猕猴桃属植物于春季抽生的枝条发育成结果枝的概率较高，有些种的春梢几乎都可成为结果枝，如革叶猕猴桃、柱果猕猴桃、网脉猕猴桃、中越猕猴桃等种的结果枝率达100%；但有些种的春梢发育成结果枝的概率较低，如大籽猕猴桃、清风藤猕猴桃等，仅分别为22.2%和23.6%。猕猴桃属植物种间的花序数和每花序有花朵数量也显示出较大差异，多数种的每花序有花1～3朵，部分种的每花序仅有花1朵，少数种的每花序有花数较多，如阔叶猕猴桃每花序有花数少的5朵，多的达30朵，形成一个花球。

猕猴桃属植物的花期有长有短，有些种单株的花期相当集中，如漓江猕猴桃和美味猕猴桃，单株从始花到花末期仅3天时间，而奶果猕猴桃、粉毛猕猴桃等种，单株从始花至花末期可达15～17天。猕猴桃属植物雄花的现蕾期25～30天，有的长达50多天，开放时间多在4∶00～8∶00，少数在下午开放，单花开放一般2～4天。雌花现蕾期亦为25～30天，开放时间多在4∶00～6∶00时，少数8∶00以后开放，极少数在下午开放，单花开放2～3天。无论是雌株还是雄株，开花顺序一般是自下而上，由内到外开放，但由于枝条强弱和着生部位不同而略有差异。

表 6-3　各种猕猴桃开花结果习性观测记录

种的名称	新梢情况		开花结果		结果枝率（%）	花序数（个）	每花序花（朵）	总花数（朵）	单株始花至末花期时间（天）	着果情况	
	芽眼数（个）	数量（条）	萌芽率（%）	数量（条）						果数（个）	坐果率（%）
软枣猕猴桃	21	3	14.3	2	66.7	3	1～3	10	5	7	70.0
大籽猕猴桃	79	54	68.4	12	22.2	3～6	1	49	7	45	91.84
革叶猕猴桃	33	10	30.3	10	100	4～9	1～3	66	6	29	43.94
柱果猕猴桃	39	20	51.3	20	100	1～10	1～3	130	6	18	13.85
网脉猕猴桃	43	20	46.5	20	100	3～10	1～3	218	9	20	9.17
金花猕猴桃	42	20	47.6	16	80.0	1～6	1～3	45	8	0	0
中越猕猴桃	32	17	53.1	17	100	1～11	1～3	142	6	43	30.28
清风藤猕猴桃	12	7	58.3	2	28.6	2～4	1～3	6	4	2	33.33
美丽猕猴桃	37	10	27.0	10	100	4～9	1～3	135	12	105	77.78
奶果猕猴桃	23	7	30.4	6	85.7	3～9	1	26	15	10	38.46
粉毛猕猴桃	46	34	73.9	31	91.2	3～15	1	210	17	3	1.43
密花猕猴桃	38	32	84.2	31	96.9	1～8	1	161	10	66	40.99
绵毛采猴桃	35	24	68.6	13	54.2	1～5	1～3(6)	65	13	35	53.85
糙毛猕猴桃	33	18	54.5	16	88.9	2～9	1～5	146	11	45	30，82
阔叶猕猴桃	35	21	60.0	14	66.7	1～10	5～30	1290	7	1190	92.25
安息香猕猴桃	32	15	46.9	14	93.3	1～10	1～7	192	5	27	14.06
毛花猕猴桃	43	23	53.5	20	87.0	3～9	1～3	200	10	129	64.50
两广猕猴桃	43	31	72.1	21	67.7	2～4	1	53	13	6	11.32
中华猕猴桃	51	30	58.8	28	93.3	1～7	1～3	238	5	61	25.63
美味猕猴桃	15	8	53.3	7	87.5	2～4	1	18	3	11	61.11
绿果猕猴桃	60	29	48.3	26	89.7	2～7	1～3	202	6	5	2.48
漓江猕猴桃	29	16	55.2	13	81.3	1～5	1～3	50	3	39	78.00
桂林猕猴桃	19	13	68.4	8	61.5	1～6	3～9	175	4	147	84.0
山梨猕猴桃	30	15	50.0	9	60.0	2～8	1～3	56	7	11	19.64

　　猕猴桃属植物的结果母枝从基部1～10节的混合芽抽生结果枝，不同种抽生结果枝的起点略有差异，如中华猕猴桃等多从基部的第2～3节开始有结果枝，中越猕猴桃多从基部的4～7节开始有结果枝，阔叶猕猴桃多从基部的4～10节开始有结果枝。不同种的结果母枝抽生结果枝的数量不同，如中华猕猴桃每条结果母枝抽生当年结果枝1～20条，中越猕猴桃为1～17条，阔叶猕猴桃为4～19条。每结果

枝有果序数因不同种而异，中华猕猴桃每结果枝有果序数1～9，每果序有果1～3个，多为3个，一条果枝有果数多的可达18个；中越猕猴桃每结果枝有果序数1～11，每果序只有1个果；阔叶猕猴桃每结果枝有果序数1～10，每果序有果5～26个。猕猴桃属植物开花结果习性的差异是多因子导致的，引种的适应性，开花时的气候因子，植株的年龄、生长情况，标准枝的代表性以及植株与其接近雄株的程度等都是影响坐果的重要因素，因此有些种的坐果率较高，有些坐果率很低。

3　讨论

猕猴桃属植物种质资源丰富，自然分布广泛，有些种生境特殊，趋于濒危灭绝，因此，猕猴桃属植物迁地保护，研究各种质的特点，对这一珍贵的植物资源开发利用、保护以及系统发育等方面的研究具有重要意义。

猕猴桃属植物的物候期、植株、花器、果实等形态特征，以及开花结果习性等均有较大差异，为良种选择和杂交亲本的选择提供了丰富的材料。同一种的个体差异，有利于不同成熟期的良种选择，应充分利用这一特性，并以各种的生长特性、物候期和开花结果习性为依据制定包括施肥、修剪、授粉、病虫防治、采收等不同的栽培技术措施，以保证获得好的收成。

猕猴桃属植物不同种的生物形态学的某些特征，如花器结构表现出较大的差异，说明该属植物是一个复杂的大群体，这些差异使各种各自独立于大群体中，而且还在分化之中，已经或者正在产生一些新的种。但是，各种之间仍保持着一定共性与亲缘，某些生物形态学的特征近于相似，差异不大，可能成为诸多种集合成大群体的基础。猕猴桃属植物迁地保护、建立种质圃，为猕猴桃的生物形态学特征观测提供了条件和活的材料，使猕猴桃属植物分类的研究更为成熟和深刻。

第七章　桂林种质圃中猕猴桃分类群的观察和测试

我国是猕猴桃的分布中心，资源丰富。广西是猕猴桃的主要产区之一，种类繁多。为了更好地开发利用这一宝贵的植物资源，广西植物研究所于 1980 年冬设立猕猴桃研究课题，结合资源调查研究工作的开展，收集猕猴桃种质资源，建立种质圃，为开展猕猴桃的生态生物学特性观察研究和杂交育种提供材料，现将种质圃中猕猴桃各分类群的观察和测试结果报告如下。

1　材料与方法

猕猴桃种质资源收集以自采为主，部分物种和类型以交换方式进行收集。种质圃建于广西植物研究所试验场地（位于桂林雁山），海拔 170 m 左右。据气象站资料，年平均气温 19.2 ℃，最热的 7 月平均气温 28.3 ℃，最冷的 1 月平均气温 8.4 ℃，极端高温 38 ℃，极端低温 –6 ℃，冬有霜冻，偶见雪。年降水量 1655.6 mm，降水集中在 4 ～ 6 月，冬季雨量较少，干湿季交替明显，年平均相对湿度 78%。土壤为酸性红壤，质地为黏壤土。

材料收集后进行考种和营养成分的分析，可溶性固形物采用手持糖量计测定，糖分采用裴林氏容量法测定，酸度采用氢氧化钠溶液滴定法测定，Vc 采用碘酸钾滴定法测定；种子采用相同方法处理进行发芽试验，参试种和变种 29 个，苗圃架设半阴棚，苗期进行形态特征的观察；用 1 年生实生苗定植在种质圃内，随机排列，先定植物种和变种，后定植型。每种定植 5 ～ 15 株，共定植 27 个种和变种、28 个类型。采用一般管理，进行生物学特性的观察。本章仅就各分类群的观察结果进行初步总结。

2　观测结果

2.1　猕猴桃各种类果实的营养成分

猕猴桃果实的营养成分含量直接影响其利用价值。为了更好地利用猕猴桃资源，对种质资源收集中得到的果实均进行营养成分分析，共分析了 19 个分类群，采样时间为 9 月中下旬至 10 月上旬。猕猴桃各分类群的果实营养成分见表 7-1。

从表 7-1 可看出，猕猴桃各分类群之间果实营养成分含量有较大的差异。就 Vc 含量而言，柱果猕猴桃和两广猕猴桃的果实 Vc 含量最低，分别为 8.80 mg/100 g 鲜果和 9.68 mg/100 g 鲜果，而中华猕猴桃、美味猕猴桃、绿果猕猴桃、毛花猕猴桃、阔叶猕猴桃、金花猕猴桃等种或变种的果实 Vc 含量较高，为 71.72 ～ 1013.98 mg/100 g 鲜果，其低含量相当于柑橘、苹果，其高含量比柑橘高 1 ～ 25 倍，比苹果高 13 ～ 200 倍。

影响猕猴桃果实的营养成分含量的因素是多方面的，果实的成熟度、贮藏时间、生长环境及同一种群内不同个体间都会影响果实的营养成分含量，尤其是对 Vc 含量影响较大，其影响因素有待进一步研究。

表 7-1 猕猴桃各分类群的果实营养成分

种名	糖分（%）			Vc（mg/100 g 鲜果）	酸度（%）	可溶性固形物（%）
	还原糖	蔗糖	总糖			
紫果猕猴桃 A. arguta var. purpurea	3.42	0.01	3.43	80.96	1.26	8.0
革叶猕猴桃 A. rubricaulis var. coriacea	—	—	—	15.84	—	—
京梨猕猴桃 A. callosa var. henryi	3.58	1.33	4.91	20.02	2.30	7.0
异色猕猴桃 A. callosa var. discolor	1.49	0.66	2.14	12.54	1.04	—
柱果猕猴桃 A. cylindrica var. cylindrical	0.52	0.25	0.76	8.80	3.77	—
华南猕猴桃 A. glaucophylla	1.68	0.35	2.03	22.44	—	9.0
金花猕猴桃 A. chrysantha	3.47	0.96	4.44	71.72	1.75	11.0
中越猕猴桃 A. indochinensis	5.94	0.44	6.38	16.50	2.02	—
美丽猕猴桃 A. melliana	1.16	0.29	1.45	44.88	2.51	8.5
粉毛猕猴桃 A. farinosa	—	—	—	16.28	1.83	—
密花猕猴桃 A. rufotricha var. glomerata	2.58	0.08	2.66	22.44	2.57	—
绵毛猕猴桃 A. fulvicoma var. lanata form. Lanata	0.59	0.19	0.77	33.88	1.66	7.0
糙毛猕猴桃 A. fulvicoma var. lanata form. Hirsute	0.99	0.30	1.29	23.10	1.71	—
阔叶猕猴桃 A. latifolia	3.13	0.01	3.14	879.78	1.86	10.0
毛花猕猴桃 A. eriantha	2.56	0.12	2.68	1013.98	1.42	12.0
两广猕猴桃 A. liangguangensis	1.82	0.12	1.94	9.68	1.16	—
中华猕猴桃 A. chinensis	5.52	0.47	5.99	145.42	1.82	12.0
美味猕猴桃 A. deliciosa	4.03	1.56	5.99	125.84	1.69	12.0
绿果猕猴桃 A. deliciosa var. chlorocarpa	5.54	0.22	5.76	88.44	1.21	16.5

2.2 各种猕猴桃种子发芽情况

猕猴桃各分类群播种时气温逐渐回升，旬平均气温 14 ~ 16 ℃，播后注意淋水，保持苗床的湿度，各分类群种子发芽情况见表 7-2。

表7-2　猕猴桃各分类群种子发芽试验记录

种名	播种时间	播种量（粒）	发芽数（粒）	发芽率（%）	种名	播种时间	播种量（粒）	发芽数（粒）	发芽率（%）
软枣猕猴桃 A. arguta	1981.3.18	400	19	4.75	金花猕猴桃	1982.3.20	400	140	35.00
紫果猕猴桃 A. arguta var. purpurea	1983.3.24	400	21	5.25	中越猕猴桃	1982.3.20	400	257	64.25
狗枣猕猴桃 A. kolomikta	1983.3.24	400	12	3.00	清风藤猕猴桃 A. sabiaefolia	1983.3.24	400	133	33.25
四萼猕猴桃	1985.3.14	1200	65	5.42	美丽猕猴桃	1982.3.20	400	196	49.00
葛枣猕猴桃 A. polygama	1981.3.18	400	51	12.75	粉毛猕猴桃	1981.3.18	400	106	20.50
粗籽猕猴桃 A. Macrosperma	1982.3.20	140	24	17.14	密花猕猴桃	1984.3.15	200	3	1.50
对萼猕猴桃 A. tetramera	1982.3.20	170	11	6.47	绵毛猕猴桃	1982.3.20	400	132	33.00
革叶猕猴桃	1984.3.15	200	3	1.50	糙毛猕猴桃	1982.3.20	400	226	56.50
京梨猕猴桃	1982.3.20	400	348	87.00	阔叶猕猴桃	1982.3.20	400	98	24.50
山梨猕猴桃 A. lufarrufa	1981.3.18	400	61	12.75	毛花猕猴桃	1982.3.20	400	141	35.25
异色猕猴桃	1982.3.20	400	6	1.50	浙江猕猴桃 A. zhejiangensis	1982.3.20	260	26	10.00
柱果猕猴桃	1982.3.20	400	179	44.75	两广猕猴桃	1982.3.20	400	165	41.25
华南猕猴桃 A. glaucophylla	1983.3.24	400	28	7.00	中华猕猴桃	1982.3.20	400	121	0.25
粗叶猕猴桃 A. glafauphylla var. robusta	1983.3.24	400	42	10.50	美味猕猴桃	1982.3.20	400	82	20.50
绿果猕猴桃 A. deliciosa var. chlorocarpa	1983.3.24	400	271	54.25					

从表7-2看出，猕猴桃不同种和变种的种子发芽率有较大差异，发芽率高的可达87%，低的仅0.25%。影响发芽率的因素是多方面的，与采收时期、种子饱满度、种子贮藏和处理方法等有关。但从各分类群的发芽试验来看，有一个值得注意的问题。据调查所见，中华猕猴桃、京梨猕猴桃、糙毛猕猴桃、金花猕猴桃、中越猕猴桃、阔叶猕猴桃等种和变种分布面较广，分布的高度差别很大，且分布普遍，这些种和变种的种子发芽率较高；而异色猕猴桃、密花猕猴桃、革叶猕猴桃等分布面比较窄，分布高度的高差较小，只是零星分布，这些种和变种的种子发芽率均较低；另外，一些分布比较北的种群种子发芽率较低，如软枣猕猴桃、狗枣猕猴桃等。可见环境条件对猕猴桃各分类群的天然繁殖能力有一定的制约作用。分布区气候条件较好或分布的纬度和海拔高度较大者，其种子发芽率较高；反之，其发芽率较低。这正是某些种群分布数量不多，有灭绝危险的原因之一。这说明收集、保存猕猴桃种质资源的工作非常重要。

2.3 各种猕猴桃幼苗的形态特征

为给猕猴桃杂交育种选择亲本及定向培育等研究提供资料，我们对猕猴桃 24 个分类群进行了幼苗形态特征的观察。各种猕猴桃种子播种后先长胚根，后出子叶。胚根肥壮，子叶椭圆形，易区别于其他杂草，但猕猴桃种间不易区别。继子叶之后初生几片真叶，各种间也较难区别，猕猴桃各分类幼苗形态特征见表 7-3。

表 7-3 表明，猕猴桃不同种和变种幼苗的叶形、叶色、毛被及长势等显示出多样性，就叶形而言，叶片有椭圆形、披针形、卵形、长卵形、阔卵形等多种形状，这些差异为我们进行苗期鉴别提供了依据，为杂交育种组合的亲本选择提供了丰富的材料。

表 7-3 猕猴桃各分类群幼苗形态特征简要

| 种名 | 苗高（cm） | 苗粗（cm） | 苗茎颜色 | 叶片 | | | | | | 根系 | | |
				形状	颜色	毛被	毛色	长（cm）	宽（cm）	支根数（条）	支根长（cm）	须根情况
软枣猕猴桃	3～6.5	0.12～0.25	淡绿	椭圆形	绿	茸毛	白	3.4	1.9	5	26.9	少
紫果猕猴桃	7～20	0.23～0.35	紫绿	披针形	绿	短刚毛	白	4.2	1.3	5	15.0	中
对萼猕猴桃	84～172	0.30～0.50	青绿	卵形	绿	茸毛	黄褐	5.9	5.2	7	25.0	多
粗毛猕猴桃	7～83	0.25～0.45	浅绿	心形	绿	无	—	3.3	2.1	6	16.5	多
革叶猕猴桃	7～113	0.25～0.55	褐绿	披针形	绿	刚毛	黄白	8.7	2.6	5	12.0	多
京梨猕猴桃	10～43	0.20～0.50	褐	卵形	绿	茸毛	灰白	8.0	3.5	4	8.5	中
山梨猕猴桃	2.7～5.8	0.13～0.26	紫红	椭圆形	绿	茸毛	白	3.5	2.1	5	31.6	中
异色猕猴桃	2～6.7	0.14～0.28	灰绿	披针形	绿	短刚毛	浅黄褐	6.1	2.2	3	14.5	多
柱果猕猴桃	6～84	0.30～0.70	绿	披针形	暗绿	硬毛	黄褐	9.5	3.1	5	36.0	多
粗叶猕猴桃	4～6.7	0.21～0.38	浅绿	披针形	淡绿	短刚毛	白	5.6	2.2	7	12.1	多
金花猕猴桃	6～34	0.30～0.50	褐绿	披针形	深绿	无	—	8.7	2.9	6	17.0	多
中越猕猴桃	12～85	0.20～0.40	绿	披针形	绿	无	—	6.4	1.8	3	9.5	中
清风猕猴桃	11～68.5	0.20～0.23	淡绿	长卵形	绿	茸毛	白	4.1	1.8	3	12.4	中
美丽猕猴桃	13～80	0.20～0.50	褐绿	披针形	深绿	线毛	紫红	10.4	2.6	5	23.0	中
长叶猕猴桃	6～105	0.30～0.75	淡绿	卵形	绿	茸毛	黄褐	8.2	5.7	7	20.0	多
粉毛猕猴桃	1～2.2	0.08～0.15	紫红	椭圆形	紫绿	短刚毛	紫红	1.8	1.1	5	16.8	少
绵毛猕猴桃	8～67	0.30～0.70	灰绿	卵形	灰绿	茸毛	灰白	11.9	5.8	6	23.0	多
糙毛猕猴桃	9～78	0.25～0.60	暗绿	椭圆形	淡绿	茸毛	黄褐	11.9	6.1	5	17.0	多
阔叶猕猴桃	5～104	0.30～0.65	褐绿	长卵形	青绿	无	—	11.1	6.1	7	17.0	多
毛花猕猴桃	11～76	0.40～0.70	淡绿	卵形	绿	茸毛	淡白	12.1	8.2	4	25.0	多

续表

种名	苗高（cm）	苗粗（cm）	苗茎颜色	叶片						根系		
				形状	颜色	毛被	毛色	长（cm）	宽（cm）	支根数（条）	支根长（cm）	须根情况
两广猕猴桃	6～58	0.20～0.70	褐绿	卵形	深绿	茸毛	紫红	7.7	3.8	5	13.0	多
浙江猕猴桃	3～114	0.25～0.65	褐绿	卵形	绿	短刚毛	黄白	9.0	3.7	4	16.0	多
中华猕猴桃	23～133	0.30～0.70	青绿	卵形	青绿	茸毛	黄绿	12.9	8.6	5	27.0	多
美味猕猴桃	17～110	0.40～0.70	青绿	阔卵形	淡青	硬毛	黄褐	12.0	9.8	6	25.0	多

2.4 各种猕猴桃生长习性

进行生物学特性观察，以掌握其生长发育特性，为杂交育种及制定人工栽培技术措施提供科学依据。现仅就猕猴桃各分类群的生长特性及物候期简述如下。

2.4.1 猕猴桃各分类群的生长特性

猕猴桃种和变种可分为大株型、中株型、小株型等 3 个株型，不同株型的种和变种长势、植物生长量均不同。一般而言，大株型的种和变种的植株生长迅速，长势旺，分枝多；小株型的种和变种的植株长势较弱，生长量较小，分枝较少，但也有些小株型的种和变种长势亦较旺，分枝较多。杂交育种选择亲本时，不同株型的种群是值得注意的问题。猕猴桃各分类群的生长情况见表 7-4。

表 7-4 猕猴桃各分类群生长情况

种名	株龄	茎径（cm）	分枝情况	株型	种名	株龄	茎径（cm）	分枝情况	株型
软枣猕猴桃	6	1.93	少	中	美丽猕猴桃	4	1.09	多	中
对萼猕猴桃	5	1.43	少	中	长叶猕猴桃	5	1.20	少	小
粗毛猕猴桃	4	2.11	少	中	粉毛猕猴桃	4	2.85	多	大
革叶猕猴桃	5	0.99	多	小	密花猕猴桃	6	2.47	多	大
京梨猕猴桃	4	1.66	多	中	绵毛猕猴桃	4	1.20	多	中
山梨猕猴桃	6	2.37	多	大	糙毛猕猴桃	6	1.34	中	中
异色猕猴桃	3	1.55	中	中	阔叶猕猴桃	6	4.23	多	大
柱果猕猴桃	4	0.66	少	中	毛花猕猴桃	6	2.44	多	大
粗叶猕猴桃	4	1.25	少	中	两广猕猴桃	3	1.21	少	小
金花猕猴桃	6	1.86	多	大	中华猕猴桃	6	3.16	多	大
中越猕猴桃	6	2.24	多	大	美味猕猴桃	6	2.08	多	大
清风猕猴桃	5	2.99	多	大					

2.4.2　猕猴桃的物候期

猕猴桃各分类群在桂林雁山的立地条件下，其物候期见图7-1。猕猴桃不同种和变种的物候期各异，大多数种和变种于2月中下旬开始萌动，而中越猕猴桃、阔叶猕猴桃等种群则于1月下旬开始萌动，奶果猕猴桃等一些种群则延至3月下旬才开始萌动。美味猕猴桃、中华猕猴桃、中越猕猴桃等种和变种花期较早，花期为4月上旬至下旬，而绵毛猕猴桃、糙毛猕猴桃、阔叶猕猴桃等种和变种花期较迟，延至5月中下旬，花期最早的和花期最迟的相隔时间达42天。猕猴桃各种群不同年份的物候期亦有差异，以中华猕猴桃为例，1984年的萌动期为2月下旬，花期为4月上旬，而1985年的萌动期为3月上中旬，花期为4月下旬。不同年份的物候期相差半个月左右。另外，同一种个体间的物候期亦有一定的差异，这可能与各个种群的地理分布有关，是各种类长期自然选择的结果。

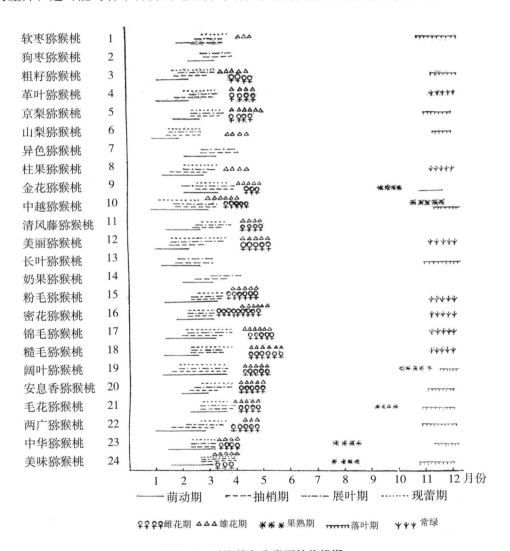

图 7-1　猕猴桃各分类群的物候期

3 小结

猕猴桃各分类群的发芽率差异较大，有些种群的种子发芽率极低，仅 1.5% 左右，这与采收时果实成熟度、种子贮藏和处理方法有关，有待进一步研究提高发芽率的技术措施。另外在种源收集时应注意多收集一些种子，以满足需要。

猕猴桃各分类群的地理分布不同，对环境条件的要求有一定的差异，在种植时应考虑这一特性。不宜把一些耐阴喜湿的种群种在阳光直射无阴蔽的地方，将增加许多管理工作，且得不到好的效果，甚至造成植株死亡；而把一些喜光不耐阴的种群种植在阳光不足的条件下，则生长不良。

猕猴桃是雌雄异株植物，实生繁殖的雄株比例较大，约占 70%，但苗期雌雄株不易区别。建立种质圃时，种植株数过少，得不到需要的雌株，达不到预期的目的；但种植过多会增加种植土地，增大工作量，因此每亩以 15～20 株为宜，且适当缩小株行距，增加种植密度，待确定雌雄株后进行适当疏伐，以保证需要。

猕猴桃各分类群的物候期差异较大，应根据猕猴桃各个种或变种的生长特性，采取不同的栽培技术措施。

第八章　龙胜猕猴桃资源及其良种选择

龙胜野生猕猴桃资源丰富，为龙胜的优势之一，群众一般称作"杨桃""毛桃""藤梨"等。本着摸清这一资源分布，充分发挥这一优势以及为利用研究提供依据的初衷，我们从 1979 年果期开始抽点调查，1980 年果期进行勘查，1981 年进行花期考查，对果期进行了比较深入系统的调查，1982 年花期和果期及 1983 年花期分别进行了补点调查。5 年时间调查了全县八社一镇 60 个生产大队，其中分布密度较大的有 39 个大队。调查中做样方 30 个，收集腊叶标本 30 份，花果标本 25 号，调查结果如下。

1　龙胜自然概况

龙胜位于广西东北部，地处越城岭山脉西南坡，北纬 25° 35′ ～ 26° 17′，东经 109° 38′ ～ 110° 14′。东西宽约 60 km，南北长约 78 km，平均海拔约 700 m，最高海拔 1916 m，最低海拔 163 m，山地的 87% 是 16° ～ 46° 的陡坡，15° 以下的缓坡仅 22.8%。寻江是全县的主要河流，横贯该县中部，自东向西流入三江县境内。

龙胜土地总面积为 24.79×10^4 hm^2，其中林地约为 18.36×10^4 hm^2，占土地总面积的 77.4%，宜林荒山和灌木林 5.26×10^4 hm^2，耕地面积只有 1.16×10^4 hm^2。

龙胜属中亚热带季风区，主要气候特点是冷热四季分明，干湿两季明显，雨量充沛。县城年平均气温 18.1 ℃，极端低温 –4.8 ℃，极端高温 39.5 ℃，最热月（7 月）平均气温 26.7 ℃，最冷月（1 月）平均气温 7.8 ℃；年平均日照 1237.3 h；年平均降水量 1500 mm，相对湿度 80%；平均无霜期 314 天；风力小，一般 1 ～ 3 级。但由于地形和海拔高度不同，造成各地气候有显著差异。

龙胜的山地土壤多为由砂岩、页岩、花岗岩风化形成的酸性黄壤、黄棕壤。大多数土层深厚、湿润、疏松、肥沃，腐殖质含量丰富。植被良好，森林覆盖率 54.1%，主要是松、杉、樟、梓等用材树和油桐、油茶、毛竹等经济林，是广西重点林业县之一。

2　猕猴桃资源

在派专业队伍深入产区，向当地主管部门和农民了解其分布及利用情况的基础上，采用线路调查方法进行实地调查，在不同高度、不同坡向、不同密度的山地选择有代表性的林地进行样方调查，统计猕猴桃的种类、密度、分布比重和产果量，收集不同种类的腊叶标本、花果标本及样品，并由广西植物研究所进行果实营养成分分析。

2.1 猕猴桃种质资源

调查结果表明，龙胜为广西猕猴桃主要产区之一，有中华猕猴桃、金花猕猴桃、毛花猕猴桃、阔叶猕猴桃、京梨猕猴桃、绵毛猕猴桃、奶果猕猴桃、华南猕猴桃、粗叶猕猴桃、紫果猕猴桃等 10 个种或变种，其中以前 5 个种的经济价值较大，尤以中华猕猴桃的蓄藏量最大，利用价值最高。

2.1.1 中华猕猴桃 A. chinensis Planch

当地群众称其为"杨桃""毛桃"，大型落叶藤本。花枝长 4 ~ 5 cm，被灰白色茸毛或黄褐色长硬毛，叶倒阔卵形，长 6 ~ 14 cm，宽 7 ~ 19 cm，顶端大多截平形并中间凹入。3 月下旬至 5 月中旬开花，雄花花径 2.0 ~ 2.5 cm，雌花较大，花径 2.5 ~ 4.0 cm；果实 11 月成熟。单株产果量可达 50 kg 左右。果呈短圆柱形、长圆柱形、苹果形等，纵径 3.15 ~ 6.15 cm，横径 3.10 ~ 5.84 cm，平均单果重 27.8 ~ 90.0 g，最大果重 100 g 以上，单果种子数 60 ~ 795 粒，种子千粒重 0.76 ~ 1.77 g。

据 1981 年 9 月初采样分析，果实可溶性固形物含量 10.5% ~ 19.5%，还原糖含量 2.59% ~ 4.16%，蔗糖含量 0.41% ~ 2.32%，可滴定酸含量 1.40% ~ 2.34%，Vc 含量 38.06 ~ 179.96 mg/100 g 鲜果。

中华猕猴桃是本属植物中果实最大，品质较优，经济价值最大，加工利用和引种栽培最有发展前途的种。

2.1.2 金花猕猴桃 A. chrysantha C. F. Liang

大型落叶藤本，高可达 7 m，冠幅可达 36 m²。嫩枝略被稀薄的茶褐色粉末状短茸毛，成熟枝秃净，皮孔很明显。叶软纸质，腹面草绿色，洁净无毛，背面粉绿色，无毛，叶柄水红色，洁净无毛。5 月上旬至下旬开金黄色花。果实 11 月成熟，粟褐色，秃净，具斑点，柱状球圆形或卵球形，纵径 3 ~ 4 cm，横径 2.2 ~ 3.0 cm，单果种子数 143 ~ 216 粒，种子长约 2 mm。

本种是本属植物中唯一开黄花的种，果实较大，单果重 8 ~ 18 g，果实可溶性固形物含量 9% ~ 12%，还原糖含量 3.47%，蔗糖含量 0.96%，总糖含量 4.44%，可滴定酸含量 1.75%，Vc 含量 71.72 mg/100 g 鲜果，风味较佳。植株生长健壮，结果性能良好，其结果母蔓的每一节几乎都能抽生结果枝，在结果枝上 2 ~ 5 节结果，每一果序常有果 2 个，使藤蔓呈串状地挂满果实，极为丰产，在平等乡田段红军坳有一株产果量达 100 kg，因此，从观赏、加工利用及引种栽培等方面来衡量均有较大的价值。

2.1.3 毛花猕猴桃 A. eriantha Benth

当地称为毛杨桃、毛冬瓜，其最大特点是枝、叶、果均被白茸毛。果实 11 月成熟，纵径 2.75 ~ 4.00 cm，横径 2.30 ~ 3.00 cm，单果重 10 ~ 35 g，单果种子 800 ~ 930 粒，种子千粒重为 0.638 g。果实可溶性固形物含量 9.50% ~ 12%，Vc 含量约 900 mg/100 g 鲜果。该种果实仅略小于中华猕猴桃，但 Vc 含量特别高，亦是有发展前途的一个种。

2.1.4 阔叶猕猴桃 A. latifolia（Gardn et Champ）Merr

小枝基本无毛，至多幼嫩时薄被茸毛，叶背密被灰白色至黄褐色短度的紧密的星状茸毛，叶柄基本无毛。5 月上旬至 6 月中旬开花，花序为 3 ~ 4 歧多花的大型聚伞花序，果实丛状着生，故又称多果猕猴桃。果暗绿色，圆柱形或卵状圆柱形，纵径 1.38 ~ 3.50 cm，横径 1.00 ~ 2.50 cm，平均单果重

12 g 左右，具斑点，无毛或仅在两端有少量残存茸毛，果实于 11 月成熟。Vc 含量约为 800 mg/100 g 鲜果。本种较丰产，Vc 含量高，亦有较大的经济价值。

2.1.5　京梨猕猴桃 A. callosa Lindl. var. henryi Maxim

属硬齿猕猴桃一变种，小枝较坚硬，干后土黄色，洁净无毛，叶卵形、卵状椭圆形或倒卵形，长 8～10 cm，宽 4.0～5.5 cm，边缘锯齿细小，背面脉腋上有髯毛，5 月上旬至 6 月上旬开花，10 月下旬至 11 月上旬果实成熟。果乳头状至短圆柱状，长可达 5 cm，是本种中果实最长最大的变种，有一定的经济价值。

2.1.6　绵毛猕猴桃 A. fulvicoma Hance var. lanata（Hemsl）C. F. Liang

属黄毛猕猴桃一变种，叶片纸质，阔卵形、卵形至长方卵形，长 8～14 cm，宽 4.5～10 cm，腹面密被膻毛或糙伏毛，小枝、叶柄和叶脉不被褐色长硬毛。花期 5 月中旬至 6 月中旬，果卵形至卵状圆柱形，幼时被茸毛，成熟后秃净，暗绿色，长 1.5～2.0 cm，具斑点，宿存萼片反折，于 11 月中旬成熟，每果有种子 33～204 粒，可溶性固形物含量 11%。

2.1.7　奶果猕猴桃 A. Carnosifolia C. Y. Wu var. glaucescens C. F. Liang

肉叶猕猴桃一变种，叶形多样，有椭圆形、卵形、倒卵形、卵状长圆形或披针形，长 7～10 cm，宽 3.5～4.0 cm，腹面多少散生一些糙伏毛。果呈长圆柱形，果顶凸尖，纵径 1.95～3.20 cm，横径 1.25～1.70 cm，单果重 3.5～6.5 g，青绿色，有不规则的褐色斑点，果肉绿色。

2.1.8　华南猕猴桃 A. glaucophylla F. Chun

华南猕猴桃的原变种，枝条髓白色，片层状，叶披针形或长方椭圆形，大多两侧相等，不歪斜，基部钝形成浅心形，两面完全无毛，背面粉绿色。花序和花较短较小；花序柄长 2～4 mm，花柄长 3～4 mm，花径 8 mm；子房完全无毛或顶端略被柔毛。

2.1.9　粗叶猕猴桃 A. glaucophylla F. Chun var.robusta C.F.Liang

华南猕猴桃一变种，叶粗糙，卵状披针形，基本等侧，基部狭心形至近耳形，上面绿色，常散生若干糙伏毛，老叶秃净，背面灰绿色，无毛。花序柄长 4～5 mm；花柄长约 5 mm，苞片 1 mm，花径约 10 mm，子房遍被黄褐色茸毛。

2.1.10　紫果猕猴桃 A. arguta（Sieb.et Zucc）Planch. ex Mig. var. Purpurea（Rehd）C. F. Liang

叶片纸质，卵形或长方椭圆形，长 8～12 cm，宽 4.5～8 cm，叶缘锯齿不发达，浅且圆，齿尖短而内弯；叶片干后大多呈黑绿色。花淡绿色，花药黄色。果初熟时红色，后转紫红色，柱状卵珠形，长 2.0～3.5 cm，顶端有喙，宿存萼片早落。

2.2　蓄藏量

根据调查收集的材料，特别是对样方所得的材料进行分析统计，龙胜中华猕猴桃群体分布范围达 9000 hm²，平均每公顷结实植株 17 株，全县约有 45 万株，其中结实的 15 万多株。由于中华猕猴桃受自然条件的影响较大，不同年份气候因子不同，产量有较大差异，即大小年显著，如 1981 年是大年，中华猕猴桃每公顷产果量为 53.7 kg，全县蓄藏量达 500 t，而 1982 年 3 月 23～25 日，高中山地区普遍下大雪，这次倒春寒使中华猕猴桃已萌芽的新梢冻死，造成开花少，结果少，产量显著下降，全县蓄藏量仅 100～150 t。

3　猕猴桃分布

猕猴桃的各个种在龙胜的分布情况不同。

中华猕猴桃在龙胜八社一镇普遍分布，即从龙胜镇河边海拔 200 m 直至各个乡镇海拔 1300 m 的范围内的宜林荒山和疏林、残次林中均有分布，以海拔 400～1100 m 的范围内群体较密，结果较多，具体的说，以龙胜的日新、城关、勒黄、平野、都坪、上孟、岭田，龙脊镇的和平、自水、白石、新六、柳田，泗水乡的潘内、周家、细门、里骆，江底乡的龙塘、泥塘、江底、建新，三门镇的花桥、大地、花坪、双江、同烈、滩底，马堤乡布弄、芙蓉、甘甲，平等乡的太平、城田、小江、昌背、隆江以及瓢里镇的光明、江口、石京、凉坪等 39 个村屯分布密度较大，有较大的蓄藏量。

阔叶猕猴桃在龙胜的分布与中华猕猴桃的分布情况相似，在全县海拔 200～1300 m 的范围内，路边、田边、坡边、山谷、山沟地带的灌丛中或森林迹地上均有分布，且植株普遍生长旺盛，而以低海拔的植株结果较多，高海拔的植株结果较少。

绵毛猕猴桃在海拔 1100 m 以下的路旁灌丛中经常可见，分布密度与中华猕猴桃不相上下，在果实成熟期，路上行人有兴趣者可随时品尝其风味。

金花猕猴桃、毛花猕猴桃、京梨猕猴桃等在龙胜的分布亦较普遍，在龙胜各地均有分布，但极少出现群体分布。金花猕猴桃大多出现在海拔 900～1300 m 阳光较多的疏林或灌木丛中，如在花坪林区，平等的红平坳，江底的高峰，和平的大柳、金坑等地较常见有分布。毛花猕猴桃多生于海拔 300～1000 m 的高草灌木丛林中，各地经常见到，在 100 m² 的样方内，最大密度为 4 株。京梨猕猴桃在和平高寸山海拔 1000 m 的南坡乔木灌木混合林中，200 m² 的样方内，分布最大密度有 7 株。

华南猕猴桃、粗叶猕猴桃、紫果猕猴桃等较少见，为星散分布，仅在花坪林区红毛冲、甘甲等地海拔 700～1000 m 的乔灌木林、谷地、坡地、溪边湿润山地见有分布。

4　中华猕猴桃良种选择

4.1　类型选择

猕猴桃植物在进化过程中，由于自然变异的结果，同一种的不同群体，其植物学特征特性有较大差异。中华猕猴桃果实形状有长圆柱形、短圆柱形、四底形等。果实大小方面，平均果重大的可达 90 g，小的仅 27.8 g。果实可溶性固形物含量较高的达 19.5%，低的仅 10.5%，Vc 含量高的达 179.96 mg/100 g 鲜果，低的仅 38.06 mg/100 g。因此，以果实形状、颜色、被覆物、经济性状（果实大小、品质）、产量、抗病虫性及成熟期等因子为划分类型的主要依据，将中华猕猴桃初步分为华龙长圆柱果、华龙短圆柱果、华龙凹底柱果等类型，各类型的特征特性见表 8-1、表 8-2。

从表 8-1、表 8-2 中看出，中华猕猴桃类型间的特怔特性差异较大，现将几个主要类型简述如下。

（1）华龙长圆柱果：植株生长较旺盛，叶片较大，中果枝结果，每果序一个果，少有两个果；果实长圆柱形，果顶微凸，果蒂平或圆；果实较大，品质较优良，Vc 含量 146.74 mg/100 g。

（2）华龙凹底柱果：植株长势、叶片大小及结果习性与华龙长圆柱果基本相似，果实大小也较均匀，而果顶凹入为最显著的区别，果实斑点也略大和密，果实品质较佳，汁液少，味甜且清香，可溶性固形物含量达 15%。

（3）华龙短圆柱果：植株长势中等，叶片稍小，短枝型结果，每果序 2 ～ 3 个果，多为 2 个。由于结果枝节间短，果序上着果较多，使果实呈丛状着生，一个果枝着果数可达 19 个，但果实较小，且大小不均匀。

综上所述，华龙长圆柱果为较优良类型，就加工利用而言，适宜加工糖水切片罐头，加工利用率较高，可在当地生产上推广。

4.2　优株选择

中华猕猴桃由于自然变异，不仅群体间差异大，而且个体间差异也较大，为选育良种提供了丰富的材料。因此，我们结合资源调查和类型选择，采取专业队伍调查与群众报优相结合的方法，开展了优良单株选择。以果实大，果皮较光滑无毛，丰产性较好，风味佳或具特殊性状的为选优标准。从 1979 年至 1981 年，初选出优良单株 7 号。各优株的特征特性见表 8-3、表 8-4。

初选的 7 号单株，经复选、决选，其中华龙 1 号、3 号、7 号是表现较优良的单株，现将这几个优株简介如下。

（1）华龙 1 号：1979 年初选优株，树龄 9 年，植株生长在海拔 700 m 左右坡地的乔灌木林，攀缘在高大的杉树、板栗树上，株高 10 m 左右，树势强，基径 9.7 cm，冠幅（东西\南北）45 m×3.0 m，果实较大，最大单果重 78 g，产量较高，1979 年株产 40 kg，1980 年株产 41.5 kg，1981 年株产 37.5 kg，比较稳产，果实含糖量高，可溶性固形物含量达 18.5%，作鲜食水果和加工利用均有较大价值，为中选优株。

（2）华龙 3 号：1981 年初选优株，树龄 57 年，植株生长于海拔 900 m 左右一户农民的屋背，攀缘在油桐、毛竹上，株高 3 m，基径 5 ～ 9 cm，冠幅 24 m²，1981 年株产 30 kg，1982 年株产 35 kg，据观察，1983 年也有较高产量。果实大，最大单果重达 114g，为我区目前果实最大的优株，且大小均匀，形似苹果，感观好，果肉细腻，汁多，清香，作鲜食水果较为理想。

（3）华龙 7 号：1981 年初选优株，与华龙 3 号同生一地，1981 年株产 20 kg，1982 年株产 25 kg，果实大，平均果重 83.9 g，最大单果重达 93.7 g，大小均匀，圆形，果肉黄绿色，细腻、甜且浓香，为有较大加工利用价值的优株。

表 8-1 中华猕猴桃类型果实特征特性（一）

类型名称	果形	果顶	果蒂	果柄（cm）	果实大小			果皮	果点			质地	茸毛	
					纵径（cm）	横径（cm）	重量（g）	颜色	形状	大小	稀密		长短	稀密
华龙长圆柱果	长圆	平微凹	平或圆	3.56	4.85	3.49	33.9	淡褐	圆	小	稀	软	短	稀
华龙短圆柱果	短圆	平微凸	平或圆	—	4.12	3.51	27.8	淡褐	圆	中	中	软	短	稀
华龙凹底柱果	长圆	凹入	平	3.50	4.18	3.67	32.7	淡褐	近圆	中	中	软	中	果顶多

表 8-2 中华猕猴桃类型果实特征特性（二）

类型名称	果肉		果心		汁液多少	风味	香气	种子			糖分（%）			Vc（mg/100 g 鲜果）	总酸（%）	可溶性固形物（%）
	颜色	质地	大小（cm）	质地				颜色	单果种子数（粒）	千粒重（g）	还原糖	蔗糖	总糖			
华龙长圆柱果	—	—	—	—	—	—	—	—	—	—	3.26	1.43	4.69	146.74	1.90	13.50
华龙短圆柱果	白黄	软	0.85	硬	多	酸甜	有	棕褐	454	—	3.27	1.26	4.53	87.12	2.34	10.50
华龙凹底柱果	白黄	软	0.66	硬	多	甜	清香	棕褐	399	0.76	2.59	0.56	3.15	92.84	2.15	8.00

表 8-3 中华猕猴桃优株特征特性 (一)

优株号	产果量 (kg)	果实外观			果实大小					果肉			种子		
		形状	皮色	茸毛	纵径 (cm)	横径 (cm)	最大果重 (g)	平均果重 (g)		颜色	质地	香气	颜色	单果种子粒数	千粒重 (g)
华龙 1 号	37.5	椭圆	青绿	略有，短	4.98	4.04	80	65.9	黄白	细软	清香	褐	259.0	1.15
华龙 2 号	6.0	椭圆	黄褐	极少	5.54	4.64	80	71.0	黄白	细软	—	棕褐	434.6	1.24
华龙 3 号	30.0	苹果形	黄褐	稀少，短	5.36	5.39	114	90.0	黄白	细软	—	棕褐	570.8	1.73
华龙 4 号	11.3	圆锥	褐	较多，短	5.77	4.56	75	69.0	黄白	细	—	黄褐	395.6	1.25
华龙 5 号	2.7	圆锥	青绿	较多，较粗	5.79	4.31	75	63.0	黄白	细软	—	棕黑	291.4	1.23
华龙 6 号	23.3	圆柱	青绿	稀少，短	5.26	4.57	71	64.3	青绿	细软	—	棕褐	485.6	1.13
华龙 7 号	20.0	圆柱	黄褐	稀少，短	4.85	4.69	93	83.9	黄绿	细	—	褐	465.0	1.80

表8-4 中华猕猴桃优株特征特性（二）

优株号	采样日期	分析日期	糖分（%）			Vc(mg/100 g 鲜果）	总酸（%）	可溶性固形物（%）
			还原糖	蔗糖	总糖			
华龙 1 号	1981.9.2	1981.9.18	4.06	2.32	6.38	75.24	1.80	18.5
华龙 2 号	1981.9.2	1981.9.19	2.97	1.34	4.31	99.00	2.09	13.0
华龙 3 号	1981.9.6	1981.9.19	3.87	1.64	5.51	38.06	1.39	12.5
华龙 4 号	1981.9.3	1981.9.13	3.65	1.58	5.23	55.00	1.69	15.5
华龙 5 号	1981.9.6	1981.9.12	4.16	1.79	5.95	77.66	1.88	13.0
华龙 6 号	1981.9.6	1981.9.13	3.95	1.82	5.77	179.96	2.05	12.0
华龙 7 号	1982.9.25	1982.10.15	5.15	0.15	5.30	51.04	2.04	12.0

5 开发利用情况

龙胜猕猴桃资源丰富，以中华猕猴桃的经济价值最大，其次为金花猕猴桃，而毛花猕猴桃及阔叶猕猴桃果实的 Vc 含量特别高，具有特殊的经济价值。

中华猕猴桃由于自然变异，不仅群体间差异大，而且个体间差异也较大，因此，在人工栽培时，采用良种是提高产量和品质的重要技术措施，建议在当地采用优良类型华龙长圆柱果及优株 1 号、3 号、7 号推广生产应用，并积极进行无性系测定和后代鉴定，为更大范围内的猕猴桃生产提供良种。

第九章　金花猕猴桃资源及其生物学特性

我国猕猴桃种质资源极其丰富，目前猕猴桃的利用仅限于中华猕猴桃、美味猕猴桃、软枣猕猴桃、狗枣猕猴桃、毛花猕猴桃、阔叶猕猴桃等种类，而金花猕猴桃的果实仅次于中华猕猴桃，其果实风味佳，是猕猴桃种类中味道较好的一种，值得开发利用。为开发利用和人工引种栽培提供科学依据，特对其资源分布、蕴藏量、生态环境和生物学特性进行了调查研究。

1　形态特征

金花猕猴桃（ *A. chrysantha* C. F. Liang），系大型落叶藤本植物，株高可达 15 m，冠幅 20 m²，主蔓最大径粗可达 7 ～ 10 cm，表面暗褐色，2 年生枝长 40 ～ 60 cm，粗 0.8 ～ 1.2 cm，茶褐色，毛被秃净，皮孔显著。嫩枝略被稀薄的茶褐色粉末短茸毛，木质化后秃净，茎栗褐色，皮孔很明显、较密、长棱形、淡白色。髓茶褐色，片层状。叶软纸质，阔卵形或卵形至披针状长卵形，边缘有明显的圆锯齿，叶片长 8.5 ～ 17.8 cm，宽 3.8 ～ 9.5 cm，表面草绿色，洁净无毛，背面粉绿色，无毛，叶柄水红色，长 1.7 ～ 4.7 cm，洁净无毛。于 5 月下旬至 6 月上旬开花，为聚伞花序，有 1 ～ 3 朵花，花萼 5 枚，浅绿色，花瓣 5 枚，部分 6 ～ 7 枚，金黄色，花药黄色，是猕猴桃属植物中唯一具有金黄色花朵的新种。果实于 9 月下旬至 10 月上旬成熟，萼片宿存，呈栗褐色，果皮中厚、坚韧，具淡褐色果斑，果实为长圆柱形至短圆柱形，纵径长 3.5 ～ 4.9 cm，横径宽 3.0 ～ 3.2 cm，平均单果重为 18.9 ～ 29.0 g，最大果重可达 37.4 g，大小均匀。果肉淡绿色至绿色，质细汁多，有香气，甜酸可口。果实收获后较耐贮运，是加工整果罐头和鲜果销售的较好种类。种子扁卵形，深褐色，每果有种子 98 ～ 314 粒，千粒重 1.3 ～ 1.7 g。

2　资源分布及类型

2.1　资源分布

金花猕猴桃在广西主要分布于临桂、龙胜、资源、兴安和贺州等地，东经 109° 02′ ～ 111° 20′、北纬 25° 33′ ～ 26° 16′。据报道，湖南的宜章、宁远、芷江和广东的阳山、乳源等地也有分布。金花猕猴桃一般分布在 700 ～ 1500 m 海拔的低中山灌丛疏林或冲沟两旁的疏林中，而群体分布多出现在海拔 1100 m 左右的山地。

2.2 类型

金花猕猴桃种群中，由于它是雌雄异株植物，在长期自然授粉及自然选择条件下，形成了多种变异类型。我们根据果形、果色、开花结果习性及产量等经济性状，将其划分为4个类型。

（1）桂金长褐果：每果序果实较大，长圆柱形，纵径长约4.6 cm，横径宽约3.2 cm，最大果重37.4 g，平均果重27.9 g，果实大小均匀，果皮深褐色，果肉淡绿色，有香气、甜酸可口。植株生长较旺盛，分生性能强，速生。中果枝结果，每一果枝可挂果7～10个，丰产性强，一般单株产量15～35 kg，最高株产果达60 kg左右。果实总糖含量7.3%，总酸含量1.5%，Vc含量85.8 mg/100 g鲜果，可溶性固形物含量14%。

（2）桂金长绿果：该类型与桂金长褐果类型的最大区别为果皮青绿色，果斑淡白色。果实大小较均匀，纵径约4.9 cm，横径约3.1 cm，最大果重32.4 g，平均果重28.9 g。果肉绿色，有香气，味酸甜。果实总糖含量5.9%，总酸含量1.9%，Vc含量79.2 mg/100 g鲜果，可溶性固形物含量12%。

（3）桂金短褐果：每果序为2～3个果，多数2个果，果实较小，纵径约3.5 cm，横径约3.0 cm，最大果重26.2 g，平均果重约18.9 g，果皮深褐色，果斑褐色，果肉淡绿色，稍有香气，酸甜适口。植株生长较旺盛，最大树冠可达20 m^2，较丰产，几乎每条枝蔓都可抽生结果枝，为短果枝结果，每条果枝可结果12～18个，一般单株产果量约35～50 kg，最多可达100 kg。果实总糖含量6.4%，总酸含量1.6%，Vc含量55 mg/100 g鲜果，可溶性固形物含量13%。

（4）桂金短绿果：该类型的长势和结果习性均与桂金短褐果相似，其最大区别为果皮青绿色，果斑淡白色，果实稍大，纵径约3.6 cm，横径约3.2 cm，最大果重32.2 g，平均果重21.8 g。果肉绿色，有香气，味酸甜。果实总糖含量5.9%，总酸含量1.9%，Vc含量85.8 mg/100 g鲜果，可溶性固形物含量12%。

2.3 蕴藏量

在广西，金花猕猴桃有一定的蕴藏量，约为280 t，其中以临桂分布密度较大，蕴藏量较多，约155 t，其次为龙胜和资源两地，兴安县和贺州的蕴藏量较少。

3　对生态环境条件的要求

3.1　温度

金花猕猴桃在广西的分布区属中亚热带山地气候，冬季较寒冷，夏季凉爽而短促。分布区的气候较冷凉，从而使植株在长期系统发育过程中，形成了适宜生长在冷凉气候条件下的特性。据主产区气象站资料，历年平均气温为16.4～18.1 ℃，最热月平均气温为26.3～26.8 ℃，最冷月平均气温为5.6～8.1 ℃。其实金花猕猴桃分布区的海拔比气象站高，因此适宜其生长发育的温度要比上述低3～5 ℃才能发育正常。在严冬，高山积雪冰冻，植株已停止生长，未见有冻害现象，表明它有较强的抗寒能力。我们将其引种至桂林市雁山广西植物研究所，海拔154 m，在半荫棚条件下，种子发芽和幼苗生长正常，后定植于树荫条件下的种质圃生长发育较正常。但定植于旷野的试验地，生长发育较差，特别在干旱炎热的夏天，其嫩梢出现日灼伤而枯死的现象。此时植株生长受到抑制，这说明它对高温的抵抗力较弱；若采用人工喷淋和遮阴措施，可以预防日灼伤。

3.2 水分

金花猕猴桃分布区的雨量较为充沛，空气相对湿度大；土壤湿润。据主产区气象资料，年降水量为 1577.3 ～ 1890.2 mm，年平均相对湿度 82%，表明它对水分和空气湿度要求较高。

3.3 光照

金花猕猴桃光照的要求，随着苗龄的不同而异，幼苗期因根系分布较浅，若受直射光曝晒，易失水而枯死，所以，苗期需要一定的荫蔽度。在 60% ～ 70% 的荫蔽度下播种，其生长发育正常。在长期荫蔽的野生林地，少见幼树而多成年树，这可能是它对光照逐年需要量不同所致。野生成年树是攀缘于树冠上，直接吸收阳光，这说明其成年树对光照需要较多。

3.4 土壤

金花猕猴桃分布区的土壤，是由炭质页岩及砂岩发育而成的山地红壤和黄壤，表土有一层较厚的腐殖质，土壤呈微酸性反应，pH 值为 4.4 ～ 5.0，金花猕猴桃分布区的土壤性态见表 9-1。

由表 8-1 可知，金花猕猴桃喜生长于腐殖质厚且有机质丰富肥沃的壤土。

表 9-1　金花猕猴桃分布区的土壤性态

采样深度（cm）	pH 值	有机碳（%）	活性有机质（%）	全氮（%）	全磷（%）	盐基饱和度（%）	碳氮比
0 ～ 10	4.95	13.14	22.64	0.91	0.15	32.47	14.43
11 ～ 18	4.40	7.14	12.81	0.53	0.1	31.02	13.47
19 ～ 30	4.60	3.03	5.23	0.25	0.07	21.32	12.12
30 以上	4.68	1.24	2.13	0.16	0.06	47.41	7.75

4 生物学特性

4.1 生长习性

金花猕猴桃于 3 月下旬至 4 月上旬开始萌动，4 月中旬抽梢，叶片也随之展开并逐渐长大。枝条萌发力的强弱与其年龄有关，如 1 年生枝条的萌发力最强，在其基部第三至第五节起到 2/3 的枝段上，几乎每节都可抽生新梢，而其尾部 1/3 的枝段抽生较少，且长势较弱。2 年生枝条比 1 年生枝条抽生新梢少，一般仅有 3 ~ 5 条，而三年枝条更少，只能抽生新梢 1 ~ 3 条。

金花猕猴桃还具有抽夏梢的习性，当开花结果后 2 ~ 3 周，2 ~ 3 年生枝条的基部和中部开始抽生夏梢，一般只抽生 1 ~ 3 条，其长势比春梢粗壮，生长 1 ~ 2 年后可更替老的结果母枝，年复一年地不断更新，保持着强大的生命活力。调查表明，野生植株的寿命可达 50 年以上，盛果期也达数十年之久。如龙胜县有一株树龄达 50 年的成年树，地径粗 10.9 cm，高 15 m，冠幅 15 m²，冠高 3 m，年年结果，株产 50 ~ 75 kg。

4.2　开花结果习性

金花猕猴桃为雌雄异株植物，其果枝和花枝、开花时间、小花数等均有一定差异。

雄株的开花习性：雄株萌发的花枝比雌株多，在一条 50 cm 的开花母枝上，共有 25 节，从第二至第三节开始抽生新梢，共抽生 17 条新梢，其中花枝有 13 条，占新梢的 76.5%。于 4 月中旬开始现蕾，为聚伞花序，一般着生于花枝的基部，有花序 5 ~ 7 个，每个花序有小花 3 朵，于 5 月下旬开花。开花顺序，花枝是由下而上地开放，花序是中间的小花先开，花序两侧的小花后开。单花一般每天清晨 4∶00 ~ 5∶00 开放，8∶00 ~ 9∶00 撒粉，历时 2 天，第三天开始萎蔫谢落，单株花期为 7 ~ 10 天。

雌株开花结果习性：春季在 1 年生的母枝上能抽生结果枝，在 2 ~ 3 年生的母枝上也能抽生结果枝，但比 1 年生母枝少。据测定，在 150 cm 长的 1 年生母枝上，共有 43 节，能抽生新梢 21 条，其中结果枝有 13 条，占新梢 61.9%。花序着生于果枝基部的第二至第八节，每条果枝有花序 4 ~ 7 个，每个花序有发育，花 1 ~ 2 朵，不同类型略有差别，如长圆柱果仅有 1 朵，少有 2 朵，而短圆果多有 2 朵。

雌花比雄花晚开 2 ~ 3 天，开花时间一致。授粉后第二天柱头收浆，花瓣开始变为土黄色，第三天开始凋谢。若未授粉时，花瓣虽落完但柱头不断分泌捕捉花粉的物质，可延至 2 ~ 3 天，再未授粉时才整花脱落。已授粉的花朵，第三天其子房迅速膨大，幼果期生长迅速，于开花后第 7 至第 8 周，果实大小基本定形以后，主要是碳水化合物的积累，于 9 月下旬至 10 月上旬成熟。

5　利用意见

金花猕猴桃果实大小均匀，果肉绿色，质细汁多，酸甜可口，有香气，营养丰富，适于鲜食和整果罐头及其他制品的加工，具有较大的经济价值。为了扩大其资源，应选用长圆柱果类型进行引种栽培，提高其产量和品质。

第十章 阔叶猕猴桃的资源分布及生态特性

阔叶猕猴桃（*A. latifolia* var. *latifolia*）俗称多花猕猴桃、牛奶果、称砣子。在我国分布于 11 个省（自治区、直辖市），140 个县（市、区），为猕猴桃属植物中分布广、生长快、产量高、Vc 含量高的一种。果实中等大，适于加工糖水罐头，也是加工果酱、果汁、果晶等高 Vc 品的原料。开发利用阔叶猕猴桃，对丰富轻工业饮食产品具有重要意义。为开发利用这一资源，广西植物研究所 1980 年开始，对广西阔叶猕猴桃的资源分布及生态生物学特性做了较广泛的调查研究。

1 植物学特性特征

1.1 形态特征

阔叶猕猴桃为大型落叶藤本。老枝黑褐色，髓白色片层状；当年生枝条浅青绿色，皮孔呈细线状。叶纸质、卵形，长 10 ～ 15 cm，宽 7 ～ 10 cm，顶端渐尖，基部截平，边缘锯齿稀疏、突尖；腹面深或淡绿色，背面浅绿色，主脉线状隆起，侧脉 6 ～ 7 对，横脉明显，网脉不易见；叶柄长 3 ～ 7 cm，紫红色。花性为雌雄异株，花序大，为 3 歧大型聚伞花序。雌花：第一歧花序长 14 ～ 30 mm，第二歧长 10 ～ 21 mm，第三歧长 5 ～ 9 mm；花柄 3 ～ 5 片，浅绿色，果熟时仍宿存不落；花瓣 5 ～ 8 片，浅黄色，有香气；花冠直径 14 ～ 16 mm；雌蕊发达，花柱 27 ～ 33 枚，浅绿色，长 3 mm，向四周反展，将退化雄蕊覆盖；柱头稍膨大，近圆形；子房椭圆形，纵径 3.5 mm，横径 2.3 mm，被白色短茸毛。雄花：第一歧花序长 12 mm，第二歧长 6.5 mm，第三歧长 3.3 mm，花柄长 2 mm，花冠直径 11 mm；雄蕊发达，花丝 48 条，长 2.5 mm，浅绿色，花药黄色；雌蕊退化，花柱不明显。果实长圆柱形至卵圆形，纵径 1.9 ～ 2.8 cm，横径 1.1 ～ 1.6 cm，单果重 1.6 ～ 10.5 g；果皮绿色或褐绿色，斑点明显，大小不一，呈浅黄褐色：果肉深绿色。种子偏椭圆形，褐色，千粒重 0.75 g。果期 10 月中旬至 11 月中旬。

1.2 生物学特性

生长习性：藤蔓通常缠绕在乔、灌木上生长。缠绕在乔木上的植株，高达 10 m，缠爬在灌丛的植株，冠幅可达 70 ～ 80 m²，分枝中等，一条长为 3.3 m 的 1 年生枝，共有 89 节，其中有 20 个节抽出新梢。新梢年生长量为 5 ～ 6 m，尤以春夏季生长特别快，从 3 月中旬至 4 月上旬开始萌芽、抽梢，于 6 月中旬测量，新梢长达 4.8 m，径粗 1 cm 以上，直至 12 月上旬才停止生长、落叶。枝条中段节间较稀，节距长达 6 cm，基段和顶段节间密，节距长仅 1.5 cm。

开花结果习性：阔叶猕猴桃始果龄一般在 3 年生（嫁接苗 2 年生开始着花）。在长 3.3m 的结果母枝上，3 年抽生 20 条新梢中，结果枝有 7 条，不等距分生。短果枝结果部位在枝条基部，从 1～3 节开始着花，连续着生 5～7 节，长果枝在枝条中部结果，6～7 节才开始着花，连续着生 5～7 节，雌花序有花 5～12 朵，雄花序有花 36～42 朵。从现蕾至开花相隔两个月之久。桂南 3 月中旬现蕾，6 月中旬开花。在同一环境条件下，花期较整齐，只有 3～5 天，雌雄花基本同期开放，由于花期迟，果实成熟也晚。

2 资源分布

2.1 分布

阔叶猕猴桃在广西 8 个地区 52 个县有分布。包括桂林地区的龙胜、资源、兴安、全州、灌阳、恭城、灵川、临桂、永福、阳朔、荔浦、平乐；梧州、贺州地区的富川、钟山、贺州、昭平、蒙山、苍梧、藤县；玉林、贵港地区的贵港、桂平、平南、容县、北流、陆川、玉林；柳州、来宾地区的三江、融水、融安、鹿寨、金秀、象州、武宣；南宁、崇左地区的上思、马山、上林、武鸣、邕宁、扶绥、龙州、宁明；钦州、防城港；河池地区的罗城、东兰、巴马；百色地区的隆林、田林、乐业、凌云、百色、德保等。地理分布范围，北纬 21° 32′～26° 21′，东经 104° 50′～112° 47′，垂直分布海拔最低为 80 m，最高 1300 m，一般在 400～800 m。

2.2 类型划分

阔叶猕猴桃群体生物学特征特性差异较大，根据果形、结果习性及经济性状等，初步划分为 3 个类型。

桂阔长圆果：果实长圆柱状，纵径 2.81 cm，横径 1.53 cm，平均果重 7.65 g，最大果重 10.45 g。果斑明显，灰白色。果肉深绿色，总糖含量 4.90%，Vc 含量 1046.54 mg/100 g 鲜果，酸度 2.56%，可溶性固形物含量 16.0%。果枝节间密，果序、果柄短，果实围绕果枝紧密着生，呈串穗状。产量最高。

桂阔短圆果：果实卵圆或近圆形，纵径 2.01 cm，横径 1.54 cm，平均果重 6.04g，最大果重 8.4g。果斑近圆形，黄褐色。果肉绿色，总糖含量 5.8%，Vc 含量 908.82 mg/100 g 鲜果，酸度 1.86%，可溶性固形物含量 10.0%。果枝节间较稀，果序、果柄较长，果实沿果枝着生成若干个团状。产量较高。

桂阔小圆果：果实短圆柱状或近圆形，被短锈色茸毛，纵径 1.54 cm，横径 1.20 cm，平均果重 1.33 g，最大果重 1.59 g。果斑小而密，黄褐色。果肉深绿色。果枝节间甚稀，果序长达 4～5 cm，果柄长 1.5～2.0 cm，果实沿果枝着生成稀疏的小团。产量低。

上述 3 种类型中桂阔长圆果果实大，Vc 含量高，产量高，是较优良的类型。

2.3　蕴藏量

阔叶猕猴桃在广西分布最广，蕴藏量最大，产量达 2000 t。其中融水、三江、龙胜、资源、全州、兴安、灵川、临桂、永福、罗城、融安、金秀、武鸣、富川、钟山、贺州、苍梧、容县、上思、凌云、田林等县蕴藏量在 50 t 以上。尤以容县面积大，植株生长旺盛，果实较大，单株产量高，年产量近 100 t；其次为资源县，年产量达 75 t 以上；贺州的姑婆山，分布密度大，植株生长健壮，全县年产量近 75 t。

3　生态学特性

3.1　阔叶猕猴桃与温度的关系

阔叶猕猴桃在广西，从中亚热带南缘的桂北至热带北缘的桂南均有分布，分布区极端高温 40.4 ℃，极端低温 -8.4 ℃，相差近 50 ℃，但各地都能正常生长发育，说明它对温度的适应性很强。但植株生长旺盛，单株产量高，果实较大的在桂东的贺州（年平均气温 19.9 ℃）、桂东南的容县（平均气温 21.2 ℃）、桂西南的德保（年平均气温 19.5 ℃）。如容县灵山镇天堂村和德保市兴旺片区那布村，较高的单株产量达 40 ~ 50 kg，最大单果重 8.4 ~ 10.45 g。由此表明，年平均气温为 19.5 ~ 21.2 ℃，对阔叶猕猴桃的生长发育似乎更为适宜。

不同纬度、海拔对阔叶猕猴桃的物候期影响较大。在桂南钦州县东风林场，5 月 11 日已到盛花期，而桂北龙胜的花坪林区，6 月中旬才到盛花期。严寒霜雪对阔叶猕猴桃梢端有轻微冻害，在桂北中山林地，常见一年生梢端受冻害而枯死，但不影响翌年的生长和开花结果。可以认为阔叶猕猴桃是喜温植物。我国有阔叶猕猴桃分布的 11 个省（区、市）都处于长江以南，并往南延伸至地处热带的马来西亚，也足以说明这一点。

3.2　阔叶猕猴桃与水分的关系

阔叶猕猴桃是一种高大的缠绕性木质藤本植物，枝蔓向四面八方平铺延伸，叶形特别宽大，水分蒸腾量大。分布区年平均降水量 1045.8 ~ 1940.5 mm，年平均相对湿度 75% ~ 84%。这一优越条件为其提供了充足的水分，保证猕猴桃的正常生长发育从而获得高额的产量。在不同的小环境中，水分、湿度更有直接的影响。在调查中注意到，凡是在光秃荒山草坡或地势较高的陡坡，很少见有分布；凡是生长在山谷、冲槽、低坡或沟边的植株长势强，尤以生长在常年流水的山间小溪旁的植株特别旺盛，产量也高。这表明阔叶猕猴桃在系统发育过程中形成了适应在潮湿环境生长的特性。

3.3　阔叶猕猴桃与光的关系

阔叶猕猴桃幼苗期，在灌木林或稀疏乔木林中生长良好。成年植株在乔木林中生长显得瘦弱，分枝力差，产量甚低或不开花结果；长在灌木丛中则枝蔓繁茂、冠幅大，果实累累；长在荒草坡上的植株矮小，呈丛型，花、果不多。灌木丛是阔叶猕猴桃理想的植被，盐肤木、漆树、棠梨、夹竹桃、杜转、山楂、木姜子、油茶、油桐、麻栎、茅栗等灌木或矮化状的乔木是最理想的伴生植物，它们既是幼龄植株的天然阴棚，又是成年植株的自然棚架。由此可以认为阔叶猕猴桃是幼龄好阴、成年喜阳的植物。分布区历年日照为 1255.2 ～ 1907.7 h，完全能满足阔叶猕猴桃正常生长发育的需要，即使立地在林中小溪旁的环境，也能从 10：00 ～ 16：00 获得阳光。

3.4 阔叶猕猴桃与土壤的关系

广西的主要土壤类型为红壤、砖红壤、黄壤、紫色土、黑色石灰土、冲积土及沙质土等。阔叶猕猴桃在我区的立土类型是多种多样的，几乎各种土壤均有分布，基本能正常生长发育。说明它对土壤要求不甚严。但调查结果表明，阔叶猕猴桃在黄壤比红壤长得好，沙质土比黏质土长得好，尤以土层深、腐殖层厚、排水良好、疏松湿润的黑色石灰土、冲积土及沙质壤土生长最好。

4 小结

阔叶猕猴桃是广西猕猴桃属植物中分布最广、蓄藏量最大的种之一。果实较大、Vc 含量高，适于加工罐头，也是加工果汁、果酱及高 Vc 饮料的理想原料，至今绝大部分资源仍未开发利用。广西阔叶猕猴桃类型间及个体间差异较大，桂阔长圆果的果实大，Vc 含量高，单株产量高，为优良的类型，应选作基地化生产的种源。建议建立相应规模的生产基地，以点带面发展生产，尽快开展加工利用研究。阔叶猕猴桃资源较为完整，须吸取中华猕猴桃等资源破坏严重的教训，积极采取保护措施。

第十一章　毛花猕猴桃资源及其生态学特性

毛花猕猴桃的果实在猕猴桃属植物中果实仅小于中华猕猴桃，营养丰富，尤其 Vc 含量较其他种类高。果肉翠绿色，适于鲜食和加工罐头，具有较大经济价值。广西植物研究所 1980 年开始对广西毛花猕猴桃主要产区的资源分布及生态学特性进行调查，为开发利用这一资源提供科学依据。

1　形态特征及类型

毛花猕猴桃（*A. eriantha*），俗称毛冬瓜、毛杨桃，为多年生落叶藤本植物，株高 3 ～ 5 m，基径粗 2.0 ～ 2.5 cm，来年枝呈淡褐色，当年生枝叶及果实均被灰白色茸毛。叶卵形、阔卵形或近椭圆形，长 7 ～ 16 cm，宽 6.0 ～ 10 cm，绿色，无光泽。花序柄短而粗，着生 1 ～ 3 朵花，花萼灰绿色，近三角形，2 ～ 3 裂。果实呈长圆柱形、圆柱形、卵形，灰绿色，外被一层厚的灰白色状长茸毛。果实纵径 3.57 ～ 4.01 cm，横径 2.82 ～ 2.96 cm，单果重 15.22 ～ 20.16 g，最大单果重可达 52 g。果顶突或微突，萼片脱落。果肉翠绿色，果实 10 月中旬成熟。果实含总糖 1.92% ～ 5.19%，酸度 1.14% ～ 1.62%，Vc 含量 317.90 ～ 1107.92 mg/100 g 鲜果，可溶性固形物含量 7.0% ～ 12.0%。

毛花猕猴桃按果实被灰白色絮状茸毛多少及其脱落难易等，可分为 2 个类型。

桂毛长圆果：果实呈长圆柱形、被厚灰白茸毛，且茸毛不易脱落。果实纵径 3.50 ～ 4.35 cm，平均 3.81 cm；横径 2.7 ～ 3.0 cm，平均 2.82 cm；单果重 14.0 ～ 22.5 g，平均单果重 18.07 g。总糖含量 1.03%，酸度 1.25%，Vc 含量 822.14 mg/100 g，可溶性固形物含量 7.0%。平均单果种子数 629 粒，种子千粒重 0.8 g。

桂毛短圆果：果实呈圆柱形、短圆形，被灰白色茸毛，易脱落。果实纵径 3.00 ～ 3.70 cm，平均 3.36 cm；横径 2.30 ～ 2.85 cm，平均 2.62 cm；单果重 10.4 ～ 19.5 g，平均单果重 15.9 g。果实总糖含量 3.58%，酸度 1.62%，Vc 含量 1107.92 mg/100 g 鲜果，可溶性固形物含量 9.0%。平均单果种子数 531.3 粒，种子千粒重 0.8 g。

从果实大小看，长圆果型果实较大，而果实品质则以短圆果型为好。

2　资源分布

毛花猕猴桃分布于贵州、湖南、浙江、江西、福建、广东、广西等地。据调查，毛花猕猴桃在广西主要分布于资源、全州、龙胜、兴安、灵川、永福、临桂、平乐、恭城、灌阳、三江、融水、富川、钟山、罗城、贺州、容县、桂平及北流等 19 个县（市、区），其地理分布范围为北纬 22° 48′ ～ 26° 16′，东经 108° 33′ ～ 110° 54′。东起贺州南乡，西至罗城县；南起北流新圩，北至资源县。垂直分布为海拔 250 ~ 1100 m，而多分布于 300 ~ 1000 m。

毛花猕猴桃在广西的蕴藏量以资源、龙胜、三江、罗城及贺州等县（市）较多，每个县蕴藏量 20 ~ 30 t，毛花猕猴桃总蕴藏量 400 t 左右。

3 生态学特性

毛花猕猴桃在广西分布区的地貌属中亚热带低中山地带。据分布区的气象资料，年平均气温为 16.4 ~ 21.2 ℃，最热月（7 月）平均气温为 26.3 ~ 28.8 ℃，最冷月（1 月）平均气温为 5.6 ~ 12.1 ℃，极端高温 36.9 ~ 38.6 ℃，极端低温 –2.3 ~ –8.4 ℃，年降水量 1486.4 ~ 1890.2 mm，降水量多集中于 4 ~ 8 月，占全年降水量的 61.5% ~ 68.2%，平均相对湿度为 75% ~ 82%；年平均日照时数为 1255 ~ 1778 h。主要分布于气候凉爽、雨量充沛、土壤肥沃的地区。在这样的气候条件下，毛花猕猴桃植株生长良好，很少受冻害，表明毛花猕猴桃是较耐寒的一种，与其集中分布于桂东北一带是相适应的。

毛花猕猴桃多生长于较阴湿的林缘或灌木丛中。溪边谷地植株生长茂盛，而山脊、秃岭很少有分布。积水地对猕猴桃生长不利。这说明毛花猕猴桃既要求有较高的湿度，也需要排水良好的土壤条件。分布区的年降水量及平均相对湿度完全可以满足它的生长要求。

调查表明，毛花猕猴桃野生植株多分布于上层林木较疏半阴半阳的灌木丛中。在茂密的针叶、阔叶林中，植株分布少，即使有少数植株分布，但往往下部藤蔓干枯，或仅有独条蔓在林间弯曲延伸十多米，直至缠绕上树，见到阳光才能分枝并开花结果。而在林缘残次林或稀疏林中植株分布较多，常见缠绕在乔灌木枝梢顶部，形成自然棚架，植株生长茂盛，开花结果多。这说明毛花猕猴桃属半阳性植物，但苗期需要荫蔽条件，否则长势弱并有缺苗现象，直接影响后期的生长和结果。因此人工栽培时，应根据苗龄不同，控制荫蔽条件，以满足其生长习性的需要，达到高产目的。

毛花猕猴桃对土壤要求不甚严，其分布区的土壤多数为由页岩或砂岩发育而成的红壤和黄壤，土壤质地较疏松，表土层具有较厚的腐殖质土，有机质含量较丰富，pH4.5 ~ 5.5。从实地观察植株生长情况看，凡生长在山区溪谷两旁低坡地带，有机质较丰富、土壤肥沃、表面覆盖碎砾石、透气性好的立地环境，毛花猕猴桃的植株生长好，树势强壮，结果多；相反，土质黏性重，透气性差，肥力差，往往植株生长不良，结果少，常出现未老先衰现象。

毛花猕猴桃的伴生植物主要有马尾松、杉、冬青、青岗栗、盐肤木、见风消、葛藤、鸭脚木、金樱子、樱桃、油茶、茅栗、木通、山胡椒等。这些植物给猕猴桃创造了适宜的荫蔽环境，构成猕猴桃的天然棚架，且由于光照良好，空间面积大，猕猴桃植株长势好，结果多。

第十二章　中越猕猴桃资源及其生物学特性

中越猕猴桃为（*A.indochinensis*）猕猴桃属植物中较丰产，果实较大，且大小均匀，含糖量较高，适合加工整果罐头，有较大发展前途。为了摸清其资源，掌握其生物学特性，为开发利用提供依据，我们于1981年开始对德保、那坡、容县、上思、武鸣等主要产区进行调查。现将调查中收集的材料总结如下，以资参考。

1　形态特征

大型落叶藤本。小枝基本无毛或花期局部略被稀薄的茶褐色粉末状短茸毛，随着枝条的老化，由浅绿色至棕色，多年生老枝呈褐色。幼叶膜质，老叶软革质，卵形至椭圆形，长7.0～11.7 cm，宽2.7～6.4 cm，腹面绿色，洁净无毛，背面呈粉绿色。花序上有1～3朵花，萼片5枚，浅绿色；花瓣5枚，白色；花药黄色。果实呈长圆形或短圆形，成熟时为黄棕色或绿褐色，秃净，具斑点，单果重5.50～9.84 g；种子扁椭圆形，深褐色，千粒重1.40 g。

2　分布及类型

2.1　分布

根据梁畴芬的研究，该种产于广东、广西和云南，越南北部亦有分布。广西为中越猕猴桃的主要产区，德保、那坡、龙州、容县、上思、防城、宁明、武鸣、上林、马山等县均有分布。地理分布范围，北纬21° 44′ ～23° 33′，东经105° 35′ ～110° 45′。东起容县，西抵那坡，南自上思、宁明和防城的十万大山，北至武鸣、上林、马山的大明山。垂直分布在海拔600～800 m的低山，海拔1110 m的中山也见少量分布。

2.2　类型

中越猕猴桃群体的生物学特性差异较大，根据果形、果色、斑点、开花结果习性及产量等经济性状，初步划分为2个类型。

长圆形果：每果序多数为一果，果皮呈棕黄色，果点平滑，果实较大，纵径2.89～3.28 cm，横径1.92～2.31 cm，平均单果重9.84 g，最大单果重13.9 g；果肉绿色，总糖含量4.7%～6.38%，Vc含量13.64～16.50 mg/100 g鲜果，酸度2.02%～3.06%。

短圆形果：每果序有1～3果，多数为2～3果，果皮绿褐色，果点微凸，密且粗糙，果实较小，纵径2.46 cm，横径2.36 cm，平均单果重8.21 g；果肉暗绿色，总糖含量4.70%，Vc含量13.64 mg/100 g鲜果，酸度2.45%。

2.3 蓄藏量

中越猕猴桃在广西的蓄藏量约为275 t。其中以十万大山及德保、那坡等地的分布密度较大，蓄藏量较多，如十万大山的蓄藏量为75 t以上；德保最大密度处每亩50株，平均每亩4.5株，平均亩产量5.3 kg，最高单株产量41.5 kg，平均株产2.3 kg，全县蓄藏量近30 t。

3 生物学特性

中越猕猴桃在系统发育过程中形成了特有的生物学特性。观察到野生状态的中越猕猴桃的生长习性、开花结果习性及对环境条件的要求如下。

3.1 生长习性

中越猕猴桃为落叶藤本植物，2月中下旬气温回升时，开始萌动抽梢，随着新梢的生长，新叶迅速增大。其萌芽力与雌雄株及其枝条年龄有关，雄株一年生枝条的基部和中部的萌芽力比顶端强，如当年长出的一条240 cm长的枝蔓，共60节，于翌年从第一节就开始抽梢，每隔2～3节抽一梢，共抽29个梢；雌株一年生枝条的基部和中部萌发力比顶端弱，如当年长出的一条190 cm长的枝蔓，共有72节，于翌年从第15个节才开始抽梢，每隔2～3节抽一梢，共抽25个梢。而雌株的二年生枝蔓则基部和中部萌发力比顶端强，如第一年长出的一个枝条（一年生枝）于第二年从第17节开始抽梢，而第二年（二年生枝）则从第1～16节全部抽梢，且新梢长得特别强壮。

3.2 开花结果习性

中越猕猴桃的芽于2月中下旬开始萌动抽梢。在新梢的生长过程中，从基部往上顺次地于叶腋中现出花蕾，花在3月中下旬逐一开放，4月上旬进入盛期，4月中旬即终花。

中越猕猴桃为雌雄异花植物，雄花比雌花的开放期早3～5天，且花期长。雌雄花的开放特性与类型有关。雄花有单朵腋生和花序多花2种类型，单朵腋生的植株叶片较大，花序多花的植株叶片较小。雌花亦有2种类型，长圆型果类型的多为单花腋生，短圆形果类型的多为花序多花。雌雄花的花器构造有明显的差异，如表12-1所示。

表12-1 中越猕猴桃花器构造

项目	雄花	雌花
花冠直径（cm）	1.1～1.5	1.0～1.5

续表

项目		雄花	雌花
花萼大小（mm）	长	3.0 ～ 4.0	4.0 ～ 5.0
	宽	2.2 ～ 3.1	2.6 ～ 4.0
花瓣大小（mm）	长	8.0 ～ 10	9.0 ～ 12
	宽	6.0 ～ 7.5	7.0 ～ 9.5
花丝数量（条）		28.0 ～ 32.0	27.0 ～ 32.0
花丝长度（mm）		3.0 ～ 3.9	2.8 ～ 3.1
花药大小（mm）	长	1.5 ～ 2.0	1.3 ～ 1.7
	宽	0.8 ～ 1.0	0.5 ～ 0.9
花柱数目（条）		退化	21.0 ～ 24.0
花柱长度（mm）		退化	3.1 ～ 3.8
子房大小（mm）	横径	1.3 ～ 1.7	2.9 ～ 3.3
	纵径	1.0 ～ 1.5	2.9 ～ 3.5

雄花谢后，留下花序柄或花柄。雌花谢后，留下膨大的子房。在3月下旬花开时，子房直径为0.3 cm；4月上旬落花后，幼果直径0.50 cm；至6月下旬果实基本定形，以最大的果实计，11月下旬果熟采收时，纵径为3.5 cm，横径为2.5 cm；而6月下旬测定时，最大的果实纵径已达3.18 cm，横径达2.36 cm，其生长量分别为92%和94%。

中越猕猴桃果实的生长发育与地理分布有一定的相关。果实的大小除与类型有关外，不同产区的果实，其大小亦有明显的差异。那坡县的果实较大，平均单果重9.84 g，最大单果重达13.9 g。大明山的果实平均不足5 g。

3.3　对环境条件的要求

中越猕猴桃在广西的分布属南亚热带低中山地区。它在系统发育上形成了适宜生长在温暖潮湿的气候条件的特性。据气象资料，中越猕猴桃主要产区历年平均气温为18.7 ～ 22.1 ℃，最热月平均气温23.6 ～ 27.3 ℃，最冷月平均气温15.6 ～ 18.7 ℃，在这样的气温条件下，中越猕猴桃终年几乎不停止生长，落叶期甚短。引种至桂林，在最冷的1月（平均气温7.6 ℃，极端低温 –0.9 ℃）能正常生长，未出现任何冻害现象。中越猕猴桃分布区的降水量为1110.4 ～ 1893.4 mm，年平均相对湿度76% ～ 81%；日照时数1380 ～ 1880 h。中越猕猴桃为半阴性植物。多见于北坡或西坡，成年树的枝蔓攀缘在灌木丛或乔木上，幼年苗需要一定的荫蔽度，成年后又需要较强的光照。

中越猕猴桃分布区的土壤不一，有为石灰岩山地的钙质土，亦有砂岩、砂页岩和花岗岩等发育而成的红壤或红黄壤。德保县那温产区的土壤剖面，各层土壤的性态如表12-2。

表 12-2　中越猕猴桃土壤性态情况

序号	厚度 （cm）	颜色	pH 值	有机磷 （%）	活性有机质 （%）	全氮 （%）	全磷 （%）	速效钾 （%）
1	1～12	黑色	4.9	4.13	7.13	0.34	0.06	11.4
2	12～20	褐色	4.4	1.58	2.73	0.16	0.04	1.9
3	20～50	黄色	4.3	0.50	0.86	0.12	0.03	1.5

资料表明，土壤呈强酸性，表土层较薄，有机质及速效钾的含量较高，氮、磷的含量较低，土壤肥力中等偏瘠，这说明中越猕猴桃对土壤要求不高，比较耐瘠薄。

中越猕猴桃多分布在灌木丛和稀疏的乔木林中。乔木层盖度为 40%～60%。主要树种有马尾松、杉树、枫树、野柿、乌桕、山柳、大叶椎、木羌子等。由于乔木层郁闭度小，林下的灌木生长茂盛，一般高度为 2 m 左右，盖度 60%～80%。主要灌木有盐肤木、野漆树、白背娘、红背娘、五指牛奶、杜鹃、野牡丹、算盘子、油茶等；灌木林下还生长有芭芒、芒箕、菝葜、松筋藤、金银花等草本及藤本植物。这样的林地成为中越猕猴桃的天然荫棚、自然棚架和理想的地被。这是它得天独厚的自然环境。

4　利用建议

中越猕猴桃为猕猴桃属植物中具有较大经济价值的一种。果实大小均匀，含糖量较高，适于加工整果罐头，应加速其开发利用的研究，增加加工品种，提高质量，利用这宝贵资源造福于山区人民。

根据果实的特征特性，中越猕猴桃分为长圆形果和短圆形果两个类型，其类型及个体间的差异亦较大。在调查中发现一些高产植株。应积极开展优良类型和优良单株的选择，为人工栽培提供良种。

中越猕猴桃在广西主要分布于桂南和桂西南，形成了适应于这一地区的环境条件，根据因地制宜的原则，可考虑把这个种作为这一地区的优势种来发展，从现在起应着手建立苗圃，抚育母树林，为人工栽培打下基础。

中越猕猴桃产区群众割藤捆柴、除藤砍柴、砍藤摘果，造成资源破坏严重，必须加强宣传和采取有效措施以保护资源。

第二部分

良种选育

第十三章　猕猴桃优良株系筛选鉴定研究

　　1980 年开始，广西植物研究所结合资源调查开展猕猴桃良种选择工作，至 1989 年选出 11 个优株，从国内各地引进 17 个优株，从新西兰、日本等国引进 8 个优良品种或优株，共 36 个优株（或品种）进行比较试验，选出 2 个优株——桂海 4 号和江西 79-2。桂海 4 号已进入示范栽培，但试验仅局限于小面积种植，时间短，有必要进一步扩大筛选鉴定，尽快筛选出优良株系，为产业性生产提供良种。

1　研究工作基本情况

1.1　研究内容和方法

　　（1）继续收集各地较好的优株，扩大比较试验。
　　（2）从现有参试的优株中，选择芽变繁殖参加筛选鉴定。
　　（3）观测各优株的生物学特性。
　　（4）测试各优株的经济性状，包括产量、果形、果色、大小、营养成分含量等。
　　（5）结合实践，探讨珍贵果树选育种的程序与模式。
　　试验研究方法采用自选和交换形式扩大优株收集，以随机排列方式，采取有效的综合栽培技术措施，并采用筛选、鉴定交错进行比较试验，以缩短其周期性。

1.2　试验地自然条件

　　试验区设在桂林雁山广西植物研究所试验场（自然条件同第五章）。试验区曾遭受过严重的自然灾害，1990 年 8 ～ 9 月连续高温干旱 40 天，1991 年 8 ～ 10 月连续高温干旱 60 天，这是历年少见的旱灾，旱情严重时，不仅造成部分幼龄植株枯死，还造成少量成年植株的枯死。1991 年 12 月底至 1992 年 1 月，广西下了一场数十年未见的大雪，并维持较长时间的低温阴雨天气，从而影响了猕猴桃植株的营养生长和生殖生长发育，造成开花结果不正常，给试验研究工作增加了许多困难。

1.3　优良株系收集和试验设置

　　采用自选和交换形式扩大优良株系收集。现已分别从新西兰、日本等国家及国内江西、河南等 10 个省（区、市）17 个单位收集优良株系 63 个，按随机排列方式设置试验，面积 20 亩。每个株系少的种植 5 株，多的种植几十株至 1000 多株。

2 研究结果和讨论

2.1 芽变选择

猕猴桃种类实生繁殖后代个体间差异明显，变异性大，我们从各种类大量实生繁殖后代中获得 4 个新种（或变种变型），因此可以认为猕猴桃是一个还在分化的群体，设想通过芽变选择可能会获得繁育良种的材料。经过反复观察选择，1992 年分别从江西引进的 79-3 的一棵植株上和 79-5 的实生繁殖后代的一棵植株上，获得初步认为芽变的枝条。母本的果实略小，毛被较密，不脱落，果点较细，而被认为芽变枝条的果实稍大，毛被较稀，果熟期脱落，果点明显，两者间差异较大，今后将采集这些枝条作接穗嫁接进行无性观测，同时播种进行子代观测，是否属于芽变或天然杂交果实，有待今后观测结果。

2.2 雄株选择

猕猴桃是雌雄异株植物，不同种类的雌性植株，必须配以相应的授粉雄株，才能保证结实。授粉雄株的优劣对保持雌性优株果实的优良性状起着重要作用。雄株个体间有生长强弱、花朵大小以及花药发育状况、花粉数量上的差异，还有雌雄株的花期是否相遇，亲合力强弱等，这些因子都将会使同一雌性优良株系对不同雄株花粉的授粉结果，出现产量高低、果实大小、果实风味等的差异。因此，雄株选择是优良株系选择的重要组成部分。授粉雄株选择方面，新西兰做了大量工作，海沃德（Hayward）的选育过程中，同时选育了长花期型的马吐阿（Matua）和迟花型的唐木里（Towmri）两个雄性品种，保证了猕猴桃商品性生产。后来继续进行授粉雄株的选育，又选出了 α、β、γ 等雄性营养系及 M_2、M_8 等更理想的授粉雄株推广生产应用。国内在猕猴桃良种选育过程中，大部分地区一开始只注重雌性优株的选择，忽视授粉雄株，只使用花期相遇的雄株，结果未能保持优良株系的优良性状。由于雄株选择工作量很大，广西植物研究所仅开展了桂海 4 号的授粉雄株选择，即将野外收集回来的或实生繁殖后代花期基本相遇的成年雄株编号，为 $M_1 \sim M_{65}$。根据 1987 年以来观测结果淘汰长势弱，花小，花药发育不良，花粉量少，花期早于雌株 3 天以上或迟 3 天以上的植株，从中选择初步认为较理想的 9 株，于 1992 年盛花期分别选择第二天便开放的花朵采集花粉进行人工授粉比较试验，每一雄株为 1 个组合，每个组合设 3 个重复，在同一雌株上选择长势基本相似的枝条上的花朵进行人工授粉，每重复授粉 10～12 朵花，观测坐果率、收果率、果实性状，统计分析，排出名序。

根据 5 年观测和预试以及 1992 年的系统比较试验结果，M_3 授粉可获得较高产量，较大果实，能保持桂海 4 号的优良性状，初步确定为优良株系桂海 4 号的优良适配雄株。

2.3 生物学特性观测

为了掌握猕猴桃各优良株系的生长发育特性，为推广生产制定人工栽培技术措施及杂交育种提供科学依据，我们对收集的 63 个优良株系进行生物学特性观察，尤其对桂海 4 号进行重点观测。

2.3.1 物候期

猕猴桃各优良株系在桂林雁山的立地条件下，其物候期有一定差异，大多数株系 3 月上中旬开始萌动，而桂海 4 号、桂海 5 号等株系于 2 月下旬至 3 月上旬开始萌动，桂海 8 号、79-5-1 等株系则于 4 月上旬开始萌动，部分株系花期为 4 月上旬，而部分株系花期为 4 月中、下旬，花期最早的和花期最迟的相隔 25 天左右。各优良株系不同年份的物候期亦有差异，不同年份的物候期相差半个月左右，这可能与不同年份的气温有关，气温较高的年份，物候期较早，反之则较晚。物候期还与株系分布纬度范围有关，从较北地区引入桂林雁山的一些优良株系，其开花期、果熟期等均比引进产地提早。另外，同一优良株系的个体间的物候期亦有一定的差异。

2.3.2 生长结果习性

猕猴桃各优良株系的生长结果习性（表 13-1）表明，各优良株系的结果母枝多数从基部 1～5 节的混合芽抽生结果枝，而桂海 4 号、江西 79-2 等从基部 1～7 节抽生，一般结果枝率在 30% 以上，桂海 4 号的结果枝率高达 93.3%。

2.3.3 果实生长发育规律

猕猴桃果实在生长发育的不同时期，对营养成分的需求不同。我们对已进入盛果期的 12 个优良株系做了果实生长发育规律的观测。

猕猴桃果实生长发育过程可分为 3 个时期。①迅速增长期：中华猕猴桃优良株系从 4 月中旬至 6 月上旬，美味猕猴桃优良株系从 4 月底或 5 月初至 6 月中下旬。②缓慢增长期：中华猕猴桃优良株系自 6 月上旬至 7 月下旬，美味猕猴桃优良株系自 6 月下旬至 7 月下旬。③停滞增长期：中华猕猴桃优良株系从 7 月下旬至 8 月底或 9 月初；美味猕猴桃优良株系自 8 月上旬至 9 月上中旬。

中华猕猴桃优良株系果实可溶性固形物含量增长过程可分为 4 个阶段：①微升增长阶段，持续时间 5 周左右；②活跃增长阶段，持续 2 周左右；③迅速增长阶段，持续 2 周左右；④渐缓增长阶段。美味猕猴桃优良株系及绿果猕猴桃优良株系果实可溶性固形物含量增长变化的阶段性不明显。

表 13-1　猕猴桃优良株系生长结果习性

株系名称	萌芽率（%）	成枝率（%）	结果枝率（%）	果枝				花序着生节位	每花序花数	坐果率（%）	平均株产（kg）
				长(%)	中(%)	短(%)	比例				
桂海 1 号	44.3	85.1	71.6	34.6	26.9	38.5	1.3：1：1.4	1～5	多为 3 花	＞80.0	9.7
桂海 3 号	45.0	95.3	65.1	19.6	25.0	51.8	1：1.3：2.6	1～5	3 花	35.3	15.2
桂海 4 号	47.0	96.8	93.3	12.5	11.4	76.4	1.1：1：6.7	1～7	多为 3 花	＞90.0	26.4
桂海 5 号	54.8	89.7	63.9	6.5	29.0	64.5	1：4.5：10	1～6	3 花	43.3	10.8
桂海 8 号	49.3	84.8	71.1	29.8	17.0	53.2	1.8：1：3.1	1～6	多为单花	77.5	3.8
桂海 14 号	64.1	93.3	60.0	8.9	11.1	80.0	1：1.2：9	1～5	3 花	42.9	8.6

续表

株系名称	萌芽率（%）	成枝率（%）	结果枝率（%）	果枝				花序着生节位	每花序花数	坐果率（%）	平均株产（kg）
				长(%)	中(%)	短(%)	比例				
桂海 16 号	58.8	98.1	68.2	24.7	13.7	61.6	1.8 : 1 : 4.5	1～7	3 花	44.8	7.4
华光 3 号	37.1	92.9	52.0	17.9	25.6	56.4	1 : 1.4 : 3.2	1～4	多为 3 花	53.7	7.6
华光 5 号	52.4	96.6	72.7	12.3	26.2	61.5	1 : 2.1 : 5	1～5	多为 3 花	46.5	8.7
华光 10 号	42.0	95.7	89.1	18.5	14.8	66.7	1.3 : 1 : 4.5	1～5	3 花	51.1	5.5
江西 79-5-1	42.5	87.7	58.5	22.5	32.5	45.0	1 : 1.4 : 2	2～5	单花	67.7	7.5
江西 78-7	55.7	100	56.9	13.8	13.8	72.4	1 : 1.5 : 2	2～4	多为 3 花	21.8	6.1
江西 79-1	32.6	94.2	21.8	16.0	29.0	54.8	1 : 1.8 : 3.4	1～5	单花	59.5	13.6
江西 79-2	38.0	92.9	75.7	29.4	17.6	58.9	1.7 : 1 : 3.2	1～7	单花	83.0	7.7
江西 79-3	47.5	89.3	82.1	27.1	38.6	34.3	1 : 1.4 : 1.3	1～6	单花	＞ 85.0	24.6
江西 79-5	39.9	79.1	52.8	12.1	16.3	71.4	1 : 1.3 : 5.9	1～5	多为单花	90.0	7.5
江西 79-7	50.3	88.7	78.3	18.8	21.2	60.0	1 : 1.1 : 3.2	1～5	多为单花	23.2	9.3
黔紫	57.3	88.1	41.8	5.7	14.3	80.0	1 : 2.5 : 1.4	1～5	单花	40.0	0.35

2.3.4 果实营养成分

猕猴桃果实的营养成分含量直接影响其利用价值。试验样品分别于各株系果实成熟期采集，采后保存到果实软熟时进行分析。分析方法，可溶性固形物采用手持糖量计测定，糖分采用裴林氏容量法，酸度采用氢氧化钠溶液滴定法测定，Vc 含量采用碘滴定法测定。分析结果（表 13-2）表明，猕猴桃各优良株系之间果实营养成分含量有较大的差异，以 Vc 含量而言，桂海 1 号和 79-5-1 的果实 Vc 的含量最低，仅分别为 31.0 mg/100 g 鲜果和 31.7 mg/100 g 鲜果。而华光 5 号、桂海 16 号、江西 79-1 等优良株系的果实 Vc 含量较高，分别为 142.17 mg/100 g 鲜果、120.72 mg/100 g 鲜果、107.13 mg/100 g 鲜果。江西 79-1 的酸度最低，仅 0.89%，桂海 16 号株系的酸度最大，达 2.12%。果实可溶性固形物和总糖含量以桂海 4 号最高，分别为 19.0%、9.3%，而以桂海 5 号、华光 10 号、江西 79-3 的总糖含量较低，可溶性固形物含量分别为 7.7%、8.74%、10.28%，总糖含量分别为 2.08%、4.03%、4.30%。果实可溶性固形物含量与总糖含量有一定的相关性，可溶性固形物含量高，总糖含量相应较高。糖酸比与果实风味也呈现一定的相关性，果实糖酸比值小，如桂海 16 号、桂海 5 号，糖酸比分别为 2.09、1.03，即果实酸度大，分别为 2.12%、2.02%，总糖含量少，分别为 4.43%、2.08%，果实风味偏酸；果实糖酸比值大，如江西 79-1，糖酸比为 7.69，即果实酸度小，仅 0.89%，而总糖含量为 6.84%，果实风味偏甜，口感差。实践表明，果实糖酸比在 5～7，果实酸甜适中，风味较好，各优良株系比较结果，以桂海 4 号果实的风味最佳。

表 13-2 猕猴桃优良株系营养成分

株系名称	可溶性固形物（%）	Vc（mg/100 g 鲜果）	总酸（%）	还原糖（%）	蔗糖（%）	总糖（%）	糖酸比	固形物总糖比
桂海 1 号	13.66	31.00	1.94	6.57	0.82	7.39	3.81	1.85
桂海 3 号	11.44	45.58	1.69	5.52	1.46	6.98	4.13	1.64
桂海 4 号	19.00	53.00	1.40	7.43	1.87	9.30	6.64	2.04
桂海 5 号	7.70	49.95	2.02	1.93	0.15	2.08	1.03	3.70
桂海 8 号	13.12	40.95	1.34	5.54	1.75	7.29	5.44	1.80
桂海 14 号	14.60	74.34	1.61	4.79	2.62	7.41	4.60	1.97
桂海 16 号	12.34	120.72	2.12	3.47	0.96	4.43	2.09	2.79
华光 3 号	11.84	57.17	1.38	6.52	0.58	7.08	5.13	1.67
华光 5 号	11.24	142.17	1.18	5.02	0.086	5.10	4.32	2.20
华光 10 号	8.74	63.39	1.66	3.71	0.32	4.03	2.43	2.17
江西 79-5-1	10.92	31.70	1.49	5.10	0.13	5.23	3.51	2.09
江西 78-7	14.14	61.17	1.04	6.61	0.15	6.76	6.50	2.09
江西 79-1	14.44	107.13	0.89	5.86	0.98	6.84	7.69	2.11
江西 79-2	16.10	93.34	1.52	6.30	2.21	8.51	5.60	1.89
江西 79-3	10.28	40.10	1.48	3.39	0.91	4.30	2.91	2.39
江西 79-5	12.24	71.53	1.02	6.90	0.09	6.99	6.85	1.75
江西 79-7	12.72	80.10	1.22	5.73	0.80	8.53	5.35	1.95
黔紫	10.70	52.32	1.47	6.13	0.66	6.78	4.61	1.58

2.3.5 产量测定

种植猕猴桃是为了获得一定的经济效益，单株或单位面积产量越高，其经济效益就越高，因此，产量是优良株系筛选鉴定的重要条件之一。因各优良株系收集的时间不同，有些收集的时间较短，尚未获得应有产量，不能作相对的比较，现仅就一些已进入盛果期的优良株系表现出的产量进行比较，以桂海 4 号、桂海 3 号、江西 79-3 等株系的产量较高，以桂海 5 号、桂海 8 号、桂海 16 号、华光 10 号、江西 78-7、黔紫等株系的产量较低（表 13-3）。各优良株系的产量与进入结果期早晚有关，从日本引进的几个株系，虽然引进的时间较早，但由于进入结果期较晚，目前还未形成一定的产量，而桂海 4 号，如采取有效的栽培技术措施，种植第二年部分挂果，第三年即有一定的产量，亩产果可达 800 kg 左右，五年生植株亩产 1200 kg 左右。

2.3.6 果实加工性能

猕猴桃加工产品的质量与果实的加工性有着密切的关系，因此，果实的加工性也是猕猴桃优良株系筛选鉴定的一个重要条件。将收获果实的株系进行果脯、果酱、果汁的加工试验。根据试验的结果评定等级。加工性优劣主要由加工的难度、产品的感观、风味、产品率等因素决定。加工的难度与果形、果实被覆物等有关，产品率与果形有关，产品感观与果肉颜色有关，产品风味与果实风味有关，一般而言，腰形、凹底形、卵形、被长茸毛的果实，加工难度大，产品率低；而圆柱形，果蒂果顶平，无毛或少毛的较易加工，产品率较高，果实圆柱形、果肉淡黄色的加工产品感观好。果实风味直接影响加工产品的风味，试验结果以桂海4号、桂海1号加工性最好，而以江西79-1、江西79-5-1、黔紫的加工性最差（表13-3）。

2.3.7 果树选育种程序与模式探讨

目前我国猕猴桃多为野生资源，近年来才开始人工栽培。猕猴桃属植物在进化过程中，由于自然变异，不仅不同种类的植物学特征特性及经济性状有很大不同，就是同一个种的不同个体间也存在较大的差异。

果树良种选育，习惯上从优良类型选择和优良单株选择开始。从优良类型选择到形成一个品种，需要一个较长的过程。优良单株选择比较容易开展，具有实用价值，因此应大力提倡把良种选择工作的重点放在优良单株选择的基点上。

按照常用的优良单株选择的程序，必须经过预选、初选、复选、决选的过程，决选（中选）的优株进行当代鉴定、子代鉴定及区域性试验等步骤。如猕猴桃，从选优开始至推广生产应用，需要10多年时间，严重影响了种质资源的开发利用。

目前猕猴桃良种选择过程中，一般都制定选优标准，但没有比较明确的分值指标，加上处于野生状态，观测的难度大，耗资大，因此在选优实施时往往出现片面追求某一性状表现，如片面追求大果型、高产型等。

为了避免良种选择过程出现上述的一些偏向，加速良种选择进程，现提出"猕猴桃筛选鉴定交错进行的综合性状模糊评分选优法"，简称"模糊评分选优法"，即根据良种选择对象，选择目标进行一次性普选，按照被选择植株的产量，果形、果色、果实的品质，营养成分，抗性等各种性状分级打分，每种性状按级差分重复打分3次，求出平均积分，通过统计分析，排出名次，然后收集普选优株枝条进行无性繁殖，用无性繁殖苗进行筛选和鉴定的比较试验。参加试验的优株多少，视具体情况而定，但不得少于10个优株。在比较试验过程中，观测各优株的生物学特性、果实性状产量、抗性等，要求连续收集3年以上的盛果期产量数据。将观测数据整理，按普选的同样方法和标准分级打分，统计分析，排出名次。模糊评分结果，具有显著差异性的优株可视为优良株系，在当地推广生产应用。

我们在进行优良株系筛选鉴定时，因参试优株是从各地引进的，未能进行比较试验前的模糊评分，而根据比较试验结果进行模糊评分，其结果（表13-6）表明，桂海4号的综合性状显著优于其他株系，初步评定为较理想的优良株系可推广生产应用。江西79-2和桂海14号亦显著优于其他株系，可视为具有发展前途的株系。

模糊评分选优法，不仅适用于猕猴桃良种选择，也适用于其他果树的良种选择。采用该法将可大大缩短果树的良种选择过程，节省大量人力财力，加速珍贵果树资源的开发利用。该方法可使良种选择由定性或半定量性走向定量性分析，较好地避免选优工作中的主观片面性。如开始进行猕猴桃优良株系筛选鉴定时，根据果实大小和产量等性状表现，主观认为桂海 14 号不是很受重视的株系，但模糊评分的结果，桂海 14 号却排前 3 名。由此表明，模糊评分法选择的优良株系较为实际，推广生产更有保证。如排名第一的桂海 4 号，在广西融水县和兴安县推广 1500 多亩，表现了良好的性状，种植效果比参加比较试验的效果更佳。引种到浙江省平湖市，4 年生株产果 12.5 kg，平均果重 100 g，最大果重 158 g，果实风味佳，受消费者的青睐。

表 13-3　猕猴桃优良株系模糊评分表

评分标准（等级计分，三个重复，对应重复 I / II / III）：

项目（分值）	等级	等级指标	重复 I	重复 II	重复 III
五年生亩产（kg）（20分）	1	1000 以上	9	10	11
	2	750~1000	6	7	8
	3	750 以下	5	3	1
平均单果重（g）（10分）	1	80 以上	5	5.5	6
	2	60~80	3	3.5	2.5
	3	60 以下	2	1	1.5
果实感观（10分）	1	好	5	5.5	6
	2	中	3	3.5	2.5
	3	差	2	1	1.5
果实风味（10分）	1	佳	5	5.5	6
	2	中	3	3.5	2.5
	3	差	2	1	1.5
固形物%（9分）	1	14 以上	4	5	6
	2	8~14	3	2.5	2
	3	8 以下	2	1.5	1
总酸%（6分）	1	1 以下	2.5	3	3.5
	2	1~1.5	2	2.5	1.5
	3	1.5 以上	1.5	0.5	1
总糖%（6分）	1	8 以上	2.5	3	3.5
	2	4~8	2	2.5	1.5
	3	4 以下	1.5	0.5	1
Vc（mg/100g 鲜果）（9分）	1	100 以上	4	5	6
	2	50~100	3	2.5	2
	3	50 以下	2	1.5	1
果实加工性（10分）	1	好	5	5.5	6
	2	中	3	3.5	2.5
	3	差	2	1	1.5
植株抗逆性（10分）	1	强	5	5.5	6
	2	中	3	3.5	2.5
	3	弱	2	1	1.5

各株系得分汇总：

株系名称	重复 I 得分	重复 II 得分	重复 III 得分	总分	均分
桂海 1 号	26.5	24.0	23.0	73.5	24.5
桂海 3 号	27.5	22.0	24.0	73.5	24.5
桂海 4 号	45.5	50.5	54	150	50.0
桂海 5 号	25	19.5	15.5	60	20
桂海 8 号	29	26.5	21	76.5	25.5
桂海 14 号	33.5	37	34.5	105	35.0
桂海 16 号	29.6	28.5	23	81	27
华光 8 号	33	36.5	31	100.5	33.5
华光 5 号	31	34.5	30.5	96	32
华光 10 号	26.5	21	17	64.5	21.6
江西 79-5-1	26	21	21.5	67.5	22.5

续表

评分标准（等级 / 等级指标 / 等级计分（三个重复））

项目	等级	等级指标	等级计分（三个重复）
五年生亩产（kg）（20分）	1	1000以上	9　10　11
	2	750～1000	6　7　8
	3	750以下	5　3　1
平均单果重（g）（10分）	1	80以上	5　5.5　6
	2	60～80	3　3.5　2.5
	3	60以下	3　1　1.5
果实感观（10分）	1	好	5　5.5　6
	2	中	3　3.5　2.5
	3	差	3　1　1.5
果实风味（10分）	1	佳	5　5.5　6
	2	中	3　3.5　2.5
	3	差	2　1　1.5
果实营养成分—固形物 %（9分）	1	14以上	4　5　6
	2	8～14	3　2.5　2
	3	8以下	2　1.5　1
果实营养成分—总酸 %（6分）	1	1以下	2.5　3　3.5
	2	1～1.5	2　2.5　1.5
	3	1.5以上	1.5　0.5　1
果实营养成分—总糖 %（6分）	1	8以上	2.5　3　3.5
	2	4～8	2　2.5　1.5
	3	4以下	1.5　0.5　1
Vc（mg/100g鲜果）（9分）	1	100以上	4　5　6
	2	50～100	3　2.5　2
	3	50以下	2　1.5　1
果实加工性（10分）	1	好	5　5.5　6
	2	中	3　3.5　2.5
	3	差	2　1　1.5
植株抗逆性（10分）	1	强	5　5.5　6
	2	中	3　3.5　2.5
	3	弱	2　1　1.5

株系得分

株系名称	重复Ⅰ得分	重复Ⅱ得分	重复Ⅲ得分	总分	均分
江西78-7	30	30.5	23.5	84	28
江西79-1	32.5	34.5	38	105	35
江西79-2	32.5	37.5	33.5	103.5	34.5
江西79-3	35	38	36.5	109.5	36.5
江西79-5	33	36.5	31	100.5	33.5
江西79-7	33	36.5	31	100.5	33.5
黔紫	26	20.5	16.5	63	21

表13-4 猕猴桃优良株系模糊评分汇总表

株系名称	重复			重复总和 Tt	平均	名序
	1	2	3			
桂海 4 号	45.5	50.5	54.0	150.0	50.5	1
江西 79-2	36.0	38.0	35.5	109.5	36.5	2
桂海 14 号	33.5	38.0	34.5	105.0	35.0	3
江西 79-1	32.5	37.0	38.0	105.0	35.0	3
江西 79-3	32.5	34.5	33.5	103.5	34.5	4
华光 3 号	33.0	37.5	31.0	100.5	33.5	5
江西 79-5	33.0	36.5	31.0	100.5	33.5	5
江西 79-7	33.0	36.5	31.0	100.5	33.5	5
华光 5 号	31.0	36.5	30.5	96.0	32.0	6
江西 78-7	30.0	34.5	23.5	84.0	28.0	7
桂海 16 号	29.5	30.5	23.0	81.0	27.0	8
桂海 8 号	29.0	26.5	21.0	76.5	25.5	9
桂海 1 号	26.5	24.0	23.0	73.5	24.5	10
桂海 3 号	27.5	22.0	24.0	73.5	24.5	10
江西 79-5-1	25.0	21.0	21.5	67.5	22.5	11
华光 10 号	26.5	21.0	17.0	64.5	21.5	12
黔紫	26.0	20.5	16.5	63.0	21.0	13
桂海 5 号	25.0	19.5	15.5	60.0	20.0	14
株系总和 Tr	555.0	555.0	504.0	Tt=1614	Xt=29.89	

表13-5 猕猴桃优良株系模糊评分方差分析表

变异原因	平方和	自由度	方差	F 值	$F_{0.05}$	$F_{0.01}$
株系间	2868.8	17	168.8	19.6**	1.95	2.58
重复间	96.3	2	48.2	5.6		
误差	292.2	34	8.6			
总和	3257.3	53				

表 13-6　猕猴桃优良株系平均积分差异比较表

株系名称	序号	平均分	18	17	16	15	14	13	12	11	10	9	8	7	6	5	4	8	2
（平均分）			20.0	21.0	21.5	22.5	24.5	24.5	25.5	27.0	28.0	32.0	33.5	33.5	33.5	34.5	35.0	35.0	38.5
桂海 4 号	1	50.5	30.5**	29.5**	29.0**	28.0**	26.0**	26.0**	25.0**	23.6**	22.5**	18.5**	17.0**	17.0**	17.0**	16.0**	15.5**	15.5**	14.0**
江西 79—2	2	35.5	16.5**	15.5**	15.0**	14.0**	12.0**	12.0**	11.0**	9.5**	8.5**	4.5**	3.0	3.0	3.0	2.0	1.5	1.5	
桂海 14 号	3	35.0	15.0**	14.0**	13.5**	12.5**	10.5**	10.5**	9.5**	8.0**	7.0**	3.0	1.5	1.5	1.5	0.5	0		
江西 79—1	4	35.0	15.0**	14.0**	13.5**	12.5**	10.5**	10.5**	9.5**	8.0**	7.0**	3.0	1.5	1.5	1.5	0.5			
江西 79—3	5	34.5	14.5**	13.5**	13.0**	12.0**	10.0**	10.0**	9.0**	7.5**	6.5*	2.5	1.0	1.0	1.0				
华光 8 号	6	33.5	13.5**	12.5**	12.0**	11.0**	9.0**	9.0**	8.0**	6.5*	5.5*	1.5	0	0					
江西 79—5	7	33.5	13.5**	12.5**	12.0**	11.0**	9.0**	8.0**	9.0**	6.5*	5.5*	1.5	0						
江西 79—7	8	33.5	13.5**	12.5**	12.0**	11.0**	9.0**	8.0**	8.0**	6.5*	5.5*	1.5							
华光 5 号	9	32.0	12.0**	11.0**	10.5**	9.5**	7.5**	7.5**	6.5*	5.0*	4.0								
桂海 78—7	10	28.0	8.0**	7.0**	6.5*	5.5	3.5	3.5	2.5	1.0									
桂海 16 号	11	27.0	7.0**	6.0*	5.5*	4.5	2.5	2.5	1.5										
桂海 8 号	12	25.5	5.5*	4.5	4.0	3.0	1.0	1.0											
桂海 1 号	13	24.5	4.5	3.5	3.0	2.0	0												
桂海 3 号	14	24.5	4.5	3.5	3.0	2.0													
江西 79—5—1	15	22.5	2.5	1.5	1.0														
华光 10 号	16	21.5	1.5	0.5															
黔紫	17	21.0	1.0																
桂海 5 号	18	20.0																	

注：Sd=2.39，$t_{0.05}$=2.03，$t_{0.01}$=2.724

5%L.S.D=4.85，1%L.S.D=6.51

** 表示差异极显著；* 表示差异显著。

3　小结

（1）经过反复观察，初步选出被认为是芽变体的 2 个枝条。

（2）雄株选择是良种选择的重要部分，经过系统的筛选研究，选出了雌性优良株系桂海 4 号的授粉雄株 M_3，使桂海 4 号成为配套的优良株系，保证商品性生产效果。

（3）几年来进行了 63 个优良株系的生物学特性观测，取得 20 个优良株系生物学特性较完整的资料。

（4）进行了 12 个优良株系果实生长发育规律的研究，绘制了 12 个优良株系的果实生长曲线图，为制定猕猴桃栽培技术措施提供了科学依据。

（5）猕猴桃果实营养成分含量直接影响其利用价值，我们在相同条件下栽培、采样、进行了 18 个优良株系果实营养成分分析，取得较为完整的数据。

（6）利用各优良株系果实进行加工比较试验，评比出各优良株系加工性作为优良株系筛选鉴定的因子。

（7）根据实践，用"猕猴桃筛选鉴定交错进行综合性状模糊评分选优法"，简称"模糊评分选优法"，选出桂海4号为较理想的优良株系，可推广生产应用，江西79–2和桂海14号为有发展前途的优良株系。模糊评分选优法可大大缩短猕猴桃良种选择过程，节省大量人力财力，也适用于其他果树的良种选择。该方法使果树良种选择由定性或半定量性走向定量性分析，较好地避免选优工作中的主观片面性。实践证明，用该法选出的优良株系较实际，推广生产应用更为可靠有效。

第十四章 中华猕猴桃桂海 4 号选育研究

中华猕猴桃桂海 4 号，于 1980 年 10 月结合广西猕猴桃资源调查，开展优良单株选择，经预选、初选、复选、决选而选出优良单株共 16 号，在此基础上进行了当代鉴定（无性繁殖鉴定），从龙胜县江底乡龙塘村地灵头屯海拔 800 m 的山坡残次林边缘的野生猕猴桃群体中选出。桂海 4 号基本上能保持亲本的优良性状，成为中选优株，后经生产示范以及从国内外引进 63 个优良株系或品种（包括新西兰良种海沃德品种）在桂林相同条件下比较试验，采用综合性状模糊评分法进行筛选鉴定结果，其总分第一，于 1996 年通过广西壮族自治区农作物品种审定委员会审定。

1 历年试验种植情况

1983 年在兴安县大容江镇大平果园场种植 0.067 hm²，1989 年平均株产果 18.89 kg，最高达 62.5 kg。1991 年在遭受长期高温干旱的自然灾害情况下，平均 0.067 hm² 产果 996.3 kg。1986 年在广西植物研究所试验场种植 0.67 hm²，1991 年平均株产果 20.96 kg，平均 0.067 hm² 产果 1235.4 kg；1992 年平均株产果 14.62 kg，平均 0.067 hm² 产果 964.92 kg。1990 年在融水县白云乡种植 2.13 hm²，1991 年结果株率达 65.81%，1992 年全部挂果，0.067 hm² 产果 787.71 kg；1993 年 0.067 hm² 产果 798 kg。现已在融水县推广种植 1500 hm²，该县白云乡荣志强于 1991 年种植 50 株，1992 年收果 250 kg，何树森 1991 年种植 100 株，1992 年收果 429.4 kg；韦朝送 1991 年种植 100 株，1992 年收果 857 kg。浙江省平湖市丁斐于 1988 年引种，1992 年株产果 12.5 kg，平均果重 100 g，最大果重 158 g。20 世纪 90 年代初，桂海 4 号已在全国 20 多个单位和广西 10 多个县 30 多个种植点推广种植，面积超过 1500 hm²。

2 品种特征和特性

桂海 4 号属于多年生大株型落叶藤本植物，在相应的栽培管理条件下，植株生长快，实生苗种植 3～4 年开花结果；而采用嫁接苗种植，年初定植，萌芽抽梢后 50～60 天植株可生长至棚架顶，高约 1.9 m，平均日生长量达 3.17 cm。当植株高达棚架顶后，将植株顶端截断，很快在截断部位以下叶腋抽生大量的新梢，在上部选留 2 条新梢培养为主蔓，生长迅速，最大日生长量可达 10～15 cm，年终可长至 2～3 m，径粗为 0.8～1.5 cm；第二年大部分结果，最多的开花结果株率可达 65.81%，5 年后进入盛果期。

桂海 4 号一般于 2 月下旬至 3 月中旬萌动，3 月上旬至下旬抽梢，3 月中旬至 3 月下旬展叶、现蕾，4 月上旬至下旬开花，9 月上中旬果实成熟，11 月下旬至 12 月下旬落叶。

桂海 4 号植株生长势中等，春梢萌发率为 58.8% 且多为结果枝，占春梢萌发率的 93.3%，自然坐果率为 85.6%。正常年景，桂海 4 号极少落果，高产稳产，丰产性优于区外引种的各号优良株系，平均株产果约 20 kg，最高株产果可达 62.5 kg 以上。

桂海 4 号果实中等大小，60 g 以上的果实约占 65%，60 g 以下的果实占 35%，最大单果重达 116 g，引种到浙江省平湖市，平均果重 100 g，最小果重 50 g，最大果重 158 g，果形阔卵圆形，果顶平，果底微凸，果皮较厚，果斑明显，成熟时果皮黄褐色，感观好。每果实一般有种子 350 ～ 700 粒，种子千粒重为 1.2 ～ 1.7 g，深褐色。

桂海 4 号果实从开始发育至成熟约需 160 天，果肉绿黄色，细嫩，酸甜可口，气味清香，风味佳，果实可溶性固形物含量 15% ～ 19%（区外各地引进的优良株系果实可溶性固形物含量为 7% ～ 10%）。总糖含量为 9.3%（区外各地引进的优良株系果实总糖含量为 4% ～ 7%），总酸含量为 1.4%，糖酸比适中，Vc 含量为 53 ～ 58 mg/100 g 鲜果，17 种氨基酸含量为 2.97%。果实加工性能好，可以说是国内外加工性能最好的品种之一，加工产品的品质稳定，风味好。

桂海 4 号抗性强，1989 年 8 ～ 9 月连续高温干旱 30 天，1990 年 8 ～ 9 月连续干旱 45 天，1991 年 8 ～ 9 月连续干旱 60 天，这是历年少见的旱灾，对猕猴桃产量影响较大，各地引进的优良株系产量均较低，而桂海 4 号于 1991 年仍获得亩产果 1235.4 kg。各地引进的其他优良株系炭疽病、日灼病的感病率较高，有些株系的果实感病率达 50%，8 ～ 9 月落果严重，而桂海 4 号感病率很低，极少因感病而落果。桂海 4 号适应性强，对土壤要求不甚严格，在各种土壤类型条件下，均能正常生长发育。

3 栽培技术要点

3.1 繁育健壮嫁接苗

猕猴桃实生繁殖后代变异性大，且雄株多（约 75%），主要采用嫁接苗建园，嫁接繁殖首先培育粗壮的砧木苗，目前主要采用本砧嫁接。在果实成熟时，采收的果实经软熟后，去皮破碎果肉，洗净种子，阴干后进行沙藏，于 3 月中旬前播种，播种时用 802 广增素 10 mg/L 或激动素 5 mg/L、10 mg/L 等处理种子，可提高种子发芽率。苗圃地要整细，放足基肥，稍压实，然后开小浅沟条播。播种后，畦面盖一层稻草，淋透水，并经常保持畦面湿润，经 15 ～ 20 天种子发芽，揭去稻草。幼苗出土后，每隔 7 ～ 10 天施一次 0.1% ～ 0.2% 尿素或淋稀释后的粪水，并注意除杂草，加强病虫防治，用 50% 多菌灵 800 ～ 1000 倍稀释液或用 50% 托布津 1000 ～ 1200 倍稀释液轮流喷雾防治立枯病、猝倒病、根腐病等；用 10：1 的炒熟麸皮拌杀虫剂于傍晚撒在畦周围防治蝼蛄、地老虎等，用敌百虫 1000 倍稀释液防治金龟子等。当幼苗长出 5 ～ 7 片叶时进行移栽，株行距 10 cm × 20 cm，移栽后插芒箕遮阴，加强水肥管理和防治病虫害。当幼苗长到 30 cm 高时进行打顶（摘心），促进苗木粗生长，苗木地径 0.7 cm 以上时可作砧木使用。

嫁接最适宜的时期是冬季落叶至翌年萌芽前，主要采用密封保湿单芽切接法，成活率在 90% 以上，操作简便，苗木生长粗壮。嫁接后加强水肥管理和病虫防治，及时抹除砧木萌蘖。嫁接苗长高 30 cm 时进行打顶插杆扶持，在植株木质化后及时解绑。

3.2　种植及整形

春季，按株行距 3 m×3 m 或 3 m×4 m 定点挖坑，坑深 80 cm、宽 80 cm，挖坑时把表土和底土分放两边。坑挖好后，将坑填满略高于地面，种下嫁接苗。为避免雌雄株混乱，按 8∶1 配置雄株，先种植雄株，即在第二行的第二坑种植雄株，以后每隔 2 坑种植 1 株雄株，每隔两行如前一样种植雄株，雄株种完后再种雌株。种植时要将根系平展分开，培土后踩紧，淋一次定根水，以后地面土壤干旱发白时淋水。随着气温回升，植株迅速生长，4～5 月，植株长高达 40～50 cm 时，生长较弱的植株进行短截，在 20 cm 左右部位将幼苗剪断，促使剪口下的 1～2 个芽萌发出更粗壮的新梢，选择生长较好的新梢培养为主干，插杆扶绑让其向上生长，当长至棚架线上 0.8～1 m 时，在架面下 15 cm 芽眼饱满处短截，促使其长出 2 个新梢，沿棚架线相反方向引缚培养成主蔓。当主蔓延伸生长到两植株中间时，在交叉处短截主蔓，促进主蔓长出更多的新梢，这些新梢将成为第二年的结果母枝，此时植株已形成骨架，保证第二年的开花结果。为促进植株生长旺盛，每次短截后要及时追施一次肥料，在植株根部周围撒施尿素或淋人粪尿，并经常抹除植株基部的萌蘖。

3.3　及时架设棚架

猕猴桃是藤本植物，必须攀缘它物向上生长，如果倒伏地面，其生长不良或由基部不断萌发新梢成丛生状，不能开花结果。要获得一定的产量，必须及时架设棚架。架式有篱架、大棚架和 T 形棚架等。篱架省材料，投资较少，但空间利用率较低，修剪难度较大，产量较低；大棚架通风透光差，修剪难度大；T 形棚架的空间利用率高，通风透光好，修剪方便，产量较高，国际上普遍采用 T 形棚架。采用何种架式，视具体情况而定。

3.4　合理施肥

果园种植后，除加强幼龄期管理，使其早形成骨架外，成年植株也必须加强水肥管理，合理追施肥料。施肥可分 3 次进行，冬季施一次基肥，环状沟施或条状沟施，肥料以堆肥、厩肥和腐熟的饼肥等有机肥为主，同时混入一定量的氮、磷肥，每株施有机肥 10 kg、氮肥 200 g、磷肥 150 g。开花前期施 1 次追肥，施氮肥 200 g、磷肥 150 g、钾肥 100 g、镁肥 50 g。5～6 月适当蔬果，疏去发育不正常的小果、过密果等。疏果后施一次追肥，以人畜粪尿为主，配以磷钾肥和少量的镁、硼微元素，以促进果实生长，提高果实品质。

3.5　合理修剪

猕猴桃必须通过修剪去除一些枯枝、衰老枝、徒长枝、密生枝和病虫枝，调节好结果母枝的适宜密度，以达到高产优质的目的。

3.5.1 夏季修剪

第一次修剪在开花期后一个星期进行，此时雄株不剪，雌株主要去除棚架以下的萌蘖，剪去细弱的生长枝，选留生长健壮的生长枝和长果枝培养为第二年的结果母枝，短截不留作培养为第二年结果母枝的长果枝，从末尾一个花序后 7～8 张叶处剪去。第二次修剪在开花后一个月左右进行，剪去棚架以下的萌蘖，细弱枝以及结果枝在第一次修剪部位由其附近 1～2 个芽生长出的新枝，调整第二年的结果母枝。雄株进行第一次修剪，把已开花的枝条及细弱枝剪去。第三次修剪与第二次修剪相隔20～30 天，雌株剪去两次修剪部位萌发的新梢，疏去部分果。雄株剪去细弱枝，短截留作第二年的雄花母枝，保留 1 m 左右。

3.5.2 冬季修剪

主要剪除细弱过密的枝条，更新结果母枝，并对留下的结果母枝短截，要求在休眠期树液流动前，约 2 月上旬完成，T 形棚架的修剪主要沿着主蔓每隔 15～20 cm 选留一条结果母枝，分别向棚架两边绑缚下弯呈拱门型，剪去细弱枝及上年的结果母枝，将下弯的结果母枝在离地面 50 cm 左右部位短截。

3.6 喷雾辅助授粉

猕猴桃是雌雄异株植物，主要靠昆虫授粉，而本身无吸引昆虫的花蜜，因此，在果园中除配比授粉雄株外，辅助授粉是提高坐果率，增加单果重，提高产量和果实品质的重要技术措施，国外主要采用果园放养经过选育的授粉蜜蜂和人工授粉。果园放养蜜蜂辅助授粉，蜜蜂是专门授粉不造蜜的，需要长年饲养，而在果园放蜂季节性强，时间短，成本高；人工授粉工作量大，功效低，因此，新西兰进行了喷雾授粉研究。喷雾授粉使用清水或糖液做溶剂的效果不佳，经过反复试验研制了喷雾授粉的溶剂，取得良好效果。新西兰研制的授粉溶剂使用的一些药品在我国很难购买，我们参照新西兰的经验做了调配，取得良好的效果，即在猕猴桃盛期，采集猕猴桃花粉，每 100 ml 溶剂中加入 4 g 花粉，于 8：00～10：00 用小型喷雾器喷雾授粉，可提高坐果率 2～3 倍，与人工授粉的坐果率相近。喷雾授粉不但有效提高产量和品质，而且技术简单方便，工效高。

3.7 加强病虫害防治

猕猴桃主要的病害是炭疽病、果实软腐病，当发现病害发生时，用多菌灵 800～1000 倍稀释液或托布津 1000 倍稀释液，每 10 天喷洒 1 次，连续 2～3 次，防治效果较好。主要虫害是金龟子，发生危害时，采用敌敌畏 1500 倍稀释液，敌百虫 80% 可湿性粉剂 1000～1500 倍稀释液或 50% 乳油马拉硫磷 1000 倍稀释液防治，均取得较好的防治效果。

3.8 适时采收

猕猴桃果实是一种汁多、味酸甜、芳香、高营养的浆果，采收时期对其品质影响较大。过早采收，因果实未达到其成熟度，果实可溶性固形物含量低，酸度大，风味差，缺乏香味，甚至不能软熟。过迟采收，果实已软熟，易落、易遭鸟害，影响产量，果实失去芳香，营养成分也有损失，不利于贮藏运输。实践表明，在果实即将成熟的季节，每周测定一次果实可溶性固形物含量，每次测定果园种植区棚架上不同部位 10 个果实的可溶性固形物含量，平均值达 6.2% 时为适宜采收期。

4　适应范围

中华猕猴桃桂海 4 号在全国 20 多个单位和广西的桂林、灵川、兴安、融水、乐业等 10 多个县（市、区）30 多个点试种，种植面积约 1500 hm²，取得良好效果，可以认为广西龙胜、资源、融水、融安、三江、金秀、蒙山、阳朔、灵川、兴安、全州、永福、罗城、环江、天峨、南丹、乐业、凌云、田林、隆林等县海拔 200 ～ 1000 m 的低丘、山地均可大力发展。

第十五章　中华猕猴桃桂海 4 号的生物学特性

中华猕猴桃桂海 4 号是广西植物研究所经过 10 多年选育出来的优良品种，植株生长快，年初种植的嫁接苗，当年可长至棚架上形成骨架，第二年开花结果株率可达 65.8%，5 年后平均亩产果 1200 ～ 3750 kg；最大果重 116 g，平均果重 75 ～ 80 g；极少落果，高产稳产，丰产性优于区外引进的各号株系；成熟的果实果皮光滑，呈黄褐色，果顶残留少量细茸毛，果肉绿黄色，生食酸甜可口，气味清香，风味尤佳。果实可溶性固形物 15% ～ 19%，总糖含量 9.3%，总酸含量 1.2%，Vc 含量 53 ～ 58 mg/100 g，17 种氨基酸总含量 2.8%。桂海 4 号被作为广西重点推广的品种，在融水县推广种植面积达 100 hm²。

1　对生态环境的适应性

1.1　对温度的要求

桂海 4 号在桂北、桂中以及浙江省平湖市沿海丘陵地等不同的气温条件下都能正常生长发育。在极端低温 –8.0 ℃条件下，一般不受冻害，若春季正在抽梢现蕾时，出现倒春寒、霜冻造成刚萌发的新梢冻害，则影响当年产量；花期若遇上连续低温阴雨天气，授粉不良，落花落果，也会影响产量。

1.2　对水分的要求

10 多年在桂林雁山、兴安县大溶江镇、融水县白云乡等地栽培试验表明，在这些地区的湿度条件下，桂海 4 号均能正常生长发育。而严重干旱会造成较严重落果，并对花芽分化不利，影响第二年的产量，但与其他优良株系比较，它具有较强的抗旱性。

1.3　对光照的要求

广西地处亚热带，日光充足，光照和光合有效辐射量较大，均可满足桂海 4 号生长发育的需要。种子播种育苗时，在荫闭度 65% 左右条件下，生长旺盛，开花结果良好；而在高郁闭度条件下，阳光满足不了生长发育过程的需要，枝蔓细弱，生长发育不良，结果期晚，产量很低。

1.4 对土壤的要求

桂海4号对土壤的要求不甚严格，在各种土壤类型条件下，均能正常生长发育，有一定的产量。而在土层深厚，表层腐殖质多，疏松肥沃，湿润且排水良好的地区，种植后第二年大部分植株可开花结果，成年植株长势旺盛，果实较大，产量较高，更能充分体现亲本的优良特性。

2 物候期

物候期是植物有机体生命活动中发育现象的综合表现，它是植物对环境条件反应比较明显的习性之一。桂海4号生长发育过程可分为萌动期、抽梢期、展叶期、现蕾期、开花期、果熟期和落叶期等发育阶段。由于栽培在不同的地理位置而引起的热量差异，从而使其进入同一发育阶段的日期有早有迟。如开花期，在桂林雁山栽培的比兴安大溶江镇要早2～3天，比融水白云乡早4～5天，不同年份的气候变化不尽一致，物候期的出现也有早迟之分。1985年桂海4号在桂林雁山于4月22日进入开花期，而1991年则于4月12日进入开花期。因此，桂海4号的物候期一般于2月下旬至3月中旬萌动，3月上旬至下旬抽梢，3月中旬至4月上旬展叶现蕾，4月上旬至下旬开花，9月上旬至下旬果熟，11月下旬至12月下旬落叶。

3 生长习性

3.1 根的生长特性

桂海4号的根皮层较厚，根皮率为48.3%，高的可达57.1%；多汁，实生根白色，不久便转为淡黄色，老根黄褐色，表面有裂纹。主根在幼苗期生长较显著，当幼苗生长至5～7片叶时，主根已不明显；至5～6月时，主根萎缩弯曲，在基部出现3～5条长约20 cm粗壮的侧根，年终侧根增加到7～8条，长30 cm左右，并在这些侧根上长出大量的须根，形成发达的圆盘根系。采用成年植株0.5～0.8 cm的粗侧根截成长5～7 cm的根段进行扦插育苗，成活率达95%以上。

3.2 枝蔓的生长特性

桂海4号属大株型落叶藤本植物。于春季2～3月采穗嫁接在径粗0.6 cm左右的砧木上，当砧穗愈合后，新个体生长旺盛，50～60天可长至棚顶，高约1.9 m，平均日生长量达3.2 cm。当植株高出棚顶，将主干平棚架截断，很快在截断部位以下叶腋抽生大量的新梢，注意选留2条粗壮新梢培养为主蔓，其余的全部抹除。选留的主蔓生长迅速，日生长量可达10～15 cm，当年径粗可达0.8～1.5 cm，形成理想的骨架。除主蔓外，枝蔓类型还有徒长枝、生长枝、结果母枝和结果枝等。桂海4号的萌发期很长，从春季开始至秋末均能抽生新的枝蔓，而秋季抽生的枝蔓，多在当年春梢基部或枝蔓被折断部位抽生，枝蔓不充实。枝蔓生长还有一个特点，无论是生长枝还是结果枝，没有缠绕它物，其枝蔓发育充实，而缠绕它物或相互缠绕的枝蔓，其枝段不充实，不仅影响养料的输送，还耗费许多养分，在夏季和冬季修剪时，应剪去缠绕的枝蔓。

3.3　芽的生长特性

芽着生在叶腋间海绵状的芽座中，芽包含有主芽和副芽，外面包着 3 ~ 5 层黄褐色毛状鳞片。芽的生长除枝蔓基部较密的几个芽不萌发外，主芽多在春季抽生，而副芽一般不萌发，常为潜伏芽，当主芽受伤或被虫危害后，潜伏的副芽方能萌发抽梢，其寿命较长，可达数十年之久。主芽有花芽和叶芽两种，幼龄植株、徒长枝、生长枝和结果枝尾部等的主芽均为叶芽，它们只能抽生生长枝；而成年树上发育良好的结果母枝有部分主芽及结果枝中下部的主芽，多为花芽。早春萌发的芽，多抽生结果枝和花枝，春末至秋季萌生的芽均抽生生长枝和部分徒长枝，可作下年的结果母枝。因此，夏季和冬季应按生产目的进行必要的修剪，以获得较大的经济效益。

3.4　开花习性

桂海 4 号实生苗 3 ~ 4 年才开花，而嫁接苗在种植后第二年有大部分植株开花，现蕾期为 25 ~ 30 天，开放时间多为清晨 4：00 ~ 6：00，少数在 8：00 后开放，开花顺序，以花序而言，多数由果枝下部第一个花序先开，然后依次而上。单花开放以中花先开，而后开侧花，单花开放历时 2 ~ 3 天，若遇阴雨天气会延长开放时间，单株开花历时 5 ~ 7 天，林分开花历时 7 ~ 10 天，花期短而集中。

3.5　结果习性

结果母枝从基部第 1 ~ 20 节的混合芽中均可抽生结果枝。据观察，在结果母枝平均每 51 个芽中，抽生春梢 31 条，抽梢率为 58.8%，而结果枝为 28 条，占春梢数的 93.3%；每条结果枝着生花序数 1 ~ 7 个，每个花序含有小花数为 1 ~ 3 朵；平均每一条结果母枝开花 238 朵，开花授粉后，坐果 203 个，坐果率为 85.63%；授粉后子房开始发育，特别是在谢花后 1 个月内，果实生长发育迅速，6 月中下旬的果实大小达最大值的 80% 以上。其他优良株系于 7 月中下旬出现生理落果，而桂海 4 号极少落果。7 月下旬至 8 月上旬果实基本定形，于 9 月上、中旬成熟。成熟期与纬度和海拔高度有直接关系，种植于纬度较大的或海拔较高的地区，果实成熟期较晚。果实成熟期还与年份有关，有的年份气温较高，成熟期较早，反之则稍晚。桂海 4 号是中熟品种，坐果至成熟约需 160 天。每果含种子数因授粉程度不同而异，一般有种子 350 ~ 700 粒，种子颜色为深褐色，千粒重为 1.2 ~ 1.7 g。成熟果实的种子有较高的发芽率。

第十六章　美味猕猴桃新品系"实美"的选育

猕猴桃新品种的选育，要以市场为向导，选育具有商品价值且市场竞争力强的新品种。新西兰在选育了国际有名的"海沃德"品种后，相当长的时期内占领了国际市场。之后当国际猕猴桃市场出现低迷的时候，新西兰又推出美味猕猴桃新品种 Tomua 和中华猕猴桃新品种 Hort16A，再度占领了猕猴桃市场，表现出了积极的超前的市场意识。我国发展猕猴桃生产，必须强化市场意识，要按照高产、优质、高效益"三高"农业的要求，因地制宜地利用土地资源和气候资源优势，生产出产量高、品质优的猕猴桃，这不仅需要良种化，而且要不断促进品种更新换代，不断推出新品种。因此，广西植物研究所二十多年来一直致力于猕猴桃新品种的选育，在选育了中华猕猴桃优良品种"桂海 4 号"之后，又从美味猕猴桃实生后代中选育出新品系"实美"，该品系果实大，果形好，品质优良，高产，抗逆性及适应性强，成为与"桂海 4 号"配套的晚熟品系。

1　选育过程

1.1　选种依据

猕猴桃是雌雄异株植物，实生后代变异大，无论是植株长势、丰产性，还是果实形状、颜色、毛被、风味，以至果实的糖、酸、Vc 和矿物质等内含物都有很大差异，为新品种的选育提供了丰富的种源材料。

1.2　选种目标

根据美味猕猴桃的特性及商品要求制定选种目标：果实大，果形近圆柱形，果顶和果基大小基本一致；果肉绿色、细腻、汁多，香气浓，风味佳；平均单果重 80 g 以上，含酸量低于 1%，可溶性固形物含量 14% 以上，耐贮藏，抗逆性强，适应性广，高产稳产。

1.3　选育方法和选育过程

采用单株选育法。将美味猕猴桃的种子播种，繁育出实生苗。选取生长健壮的幼苗定植，加强抚育管理，待开花结果后进行单株选择。1992 年，我们从 20 株开花结果的美味猕猴桃实生后代中，初步选出 2 株与选种目标相符的单株，1993 年进行复选，1994 年决选，经过系统地观测、分析，其中一株选为优良单株。1995 年进行当代鉴定，命名为实美。当代鉴定的植株 1996 年部分开花结果，1997

年有一定的产量，遗传性状基本与亲本保持一致，表现了相对的稳定性，1998年连片扩大种植1 hm²，共900株，同时按需要种植海沃德、秦美、米良1号、金魁等优良品种进行比较试验。2000年通过了广西壮族自治区科技厅组织的产量验收。实美的最高株产达13.8 kg，表现出较优良的综合性状。

2　主要性状

2.1　植物学特征

一年生枝长达4.0 m，褐色或棕褐色，被长硬毛或短硬毛；芽眼突起，嫩时青绿色，被黄褐色长茸毛；二年生枝黑褐色，稀被短茸毛及毛被断损痕迹；多年生枝暗褐色，皮孔长椭圆形或条形，中等大小，突起，呈不规则分布；叶厚纸质，近圆形，长14.0～17.0 cm，宽16.5～21.0 cm，先端突尖，基部心形，边缘具刺状小齿；叶面绿色，被长硬毛，嫩时黄绿色渐转绿色，叶背灰绿色，密被灰褐色至灰白色长茸毛或星状毛；叶脉显著，在腹面凹入，在背面突起，黄绿色，被灰白色长茸毛，侧脉7～9对；叶柄长8～14.7 cm，玉绿色，被灰褐色长茸毛。1～3花组成聚伞花序，多为单花；花序柄长3.4 cm，小花柄长3.2 cm，萼片5～7枚，绿褐色，被褐色茸毛；花冠开张直径3.8～5.2 cm；花瓣白色，6～10枚，花丝128～158枚，长1.1～1.8 cm；花药黄色，盾形；子房被白茸毛，大小0.8～0.9 cm；花柱36～38枚，长0.3～0.6 cm；果近长圆柱形，纵径6.64 cm，横径5.54 cm，侧径5.20 cm；平均单果重100 g，最大单果重170 g；果肉黄绿色，果皮褐绿色，密被长茸毛或长硬毛，逐渐脱落，成熟时果皮易剥离；果斑点状或条形，中等大，中等密度，褐色；果蒂平，果顶浑圆；萼片宿存反折，花柱宿存。果柄长2.9～3.4 cm，褐色，密被褐色或灰褐色长硬毛或长茸毛。每果有种子250～340粒，扁圆形，深褐色，千粒重2.10 g。

2.2　物候期

实美猕猴桃在正常年份于2月中下旬至3月上旬流伤，3月下旬至4月上旬萌动，4月上旬抽梢展叶，抽梢的同时现蕾，4月下旬至5月上旬开花，花期5～9天；5月中旬坐果，并迅速膨大，持续至9月下旬；9月下旬至10月上旬为果实成熟期，12月下旬至1月上旬落叶休眠，年生长期260天左右。

2.3　生长结果习性

实美植株长势旺盛，枝条粗壮，较硬，春季萌芽率53.8%，成枝率100%，其中结果枝占88%。花枝着生于结果母枝的2～8节位，花序着生于花枝的1～7节，自然坐果率90%以上，长果枝居多，占81.3%，中果枝占12.5%，短果枝占6.2%，生理落果现象稍轻，定植第二年有30%植株开花结果，第三年全部结果，株产量达13.8 kg。

2.4　果实经济性状

果实较大，近圆柱形，较整齐，果皮绿褐色，易剥离。果肉黄绿色，细腻、汁多、香味浓郁，果心小而质软，风味佳；平均单果重 100 g，最大单果重 170 g，可溶性固形物含量 15.0%，总糖含量 9.47%，总酸含量 0.73%，Vc 含量 138 mg/100 g 鲜果，矿物质含量丰富。各种矿物质元素含量见表 16-1。实美与海沃德、金魁、秦美、米良 1 号相比较，果形、平均单果重、风味品质及可溶性固形物、总糖、Vc 含量等均优于这些品种（表 16-2）。

表 16-1　实美猕猴桃各种矿物质元素含量

元素	Ca（%）	Mg（%）	K（%）	Na（%）	P（%）	Fe（μg/g）	Zn（μg/g）	Cu（μg/g）	Se（μg/g）	B（μg/g）	S（μg/g）
含量	0.29	0.10	2.11	0.004	0.28	45.9	4.6	6.1	0.29	12.8	< 1.0

表 16-2　实美与海沃德、金魁、秦美、米良 1 号重要经济性状比较

品种	时间	果实性状								常温条件下贮藏天数	丰产稳产性
		果形及整齐度	商品果率（%）	平均单果重（g）	品尝品质	可溶性固形物（%）	总糖（%）	总酸（%）	Vc（mg/100 g 鲜果）		
实美	9 月下旬	近长圆柱形，整齐	90	90 ～ 100	酸甜可口，汁多，香味浓郁	15.0	9.47	0.73	138.0	14 ～ 16	结果早、丰产、稳产
海沃德	9 月下旬	椭圆形，整齐度稍差	71	65 ～ 85	酸甜适口，味浓，清香	14.0	9.10	1.15	42.6	—	较差
金魁	9 月中旬	扁圆形，整齐度一般	76	80 ～ 90	甜酸或甜，味浓，微香	12.5	9.08	1.13	120.6	—	较差
秦美	9 月中旬	扁短圆柱形，整齐度一般	76	75 ～ 90	甜酸，味浓，微香	13.0	9.02	1.20	120.5	—	较差
米良 1 号	9 月中旬	近长圆柱形，较整齐	90	85 ～ 95	酸甜可口，味浓，清香	13.0	9.21	0.98	89.6	10 ～ 12	结果早，较丰产

2.5　高产稳产性

实美嫁接苗定植后第二年有部分植株开花结果，第三年全部结果投产，第四年进入盛产期，株产果 20 kg，产量与米良 1 号基本一致，但米良 1 号生理落果较严重；进入结果期比海沃德早 2 ～ 3 年，比金魁、秦美早 1 ～ 2 年。实美猕猴桃历年产量见表 16-3。

表16-3　"实美"猕猴桃历年产量

年份	树龄（年）	挂果株率（%）	产量（kg）		
			平均株产	最高株产	亩产
1998	2	30	2.5	7.6	165
1999	3	100	8.7	8.7	229.8
2000	4	100	11.5	15.0	759
2001	5	100	16.0	19.5	1050

2.6　果实耐贮性

果实采收后，在桂林常温下可贮藏2周，在0～3℃低温下可贮藏4～6个月。

2.7　适应性

实美猕猴桃的适应性很广，在南亚热带、中亚热带、温带、寒带等地区均可种植，在海拔170～1000 m不同立地条件下表现生长结果良好，但以土壤排水好，疏松肥沃，背风向阳，灌溉条件好的地区种植效果更好。

2.8　遗传性状与稳定性

采集"实美"母树与当代植株的茎尖进行染色体数目观察，其染色体都为六倍体（6n=174）。经过连续8年对无性系1～2代的特征特性观察，发现其枝、叶、花、果的形态特征与母树相一致，果实除外表特征保持母树果实的特征外，其体积、形状、风味等均优于母树。

3　栽培技术要点

3.1　园地选择

选择土质疏松肥沃、透气性良好的沙质壤土或沙土，或富含腐殖质的其他疏松土类的丘陵山地建园，园地应位于排水好、灌溉方便、交通方便、背风向阳的地段。

3.2　挖定植坑，施足底肥

园地选好后，采用全垦整地或带状整地，在丘陵山地可整成等高带状梯地，全垦整地即是全面深耕，带状整地即先定好种植穴，然后以种植穴为中线，深耕一带，带宽为行距的一半，其余当作草带。整好地后，即定点挖坑，株行距为3 m×3 m或3 m×4 m。挖坑时，坑的规格最小为

0.6 m×0.6 m×0.6 m，表土和底土分开放，坑挖好后，回土至 2/3 处，每坑施入腐熟的有机肥 20 kg、磷肥 0.5 kg，微酸性的土壤施入 0.25 kg 的石灰，与土壤充分拌匀后定植。

3.3　雌雄株的配置

猕猴桃是雌雄异株植物，要合理配置雄株，才能使雌株正常开花结果。选用与"实美"相配套的美味猕猴桃雄株，以雌雄株比例 8∶1 的配比按一定的规律排列种植。

3.4　定植

选择阴天或晴天傍晚进行。将幼苗根部放入穴内培土后，用手握住幼苗基部轻轻地上下抖动几下，使幼苗根舒展，然后用脚踩实幼苗周围土壤，使苗木根系与土壤接触紧密，利于根系吸收水分与养分，然后培土做成略高于地面 5～10 cm 的树盘，淋足定根水，以保证幼苗成活。

3.5　合理的肥水管理

种植当年以根外施肥为主。种植成活萌芽展叶后，每周喷一次磷酸二氢钾或尿素液肥。根系长好后，每株土施复合肥 0.1～0.15 kg；冬季结果树每株环状沟施有机肥 20～30 kg、磷肥 0.5 kg，微酸性的土壤施石灰 0.25 kg。萌芽前根外喷施 0.2% 磷酸二氢钾 + 0.3% 尿素液肥，或每株土施 0.25 kg 尿素。开花期、坐果期、果实迅速膨大期各施氯化钾或氯化钾复合肥一次。干旱季节连续 30 天不下雨要采取灌溉措施。

3.6　整形与修剪

3.6.1　整形

实美猕猴桃采用 T 形架或平顶大棚架较好。苗木定植后，在离地面 20 cm 左右的位置短截，萌芽后，选留生长最壮的一个芽培养为主干，其余抹除，并在旁边插入一根小竹竿，将小苗绑靠在竹竿上，使其直立生长。枝梢长至棚顶时进行摘心，促进侧芽萌发新梢，选两个靠近棚顶的侧枝，沿相反方向固定在棚顶铁线上，让其生长至 1.5 m 长后摘心，促进二级侧枝萌生，这样当年便可形成骨架，第二年部分植株可结果。

3.6.2　修剪

实美猕猴桃长势旺盛，新梢粗壮。在夏季，长果枝长到 1 m，营养枝长至 1.5 m 后要打顶，生长季节要经常抹去徒长枝及主干上的萌蘖，以减少营养消耗及冬季修剪的工作量。冬季修剪以短截为主，每枝留芽 12～15 个，疏去较弱的结果枝，选留充实、粗壮的营养枝和结果枝作为翌年的结果母枝。

4　小结

经过对实美母树连续 3 年及无性系当代连续 8 年的调查、观察和分析测定，结果表明。

（1）实美猕猴桃的遗传性状稳定，无性系后代果实表现出比母树更优的性状。

（2）果肉黄绿色，果实大。平均单果重 100 g，最大单果重 170 g，可溶性固形物含量 15% 以上，果形整齐美观，风味佳，品质优良，耐贮藏，具有较高的商品价值及广阔的市场前景。

（3）结果早、产量高、抗逆性强、适应性广，具有较高的推广价值。

第十七章 猕猴桃易剥皮新品种"桂翡"的选育

猕猴桃果实营养丰富，Vc含量高，深受消费者喜爱。近年来我国猕猴桃栽培面积不断扩大，但种植的品种均是难剥皮品种，无法满足消费者追求食用方便的需求。为了满足消费者的愿望，20世纪90年代以来，研究团队把选育容易剥皮的猕猴桃品种定为主要育种目标，并选育出猕猴桃易剥皮新品种——桂翡，2020年7月获农业农村部植物新品种权证书。

1 选育经过

桂翡是采用实生选育法选育的猕猴桃新品种。1988年秋季，从广西植物研究所猕猴桃种质圃采集迁地保护的猕猴桃种类——毛花猕猴桃的种子，1989年春季播种，从实生苗中选出2200株在广西植物研究所试验场定植。1994年有150株开始结果，其中雌株21株，并发现1株实生苗的果实果形整齐，果皮暗绿色，密被灰褐色短茸毛，易剥离，果肉翠绿色，肉质细，汁液多，风味浓郁，且具有独特的清香味，平均单果重24.2 g，最大单果重34.5 g，命名为"新种1号"。1996～2003年，剪取这株的接穗进行嫁接繁殖，发现其嫁接后的无性后代性状表现与母株基本一致；连续3年观察，其易剥皮的性状、独特的清香味、翠绿的果肉颜色等性状表现稳定。2006年从嫁接的无性后代中复选出果实较大（单果重35～50 g）、品质优良的植株。2008年，将通过复选并扩繁的450株优株在广西植物研究所（桂林市雁山）试验场地种植，进一步研究、鉴定，并研究其栽培技术。与此同时，在资源县海拔460～850 m的地块布设3个生态试验点，并在龙胜县和平乡（海拔350 m）、兴安县金沙冲（海拔210 m）、临桂县黄沙乡（海拔750 m）布设试栽点，性状表现均稳定。经过20多年的观察和试验鉴定，确认该优株性状稳定，肉质细，风味浓郁清香，品质优良，适于鲜食和加工，抗逆性强，丰产稳产。2015年6月通过广西壮族自治区品种审定委员会审定，定名为桂翡。

2 主要性状

2.1 植物学特征

桂翡为大型落叶攀缘藤本，植株长势壮旺。一年生枝灰绿色或灰褐色，被褐色茸毛，逐渐脱落。叶厚纸质，卵形、阔卵形或近圆形，先端短急尖或钝尖，基部近截平或浅心形，少有两侧不对称，边缘具脉出锯齿，叶面深绿色，无毛，有光泽，叶背绿色，散生淡褐色柔毛，叶脉显著，在腹面凹入，在背面隆起。聚伞花序状，花冠开张，花瓣基部紫红色，顶端淡红色，向后反卷；子房短圆柱形，淡白色，密被白色短茸毛；花柱淡白色，柱头卵形；花丝中基部紫红色，花药黄色。

2.2 果实主要经济性状

桂翡果实长圆柱形，纵径 56.1 mm，横径 31.97 mm，果形整齐。平均单果重 38.33 g。果皮暗绿色密被灰褐色短茸毛，果斑浅褐色，易剥离。果肉翠绿色，肉质细，汁液多，风味浓郁且具有独特的清香味。可溶性固形物含量 15.2%，总糖含量 12.00%，比海沃德高 1.61 个百分点，总酸含量 0.85%，Vc含量 240.0 mg/100 g 鲜果，比红阳猕猴桃高 104.2 mg/100 g 鲜果（表 17-1）。

表 17-1　桂翡与海沃德等猕猴桃品种主要经济性状

品种	果形及整齐度	平均单果重（g）	风味	可溶性固形物（%）	总糖（%）	总酸（%）	Vc（mg/100 g 鲜果）	糖酸比	果皮剥离难易
桂翡	长圆柱形	38.3	甜酸，味浓，清香	15.2	12.00	0.85	240.0	14.1	易
海沃德	椭圆形，整齐	65～85	酸甜适口	15.0	9.21	1.32	85.0	6.9	难
红阳	长圆柱或倒卵形	72.5	甜，清香	19.6	13.45	0.49	135.8	27.5	难
金魁	扁圆形，整齐度一般	75	甜酸或甜，味浓，微香	12.5	9.08	1.13	120.6	8.0	难
秦美	扁短圆柱形、整齐度一般	75～90	甜酸，味浓，微香	13.0	9.02	1.20	120.5	7.5	难
米良1号	近长圆柱形，较整齐	85～95	酸甜可口，味浓，清香	13.0	9.21	0.98	89.6	9.4	难

2.3 生长结果特性

桂翡植株长势旺盛，枝条中庸充实。春季萌芽率 40.0%～71.4%，成枝率 100%，其中结果枝占92%。以中果枝结果为主，占 76.4%，长果枝占 12.8%，短果枝占 10.8%。花枝着生于结果母枝的第2～7 节位，花序着生于花枝的 3～7 节，每花序有花 1～3 朵。嫁接苗定植后第二年有 40% 植株开花结果，第三年全部结果。

2.4 物候期

在广西桂林，桂翡 2 月下旬至 3 月上旬萌动，3 月中旬抽梢、展叶，3 月下旬现蕾，4 月下旬开花，9 月下旬至 10 月上旬果实成熟，12 月下旬落叶。

2.5 适应性及抗病性

桂翡对土壤和环境的适应性较强，在壤土、沙质壤土上生长良好，适宜在我国广西、贵州、云南、福建、江西、浙江、湖南等省（区、市）及具有相同或相近生境的地区种植。该品种对猕猴桃细菌性溃疡病、猕猴桃花腐病、猕猴桃褐斑病、猕猴桃黑斑病、猕猴桃炭疽病等有较强的抗性。

3 栽培技术要点

3.1 建园

选择在交通方便、背风向阳、水源充足、年平均气温 13 ~ 17 ℃、≥ 10 ℃有效积温 4500 ~ 5800 ℃，日照时数 > 1000 h、无霜期 210 ~ 290 天、年降水量 1000 ~ 1500 mm、海拔 800 m 以下的地方建园。要求土壤团粒结构好、疏松透气、透水保水、有机质含量 ≥ 1.5%、微酸性（pH 值 5.5 ~ 6.5），地下水位在 1 m 以下。

冬季落叶后或春季萌芽前定植，株行距 3 m × 3 m 或 3 m × 4 m，种植穴直径 80 cm，深 80 cm。按 8 ∶ 1 比率配置雄株。

3.2 整形修剪

平地和缓坡地果园采用平顶棚架，梯地采用 T 形棚架或独立平顶棚架。种植前搭架，或者种植后 4 月前搭架。选择生长较好的新梢培养为主干，插杆扶绑让其向上生长，当长至棚架线上时在棚架线下 10 ~ 15 cm 处将植株顶芽短截，促使其长出 2 个新梢，沿棚架线相反方向引缚培养成主蔓。当相邻两植株的主蔓交叉时，在交叉处短截主蔓，促进主蔓长出更多的新梢。这些新梢第二年成为结果母枝。为了促进植株生长，每次短截后要及时追施肥，在植株根部周围撒施尿素或淋人粪尿，并经常抹除植株基部的萌蘖。

4 ~ 8 月枝梢生长旺盛时，及时抹芽、摘心、疏枝、疏花、疏蕾和绑枝。花后 1 周，去除萌蘖，剪去细弱生长枝，选留生长健壮的营养枝和长果枝，培养为第二年的结果母枝；对不作为第二年结果母枝培养的长果枝，从最后一个花序后 7 ~ 8 张叶处剪去。花后 1 个月，剪去萌蘖、细弱枝以及结果枝在第一次修剪部位由其附近 1 ~ 2 个芽生长出的新枝。花后 50 ~ 60 天，剪去前 2 次修剪部位萌发的新梢。

冬剪在树液流动前进行，剪除细弱过密的枝条，更新结果母枝，并对保留的结果母枝进行短截。

3.3 施肥

桂翡成年植株冬季施基肥，环状沟施或条状沟施，肥料以堆肥、厩肥和腐熟的饼肥等有机肥为主，掺入适量氮、磷肥，每株施有机肥 20 kg、氮肥 200 g、磷肥 150 g。追肥分 2 次进行，开花前期施氮肥 200 g、磷肥 150 g、钾肥 100 g、镁肥 50 g；5 月下旬疏果后，每株施氮磷钾复合肥 400 g、镁肥 50 g、硼砂 50 g。

3.4　授粉

在盛花期，采集猕猴桃花粉，1 L 自制喷雾授粉溶剂中加入 4 g 花粉，于早上 8：00 ～ 10：00 用小型喷雾器对着雌花柱头喷雾授粉。

3.5　病虫害防治

在猕猴桃上较易发生的病害有猕猴桃细菌性溃疡病、猕猴桃黑斑病、猕猴桃根腐病、猕猴桃炭疽病、猕猴桃花腐病等，但桂翡猕猴桃对这些病害的抗性较强，主要以预防为主。冬季修剪剪除的病虫枝、枯枝、卵块，清除的园中杂草和落叶集中烧毁，翻耕土层，破坏病虫的越冬场所。修剪清园后，全园喷 1 次波美 3 ～ 5 度石硫合剂。用药石灰液（50 g 晶体石硫合剂 + 500 g 生石灰水 + 4000 g 水）进行树干刷白，刷掉树干孔隙处的越冬虫。萌芽后用 0.3% 四霉素 400 倍稀释液 +110 g/L 氨基酸 600 倍液 +0.1% 硼肥喷雾预防猕猴桃细菌性溃疡病。用绿亨 2 号 400 倍稀释液与敌克松 1000 倍稀释液预防猕猴桃根腐病。用 5% 多菌灵可湿性粉剂 500 ～ 600 倍稀释液或 70% 甲基托布津可湿性粉剂 1000 倍稀释液预防猕猴桃褐斑病。用 20% 铜天下 1000 倍稀释液预防猕猴桃花腐病。用 50% 锌硫磷乳剂 200 倍稀释液防治金龟子。

第十八章 红心猕猴桃新品种"桂红"的选育

猕猴桃果实营养丰富，Vc含量高，深受消费者喜爱。随着我国猕猴桃栽培面积不断扩大，对不同品种的需求越来越多，尤其是对红心猕猴桃品种的需求更大，现有品种无法满足消费者和生产需要。为了满足产业需要，20世纪80年代以来，我们一直将选育果肉红色的猕猴桃品种定为主要育种目标，并选育出红心猕猴桃新品种"桂红"，2020年7月获国家农业农村部植物新品种权证书。

1 选育经过

桂红猕猴桃是从野生中华猕猴桃后代中选育出来的新品种。广西植物研究所于20世纪80年代进行猕猴桃野生资源调查，从野生中华猕猴桃中收集大果型优株进行嫁接观测，开花结果后，进行初选、再嫁接鉴定、复选。将复选出来的优株进行无性系一代、二代、三代繁殖鉴定，扩大栽培面积，研究其遗传性状及其稳定性、植物学特征、生物学特性、经济性状、栽培技术要点、生态适应范围等。具体过程：1984年秋季在龙胜县海拔1100 m的高山上发现一株野生中华猕猴桃的果实较大，平均单果重约65 g，果实近果顶及果肩横切面呈放射状红色；采集其枝条，于1985年春季在广西植物研究所猕猴桃苗圃进行嫁接，获得第一代无性繁殖苗；1986年将嫁接苗移栽到广西植物研究所猕猴桃种质资源圃作为种质资源保存；连续多年对其生物学特性进行观测，发现这些植株果实横切面仍保持浅红色，平均单果重约70 g。1995年开始重视该优株，又从结果植株上取接穗进行嫁接，获得第二代无性繁殖苗，在广西植物研究所再次扩大种植和观测，并加强肥水管理；经过连续多年的观测和复选，2004年从中筛选出一株果实更大、果肉放射状红色更深、风味更浓郁的优株，最大单果重120 g，平均单果重94.4 g，命名为G792。2009年将复选出的优株在广西植物研究所（桂林市雁山）试验场地种植500株，进一步观察、鉴定，并研究其栽培技术。与此同时在广西资源、龙胜、兴安、桂林华侨农场等地进行栽培试验，并引种到江西、湖北、贵州的生态试验点，研究其区域适应性，均表现出较好的稳定性和一致性。2016年8月通过广西农作物品种审定委员会审定，定名为"桂红"，2020年7月获农业农村部植物新品种权证书。

2 主要性状

2.1 植物学特征

桂红植株长势旺盛，新梢青绿色，先端有淡褐色茸毛；一年生枝灰褐色，皮孔圆形至椭圆形，灰白色；二年生枝深褐色，枝干皮孔椭圆形，淡褐色。叶片心形，叶柄浅紫红色，先端平或渐尖，叶缘有脉出锯齿，叶面浅绿色，叶背叶脉突起明显，叶背被淡褐色星状茸毛。单花腋生，花冠开张，花冠直径平均 3.8 cm×3.3 cm，花瓣刚开时白色渐变为黄色，花瓣数 7～8 片；萼片浅绿色，5～7 枚；子房圆柱形，黄白色密被白色短茸毛。花柱分布平均，长 0.43～0.71 cm。

2.2 果实主要经济性状

桂红果实短圆柱形，果形整齐，果顶平或微凸，果皮黄绿色，果毛柔软残存，果斑黄褐色，果皮薄，果肉外缘金黄色、中轴白色，子房桃红色呈放射状图案，肉质细，汁多，清甜，有香味。Vc 含量 99.43 mg/100 g，总酸含量 1.56%，总糖含量 10.69%，含 18 种氨基酸，含包括硒在内的各种矿物质。

桂红与 7 个红心猕猴桃品种的经济性状比较见表 18-1 和表 18-2。从表 18-1 可知，在不使用外源生长素的情况下，桂红果实平均单果重高达 94.4 g，而红阳等其他红心品种仅 60 g 左右；总糖含量 10.69%，与红阳（10.81%）、红实 2 号（10.70%）、东红（11.91%）、脐红（12.01%）等红心品种无显著差异。干物质含量 17.39%，属于高值范围。对桂红与红阳进行钙、铁、镁、钾、钠、磷、锌、铜、硒、硼、硫等 11 种矿物质的测定结果表明，桂红果实中的钙、镁、钾、钠、磷、铜、硒、硫等 8 种矿质元素含量均高于红阳，尤其是对人体有抗癌作用的硒元素含量比红阳高 0.00518 mg/kg，能提供人体钙营养的钙元素含量比红阳高 3.7 mg/100 g（表 18-2）。

表 18-1 桂红与其他红心猕猴桃品种主要经济性状比较

品种	果形及整齐度	风味	平均单果重（g）	可溶性固形物（%）	总酸（%）	总糖（%）	糖酸比	Vc（mg/100 g）	干物质（%）
桂红	短圆柱形	甜，香	94.4	16.70	1.56	10.69	6.85	99.43	17.39
红阳	倒卵形	甜，微香	64.9	19.60	1.07	10.81	10.10	82.69	19.53
红昇	长圆柱形	酸甜，微香	61.9	15.60	1.00	8.66	8.66	74.60	16.00
红实 2 号	卵形	甜，微香	61.6	19.20	1.54	10.70	6.95	180.55	16.91
东红	长圆柱形	酸甜，微香	67.4	15.80	1.15	11.91	10.35	77.02	16.37
脐红	倒卵圆形	酸甜，微香	60.9	19.90	1.51	12.01	7.96	61.56	20.00
伊顿 1 号	长圆柱形	酸甜，香	61.7	18.10	1.51	9.89	6.55	51.34	17.91
楚红	长圆柱形	甜，微香	55.3	15.70	1.23	8.17	6.64	96.73	18.56

表 18-2 桂红与红阳果实各种矿物质元素含量比较

品种	Ca（mg/100 g）	Fe（mg/100 g）	Mg（mg/100 g）	K（mg/100 g）	Na（mg/100 g）	P（mg/100 g）	Zn（mg/kg）	Cu（mg/kg）	Se（mg/kg）	B（mg/kg）	S（mg/kg）
桂红	19.3	0.22	12.47	258	35	25	0.7	4.60	0.00624	3.0	0.080
红阳	15.6	0.36	12.10	236	32	22	1.2	0.78	0.00106	3.2	0.062

2.3 遗传特点

桂红猕猴桃的染色体数为4n=116。

2.4 生长结果特性

植株长势旺盛，枝条中庸充实。春季萌芽率36%～80%，成枝率71.5%～100%，结果枝占40%～85%。花枝着生于结果母枝的第2～6节位，每花枝有花序1～5个，花序着生于花枝的1～4节，单花为主。以中果枝为主，占50%，长果枝占30%，短果枝占20%。嫁接植株定植第二年有60%植株开花结果，第三年全部结果。

2.5 物候期

在桂林地区，桂红猕猴桃一般在3月上中旬萌芽，3月中下旬抽梢，3月下旬展叶，3月下旬到4月上旬现蕾，4月中旬开花，4月中下旬坐果，9月中下旬果实成熟，果实发育150～160天，12月下旬到1月上旬落叶休眠。

2.6 适应性及抗病性

桂红对土壤和环境的适应性较强，在壤土、沙质壤土上生长良好，适宜在我国广西、贵州、云南、福建、江西、浙江、湖南等省（自治区、直辖市）及具有相同或相近生境的地区种植。该品种对猕猴桃细菌性溃疡病、猕猴桃花腐病、猕猴桃褐斑病、猕猴桃黑斑病、猕猴桃炭疽病等有较强的抗性。

3 栽培技术要点

3.1 园地选择

选择在交通方便、背风向阳、水源充足、年平均气温14.0～17.5 ℃、≥10 ℃有效积温4500～5800 ℃，日照时数＞1000 h、无霜期210～290天、年降水量1000～1500 mm、海拔800 m以下的地方建园。要求土壤团粒结构好、疏松透气、透水保水、有机质含量≥1.5%、微酸性（pH值5.5～6.5），地下水位在1 m以下。

3.2 搭架

种植前搭架，或者种植后4月前搭架。平地和缓坡地果园采用平顶棚架，梯地采用T形棚架。

3.3　种植

冬季落叶后或春季萌芽前定植，株行距 3 m×3 m 或 3 m×4 m，种植穴直径 80 cm、深 80 cm。按 8：1 比率配置雄株。

3.4　整形修剪

选择生长较好的新梢培养为主干，插杆扶绑让其向上生长，当长至棚架线上 0.8～1 m 时在棚架线下 10～15 cm 芽眼饱满处短截，促使其长出 2 个新梢，沿棚架线相反方向引缚培养成主蔓。当相邻两植株的主蔓交叉时，在交叉处短截主蔓，促进主蔓长出更多的新梢，这些新梢第二年成为结果母枝。为了促进植株生长，每次短截后要及时追施肥，在植株根部周围撒施尿素或淋人粪尿，并经常抹除植株基部的萌蘖。

4～8 月枝梢生长旺盛时，及时抹芽、摘心、疏枝、疏花、疏蕾和绑枝。花后一周，去除萌蘖，剪去细弱生长枝，选留生长健壮的营养枝和长果枝，培养为第二年的结果母枝；对不作为第二年结果母枝培养的长果枝，从最后一个花序后 7～8 片叶处剪去。花后 1 个月，剪去萌蘖、细弱枝以及结果枝在第一次修剪部位由其附近 1～2 个芽生长出的新枝。花后 50～60 天，剪去前 2 次修剪部位萌发的新梢。

冬剪在树液流动前进行，剪除细弱过密的枝条，更新结果母枝，并对保留的结果母枝进行短截。

3.5　施肥

桂红成年植株冬季施基肥，环状沟施或条状沟施，肥料以堆肥、厩肥和腐熟的饼肥等有机肥为主，掺入适量氮、磷肥，每株施有机肥 20 kg、氮肥 200 g、磷肥 150 g。追肥分 2 次进行，开花前期施氮肥 200 g、磷肥 150 g、钾肥 100 g、镁肥 50 g；5 月下旬疏果后，每株施氮磷钾复合肥 400 g、镁肥 50 g、硼砂 50 g。

3.6　授粉

在盛花期，采集猕猴桃花粉，1 L 自制喷雾授粉溶剂中加入 4 g 花粉，于 8：00～10：00 用小型喷雾器对着雌花柱头喷雾授粉。

3.7　病虫害防治

在猕猴桃上较易发生的病害有猕猴桃细菌性溃疡病、黑斑病、根腐病、炭疽病、花腐病等，但"桂红"猕猴桃对这些病害的抗性较强，主要以预防为主。冬季修剪剪除的病虫枝、枯枝、卵块、清除的园中杂草和落叶集中烧毁，翻耕土层，破坏病虫的越冬场所。修剪清园后，全园喷 1 次波美

3 ～ 5 度石硫合剂。用药石灰液（50 g 晶体石硫合剂 + 500 g 生石灰水 + 4000 g 水）进行树干刷白，刷掉树干孔隙处的越冬虫。萌芽后用氢氧化铜、噻菌铜等铜制剂 800 倍稀释液喷洒预防猕猴桃细菌性溃疡病。用绿亨 2 号 400 倍稀释液与敌克松 1000 倍稀释液预防猕猴桃根腐病。用 5% 多菌灵可湿性粉剂 500 ～ 600 倍稀释液或 70% 甲基托布津可湿性粉剂 1000 倍稀释液预防猕猴桃褐斑病。用 20% 铜天下 1000 倍稀释液预防猕猴桃花腐病。用 50% 锌硫磷乳剂 200 倍稀释液防治金龟子。

第十九章 美味猕猴桃优良株系"实美"的生物学特性观测

美味猕猴桃优良株系实美是广西植物研究所1992年从美味猕猴桃实生苗中初选，经1992年和1994年复选、决选，1995年开始进行当代鉴定的优良株系，其植株生长旺盛，在科学的栽培管理条件下，当年即可形成骨架，翌年即有部分植株开花结果且有一定产量。果实较大，果形近长圆柱形，平均单果重100 g，最大单果重170 g左右。果肉绿色，汁多而清香，甜酸可口，较耐贮藏，有望成为具有较大市场竞争力的一个新品种。为使这一株系发展成为新品种，为制定栽培管理措施提供科学依据，对其进行了生物学特性观测。

1 物候期

实美为大株型多年生藤本植物，在广西桂林，2月中下旬至3月上中旬伤流，3月下旬至4月上中旬萌动，4月上中旬抽梢、展叶、现蕾，5月上旬开花，花期5～9天，5月中旬至6月中下旬为果实迅速生长发育期，8月下旬至9月上旬果实纵横径生长基本停止，果形基本稳定，9月下旬至10月上旬果实成熟，12月下旬至1月上旬落叶休眠。

温度、树势、栽培技术等因子对物候期有一定的影响，冬春低温阴雨的年份萌芽推迟，反之则提早（李瑞高，梁木源，李洁维，1996），树势较弱也可使萌芽延迟，暖冬的出现则会使其落叶较晚，没有霜冻的年份其落叶休眠会成为栽培管理的一个主要问题，这不仅会给冬季修剪清园带来困难，还会影响到第二年的产量。

2 性状和生长结果习性

2.1 根的生长特性

猕猴桃是浅根性植物，实美也不例外。实生苗幼苗期主根明显，移栽后即长出多条侧根，产生大量须根，形成发达的圆盆形根系，如栽培地的土壤疏松，根系的分布则较深而广，反之则分布浅且窄，根系短而少。其根为肉质根，怕渍水，长时间渍水会使根腐烂，叶片变黄逐渐脱落，严重时导致全株枯死。

2.2 枝蔓的形态与生长特性

实美是落叶藤本植物，栽培中往往选留靠近棚架的两个健壮枝条分别缚于左右铁线上而形成主蔓，在主蔓上每隔 20～30 cm 留一侧蔓，而棚架下主干上抽生的枝条全部抹除。嫩梢为青绿色，被黄褐色长茸毛，枝条逐渐成熟老化，一年生老熟枝变为棕褐色，皮孔浅褐色，长椭圆形或条形，密度中等，呈不规则分布。生长充实，芽体饱满的一年生枝可形成混合芽，成为翌年的结果母枝，由其抽生能开花结果的结果枝。根据枝条的生长势和开花结果与否可划分如下。

2.2.1　徒长枝

一般为主蔓或侧蔓基部隐芽或枝条弯曲部位抽生的、生长旺盛、节间较长、质地不充实的枝条，其很少能形成结果母枝。

2.2.2　营养枝

不开花结果、生长势中等、质地充实、芽体饱满的枝条，能形成翌年良好的结果母枝。

2.2.3　结果枝

在结果母枝上 2～18 节抽生的开花结果枝条，根据枝条的长短又可分为长果枝，中果枝，短果枝。长果枝长度大于 30 cm，多从结果母枝中下部萌发，生长势较强，是第二年最好的结果母枝，常着生较大的果实，在果枝中占的比例较大，约为 53.1%。中果枝长度在 10～30 cm，一般由结果母枝中下部的平生或斜生芽萌发，生长势中等，在果枝中占的比例中等，约为 33.7%。短果枝长度小于 10 cm，生长势较弱，节间较短，在果枝中占的比例最低，仅为 13.2%。这种长果枝多，短果枝少的现象可能与桂林气温较高、湿度较大、植株生长旺盛有关，给栽培管理增加了一定难度。

2.3　叶和芽的生长特性

叶片近圆形，基部心形，顶端突尖，长 14.0～17.0 cm，宽 16.5 cm～21.0 cm，纸质，嫩叶绿色，叶面被长硬毛，叶脉黄绿色，密被短刺毛，叶背密被灰白色长茸毛或星状毛，叶脉稍突出，被灰褐色长茸毛，随着新梢的木质化，叶片逐渐转为深绿色，成熟叶片为暗绿色，叶面少有光泽，叶缘有刺状小齿，叶柄长 8～14.7 cm。芽着生在叶腋，包含主芽和副芽。副芽一般不萌发，为潜伏芽。当主芽受伤后，方能萌发抽梢。主芽有腋芽和花芽两种，花芽多着生在结果枝中下部。实美萌发率较低，平均在 47% 左右，而其成枝率则较高（89%），结果枝数占成枝数的 74%。

2.4　花的生长特性

花为单性，雌雄异株，生产上需要配置花期相一致的雄株作为授粉树才能结果（李瑞高，1998），其花一般着生于结果枝或花枝基部 2～8 节的叶腋处，多为单花。用中华猕猴桃桂海 4 号作砧木的植株每花序 1～3 花，一个结果枝上可抽生 1～7 个花序不等，大多数的花都能坐果。一般一个果枝最多结 1～5 个大小正常的果，坐果率较高，平均为 73.3%。

2.5 果实的生长发育特性

果实为浆果，近圆柱形，果皮褐绿色，密被长绒毛或长硬毛。果实成熟时毛被易脱落，果斑浅褐色，中等大小，条形或近圆形，果皮较薄，易剥离，果肉绿色，质地细腻，果心中等大小，较软，汁多清香，甜酸可口。种子在果心周围呈放射状分布，果实有后熟过程，后熟变软后才能食用，果实可溶性固形物含量 15.0%，总糖含量 9.47%，总酸含量 0.73%，Vc 含量 138.00 mg/100 g 鲜果。

开花授粉后子房即开始发育，在花后 1 周即 5 月中旬至 6 月中旬生长发育迅速，果实纵横径增长量最大，形成一个高峰期（李洁维，1992），以后渐趋于平稳地生长发育，其中也有起伏变化，但波动没有第一高峰期的大，8 月下旬至 9 月上旬，果实纵横径生长基本停止，整个生长发育过程果实纵横径的增长曲线如图 19-1 所示。

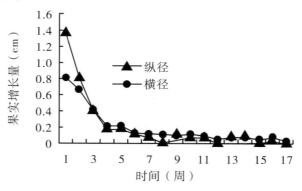

图 19-1 实美果实生长曲线

2.6 种子

实美种子较大，圆形，皮表面有红褐色凹纹，千粒重 2.0 g 左右。

3 对环境条件的要求

苗期喜阴，怕阳光暴晒，苗圃地搭棚遮阴有利其生长。幼苗生长充实后，阳光充足有利于其良好地生长发育。实美对温度要求不严，桂北地区一般都能种植，尤其适宜低中山区种植。对土壤要求也不严，以疏松肥沃不渍水的沙质壤土为好。因其新梢粗大质脆易折，生长季节要注意扶绑或在长到适当长度后打顶，建园时尽可能避开风口或是在果园周围营造防风林带。实美叶片大而薄，蒸发量大，虽比其他美味猕猴桃品种的抗旱性强，但相对于中华猕猴桃的品种如"桂海 4 号"的抗旱性则较差，干旱时要加强灌溉，建园时要注意选择近水源处便于灌溉的园地。

第二十章　美味猕猴桃优良株系"实美"的砧木选择研究

影响果树嫁接体正常生长发育的因子中，除合理的肥水管理外，砧木的影响是重要因素。因此，优良品种适宜砧木的选择是良种果树优质种苗繁殖的关键技术，是果树生产良种化的基本保障。猕猴桃在我国有较大的栽培面积，随着生产的发展，随意采用砧木带来的不良后果已逐渐显现，突出的是良种的优良性状退化，树体生长不良，果实品质劣变，商品率低，抗病力差。近年来，国内外对猕猴桃优良品种的适宜砧木的选择已趋重视，做了一定的筛选工作，但由于受一定条件的限制，供选用作砧木的材料不多，试验研究工作缺乏系统性，有关砧木选择的报道较少。

优良株系"实美"是广西植物研究所从美味猕猴桃（A. deliciosa）实生后代选育的优良株系。在选育过程中，利用具备的资源条件同时开展了适宜砧木的选择研究，为良种苗木繁育提供优良砧木，也为同类研究提供参考依据。

1　材料与方法

1.1　材料

1.1.1　供试接穗和砧木

接穗采自广西植物研究所猕猴桃种质圃的"实美"母本树，供试砧木：①中华猕猴桃桂海 4 号（A. chinensis guihaia 4）；②漓江猕猴桃（A. lijiangensis）；③红肉猕猴桃（A. chinensis var. rufopulpa）；④美味猕猴桃东山峰（A. deliciosa Dongshanfeng）；⑤桂林猕猴桃（A. guilinensis）；⑥安息香猕猴桃（A. styracifolia）；⑦毛花猕猴桃（A. eriantha）；⑧山梨猕猴桃（A. rufa）；⑨绿果猕猴桃（A. deliciosa var. chlorocarpa）；⑩融水猕猴桃（A. rongshuiensis）。砧木均为二年实生苗。

1.1.2　试验地

试验地在广西植物研究所猕猴桃试验场，海拔 170 m，年平均气温 19.2 ℃，最热月（7 月）平均气温 28.3 ℃，最冷月（1 月）平均气温 8.4 ℃，极端最高温 38 ℃，极端最低温 –6 ℃，冬有霜冻，偶见雪。年降水量 1655.6 mm，降雨集中在 4 ～ 6 月，冬季雨量较少，干湿交替明显，年平均相对湿度 78%。土壤为酸性黏壤土。

1.2 方法

1.2.1 嫁接亲和力比较试验

为便于连续观测，嫁接亲和力比较试验采用与实美当代鉴定园建设相结合的方法，随机排列，10株为一小区，3次重复。当代试验园种植规格为3 m×3 m，先定砧后嫁接，于1996年1月20日定植砧木，20天后在上午用单芽切接法嫁接，嫁接后按常规管理，成活稳定后的6月统计成活率。

1.2.2 嫁接体的系统观测

嫁接成活后开始观测嫁接部位的愈合状况、嫁接体的保存率、生长势、生物学特性、开花结果习性、抗逆性、连续3年产量及果实营养成分分析等。嫁接体生长的相对量化指标以生长指数表示，计算方法是按生长势强弱分成1～5级（1级最弱小，5级最强壮）。计算公式：生长指数 = ∑（生长势级别 × 该级株数）/［5× 总株数（包括死亡株数）］。

2 结果与分析

2.1 实美与不同砧木嫁接的亲和力差异

实美与不同砧木嫁接，嫁接成活率均在60%以上，以中华猕猴桃桂海4号和山梨猕猴桃为砧木的嫁接成活率最高，达100%；其次是以红肉猕猴桃为砧木的，成活率为80.6%；以融水猕猴桃和毛花猕猴桃为砧木的嫁接成活率均在70%以下。嫁接成活率的高低与接合部位断裂率成反比，以桂海4号和红肉猕猴桃为砧木的嫁接体，接合部位断裂率仅为5%，表现出较强的亲和力；而低成活率的以毛花猕猴桃和融水猕猴桃为砧木，接合部位断裂率较高，分别为27%和20%（表20-1），亲和力较差。

多年的观测结果表明，实美以桂海4号为砧木，嫁接体长势旺盛，第五年的生长指数高达0.90，保存率达100%；以红肉猕猴桃、美味猕猴桃东山峰、漓江猕猴桃和绿果猕猴桃为砧木的嫁接体，保存率达80%以上，但其长势较弱，生长指数分别只有0.63、0.77、0.63和0.63（表20-1）。

表20-1 不同砧木的嫁接亲和力观测

砧木种类	嫁接成活率（%）	嫁接部位断裂率（%）	嫁接后第五年情况			
			生长指数	干径（mm）	植株保存率（%）	病死株率（%）
中华猕猴桃桂海4号	100	5	0.90	5.12	100	0
漓江猕猴桃	78.6	16	0.63	5.16	83.3	16.7
红肉猕猴桃	80.6	5	0.63	5.16	100	0
美味猕猴桃东山峰	72.5	16	0.77	4.72	100	0
桂林猕猴桃	75.6	20	0.20	4.38	50.0	50.0
安息香猕猴桃	76.5	15	0.53	5.08	83.3	33.3
毛花猕猴桃	64.5	27	0.23	4.85	50.0	66.7

续表

砧木种类	嫁接成活率（%）	嫁接部位断裂率（%）	嫁接后第五年情况			
			生长指数	干径（mm）	植株保存率（%）	病死株率（%）
山梨猕猴桃	100	10	0.63	4.63	66.7	0
绿果猕猴桃	79.1	15	0.63	4.78	83.3	16.7
融水猕猴桃	62.4	20	0.37	5.05	66.7	33.3

2.2　不同砧木的嫁接体开花结果习性差异

实美用不同种类的砧木嫁接，其嫁接体的开花结果习性有较大的差异。以桂海4号为砧木的植株，春季萌芽率最高，达64.3%，其次是以融水猕猴桃、桂林猕猴桃、安息香猕猴桃和绿果猕猴桃为砧木的，春季萌芽率分别为55.3%、45.5%、45.2%和42.4%；春季萌芽率最低的是以漓江猕猴桃为砧木的嫁接体，只有26.3%。萌芽的成枝率和结果枝率也是以桂海4号为砧木的最高，分别为100%和86.5%。花序在花枝上的着生节位都在1～8节上，花序以单花为主，以桂海4号为砧木的多出现2～3花；以山梨猕猴桃、红肉猕猴桃和美味猕猴桃东山峰为砧木的，偶见2～3花（表20-2）。

表20-2　不同砧木的嫁接体开花结果习性观测

砧木种类	萌芽率（%）	成枝率（%）	结果枝率（%）	结果母枝着生花枝的节位	花枝着生花序的节位	每花序有花数
中华猕猴桃桂海4号	64.3	100	86.5	2～11	1～6	单花、多有2～3花
漓江猕猴桃	26.3	93.5	54.8	2～4	1～6	单花
红肉猕猴桃	36.8	94.1	76.5	2～5	1～5	单花、偶双花
美味猕猴桃东山峰	38.5	89.2	79.0	2～7	1～8	单花、偶3花
桂林猕猴桃	45.5	91.4	80.0	4～5	1～6	单花
安息香猕猴桃	45.2	87.9	66.7	3～7	1～5	单花
毛花猕猴桃	31.3	83.3	29.2	2～8	1～6	单花
山梨猕猴桃	40.7	87.2	61.1	2～12	1～5	单花、偶3花
绿果猕猴桃	42.4	80.0	80.0	4～7	1～4	单花
融水猕猴桃	55.3	91.7	77.8	2～4	1～7	单花

2.3　不同砧木的嫁接体之间物候期差异

不同砧木的嫁接体开花结果后，经多年观测结果表明，有些砧木嫁接体在不同年份的物候期差异较大，有的表现相对稳定。以桂海4号和安息香猕猴桃为砧木的嫁接体，不同年份萌动期的差异只有

2～6天，其他砧木的嫁接体不同年份萌动期的差异达8～19天。开花期，以桂海4号和安息香猕猴桃为砧木的嫁接体表现相对稳定，年度差异只有4～5天，其他砧木的嫁接体开花期的年度差异达7～10天（表20-3）。

表20-3　不同砧木的嫁接体物候期观测

砧木种类	年份	萌动期（日/月）	抽梢期（日/月）	展叶期（日/月）	现蕾期（日/月）	开花期（日/月）
中华猕猴桃桂海4号	1998	28/3～8/4	29/3～9/4	29/3～11/4	30/3～12/4	29/4～5/5
	2000	27/3～11/4	4/4～14/4	4/4～12/4	4/4～18/4	3/5～8/5
	2002	1/4～14/4	5/4～17/4	5/4～15/4	5/4～17/4	30/4～8/5
漓江猕猴桃	1998	15/3～5/4	28/3～10/4	28/3～12/4	30/3～14/4	25/4～30/4
	2000	27/3～14/4	4/4～18/4	3/4～16/4	6/4～18/4	4/5～8/5
	2002	1/4～13/4	5/4～19/4	5/4～17/4	5/4～20/4	30/4～8/5
红肉猕猴桃	1998	26/3～6/4	30/3～10/4	30/3～12/4	1/4～14/4	28/4～4/5
	2000	27/3～14/4	4/4～20/4	4/4～18/4	4/4～21/4	5/5～10/5
	2002	1/4～14/4	5/4～16/4	5/4～14/4	5/4～18/4	30/4～9/5
美味猕猴桃东山峰	1998	20/3～5/4	30/3～13/4	30/3～14/4	31/3～14/4	27/4～2/5
	2000	27/3～10/4	4/4～14/4	3/4～16/4	6/4～18/4	4/5～9/5
	2002	1/4～11/4	5/4～15/4	5/4～15/4	5/4～16/4	30/4～8/5
桂林猕猴桃	1998	1/4～10/4	4/4～12/4	5/4～13/4	5/4～14/4	27/4～4/5
	2000	27/3～11/4	4/4～13/4	3/4～16/4	7/4～18/4	5/5～10/5
	2002	5/4～16/4	10/4～21/4	10/4～24/4	10/4～23/4	29/4～10/5
安息香猕猴桃	1998	1/4～12/4	2/4～30/4	3/4～21/4	3/4～13/4	1/5～6/5
	2000	30/3～14/4	8/4～18/4	7/4～16/4	10/4～20/4	5/5～10/5
	2002	1/4～12/4	5/4～16/4	5/4～18/4	5/4～18/4	1/5～10/5
毛花猕猴桃	1998	29/3～5/4	21/4～10/4	5/4～17/4	5/4～13/4	29/4～7/5
	2000	31/3～15/4	8/4～18/4	7/4～18/4	14/4～21/4	5/5～10/5
	2002	5/4～20/4	10/4～20/4	10/4～21/4	10/4～22/4	4/5～10/5
山梨猕猴桃	1998	14/3～1/4	26/3～10/4	26/3～10/4	26/3～10/4	26/4～2/5
	2000	27/3～15/4	4/4～18/4	4/4～19/4	4/4～21/4	2/5～8/5
	2002	1/4～11/4	7/4～17/4	7/4～18/4	7/4～23/4	29/4～8/5
绿果猕猴桃	1998	16/3～6/4	22/3～8/4	29/3～9/4	29/3～10/4	25/4～1/5
	2000	31/3～11/4	4/4～12/4	7/4～13/4	10/4～20/4	4/5～10/5
	2002	2/4～13/4	6/4～18/4	6/4～15/4	6/4～16/4	27/4～7/5
融水猕猴桃	1998	22/3～5/4	28/3～10/4	28/3～11/4	28/3～12/4	27/4～5/5
	2000	31/3～12/4	4/4～18/4	4/4～14/4	7/4～21/4	4/5～9/5
	2002	1/4～11/4	5/4～17/4	5/4～16/4	5/4～16/4	29/4～10/4

2.4　不同砧木的嫁接体之间产量差异

连续3年果实产量观测结果表明，10种砧木的嫁接体之间产量有较大差异。统计分析结果，以桂海4号为砧木的嫁接体产量极显著地高于其他9种砧木的嫁接体产量；以山梨猕猴桃为砧木的嫁接体产量与其他 8 种砧木嫁接体的产量差异也非常显著；以桂林猕猴桃为砧木的嫁接体产量极显著地高于毛花猕猴桃、绿果猕猴桃和漓江猕猴桃为砧木的嫁接体产量，而与以红肉猕猴桃、安息香猕猴桃和融水猕猴桃为砧木的嫁接体的产量无差异；以美味猕猴桃东山峰为砧木的产量极显著地高于毛花猕猴桃和绿果猕猴桃为砧木的产量，显著地高于漓江猕猴桃为砧木的产量，而与经肉猕猴桃、安息香猕猴桃和融水猕猴桃为砧木的产量无差异；以融水猕猴桃、安息香猕猴桃和红肉猕猴桃为砧木的产量极显著地高于以毛花猕猴桃和绿果猕猴桃为砧木的产量；以漓江猕猴桃为砧木的产量极显著地高于以毛花猕猴桃为砧木的产量；绿果猕猴桃和毛花猕猴桃为砧木的产量最低，二者之间无差异（表 20-4）。

表 20-4 不同砧木的嫁接体产量差异比较表

砧木种类	平均产量	$\bar{x}-J$	$\bar{x}-I$	$\bar{x}-H$	$\bar{x}-G$	$\bar{x}-F$	$\bar{x}-E$	$\bar{x}-D$	$\bar{x}-C$	$\bar{x}-B$
中华猕猴桃桂海 4 号（A）	11.2	9.7**	8.9**	8.0**	7.4**	7.3**	7.1**	6.8**	6.5**	3.6**
山梨猕猴桃（B）	7.6	6.1**	5.3**	4.4**	3.8**	3.7**	3.5**	3.2**	2.9**	
桂林猕猴桃（C）	4.7	3.2**	2.4**	1.5**	0.9	0.8	0.6	0.3		
美味猕猴桃东山峰（D）	4.4	2.9**	2.1**	1.2*	0.6	0.5	0.3			
融水猕猴桃（E）	4.1	2.6**	1.8**	0.9	0.3	0.2				
安息香猕猴桃（F）	3.9	2.4**	1.6**	0.7	0.1					
红肉猕猴桃（G）	3.8	2.3**	1.5**	0.6						
漓江猕猴桃（H）	3.2	1.7**	0.9							
绿果猕猴桃（I）	2.3	0.8								
毛花猕猴桃（J）	1.5									

注：5% L.S.D=0.95，1% L.S.D=1.30。

2.5 不同种类砧木的嫁接体果实营养成分分析

10 种砧木的嫁接体果实固形物含量，以桂海 4 号和红肉猕猴桃为砧木的果实可溶性固形物含量最高，分别为 14.50% 和 14.34%。Vc 的含量，除以漓江猕猴桃为砧木的较低外（94.66 mg/100 g），其余都在 120 mg/100 g 以上。各种砧木嫁接体果实的总酸含量都在 1% 以下；总糖含量则以桂海 4 号为砧木的嫁接体果实的含量最高，为 9.47%，安息香猕猴桃和美味猕猴桃东山峰为砧木的含糖量最低，分别为 6.62% 和 6.66%。桂海 4 号为砧木的果实糖酸比也较高（13.0）（表 20-5），而糖酸比高的果实，风味品质较好。

表 20-5 不同砧木的嫁接体果实营养成分分析

砧木种类	可溶性固形物（%）	Vc（mg/100 g）	总酸（%）	还原糖（%）	蔗糖（%）	总糖（%）	糖酸比
中华猕猴桃桂海 4 号	14.50	138.00	0.73	8.03	1.44	9.47	13.0
漓江猕猴桃	13.00	94.66	0.67	7.47	1.12	8.60	12.8

续表

砧木种类	可溶性固形物（%）	Vc（mg/100 g）	总酸（%）	还原糖（%）	蔗糖（%）	总糖（%）	糖酸比
红肉猕猴桃	14.34	121.49	0.79	7.54	1.08	8.62	10.9
美味猕猴桃东山峰	13.60	140.05	0.69	5.35	1.31	6.66	9.7
桂林猕猴桃	12.90	138.51	0.75	7.06	0.86	7.92	10.6
安息香猕猴桃	12.91	139.28	0.72	7.85	1.33	6.62	9.2
毛花猕猴桃	13.30	140.56	0.70	6.69	1.64	8.33	11.9
山梨猕猴桃	12.80	123.51	0.73	6.94	1.20	8.14	11.2
绿果猕猴桃	11.30	129.53	0.66	6.36	1.85	8.21	12.4
融水猕猴桃	13.30	146.97	0.71	6.99	1.38	8.37	11.8

2.6　不同种类砧木的嫁接体抗逆性差异

2.6.1　抗旱力差异

试验期间的 1998 年秋冬和 1999 年春季，桂林地区发生严重的连续干旱，试验地的灌溉条件较差，因此严重影响了猕猴桃的正常生长发育。1999 年，一些参试的砧木嫁接体产量很低，有的几乎无产量，而以桂海 4 号为砧木的嫁接体仍有平均株产 7.6 kg 和平均亩产 501.6 kg（表 20-6），表现出了较强的抗旱能力及对极端气候的适应能力。

表 20-6　不同砧木的嫁接体产量观测

砧木种类	年份	树龄	产量（kg）		
			最高株产	平均株产	平均亩产
中华猕猴桃 桂海 4 号	1998	3	12.8	9.85	650.1
	1999	4	8.5	7.60	501.6
	2000	5	19.5	16.00	1050.0
漓江猕猴桃	1998	3	4.9	3.03	200.2
	1999	4	2.6	1.70	112.2
	2000	5	5.5	4.80	316.8
红肉猕猴桃	1998	3	7.8	4.00	264.0
	1999	4	2.5	2.20	145.2
	2000	5	8.9	5.20	343.2
美味猕猴桃东山峰	1998	3	8.3	4.65	306.9
	1999	4	4.5	2.10	138.6
	2000	5	8.8	6.40	422.4
桂林猕猴桃	1998	3	7.5	5.10	336.6
	1999	4	4.6	1.80	118.8
	2000	5	8.1	7.20	475.2

续表

砧木种类	年份	树龄	产量（kg）		
			最高株产	平均株产	平均亩产
安息香猕猴桃	1998	3	6.0	2.15	141.9
	1999	4	3.8	1.10	72.6
	2000	5	10.8	8.50	560.1
毛花猕猴桃	1998	3	2.3	1.25	82.5
	1999	4	1.2	0.80	52.8
	2000	5	3.1	2.50	165.0
山梨猕猴桃	1998	3	8.0	6.80	448.8
	1999	4	5.8	4.70	310.2
	2000	5	14.5	11.20	739.2
绿果猕猴桃	1998	3	2.5	1.60	107.8
	1999	4	2.4	1.30	85.8
	2000	5	5.3	4.40	290.4
融水猕猴桃	1998	3	8.8	3.20	212.9
	1999	4	5.2	1.90	125.4
	2000	5	9.9	7.20	475.2

2.6.2 抗病力差异

对 10 种砧木的嫁接体多年抗病力的观测结果表明，以中华猕猴桃桂海 4 号、美味猕猴桃东山峰、红肉猕猴桃和山梨猕猴桃为砧木的嫁接体抗病力较强，病死株率为 0。而以毛花猕猴桃为砧木的嫁接体，长势极弱，易感病，病死株率高达 66.7%；其次是以桂林猕猴桃为砧木的嫁接体病死株率为 50%；安息香猕猴桃和融水猕猴桃为砧木的嫁接体病死株率均为 33.3%。

3 讨论

砧木和接穗的亲缘关系越近，一般嫁接的亲和力就愈强，嫁接体的生长发育也越好。桂海 4 号与实美的亲缘关系较近，用其作砧木的嫁接成活率、保存率高，物候期相对稳定，生长结果习性良好，高产稳产，果实风味品质好，抗逆性强，表现出良好的综合性状，可以认为桂海 4 号是实美的适宜砧木。桂海 4 号是广西植物研究所选育的优良品种，丰产性好，果实固形物和总糖含量高，风味好，抗逆性强，尤其是其叶面有一层蜡质，起减少蒸发的作用，具有较强的抗旱能力，"实美"以其作砧木的嫁接体表现良好可能是上述综合性状影响的结果。同样地，同属中华猕猴桃的红肉猕猴桃作砧木的嫁接体的综合性状的表现仅逊于以桂海 4 号为砧木的嫁接体。但本试验出现一些例外：①美味猕猴桃东山峰与实美属于种内不同品种或株系间的嫁接，亲缘关系最近，应该亲和力最强，表现最佳，但试验结果表明其不如桂海 4 号为砧木的。②山梨猕猴桃与实美的亲缘关系最远，实美属星毛组，其他作砧木的种类也都属于星毛组，而山梨猕猴桃属于斑果组，试验结果，实美以山梨猕猴桃作砧木的嫁接体除植株保存率稍低、长势稍弱外，其他性状表现仅次于桂海 4 号和红肉猕猴桃作砧木的，而优于其他种类作砧木的。

　　植物嫁接体的砧木已完全失去同化器官，主要起到吸收水分、无机养分和贮存营养物质的功能，对接穗的影响不大，但本试验结果表明，采用桂海 4 号、山梨猕猴桃、桂林猕猴桃等高产型的种类作砧木的嫁接体表现出较高产；而绿果猕猴桃与实美的亲缘关系较近，亲和力应较强，但绿果猕猴桃属低产种类，以其作实美的砧木的嫁接体也表现出较低产量，这些表明砧木对接穗有一定的影响。

　　毛花猕猴桃与实美同属星毛组完全星毛系，桂林猕猴桃属于星毛组不完全星毛系，亲缘关系较近，而以这两个种作实美的砧木，接合部位的断裂率较高，植株的保存率最低，尤其是以毛花猕猴桃作砧木的断裂率最高，达 27%，抗病力最差，两种砧木的病死株率分别达 66.7%、50.0%。毛花猕猴桃和桂林猕猴桃果汁较浓稠，果胶较黏，树液也较稠，嫁接后形成的同化物质不能顺利地通过接合处，造成输导组织堵塞，无法正常给接穗供应营养物质，使接合处脆弱易断裂或使植株抗病力差，生长衰弱。上述表明，植物嫁接亲和力的强弱，并不完全由亲缘关系的远近所决定，影响因素还有生理上的或是病毒方面。毛花猕猴桃和桂林猕猴桃用作实美砧木的嫁接表现是生理影响还是病毒影响的结果有待进一步的试验研究。

　　果树优良砧木的选择与优良品种的选育一样，是一个长期的过程。判断一组砧穗组合亲和力的强弱，除观测嫁接成活率、嫁接体保存率外，还要进行植株长势、物候期、产量、果实品质和抗性等的观测。根据观测结果进行综合评价后，才能选择出所需要的优良砧木。

第二十一章　猕猴桃新种——长果猕猴桃的生物学特性及其开发利用价值评价

目前，国内外市场开发利用的众多猕猴桃品种主要来自中华猕猴桃和美味猕猴桃。世界栽培的猕猴桃品种以美味猕猴桃"海沃德"占多数，约占 60%，我国猕猴桃品种有 1/3 为中华猕猴桃，2/3 为美味猕猴桃（黄宏文，2005），无论种植品种结构还是市场产品结构均过于单调，且中华猕猴桃和美味猕猴桃均不易剥皮，无法满足消费者追求商品多样化的心理需求。猕猴桃全属约有 118 个种（变种、变形），猕猴桃的遗传资源具有形态性状多样性、营养成分及风味多样性、性别变异、染色体倍性变异、同工酶水平遗传多样性及 DNA 水平遗传多样性等特点（黄宏文，2005），丰富的种质资源和遗传多样性为选育多样化的猕猴桃品种提供了物质基础。长果猕猴桃（*A. longicarpa*）是广西植物研究所发现的新种（李瑞高，2003），该新种的果实为长圆柱形，雌雄异株，密被灰褐色茸毛，外观优美，与中华猕猴桃和美味猕猴桃有很大差别；果皮极易剥离，果肉翠绿色，风味浓郁且具有独特的清香味。为了给该新种的开发利用和制定栽培技术措施提供理论依据，我们对该新种的生物学特性进行研究，并对其开发利用价值进行评价。

1　植物学性状

1.1　枝蔓的特征特性

长果猕猴桃为大型落叶攀缘藤本。一年生枝长达 1.8 m，粗 0.6 cm，灰绿色或灰褐色，被褐色茸毛，逐渐脱落，二年生枝暗褐色，除芽苞外，均无毛，多年生枝灰褐色，皮孔棱状，淡褐色；髓心淡褐色，片层状，偶尔见到实心。

1.2　叶片的特征特性

叶厚纸质，卵形、阔卵形或近圆形，长 6.2 ～ 14 cm，宽 5.4 ～ 10.7 cm，先端短急尖或钝尖，基部近截平或浅心形，少有两侧不对称，边缘具脉出锯齿，绿褐色，先端明显，逐渐至叶基部不明显；叶面深绿色，无毛，有光泽，叶背绿色，散生淡褐色柔毛，叶脉显著，在腹面凹入，在背面隆起，幼时被淡棕褐色短茸毛，脉 6 ～ 8 对；叶柄长 1.5 ～ 4.3 cm，青绿色，腹面被较多的褐色茸毛，背面毛较少。

1.3　花的形态特征特性

雄花：3～7花组成聚伞花序状，萼片3～5枚，卵形，长0.6 cm，宽0.35～0.5 cm，淡绿色，两面被褐色短茸毛，花冠开张，直径2.8～3.0 cm，花瓣5枚，桃红色，倒卵形，长1.4～1.5 cm，宽0.8～1.3 cm，花丝62～70枚，长约0.5 cm，粉红色，花药金黄色，卵形，退化子房小。

雌花：1～3花组成聚伞花序状，萼片5～6枚，卵形，长0.6 cm，宽0.35～0.5 cm，外面淡绿色，被褐色短茸毛，内面淡绿色，被淡白色短茸毛，花冠开张，直径3.2～3.4 cm，花瓣5枚，长卵形，基部紫红色，顶端淡红色，长1.7 cm，宽1 cm，向后反卷；子房短圆柱形，淡白色，密被白色短茸毛；花柱淡白色，38～40枚，长0.5～0.6 cm，柱头卵形；不育雄蕊约58枚，花丝中基部紫红色，长0.6～0.7 cm，花药黄色。

1.4　果实的形态特征

果实长圆柱形，纵径2.82～4.65 cm，横径2.21～2.88 cm，单果重7.5～24 g，平均单果重17.2 g，果皮暗绿色，密被灰褐色短茸毛，果斑浅褐色，果蒂平，果顶浑圆或微凹，萼片宿存，果序梗长1.4～1.8 cm，果梗长1.5～2.2 cm，被灰褐色短茸毛。种子卵形，种皮棕色。

2　生物学特性

2.1　物候期

在桂林，长果猕猴桃在2月下旬至3月上旬伤流，3月中下旬萌动，3月下旬抽梢、展叶，3月下旬至4月上旬现蕾，4月中下旬开花，花期6～9天，9月下旬至10月上旬果实成熟。12月下旬落叶休眠，年生长周期270天左右。

2.2　生长结果习性

植株长势旺盛，枝条中庸充实。春季萌芽率40.0%～71.4%，成枝率100%，其中结果枝占92%。花枝着生于结果母枝的第2～7节位，花序着生于花枝的3～7节，每花序有花1～3朵。以中果枝为主，占76.4%，长果枝占12.8%，短果枝占10.8%。嫁接植株定植第二年有40%植株开花结果，第三年全部结果。

2.3　果实经济性状

果实长圆柱形，果形整齐，果皮暗绿色，易剥离。果肉翠绿色，肉质细，汁液多，风味浓郁且具有独特的清香味。平均单果重17.2 g，最大单果重24 g，适量生长素处理的果实单果重量可达34.5 g。果实可溶性固形物含量15.15%，Vc含量262.8 mg/100 g，总糖10.82%，总酸0.68%，各种矿物质含量全面（表21-1）。

表21-1　长果猕猴桃各种矿物质元素含量

Ca（%）	Mg（%）	K（%）	Na（%）	P（%）	Fe（μg/g）	Zn（μg/g）	Cu（μg/g）	Se（μg/g）	B（μg/g）	S（μg/g）
0.33	0.12	1.50	0.003	0.17	30.0	4.4	8.4	0.18	10.9	1.0

2.4　丰产稳产性

长果猕猴桃嫁接苗第二年有40%的植株开花结果，第三年全部结果投产，第四年进入盛产期，盛产期单株产量可达40 kg，生理落果现象不明显。

2.5　果实耐贮性

果实在常温下贮藏15天，好果率87%，风味不变；在0～3℃低温下贮藏6个月，好果率82%。

2.6　遗传特点及稳定性

长果猕猴桃的染色体数为2n=58，与毛花猕猴桃（*A. eriantha* Benth.）近缘，不同点在于长果猕猴桃髓心淡褐色，一年生枝灰绿色或灰褐色，被褐色茸毛，叶背绿色，散生淡褐色柔毛；雌花萼片5～6枚，外面淡绿色，被褐色短茸毛，果皮暗绿色，密被灰褐色短茸毛。

经过连续6年对无性繁殖后代植株的观测，发现其枝、叶、花、果的形态特征与母树保持一致，果实的风味和主要营养成分均保持稳定。

3　长果猕猴桃开发利用价值评价

3.1　长果猕猴桃的主要经济性状特点

长果猕猴桃无论是外观还是大小均与目前正在开发利用的大果型的中华猕猴桃和美味猕猴桃有很大差别，其重要特点是果皮极易剥离，Vc含量高，果肉中有一种独特的芳香味，该芳香味有别于目前猕猴桃栽培品种果实的香味，其成分和结构有待进一步研究。

3.2　长果猕猴桃与国内外著名猕猴桃品种主要经济性状比较

海沃德是世界著名品种，其栽培面积占世界猕猴桃栽培面积的60%，红阳、金魁、秦美、米良1号是国内栽培面积较大的品种，上述品种属于中华猕猴桃或美味猕猴桃，这些品种均拥有优良的经济性状。长果猕猴桃与海沃德相比，前者的总糖含量比后者高1.61%，Vc含量高177.8 mg/100 g；红阳猕猴桃是目前国内外品质最好的品种，总糖含量高达19.6%（王明忠，2003），长果猕猴桃总糖含量低于红阳猕猴桃，但其 Vc 含量比红阳猕猴桃高 127 mg/100 g，且红阳猕猴桃香味一般，而长果猕猴桃香味浓郁、特别。长果猕猴桃的各项经济性状均优于金魁、秦美、米良 1 号（表 21-2）。

表 21-2　长果猕猴桃与海沃德、红阳、金魁、秦美、米良 1 号重要经济性状比较

品种	成熟期	果实经济性状								
		果形及整齐度	平均单果重（g）	品尝品质	可溶性固形物（%）	总糖（%）	总酸（%）	Vc（mg/100 g）	糖酸比	果皮剥离难易
长果	10月中下旬	长圆柱形	17.2	甜酸，味浓，清香	15.2	10.82	0.68	262.8	15.9	易
海沃德	9月下旬	椭圆形，整齐度稍差	65～85	酸甜适口，味浓，清香	15.0	9.21	1.32	85.0	6.9	难
红阳	9月下旬	长圆柱形兼倒卵形	92.5	甜，清香	19.6	13.45	0.49	135.8	27.5	难
金魁	9月中旬	扁圆形，整齐度一般	75	甜酸或甜，味浓，微香	12.5	9.08	1.13	120.6	8.0	难
秦美	9月中旬	扁短圆柱形，整齐度一般	75～90	甜酸，味浓，微香	13.0	9.02	1.20	120.5	7.5	难
米良1号	9月中旬	近长圆柱形，较整齐	85～95	酸甜可口，味浓，清香	13.0	9.21	0.98	89.6	9.4	难

3.3　开发利用价值评价

从长果猕猴桃的主要经济性状特点及其与国内外著名栽培品种重要经济性状的比较结果表明，长果猕猴桃丰产稳产，果实耐贮藏，果形美观，果皮容易剥离，风味独特，品质优良，Vc 含量特高，可以满足消费者"健康、享受、方便"的消费需求，可作为一个新的商业栽培品种进行开发利用。长果猕猴桃的开发利用，将打破长期以来猕猴桃产品市场以大果型的中华猕猴桃和美味猕猴桃为主的单调格局，丰富猕猴桃市场的多样性。

4　小结

（1）长果猕猴桃是一个具有优良经济性状的新种，其可溶性固形物含量 15.2%，总糖含量 10.82%，总酸含量 0.68%，Vc 含量 262.8 mg/100 g，糖酸比 15.9，其风味品质可与"海沃德""红阳"等国内外著名商业栽培品种相媲美，具有很大的商业发展前景。

（2）长果猕猴桃果实 Vc 含量高，风味独特，果皮易剥离，符合消费者"健康、享受、方便"的消费需求。

（3）长果猕猴桃是一个新种，有别于大果型的中华猕猴桃和美味猕猴桃品种，将其进行开发利用，将丰富猕猴桃产品市场，给消费者一种全新的感觉。

第二十二章　红阳猕猴桃在广西桂北的引种试验

红阳猕猴桃是四川省自然资源研究所从红肉猕猴桃（*A. chinensis* var. *rufopulpa*）资源中选育出的世界首个红肉型新品种，由于其可溶性固形物和总糖含量超过国内任何栽培品种，分别达到 19.6% 和 13.5%，总酸含量仅 0.49%，可溶性固形物与总酸之比达到 40 ∶ 1（国家出口标准不低于 10 ∶ 1）而成为世界知名品种，也是红肉型的代表品种（王明忠，2005），该品种已申请了农业农村部品种权保护，香港日升发展（农业）有限公司买下了该品种的经营权，并授权在广西桂北进行出口开发。2006 年，我们在桂北的兴安县引种了该品种，以观察其生态适应性，为大面积发展提供依据。

1　材料与方法

1.1　试验地点

试验地点设在兴安县金沙冲水库区，海拔 300 m，年降水量 1814 mm，年平均气温 17.8 ℃，无霜期 293 天，年平均相对湿度 79%，年平均日照时数 1459 h，土壤为沙质壤土，肥力中等，pH 值 6.2。

1.2　供试品种

供试品种为四川省自然资源研究所选育出来的红肉猕猴桃新品种红阳猕猴桃。红阳猕猴桃对生态环境条件的要求：海拔 80～2300 m，年平均气温 10～30 ℃，≥10 ℃有效积温 1300～2600 h，极端最高气温 42 ℃，极端最低气温 –20 ℃，年降水量 800～2000 mm（1000～1200 mm 最适宜），土层深厚、肥沃、疏松的沙壤土，pH 值 5.7～7。

1.3　试验方法

2006 年 2 月从四川苍溪引进红阳猕猴桃接穗，高接于 3 年生的中华猕猴桃良种果园，面积 20 亩，果园种植株行距为 3 m×3 m，支架为平顶棚架，水泥支柱，高 1.8 m。在果园的东、西、南、北、中 5 个方位各选 1 株植株挂牌，定株观测物候期及生长结果习性。在花后 2 周，选择 20 个有代表性的幼果挂牌，定期测定果实的纵径、横径和侧径，每周进行 1 次，直至 8 月下旬果实成熟。在果实成熟期，测定果实的平均单果重，从每个植株上采集 2 个健康果实做成混合样，分别测定果实的可溶性固形物、总糖、总酸及 Vc 含量。可溶性固形物含量用手持折光仪测定，总糖采用斐林氏容量法，总酸用 NaOH 溶液滴定法，Vc 含量用碘滴定法。对照品种为广西本土品种中华猕猴桃桂海 4 号。

2 结果与分析

2.1 植物学特征

红阳猕猴桃在广西兴安引种试验区所表现的植物学特征与原产地一致。枝条青绿色，幼嫩时薄被灰色茸毛，早脱，显得光滑无毛，枝干皮孔长椭圆形，灰白色。叶心脏形，叶柄青绿色，叶尖微尖，叶缘锯齿不明显，腹面颜色淡绿，背面被灰白色茸毛，叶柄长 5.8 ～ 6.8 cm，叶长 9.5 ～ 11 cm，叶宽 11.8 ～ 13.5 cm。花单生，花冠白色，子房横切中轴附件淡红色，花瓣 5 ～ 7 片，花蕊 51 ～ 54 枚，花冠直径 3.6 ～ 4.3 cm，萼片 6 ～ 7 片，花柱 35 ～ 37 枚。

2.2 果实经济性状

果实子房红色，横切面呈红、黄相间的放射状图案。果实长圆柱形兼倒卵形，果顶凹陷，果皮绿色，果毛柔软易脱。平均单果重 87.7 g，最大单果重 106.1 g，平均纵径 5.99 cm，横径 4.93 cm，侧径 4.77 cm，果柄长 3.7 cm。可溶性固形物含量 17.3%，总糖含量 14.85%，总酸含量 0.59%，Vc 含量 87.5 mg/100 g。肉质细，有香气，口感极佳，品质优于广西当地的主栽品种桂海 4 号、新西兰品种海沃德以及陕西主栽品种秦美（表 22-1）。

表 22-1 红阳猕猴桃与对照品种的经济性状比较

品种	平均单果重（g）	可溶性固形物（%）	总糖（%）	总酸（%）	Vc（mg/100 g）	子房颜色	风味
红阳	87.7	17.3	14.85	0.59	87.5	红色	甜
桂海 4 号（对照）	85.0	14.5	9.30	1.40	55.5	绿黄	酸甜
海沃德（对照）	96.1	16.4	9.30	1.57	110.5	绿色	酸甜
秦美（对照）	106.0	13.5	8.80	1.49	232.9	淡绿	酸甜

2.3 生长结果习性

在广西兴安金沙冲试验区，红阳猕猴桃植株长势中庸，枝条粗壮。春梢抽生率 80% 以上，其次为夏梢，抽生少量秋梢。萌芽率 85% 左右，成枝率 30%，单枝生长量 5 ～ 40 cm。以春梢结果母枝为主，占萌发枝 67%，每条结果枝挂果 1 ～ 4 个，最多 8 个，平均 3.5 个，果实着生在结果枝 1 ～ 8 节位，以小于 20 cm 的短果枝结果为主，占 90%。20 ～ 40 cm 的中果枝占 5%，40 cm 以上的长果枝占 5%。坐果率 95% 以上。高接果园第二年开始结果，第三年正常结果，平均亩产量 750 kg。果实生长期生理落果现象不明显，接近成熟期有轻微的生理落果现象发生。

2.4 物候期

红阳猕猴桃在广西兴安金沙冲试验区于 2 月下旬开始萌芽，3 月上旬开始抽梢，3 月中下旬展叶，4 月上旬开花，4 月下旬坐果，6 月下旬子房开始变红，8 月下旬果实成熟，可以采收。红阳猕猴桃的在试验区的主要物候与原产地相比，萌芽期、展叶期、坐果期和果实成熟期均比原产地提前 20 天，抽梢期提前 15 天，开花期和子房开始变红期分别提前 10 天，落叶期则推迟 20 天。其中果实成熟期比原产地提前 20 天成为了试验区发展红阳猕猴桃的市场优势（表 22-2）。

表 22-2 红阳猕猴桃在广西兴安和原产地（四川苍溪）的主要物候比较

地点	萌芽期	抽梢期	展叶期	开花期	坐果期	子房开始变红	果实成熟期	落叶始期
广西兴安	2 月下旬至 3 月上旬	3 月上旬至 3 月中旬	3 月中旬至 3 月下旬	4 月上旬	4 月下旬	6 月下旬	8 月下旬	12 月中旬
四川苍溪	3 月中旬	3 月下旬	4 月上旬	4 月中旬	5 月中旬	7 月上旬	9 月中旬至 9 月下旬	11 月下旬
提前（＋）或推迟（－）天数	＋20	＋15	＋20	＋10	＋20	＋10	＋20	−20

2.5 果实体积的变化

在广西北部，红阳猕猴桃果实体积的变化过程可分为 3 个时期：（1）迅速增长期，从 4 月下旬至 5 月下旬。这个时期纵径、横径和侧径的增长率均在 0.5 cm/ 周以上，纵径最大增长率可达 0.85 cm/ 周。迅速增长结束时，各个果径均已达到最大值的 80% ~ 85%。（2）缓慢增长期。从 5 月下旬至 6 月下旬。在此期间，果实体积的增长速度明显减少，果径的每周增长量一般小于 0.1 cm。（3）停滞增长期，从 7 月上旬至 8 月下旬。此时期果实已基本停止生长，果实体积已基本达到最大值（图 22-1）。整个果实生长期历时约 18 周。

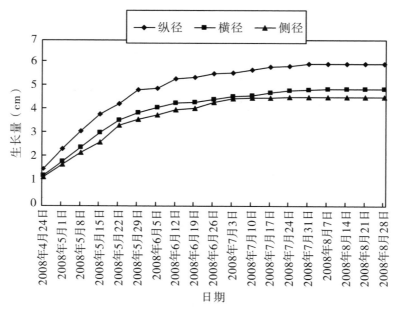

图 22-1 红阳猕猴桃果实生长曲线图

2.6 抗逆性

在试验区，红阳猕猴桃表现出较强的抗病性，除雨季高温高湿季节叶片发生轻微的炭疽病外，未见感染毁灭性病害——溃疡病。同时，红阳猕猴桃还表现出较强的抗寒性，在 2008 年 1 月广西北部发生的特大雨雪冰冻灾害中，红阳猕猴桃未受到任何影响，翌年春天仍然正常开花结果。在桂北秋季的"秋老虎"气候下，红阳猕猴桃也不受影响，植株依然正常生长发育，表现出较强的抗逆性。

3 栽培技术要点

3.1 园地选择

选择土壤沙质且疏松肥沃、有机质含量丰富、肥力中等以上，灌溉方便、排水好、地下水位低，背风向阳（王明忠，2005），海拔 200 ～ 800 m 的地区建园。

3.2 种植季节

于晚秋和早春苗木休眠期种植最好，其余季节由于苗木尚处于生长状态，种植不易成活，也不易恢复。

3.3 种植密度

种植的株行距为 3 m×3 m，每亩种植 74 株。雌雄株配比为 8：1。

3.4 肥水管理

红阳猕猴桃年生长周期内施肥 3 次即可。第一次是萌芽期施壮芽肥，以氮肥为主，配以一定量的钾肥，成年树每株施尿素 0.25 ～ 0.5 kg、钾肥 0.2 ～ 0.4 kg，幼龄树酌情施用。第二次是果实迅速膨大期施壮果肥，主施复合肥每株 1.5 ～ 2 kg，散施人畜粪水 1 ～ 2 次。第三次是采果后施基肥，采用环状沟施，每株施腐熟的农家肥 40 kg，磷肥 0.5 kg。

3.5 整形修剪

定植成活后培养一个主干，插杆扶绑让其向上生长，当长至棚架线上 0.8 ～ 1 m 时，在架下10 ～ 15 cm 芽眼饱满处短截，促使其长出 2 个新梢，沿棚架线相反方向引缚培养成主蔓。当主蔓延伸生长到两植株中间时，在交叉处短截主蔓，促进主蔓长出更多的新梢，将这些新梢均固定在棚架上，作为第二年的结果母枝。生长季节以摘心为主，多留枝，晚秋梢不易老化，遇早霜易被冻害，无端消耗营养，最好在其刚抽生时除去。冬季修剪采用中短截，每枝留芽 6 ～ 12 个，去除过密枝、枯枝和弱枝。

3.6 病虫害防治

由于红阳猕猴桃要在较高海拔的山区种植才能充分展现其鲜艳的红色，而高海拔山区往往湿度大，红阳猕猴桃在这种环境条件下容易感染溃疡病，植株一旦感染溃疡病，3 ～ 5 年可毁灭全园。因此，红阳猕猴桃病虫害防治方面主要是防溃疡病感染。主要措施：①选择 700 m 以下海拔地区建园；②选用无病接穗或苗木建园；③加强树体管理，增强抗病力；④避免春季修剪，减少伤口，夏季摘心在晴天进行，冬季剪去植株下部枝蔓；⑤发现个别枝条感染溃疡病时，及时剪除并烧毁，并在剪口处涂上10 万单位农用链霉素或甲基托布津浓液。

第二十三章　中华猕猴桃优良雄株选择研究

猕猴桃属雌雄异株植物。不同种类的雌性植株，必须配以相应的授粉雄株，才能保证结果。同样，授粉雄株对保持雌性优株果实的优良性状起着重要作用。因为雄株个体间差异大，有些植株生长健壮，有些生长较弱，有些花朵较大，有些花朵较小，有些花药发育正常，花粉量多，有些花药发育不正常，花粉量少，还有雄株与雌株的花期是否相遇等，这些因子使同一雌性优良株系采用不同的雄株花粉进行授粉，结果出现产量高低，果实大小，果实风味等的差异。因此，雄株选择是优良株系选择的重要组成部分。授粉雄株选择方面，新西兰做了大量的工作。目前主栽的猕猴桃海沃德（Hayward）品种在选育过程，同时选育了长花期型的马吐阿（Matua）和唐木里（Towuri）2个雄性品种，保证了商品性生产。而在发展生产过程中，先后又选育了 α、β、γ 等雄性营养系及 M_{52}、M_{56} 等一些较理想的授粉雄株，推广生产应用。国内在猕猴桃良种选育过程，只注重雌性优株的选择，忽视了授粉雄株的选择，把花期相遇的雄株充当授粉雄株，结果未能保持优良株系的优良性状。我们在野外调查选择优株时，选得一个较理想的优株，编号为桂海8号，由于缺乏经验，未能及时收集附近的雄株材料，待第二年去补充收集时，桂海8号产地周围全部被开垦造林，使这个优株至今尚未选出理想的适配雄株，其优良性状未能保持。因此，我们在优良株系筛选鉴定过程中，必须重视雄株的选择。

1　试验材料与方法

1.1　材料

雄株选择是 1987～1992 年在广西植物研究所猕猴桃试验果园进行。选择有推广价值的中华猕猴桃桂海4号的授粉雄株，种植于试验果园，花期基本相遇的雄株编号为 M_1～M_{65}，根据观测结果，淘汰长势弱、花小、花药发育不良、花粉量少、花期早于雌株3天以上或迟3天以上的植株，从中选择 M_2、M_3、M_4、M_5、M_6、M_{19}、M_{20}、M_{21} 和 M_{22} 等9个雄株进行比较试验。

1.2　方法

采集花粉：开花期，每天早上8点至8点30分分别采集不同雄株的预期第二天开放的花蕾，用镊子将花药取下，自然阴干散粉，低温干燥保存备用。

套袋和授粉：采用随机区组，单株小区。每雌株安排9个处理（每雄株为1个处理），每处理授粉 10～12 朵，重复3次。在雌花开放前用玻璃纸套罩，挂牌，开花的当天或次日授粉，授粉后10天去袋。

授粉效应观测：去袋后统计坐果率，在果实成熟期，分别采收果实，观测果实大小、果形、果色、果重、果实单果种子数及种子千粒重。

2　结果与分析

2.1　不同雄株授粉对坐果率的影响

观测结果表明，供试雄株授粉的坐果率均达 85% 以上，而 M_2、M_5、M_6、M_{19}、M_{21}、M_{22} 等授粉的坐果率高达 95% ~ 100%，而以 M_4 的授粉坐果率最低（表 22-1）。

表 23-1　猕猴桃不同雄株花粉对桂海 4 号的授粉效应

雄株名称	授粉花总数（朵）	坐果数	平均坐果率（%）	平均单果重（g）	纵径（cm）	横径（cm）	果形指数	果皮颜色	果肉颜色	单果种子数（粒）	种子千粒重（g）	名序
M_3	31	29	94	77.9a	5.73	4.67	1.23	灰绿	绿黄	675 a	1.66 a	1
M_{21}	31	31	100	70.2 ab	5.71	4.60	1.24	灰绿	绿黄	605 a	1.61 a	2
M_4	30	26	87	68.0 b	5.70	4.50	1.27	灰绿	绿黄	565 b	1.40 bc	3
M_{22}	31	31	100	67.9 b	5.70	4.60	1.24	灰绿	绿黄	627 a	1.40 bc	4
M_5	22	21	95	67.3 b	5.70	4.50	1.27	灰绿	绿黄	332 c	1.45 bc	5
M_2	30	30	100	66.5 b	5.67	4.60	1.23	灰绿	绿黄	612 a	1.44 bc	6
M_{20}	31	29	94	65.2 b	5.27	4.50	1.17	灰绿	绿黄	318 c	1.34 c	7
M_{19}	20	19	95	63.8 b	5.65	4.25	1.33	灰绿	绿黄	314 c	1.36 c	8
M_6	21	20	95	62.1 b	5.40	4.35	1.24	灰绿	绿黄	301 c	1.35 c	9

注：同列相同字母表示差异不显著，不同字母表示差异显著；授粉花总数为三年试验数据 3 个重复总和的平均值，其他列数据均同。

2.2　不同雄株授粉对果实大小的影响

不同雄株授粉所得果实大小差异较大，M_3 授粉所得果实最大，平均单果重为 77.9 g，显著地高于其他雄株授粉所得果实的平均单果重。M_3 授粉所得果实的纵横径也最大，为 5.73 cm×4.67 cm，其次 M_{21} 授粉所得果实亦较大，平均单果重为 70.2 g，纵横径为 5.71 cm×4.60 cm。

2.3　不同雄株授粉对果实单果种子数的影响

供试雄株中，M_3 授粉所得果实最大，其单果种子数亦最多，为 675 粒，显著高于其他雄株授粉的果实。M_3 授粉的果实，种子千粒重为 1.66 g，也显著地高于 M_{21} 以外的其他雄株授粉所得果实的种子千粒重。

据有关报道，猕猴桃果实生长发育的内在因素主要依赖于种子，种子能产生多种果实生长发育所需要的激素，这些激素能将远处的养分调运并向果实集中，使果实正常生长发育。生产大果型果实必须保证果实内含种子数达 600 ～ 1300 粒（Hopping，1976；福井，1977），但本试验结果，授粉后单果种子达 600 粒以上的雄株有 4 个，但它们的单果重并不都是最重的，只有 M_3 和 M_{21} 两个雄株授粉获得的果实是最重的。

2.4 不同雄株授粉对果实的其他效应

观测和品尝结果表明，不同雄株授粉所得果实，均保持了雌性优株桂海 4 号母本果实的颜色、形状、风味，果实呈近长圆柱形，果皮灰绿色，果肉淡绿黄色，风味佳，有香气，果实的营养成分含量没有明显的差异，表明优良株系桂海 4 号的遗传性是比较稳定的。

3 讨论

猕猴桃是雌雄异株植物，不同雄株授粉影响到产量和果实大小，因此，雌性优良株系选配优良授粉雄株是重要的栽培技术措施。选配雄株必须考虑以下 4 个主要条件：①雌雄花期是否相遇。雄株花期与雌株花期相一致是选择优良雄株的先决条件，以雄株始花期早于雌株始花期 1 ～ 2 天或同天开放为好。②雄株花粉量的多少。雄株的花药发育良好，散放花粉量多，授粉的机遇就多，授粉效果相对较好。③亲和力。亲和力强，授粉受精后，果实生长发育正常，获得较大的果实。④授粉效应。授粉雄株优劣，最终表现是授粉效应，即授粉后是否获得果实较高产量和保持雌性优良品种的优良性状。

根据以上的主要条件评选结果，可以认为 M_3 为雌性优良株系桂海 4 号的优良适配雄株。

第二十四章　猕猴桃溃疡病抗性育种研究进展

　　猕猴桃细菌性溃疡病是威胁世界猕猴桃生产的毁灭性病害（Chapman 等，2012），该病 1984 年在日本第一次被发现（Takikawa 等，1989），2008 年在意大利大面积暴发，并迅速扩散到世界其他国家（Balestra 等，2009；Balestra 等，2010；Mazzaglia 等，2011），之后短短几年时间内，成为一种国际性的传染病害，危及世界上几乎所有的猕猴桃产区。因其具有暴发突然、易复发、传播迅速、毁灭性强、难根除等特点，造成严重的经济损失，成为各国猕猴桃生产中的最棘手问题，严重影响世界猕猴桃产业的健康、可持续发展（Khandan HAN 等，2013）。猕猴桃细菌性溃疡病是由丁香假单胞杆菌猕猴桃致病变种（*Pseudomonas syringae* pv. *Actinidiae*，Psa）侵染引起的病害（Takikawa Y 等，1989）。该病可危害树干、枝条、嫩梢、叶片和花等部位，引起叶斑病、枝梢枯死及其他溃疡症状（Ferrante P 和 Scortichini M，2010；Bull C T 等，2011）。Psa 具有较强的生态适应性，它可以通过可移动遗传元件及毒力因子的获得或丢失，或者通过修改效应基因的种类和水平等获得对当地环境及宿主的适应性，例如全球性暴发和产生严重危害的一个 Psa 变种产生了 Cu^+ 和抗生素抗性（Scortichini M 等，2012），大大增加了防治的难度。关于猕猴桃溃疡病的防治有较多报道（李森等，2009；易盼盼，2014；张慧琴等，2013；李聪，2016），但一旦溃疡病发生，仍没有可以治愈的方法。虽然防雨棚和生化试剂如铜制剂、抗生素、活性剂等的使用可以起到一定程度的作用，但还是以防御性为主。而且这些措施的使用会提高生产成本，一些国家也因为可能存在的健康和生态问题而禁止某些化学试剂的使用。通过多年的生产经验，人们发现选育抗病品种是防治猕猴桃溃疡病的有效途径。全世界有数百个猕猴桃品种或品系，其中也不乏一些对溃疡病抗性较强的种类，但大部分品种对溃疡病的抗性未知。本章对近几年来猕猴桃溃疡病在抗性品种选育、抗性鉴定和评价技术及其机理研究等方面进行综述，并针对存在的问题提出个人建议，以期为猕猴桃溃疡病抗性育种提供参考。

1　抗性育种材料的选育

1.1　现有品种的溃疡病抗性

　　按最新的分类标准猕猴桃属被划分为 55 个种、76 个分类单元（Li X，2009），绝大部分种类原产于中国。除部分近几年发展起来的"软枣"类猕猴桃品种外，目前已培育的大部分品种主要来自中华猕猴桃种（包括"美味"变种），这主要基于其优良的园艺性状。然而中华猕猴桃被证实大部分属于对溃疡病感病或中抗，如国内主栽品种红阳、东红、晚红、脐红、金艳、Hort16A、金阳、金桃、金霞、楚红、庐山香等被证实对溃疡病感或高感（Beatson R，2014；刘娟，2015；石志军等，2014；易盼盼，2014；张慧琴等，2013）；而海沃德、华优、早鲜、魁蜜、晨光、布鲁诺、米良 1 号、金什、翠玉、翠香、秦美等被认为是对溃疡病中抗或中感（李淼等，2009；石志军等，2014；易盼盼，2014；Beatson R，2014；刘娟，2015）；只有少数几个品种如华特（毛花类）、徐香、金魁等被认为是对溃疡病抗或高抗（李淼等，2009；石志军等，2014；易盼盼，2014），而即使这些被认为抗或中抗的品种，也存在不同鉴定结果，如李聪（2016）和易盼盼等（2014）的研究认为徐香为中抗；不同于易盼盼、刘娟等（石志军等，2014；易盼盼，2014；刘娟，2015）的研究，李淼等（2009）认为秦美为感病；虽然金魁被普遍认为对溃疡病高抗，但我们调查发现，在浙江"江山"市等海拔和湿度较高的部分区域也出现了20%左右的溃疡病植株。这些不完全一致的结论出现，可能是由于不同区域大田气候、环境的影响和评估方法的不同，及猕猴桃人工接菌方法或病情指数评价方法不尽相同。新西兰多年来致力于猕猴桃溃疡病抗性育种研究，并通过大量的种内及种间杂交和实生选育，从大量后代群体中筛选出了优异的抗性品种材料，如 G_3、G_{14} 等品种，用于替换或补充感病的市场主流品种，如 Hort16A 等。此外，还通过田间和人工接菌的方式筛选出了对溃疡病抗性较强的授粉雄株品种，如 M_{33}，M_{56}，Chieftain、King、Matua 和 M.series 等，其中除 M_{33} 为四倍体外，其余均为六倍体。

1.2 抗性砧木研究

砧木的使用对接穗品种的早产、丰产、品质和抗性的提高等方面有较大的影响，对果树生产具有积极意义。已有研究表明，合适猕猴桃砧木的使用可以促进猕猴桃接穗品种的花芽分化（Cruz-Castillo J G 等，1991；Wang Z Y 等，1994）、提高丰产性（Cruz-Castillo J G 等，1991）、提高可溶性固形物含量（Cruz-Castillo J G 等，1991；李洁维等，2004）、增强其生长势（Cruz-Castillo J G 等，1991；蒋桂华等，1998；李洁维等，2004；王莉等，2001；Clearwater M J 等，2006）、提高抗逆性和抗病虫能力（Stewart A 等，1991；王莉，2001；Erper 等，2013）等。但针对溃疡病抗性的研究相对较少，邵卫平和刘永立等（2015）分别从徐香和布鲁诺的 13 个实生株系中筛选出了徐香实生苗 2 号和布鲁诺实生苗 3 号抗性植株，作为猕猴桃溃疡病抗性砧木使用，并通过 CAT 和 POD 酶活性进行了验证；Lei 等（2015）通过 QM91136 和 SX45872 杂交获得了优良抗性砧木 YZ310，并通过离体枝条、叶片接菌等方法进行了验证。新西兰等国家在猕猴桃抗溃砧木研究上也较早开展（Beatson R，2014），并且近几年筛选出的一个砧木品种邦蒂被证实具有较强的溃疡病抗性，其相对于常用的砧木品种布鲁诺，除了能显著增强接穗的溃疡病耐受性外，还有较好的抗旱耐涝特性，并且比嫁接到布鲁诺砧木上能提前开花一周左右。但是因为其丰产性较低，在栽培中必须密植（New Zealand Kiwifruit Book，2016）。合适砧木的选择和使用对猕猴桃生产具有显著的作用，但目前在猕猴桃溃疡病抗性砧木的研究上还远远不够，主要原因之一是育种者普遍缺少抗性砧木资源，现有砧木的选育主要从现有品种的杂交后代或实生苗中获得，而现有品种大部分被证明不抗溃疡病，所以选育困难较大。而其他猕猴桃野生种类中不乏抗性较强的植株，如果能针对性地开展研究，必能推动优良猕猴桃抗溃砧木的选育进程。

1.3 野生猕猴桃种类中的抗溃资源

我国猕猴桃野生种质资源极其丰富，野生猕猴桃在长期自然选择下具备强大的适应性和抗逆基因，且有丰富的遗传变异，是品种改良的重要基础资源。从野生资源中选择优良种质，特别是果实品质和抗逆、抗病性优良的种质，对现有品种进行改良成了良种培育的重要手段。目前国内一些研究证明，某些种类对猕猴桃溃疡病具有显著抗性，例如毛花（易盼盼，2014）、软枣（易盼盼，2014）、四萼（刘娟，2015）、京梨（刘娟，2015）等，新西兰曾借着猕猴桃溃疡病大规模暴发的机会，对 PFR（Plant & Food Research Limited）收集在 Te Puke 种质圃的大量猕猴桃种质资源进行溃疡病抗性鉴定，从 24 个不同种类的 3500 份材料中，筛选鉴定出了一系列抗性较强的野生种类，这些种类属于净果组中的软枣、大籽、对萼、葛枣、黑蕊、紫果等（Datson P 等，2015）。广西植物研究所 1976 年开始猕猴桃的分类学研究和野生种质资源的调查、收集和保存，目前已建立了华南地区最大的猕猴桃种质资源圃，收集的核心种质有 40 多个，其中 10 多个种类或变种原产于广西，具有丰富的遗传多样性。除了前期报道过的部分抗性资源外（Li J W 等，2013），继续通过大田观察结合离体鉴定的方式从毛花、对萼、四萼、大籽、阔叶、桂林、软枣、异色、京梨等种类中筛选出了大量对溃疡病抗或高抗的单株（文章另文发表）。如果能充分利用国内的资源优势，对野生种质进行溃疡病抗性的全面、系统研究，将有利于发现更多优良抗性种质，减少抗病育种的盲目性，有目的性、针对性地进行良种选育。

2　抗性鉴定和评价技术

2.1　大田鉴定

猕猴桃品种的溃疡病抗性鉴定结果主要是通过大田调查的方式得出的，大田鉴定是对品种进行溃疡病抗性鉴定的最直接的方法，王振荣等（1998）和李瑶等（2001）确立了将病枝数量和主杆病斑所占茎围的比例作为对溃疡病进行分级的标准，通常把溃疡病划分为高抗、中抗、中感、高感和全株死亡等 5 个等级，并逐步被他人广泛使用（申哲等，2009；易盼盼，2014；刘娟，2015）。除此以外，也有通过叶片病斑多少和病斑面积计算溃疡病的发病率和病情指数，李聪等（2016）通过这种方法进行鉴定，结果显示毛花高度抗病，属高抗品种；徐香、金魁、金农 2 号、海沃德中度抗病，属中抗品种；秦美和金香中度感病，属中感品种；楚红、黄金果高度感病，属高感品种。但与其他人的鉴定结果存在一定差别，可见国内目前在溃疡病抗性的田间评价方法方面仍没有形成统一的意见。而新西兰等国家在溃疡病的田间抗性评价方面也没有形成系统的方法，他们主要是根据田间植株的因病死亡率、嫩枝的感染率和硬枝的感染率等方面来对品种的抗性进行评价。

2.2　活体或离体鉴定

虽然大田鉴定为猕猴桃溃疡病抗性鉴定提供了最直观的方法，但是大田鉴定受病原菌传播情况、年度气候、地理环境、管理措施等多种因素的影响，鉴定结果往往并不一致，需要漫长的观察周期。在猕猴桃幼苗期进行活体接菌鉴定成为另一种较直观的判别方式。猕猴桃活体鉴定一般采用茎干或叶片接菌的方式，对茎干接菌时一般采用打孔（石志军等，2014；易盼盼，2014；Lei Y S 等，2015）或针刺（石志军等，2014；邵卫平和刘永立，2015；Datson P 等，2015）的方式，接菌完后在一定温度和湿度的环境下培养一段时间，最后根据感病情况（易盼盼，2014；邵卫平和刘永立，2015）及伤口附近病斑的大小（Lei Y S 等，2015）、长度（Datson P 等，2015）或菌脓的情况（石志军等，2014）对抗病性进行鉴定。而叶片接菌也一般采用刺伤（Lei Y S 等，2015）、表皮皮下注射（张慧琴等，2014）的方式，根据接菌后叶片病斑大小（Lei Y S 等，2015）、发病率（张慧琴等，2014）等进行抗性评价。活体鉴定技术相对于大田自然鉴定可以较好地控制发病条件的一致性，更接近于植株自身抗性的自然反应，但活体接菌鉴定需要严格的实验室环境和复杂的处理和操作过程，大规模、批量化鉴定有一定的难度，存在病原菌扩散的风险，且植株苗期与成株的抗性存在一定的差别，与大田鉴定结果存在一定差异。除此以外，离体枝条和离体叶片接菌鉴定技术在其他果树的抗病性评价上得到广泛应用（Tynan K M 等，1998；Cao T 等，1999；Abe K 等，2007；Wan R 等，2015；Gon alves–Zuliani AMO 等，2016），并在猕猴桃上进行借鉴。猕猴桃离体枝条接菌鉴定主要是使用打孔或针刺的方法接菌，然后在一定的温度和湿度下进行离体培养，根据接菌处病斑的长度、半径或菌脓的状态等对品种的抗性进行评价（张慧琴等，2014；易盼盼，2014；Lei Y S 等，2015）。但离体叶片接菌的方法（张慧琴等，2014）被证实鉴定效果不理想。虽然在猕猴桃研究上，借鉴了其他果树离体鉴定方法，但是在具体的材料处理方式、接菌时间、培养温度、湿度等并不完全一致，抗性鉴定结果的评价标准也不统一，导致相同品种的抗性鉴定可能出现不同结果。作为一种细菌性病害，猕猴桃溃疡病的病原菌具有一定的特殊性，适用于真菌病害的鉴定和评价方法不一定适用于猕猴桃溃疡病，因此建立一种适宜于细菌性病原菌的、可操作性强的、简单的、统一的猕猴桃溃疡病抗性离体鉴定技术体系势在必行。新西兰PFR 公司（Hoyte S 等，2015）建立了硬枝接菌鉴定技术和嫩枝接菌鉴定技术对猕猴桃种质资源进行溃疡病抗性评价，然后通过 WSBI（woody stem bioassay index）和 GSSBI（green stem–stab bioassay index）指数来评估感病水平，已被用于部分品种及大量种内种间杂交后代群体的溃疡病鉴定上，并与大田抗性鉴定结果表现出一定的正相关性。但是其抗性评估方法略显复杂，病斑长度的测量基于毫米级的维度，分辨率较低，还没有被他人大量借鉴使用的报道，可能还处于技术发展的早期阶段。

3　抗性机理研究

早期国内外对猕猴桃溃疡病抗性机理方面的研究主要基于形态（李森等，2002；李森等，2003；李森等，2005；张小桐，2007；李聪，2016；李庚飞等，2008）和生理生化（李森等，2005；张小桐，2007；李森等，2009；石志军等，2014；易盼盼，2014；李聪，2016）等方面，详见李黎（2013）和高小宁（2012）等之前的综述文章。近几年在溃疡病抗性分子机制方面也取得了一定的进展，文欢等（2016）比较了感病品种红阳和抗病品种徐香的 NBS–LRR 类抗病基因在结构上的差异，通过氨基酸比对和系统进化树分析，结果表明徐香 NBS 结构域更为完整，可能与抗病性相关，并且筛选出两对抗性相关引物；Petriccione 等（2014，2013）通过蛋白质组学双向电泳的方法，分别研究了猕猴桃在 Psa 侵染后不同时间其枝条及叶片的蛋白表达差异，鉴定出了一系列病程相关差异表达蛋白，对于理解 Psa 与猕猴桃的互作分子机制具有积极意义，但由于双向电泳技术的局限性，其所能鉴定出的差异表达蛋白可能只占少数；Michelotti 等（2015）曾使用 RNA–seq 技术对苯并噻二唑（ASM，一种植物活性剂）处理过的猕猴桃叶片和对照在 Psa 侵染早期不同时间的基因差异表达模式进行研究，分析 Psa 与猕猴桃互作的分子机理及 ASM 的抗性调控机制。但使用 ASM 通过激素调控抗性的方式进行研究，与猕猴桃本身抗病基因所调控的抗病作用途径和抗性表达模式可能有较大区别，具有一定的局限性；Wang 等（2018）通过转录组测序的方式研究了猕猴桃与溃疡病菌互作的分子机理，鉴定出 8255 个差异表达基因，并发现萜烯类代谢基因的表达差异明显，可能在植物防御中发挥作用；Wang 等（2017）通过全转录组测序的方式，研究了中华（红阳和金艳）、毛花和软枣猕猴桃等 3 个种类 4 个样本受溃疡病菌侵染后在 LncRNA、Circular RNA 与编码基因之间的种间差异表达模式。结果表明，无论是蛋白编码基因还是 LncRNA 或 Circular RNA 转录本的表达都具有种间特异性，而模式触发的免疫反应（PTI）是造成猕猴桃响应溃疡病菌侵染种间差异的主要原因。通过加权基因共表达网络分析，发现 LncRNA 和 Circular RNA 均参与到宿主对溃疡病菌的免疫防御过程，并认为毛花和软枣猕猴桃抗病的原因可能是因为溃疡病菌无法锚定其受体基因从而不能抑制宿主的 PTI 抗性反应。研究结果为通过种间杂交培育猕猴桃溃疡病抗性品种或通过新的基因编辑手段进行工程育种提供了理论基础。对猕猴桃的抗性机理进行研究可以为猕猴桃抗性育种提供理论依据，特别是抗性基因的定位和分子标记开发将加快猕猴桃抗性育种的进程，但关于溃疡病抗性基因的定位和克隆，目前还未见正式报道，笔者在 2017 年到访新西兰 PFR 公司时，Zac Hanley 博士介绍了他们在溃疡病抗性基因定位方面的进展，表示已经将溃疡病抗性基因定位到了一个较小的区间内，只包含数个候选基因。

4　加快猕猴桃溃疡病抗性育种的建议

4.1　对猕猴桃种质资源进行大规模溃疡病抗性鉴定和评价

近几年来猕猴桃新品种层出不穷，但大部分品种均是昙花一现，除其在主要园艺经济性状上对现有主流品种没有明显优势之外，在审定品种时对其溃疡病抗性性状缺乏鉴定也是重要原因之一。作为影响猕猴桃生产的重要因素之一，一个优良猕猴桃品种对溃疡病抗性的强弱关系到其能否大规模推广和可持续发展。近几年抗性较强的品种徐香持续获得较大面积的种植和推广也主要基于此种原因。但是目前只有为数不多的品种对溃疡病的抗性相对比较明确，而且普遍缺乏抗性品种。这主要是由于大部分品种是由中华类猕猴桃通过种内杂交或实生选育而来，但中华类猕猴桃普遍缺乏溃疡病抗性基因，遗传背景相对比较狭窄。不仅如此，对其他种类猕猴桃的溃疡病抗性研究更少，只有少数几个种类的猕猴桃被证实对溃疡病具有普遍抗性，而大部分种类猕猴桃的溃疡病抗性不明，缺少针对性的研究，大量优异野生抗性种质资源有待挖掘，限制了这些资源的进一步开发利用。建议加快猕猴桃种质资源的溃疡病抗性评价工作，并在新品种登记或审定过程中把溃疡病抗性评价作为重要内容之一。

4.2　建立更科学、系统的猕猴桃溃疡病抗性鉴定和评价技术体系

大部分猕猴桃种质资源的溃疡病抗性不明，主要是由于长期以来缺乏有效的抗性鉴定手段。通过大田调查确定品种的溃疡病抗性仍是主要手段，但通过大田鉴定需要一定的发病条件和较长的观察周期，不仅如此，有时病害调查方法也直接影响着鉴定结果，例如，很多研究人员习惯用病情指数，通

过计算发病叶片的数量或是病斑的数量评价抗性水平，但实践证明，这种方法在猕猴桃上的应用并不科学，例如 Vanneste 等（2014）和 Nardozza 等（2015）的研究表明，抗性种类软枣猕猴桃在叶片接菌后，出现了比感病品种更快更严重的症状反应。笔者在进行抗性材料江底村毛花和感病材料红阳的活体叶片接菌时，也发现了同样的现象，虽然在接菌 5～6 周移出培养箱后红阳全株死亡而江底村毛花正常生长，但是是江底村毛花而不是红阳在接菌 1 周时出现了明显的叶片感病症状。因此如果使用这种计算病情指数的方法来判定猕猴桃溃疡病抗性的水平将可能得到完全相反的结果。而活体或离体人工鉴定技术也仍不够成熟，鉴定方法和评价标准比较混乱，如有些研究人员在活体或离体鉴定时使用感病率（易盼盼，2014；张慧琴等，2014；邵卫平等，2015）来评价抗性水平，但在接种材料、接种环境和操作完全一致的情况下，相同类型材料的感病程度应该是一致的，不应存在感病率一说，也从反面说明了这种方法的不稳定性。现有的抗性鉴定方法在使用上都存在一定的局限性，建议完善和统一猕猴桃溃疡病抗性鉴定评价方法，特别是建立更科学可靠的溃疡病离体快速鉴定和评价技术体系。

4.3　充分利用种间杂交和工程育种技术加快抗性育种进程

国内以及新西兰大部分主栽品种的选育多以现有品种作为育种亲本，通过种内杂交获得。只有少量品种为种间杂交获得，如金艳猕猴（Zhong C 等，2012）就是武汉植物园使用毛花和中华类猕猴桃通过种间杂交获得的优良品种，但遗憾的是，其溃疡病抗性并没有获得显著提升（易盼盼，2014；Wang Z 等，2017）。说明即使是使用抗性种类杂交也要考虑到后代性状分离的现象。虽然之前有研究人员开展了一些种间杂交试验并获得一些特异材料（王圣梅等，1989；朱鸿云等，1994；安和祥等，1995；范培格等，2004），但主要目的不是为了获得抗性品种，也未进行全面的抗性评价。虽然野生种类猕猴桃育种的综合园艺性状较差，但某些种类具有中华猕猴桃所不具有的一些优良特性，如抗病抗逆性（毛花、软枣、葛枣、大籽、对萼等）、易剥皮（毛花）、丰产（阔叶、桂林）、耐储（绵毛）、常绿（柱果、白萼、两广、奶果）及花朵鲜艳（毛花、奶果、革叶）、风味独特（长果、金花、毛叶硬齿）等优良性状，具有重要的育种价值和应用前景。如果能利用某些具有独特园艺性状的抗性种类进行聚合育种，通过种间杂交和基因渗渗的方式培育优良抗性新品种，将具有广泛的应用前景。除此以外，应该充分利用基因工程育种技术缩短育种进程，提高育种效率。目前，猕猴桃转基因育种涉及猕猴桃的发育生理调控、营养及品质提升及抗病虫、抗逆和株型改良等。国内猕猴桃转基因技术应用稍晚，主要关注猕猴桃转基因技术体系的建立和验证，并且主要关注植株的抗逆性、果实的储藏保鲜和果实抗病性等性状。针对溃疡病的转基因研究相对较少，周月等（2014）以红阳猕猴桃为材料，通过根癌农杆菌介导将 CaMV35S 启动子调控下的 LJAMP2 基因导入红阳猕猴桃，成功获得了转基因植株，但尚未见进一步验证的报道。猕猴桃转基因或高效基因编辑技术体系的成熟和改进（Wang Z 等，2018），将为猕猴桃溃疡病抗性品种的选育带来春天。建议充分利用现代工程育种技术，通过转基因、基因编辑、幼胚拯救、倍性育种、物理化学诱变育种等方式，加快抗性育种进程。

4.4　充分发挥国内资源优势，建立科学有序的资源交流和共享机制

我国是猕猴桃种质资源最丰富的国家，丰富的遗传多样性孕育着强大的抗逆基因，在猕猴桃溃疡病抗性品种选育上具有得天独厚的优势。但目前建立起较完整的种质资源活体基因库的只有为数不多的几家科研单位，这些单位多是历经几十年和几代人的努力，通过千辛万苦的野外调查和收集，才具有现在的规模。作为最宝贵的科研战略资源，"敝帚自珍"确实情有可原，但是一味"闭门造车"也不利于这些资源的充分开发利用。这就需要一种合理的有效的资源交流和使用机制，在承认和尊重知识产权的基础上，创新合作机制。国内建立的几个国家级的猕猴桃产业联盟囊括了国内大部分猕猴桃科研单位或重要企业，也都把促进资源的交流交换和合作开发作为主要议题，但都没有形成好的共享共赢合作机制和有约束力的契约文件。建议能以国家级猕猴桃产业体系或产业联盟为平台依托，进行顶层规划和设计，建立有保障的长效合作和共赢机制，尊重和平衡各方关系，促进资源的合理共享和利用，加快猕猴桃溃疡病抗性育种进程，促进我国猕猴桃产业的健康有序发展。

5　小结

猕猴桃溃疡病抗性育种进展相对缓慢，主要原因是猕猴桃溃疡病抗性鉴定和评价方法的不成熟，导致大部分猕猴桃种质资源的溃疡病抗性不明，人们无法有效利用抗性资源进行抗病育种，同时也限制了抗病基因资源的挖掘和利用。因此要加快猕猴桃溃疡病抗性育种进程，建立一个科学的、准确性高的快速鉴定方法是关键所在。

第二十五章　猕猴桃属 10 个种的染色体倍性鉴定

　　猕猴桃属（*Actinidia*）植物全世界共有 66 个种、约 118 个种下分类单位（变种、变型），也有最近的文献将其划分为 54 个种（Li，2007a），其中绝大部分为中国特有。猕猴桃种质资源具有丰富的多样性，是进行品种改良和新品种选育的基础。目前世界上大部分的猕猴桃品种主要通过中华、美味类猕猴桃选育而来，遗传背景比较单一，制约了诸多性状的进一步改良，如"中华""美味"类猕猴桃普遍高感溃疡病，通过实生选育或种内杂交获得抗性种质十分困难。而其他猕猴桃种类很多具有优良的溃疡病抗性，通过种间杂交的方式获得溃疡病抗性品种成为一种有效手段。而进行猕猴桃种间杂交，首先必须明确各个杂交亲本的染色体倍性，以减少杂交育种的盲目性。黄宏文等对猕猴桃属的染色体倍性多样性进行了较充分的综述和研究，但其中研究比较清楚的只有 46 个种或亚种，仍有很大一部分猕猴桃种或亚种的染色体倍性未知。目前针对猕猴桃属各种或亚种的染色体倍性研究进展相对缓慢，主要是由于很多研究单位缺少相应的种质资源或收集的资源比较分散，无法进行系统研究。广西植物研究所 1976 年开始猕猴桃的分类学研究和野生种质资源的调查、收集和保存，并与武汉植物园等单位进行合作和交流，目前已建立了华南地区最大的猕猴桃野生种质资源圃，收集保存了 70 多个种（包括变种），其中原产于广西的种类（变种）38 个，具有丰富的遗传多样性。本研究充分发挥资源优势，针对倍性未知的 10 个猕猴桃种（变种）进行染色体制片和观察，确定其倍性，以进一步丰富猕猴桃种质资源多样性数据库和为这些遗传资源的合理开发利用奠定基础。

1　材料和方法

1.1　材料

　　本研究使用的材料均采集于广西植物研究所猕猴桃种质资源圃。其中临桂、长果、桃花、融水、二色花、白萼、五瓣和宛田等猕猴桃为李瑞高等于 2003 年报道的新种，而卵圆叶和白花柱果猕猴桃为李瑞高等于 2002 年报道的新变种。

1.2　染色体制片

　　于春季 4 月初上午 10 : 00 左右，取刚萌发的嫩枝茎尖，使用锋利的解剖刀迅速剥去外面包裹的茸毛和皮层，截取 2 mm 左右的茎尖部分，迅速置于 0.1% 的秋水仙素中，避光保存。用秋水仙素处理 2.5 ～ 3.0 h 后，用无菌水冲洗干净，使用卡诺固定液（乙醇：冰醋酸 =3：1）于 4 ℃固定 30 min 以上。去掉固定液，无菌水冲洗 2 遍，加入 1 mol/L 盐酸与 45% 醋酸溶液 1：1 的混合液，于 60 ℃水浴锅中解离 5 min，解离后用无菌水冲洗 3 遍，置于载玻片上，卡宝品红染色，压片，使用蔡司显微镜 Axio Imager M_2 于 400 倍下进行染色体观察和计数。

2 结果和分析

这 10 个种类的猕猴桃染色体倍性均为二倍体，2n=2x=58（表 25-1），其染色体数目见图 25-1。

表 25-1 10 个种类猕猴桃的染色体倍性

种（亚种）	采样地	倍性
白萼 A. albicalyx	桂林，广西植物研究所	2n=2x=58
白花柱果 A. cylindrica	桂林，广西植物研究所	2n=2x=58
二色花 A. diversicolora	桂林，广西植物研究所	2n=2x=58
临桂 A. linguiensis	桂林，广西植物研究所	2n=2x=58
卵圆叶 A. indochinensis var. ovatifolia	桂林，广西植物研究所	2n=2x=58
桃花 A. persicina	桂林，广西植物研究所	2n=2x=58
宛田 A. wantianensis	桂林，广西植物研究所	2n=2x=58
长果 A. longicarpa	桂林，广西植物研究所	2n=2x=58
融水 A. rongshuiensis	桂林，广西植物研究所	2n=2x=58
五瓣 A. pentapetala	桂林，广西植物研究所	2n=2x=58

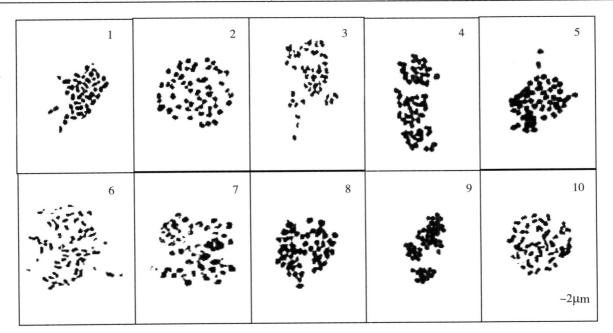

图版 1～10 分别为白萼、白花柱果、二色花、临桂、卵圆叶、桃花、宛田、长果、融水和五瓣猕猴桃

图 25-1 10 个种类猕猴桃的染色体数目

3 讨论

猕猴桃染色体数目较多且形态较小，每条染色体的平均长度为 0.6 ～ 1.5 μm（Bowden，1945；Mcneilane，1989；Watanabe，1989），进行染色体制片和核型分析相对困难。而且猕猴桃属于多年生雌雄异株果树，其基因组杂合程度较高，在生产上或研究上一般通过嫁接的方式进行繁殖或进行种质资源的异地迁移保护，所以对其进行染色体制片观察无法选用常用的效果较理想的根尖材料，只能使用接穗上的组织。使用茎尖分生组织进行猕猴桃染色体的制片和倍性观察是一种常用的方法，然而选用的茎尖最好是处于分生组织分裂较旺盛的阶段，所以取样的季节和时间对制片效果都至关重要。本研究通过多次取样比较，发现春季 4 月气温上升到 25 ℃左右时于上午 10：00 ～ 11：00 取样效果相对较好，获得的中期分裂相比例较多。

猕猴桃倍性变异较为广泛，从二倍体到八倍体甚至非整倍体均有报道（黄宏文，2000；曾华，2009），本研究报道的 10 个猕猴桃种类均为二倍体，但不能排除在自然群体中可能存在其他倍性的变型或变种，有待进一步考察和发现。在猕猴桃杂交育种中，不同倍性之间选配不当会造成杂交失败、后代不育等后果（王圣梅，1994），因此倍性鉴定是猕猴桃常规育种亲本选择前提条件之一。本研究使用的材料大部分为广西植物研究所收集保存的广西特有物种，很多种类中蕴藏着独特的优良园艺性状，具有很高的生产和开发价值，如长果猕猴桃因其独特的风味、Vc 含量高、易剥皮和其他多种优异的园艺性状，目前已经选育成品种并已初步推广（李洁维，2007）。而其他几个种也具有较高的利用价值，如白萼和白花柱果的常绿性状，二色花、临桂和卵圆叶对溃疡病的高抗性状等。本研究为利用这些猕猴桃种类进行种间杂交培育新品种，或为其系统发育、细胞遗传以及其他方面的研究提供了生物学资料，丰富了猕猴桃种质资源多样性数据库，为进一步推动这些猕猴桃种类的合理开发利用奠定基础。

第二十六章 猕猴桃 ^{60}Co-γ 射线辐射诱变育种适宜剂量的研究

我国果树的辐射育种工作开始于 20 世纪 60 年代（马庆华等，2003），目前已广泛应用到苹果、梨、桃、板栗、山楂、柑橘、枇杷等多种果树（马永利，1993；林存峰等，2009；陈秋芳等，2007；张萌芬等，1988；张德民等，1991；陈善春等，1992；郑少泉等，1996；叶春海等，2000），并取得较大的成功。猕猴桃是一种新兴果树。猕猴桃新品种选育一般有 3 种途径：一是从野生类型中驯化引种；二是从栽培品种的变异枝条中选育；三是从杂交后代或实生后代中筛选。上述 3 种育种途径中，野生优株选育最快，但难以获得突破性的品种，杂交育种和实生选种虽然可以获得好品种，但育种周期长，猕猴桃单果种子数量多，实生苗的雄株比例大，实生育种的难度比其他果树的难度要大得多。因此，利用辐射诱变育种，加大变异频率与幅度，能够大大提高育种成功率。但辐射诱变在猕猴桃育种中仍然是一个薄弱的环节。朱道圩（2006）、胡延吉等（2009）对部分品种猕猴桃种子、幼芽辐射的初步研究，尚缺少辐射适宜剂量的系统研究。

本研究采用 ^{60}Co-γ 射线，辐射处理 3 个不同品种的猕猴桃枝条，并初步观察嫁接后成活率和生长量的差异变化，以确定辐射诱变的适宜剂量，为猕猴桃辐射育种提供理论依据。

1 材料与方法

1.1 接穗的采集

用于试验的红阳猕猴桃、桂海 4 号猕猴桃和长果猕猴桃接穗，均采自于广西植物研究所（桂林）猕猴桃种质圃。于 2009 年 2 月 12 日，选择长势中庸的一年生枝条，选取中部饱满芽眼部分，每根枝条留 8 ～ 10 个芽进行剪截。每处理一捆，10 条接穗。用湿毛巾包裹保湿。

1.2 接穗的处理

2009 年 2 月 14 日，在广西南翔环保有限公司辐照中心，用 ^{60}Co-γ 射线进行辐射处理。辐射剂量分别为 0 Gy（对照）、25 Gy、50 Gy、100 Gy 和 150 Gy，5 个处理。

1.3 辐射处理后的嫁接与嫁接后管理

2009 年 2 月 16 日，在广西植物研究所实验场地进行嫁接。试验采用单因素随机区组设计，每个处理设 3 个重复，每个重复嫁接 20 株。嫁接后，按常规水肥管理。

1.4 试验观测和数据分析

嫁接 20 天后开始观察萌芽情况，每 10 天或 20 天观测 1 次，以最后一次观测结果作为实际成活率。嫁接 50 天后开始测量植株生长量，每 10 天或 20 天测量 1 次。试验数据采用 DPS 分析软件做方差分析和 LSD 多重比较。

对各品种的相对成活率与辐射剂量的相关性进行分析。并参考王兆玉的直线回归方程方法计算出各品种枝条的辐射半致死剂量，以及分析嫁接成活率与辐射剂量的相关性。

2 结果与分析

2.1 不同辐射剂量对嫁接萌芽率的影响

由表 26–1 可以看出，3 个不同品种的猕猴桃枝条，在不同的辐射剂量条件下嫁接成活率达到显著或极显著的差异水平。且随着辐射剂量的逐渐加大，3 个品种猕猴桃嫁接成活率逐渐降低，红阳和桂海 4 号均是在辐射剂量增大至 100 Gy 时成活率为 0，长果猕猴桃在增至 150 Gy 时仍有 8.33% 的成活率，说明不同品种对辐射的敏感性差异较大。

在嫁接后萌芽过程中，随着时间的推移，对照和辐射处理的枝条萌芽率都是逐渐增加的，但辐射处理的枝条在增大到一定"峰值"后，有一个急剧降低的趋势，并且随着辐射剂量的增加，萌芽死亡率加大，造成最后嫁接成活率较低。这也是试验中在成活率稳定下来之后，把最后一次调查时的萌芽率确定为最终成活率的原因。

表 26–1 不同辐射剂量对萌芽率的影响

品种	处理（Gy）	萌芽率（%）							
		3～6	3～16	3～26	4～6	4～16	5～6	5～26	6～16
红阳	0（CK）	15.00 aA	40.00 aA	90.00 aA	93.33 aA	93.33 aA	91.67 aA	91.67 aA	91.67 aA
	25	13.33 abA	35.00 aA	81.67 aA	90.00 aA	83.33 aAB	73.33 bB	73.33 bA	71.67 bA
	50	6.67 bAB	23.33 bB	53.33 bB	61.67 bB	53.33 bB	28.33 cC	21.67 cB	21.67 cB
	100	0.00 cB	3.33 cC	13.33 cC	11.67 cC	6.67 cC	0.00 dD	0.00 dC	0.00 dC
	150	0.00 dC	0.00 cC	1.67 dC	0.00 dC	0.00 cC	0.00 dD	0.00 dC	0.00 dC
桂海4号	0（CK）	23.33 aA	46.67 aA	96.67 aA	98.33 aA	96.67 aA	96.67 aA	96.67 aA	96.67 aA
	25	18.33 abAB	33.33 bAB	75.00 bA	83.33 bB	86.67 bA	90.00 aA	90.00 aA	90.00 aA
	50	11.67 bB	23.33 bB	48.33 cB	65.00 cC	66.67 cB	81.67 aA	70.00 bB	68.33 aB
	100	0.00 cC	1.67 cC	3.33 dC	3.33 dD	0.00 dC	3.33 bB	0.00 cC	0.00 cC
	150	0.00 cC	0.00 cC	0.00 dC	0.00 dD	0.00 dC	0.00 bB	0.00 cC	0.00 cC

续表

品种	处理（Gy）	萌芽率（%）							
		3～6	3～16	3～26	4～6	4～16	5～6	5～26	6～16
长果	0（CK）	23.33 aA	60.00 aA	93.33 aA	96.67 aA	98.33 aA	100.00 aA	100.00 aA	100.00 aA
	25	21.67 abA	55.00 abA	86.67 aA	90.00 aA	90.00 aA	93.33 aA	93.33 abA	93.33 aAB
	50	18.33 bAB	51.67 bA	78.33 aA	85.00 aAB	85.00 aA	88.33 aA	78.33 bA	78.33 bB
	100	13.33 cB	35.00 cB	50.00 bB	58.33 bB	50.00 bB	40.00 bB	35.00 cB	28.33 cC
	150	0.00 dC	1.67 dC	10.00 cC	18.33 cC	18.33 cC	20.00 bB	16.67 cB	8.33 dC

注：表中小写字母和大写字母分别表示差异显著和极显著（LSD 多重比较）。

从最后一次的调查结果，可以初步判断红阳、桂海 4 号和长果猕猴桃的半致死剂量分别处于 25～50 Gy、50～100 Gy、50～100 Gy。

2.2　不同辐射剂量对生长量的影响

由表 26-2 可以看出，3 个品种的猕猴桃出现一个共同的现象，即经过辐射的嫁接苗植株高度，均显著或极显著低于对照，且辐射越强植株相对越矮，生长越缓慢，植株高度与辐射剂量呈负相关。

另外，3 个品种间对辐射的敏感度差异也较大，从植株的生长速度看，长果猕猴桃耐辐射能力最强，其次是桂海 4 号，而红阳猕猴桃对辐射较为敏感。

表 26-2　不同辐射剂量对生长量的影响

品种	处理（Gy）	株高（cm）				
		4～6	4～16	5～6	5～26	6～16
红阳	0（CK）	3.17 aA	5.77 aA	9.41 aA	23.14 aA	29.30 aA
	25	2.03 bB	3.79 bB	6.03 bB	11.53 bB	20.61 bAB
	50	0.94 cC	4.50 cC	2.56 cC	10.18 bB	17.15 bB
	100	0.00 dD	0.40 dD	0.00 dD	0.00 cC	0.00 cC
	150	0.00 dD	0.00 dD	0.00 dD	0.00 cC	0.00 cC
桂海 4 号	0（CK）	2.95 aA	4.58 aA	6.50 aA	22.17 aA	49.80 aA
	25	1.75 bB	3.35 bAB	5.02 aAB	18.35 abAB	34.70 bA
	50	1.16 bB	1.99 cB	2.67 bB	15.41 bB	32.32 bA
	100	0.00 cC	0.00 dC	0.16 cC	0.00 cC	0.00 cB
	150	0.00 cC	0.00 dC	0.00 cC	0.00 cC	0.00 cB

续表

品种	处理（Gy）	株高（cm）				
		4～6	4～16	5～6	5～26	6～16
长果	0（CK）	5.43 aA	11.70 aA	20.84 aA	78.37 aA	87.75 aA
	25	4.61 abAB	9.19 bAB	15.93 abA	75.27 aA	87.74 aA
	50	3.68 bB	7.00 bB	10.70 bAB	54.01 abAB	63.64 abAB
	100	0.92 cC	1.62 cC	3.21 cB	38.40 bcAB	40.01 bAB
	150	0.67 cC	0.97 cC	1.89 cB	19.67 cB	25.56 bB

注：表中小写字母和大写字母分别表示差异显著和极显著（LSD 多重比较）。

2.3　成活率与辐射剂量的相关性以及半致死剂量的确定

利用相关系数公式计算出各个品种的嫁接成活率与辐射剂量的相关系数（r），根据直线回归方程计算出半致死剂量（LD50）列于表 26-3。从表 26-3 可以看出，3 个品种猕猴桃的嫁接成活率与辐射剂量均呈负相关，成活率随辐射剂量的加大而降低。红阳、桂海 4 号和长果猕猴桃与辐射剂量的相关系数分别为 −0.8978、−0.9492 和 −0.9890。

表 26-3　各品种相对成活率、半致死剂量和相关系数

品种	相对成活率（%）					LD50	r
	（Gy）						
	0（CK）	25	50	100	150		
红阳	100	78.18	23.63	0	0	50.6	−0.8978
桂海 4 号	100	93.1	70.68	0	0	64.4	−0.9492
长果	100	93.33	78.33	28.33	8.33	71.7	−0.9890

注：LD50 代表半致死剂量，r 代表相关系数。

三个品种半致死剂量最高的是长果猕猴桃（71.7 Gy），其次为桂海 4 号（64.4 Gy），红阳猕猴桃最低（50.6 Gy）。在辐射剂量为 100 Gy 时红阳和桂海 4 号的嫁接植株全部死亡，而长果猕猴桃在辐射剂量为 150 Gy 时仍有少量能够存活。这种不同品种对辐射的差异性，为确定各个猕猴桃品种辐射育种的适宜剂量，辐射敏感性的划分，提供了依据。

3　讨论

猕猴桃嫁接成活率与辐射剂量呈负相关，同一品种大部分处理间的嫁接成活率差异达到显著、极显著水平，不同品种之间的辐射敏感性差异较大，这与胡延吉等（2009）的研究结果相一致。因此，根据不同品种敏感性的不同来选择适宜的辐射剂量，这对猕猴桃品种辐射育种适宜剂量的选择提供了

参考，也为猕猴桃有效变异突变体的筛选打下了基础。

对于辐射育种而言，适宜辐射剂量的确定十分重要。一般采用辐射后种子发芽率为50%时的剂量，即半致死剂量，作为适宜的辐射剂量（Fairless D，2007）。但是目前半致死剂量的测定还没有一个统一的科学的标准，一般可采用的指标包括种子的发芽率、植株成活率、生长抑制程度和植株的不育程度等。本研究中，不同品种嫁接成活率和植株生长量受辐射剂量影响显著，所以选用相对嫁接成活率50%时的辐射剂量作为半致死剂量，即猕猴桃辐射的适宜剂量。

研究认为，在确定半致死剂量时，应考虑嫁接成活的影响因素，同时要确定适宜的调查时间以区分正常成活和非正常成活，因此用相对成活率来确定适宜剂量更为准确，以免因试验操作造成误差甚至错误。

第二十七章　长果猕猴桃 ^{60}Co-γ 射线辐射诱变植株变异的 ISSR 分子标记研究

　　辐射诱变有可以产生少量突变，在改良品种的同时对原有优异性状的影响较小等优良特性，是离体诱变育种技术常用的方法之一。目前，辐射诱变最常用最普遍的处理方法是以固定的 ^{60}Co-γ 辐射源装置一次急性照射试材。突变育种技术始于 20 世纪 50 年代，我国果树的辐射育种工作始于 20 世纪 60 年代，目前已在 20 多种果树上获得应用，并取得较大的成功。辐射诱变在猕猴桃育种方面也有相关报道。胡延吉等用 ^{60}Co-γ 射线处理 2 个猕猴桃品种幼芽选育出 2 个各具特色的新品系。

　　辐射诱变育种在植物品种改良中取得了很大成功，对辐射诱变分子机理的研究主要包括两个方面：一是以个别性状发生变异的突变体为材料，从分子水平和蛋白质水平寻找引发性状变异的基因，如 Mao 等和 Biswas 等分别就 2 个拟南芥（*Arabidopsis thaliana*）突变体进行深入研究，发现了导致突变的控制基因；Yan 等研究发现 bc7（t）的脆性突变就是由于 OsCesA4 基因发生了碱基删除造成的。二是利用分子标记和蛋白质电泳分析 DNA 变异的研究，可快速准确地从 DNA 水平研究辐射诱变效应，如李娜等对诱变粳稻 9522 筛选出 1 株带有白色中脉的隐性单位点突变的 Oswm 突变体，通过 2 种分子标记最终将导致突变的基因精细定位在水稻 4 号染色体上约为 122 kb 基因上；郭建辉、王阳等、贾月慧等和章宁等应用 RAPD 分子标记，分别对辐照诱变后发生突变的香蕉新株系漳蕉 8 号，花朵变异的百合（*Lilium* spp.），9 个亚洲百合（*Asiatic lily*）"pollyanna" 基因型突变体及蝴蝶兰（*phalaenopsis hybrid*）诱变苗等与原对照进行比较，发现不同的突变体均发生基因突变；邢莉莉等通过 ISSR 分子标记技术分析发现"长紫"辐照后代 DNA 在不同程度上发生了变异，且基本上与花型和花色的变异类型相关。

　　传统的猕猴桃选育种主要途径：一是从野生猕猴桃种质中选育，如国内众多猕猴桃品种；二是从实生后代中选育，如新西兰的"海沃德"（hayward）；三是从杂交后代中选育，如武汉植物所选育的"金艳"（*A. chinensis* × *A. eriantha*）。上述三种育种途径中，野生优株选育最快，但难以获得突破性的品种；杂交育种和实生选种虽然可以获得好品种，但育种周期长，单果种子数量多，且雄株比例大，难度比其他果树要大得多。辐射诱变育种是缩短果树育种周期的有效途径之一。"长果"猕猴桃（*A. longicarpa*）是由广西植物研究所发现的猕猴桃新种，与毛花猕猴桃（*A. eriantha*）近缘。具有果皮极易剥离、Vc 含量高、有独特的芳香气味等特点，但果实偏小。为改良该品种的不良性状，叶开玉等用 4 种剂量的 ^{60}Co-γ 射线辐射处理"长果"猕猴桃的枝条，以筛选适宜辐射剂量。本研究在此基础上对不同辐射处理后的"长果"猕猴桃样本进行 ISSR 分子标记，分析不同处理、不同个体在分子水平上是否存在差异，旨在为猕猴桃诱变育种提供理论基础，加快猕猴桃育种进程。

1 材料与方法

1.1 试验材料

供试长果猕猴桃接穗，采自于广西植物研究所猕猴桃种质圃，20 年生嫁接成年树。于树体休眠期，从长势中庸的一年生结果枝，选择处于休眠状态尚未萌动的中部饱满芽，每根枝条留 8 ～ 10 个侧芽进行剪截。共做 5 个 ⁶⁰Co-γ 射线剂量处理：0（CK）、40 Gy、60 Gy、80 Gy 和 100 Gy；用 20 Gy/min 的剂量率照射。每处理 10 根接穗。

于 2012 年在广西植物研究所猕猴桃试验场开展辐射接穗田间嫁接试验，ISSR 分子标记材料取自这些嫁接苗新梢先端嫩叶。

1.2 试验方法

1.2.1 辐射处理后的嫁接与嫁接后管理

2012 年 2 月 25 日，在广西植物研究所试验场地进行露天嫁接，嫁接砧木为一年生美味猕猴桃实生苗。试验苗木采用单因素随机区组排列种植，每个处理设 3 个重复，每个重复 20 个接穗，即 20 株嫁接苗。接穗嫁接萌芽后，及时抹除砧木上原有隐芽萌发后长出的萌蘖，以免与接穗争夺养分，影响接穗萌发生长。加强栽培后水肥管理，保证嫁接苗的正常生长，并对猕猴桃嫁接萌芽率、成活率和形态变异等进行观测。

1.2.2 猕猴桃总 DNA 提取与制备

以 100 Gy 辐射处理的长果猕猴桃嫁接苗成活株数为标准，分别从不同辐射处理的成活嫁接苗中随机选取 11 株，采集猕猴桃新鲜嫩叶，并对样品编号（编号取辐射处理的剂量数值和处理样品数，如选取 40 Gy 处理的 11 个接穗，编号依次为 40-1，40-2，40-3……），嫩叶用于提取 DNA。DNA 的提取，参照李思光、姚春潮等改良 CTAB 法，并做了适当改进，具体如下：①在液氮中把 10 mg 新鲜猕猴桃叶片研磨成粉末，研磨的同时加入 40 mg PVP（6%，W/V）干粉；②将研磨好的粉末转入 1.5 mL 离心管中，加入 700 μL 预冷的提取介质（0.2 mol/L Tris-HCl，pH8.0；50 mmol/L EDTA，pH8.0；0.25 mol/L NaCl）和 14 μL β－巯基乙醇，充分混匀后在 0℃放置 10 min。③在 4℃，7000 r/min 离心 10 min，收集沉淀。④在沉淀中加入 700 μL 65℃保温的 2×CTAB（2% CTAB；100 mmol/L Tris-HCl，pH8.0；80 mmol/L EDTA；1.4 mmol/L NaCl，1% β－巯基乙醇）提取液充分混匀，置于 65℃水浴 1 h，期间每隔 10 min 轻轻颠倒混匀 1 次。⑤冷却后加入等体积的氯仿、异戊醇（24：1）混匀，在 4℃，12000 r/min 离心 10 min。⑥吸取上清液转入新的 1.5 mL 离心管中，加入等体积的氯仿、异戊醇（24：1）混匀，在 4℃，12000 r/min 离心 10 min。⑦吸取上清液转入新的 1.5 mL 离心管中，加入 2 倍体积的无水乙醇，轻轻混匀，在 -20℃静置 2 h 后于 10000 r/min 离心 10 min。⑧弃上清液，沉淀用 70% 乙醇漂洗 2 次，晾干后，溶于 100 μL TE 中，置于 -20℃下保存备用。

1.2.3 PCR 反应条件

引物选用哥伦比亚大学公布的序列，共 100 条，由上海 Sangon 公司合成。以长果猕猴桃总 DNA 为模板进行引物筛选，从 100 条引物中筛选出 7 条扩增条带好、信号强且反应稳定的引物，用于长果猕猴桃辐射植株 ISSR-PCR 分析。

PCR 反应体系：采用 20 μL 的体系进行 PCR 扩增，其中 DNA 模板约 5 ng，引物 0.75 μM，2 × Taq PCR Master Mix 10 μL，加水补足至 20 μL。PCR 扩增程序：94 ℃预变性 5 min，94 ℃变性 1 min，51 ~ 53 ℃复性退火 45 s，72 ℃延伸 2 min，30 个循环，最后 72 ℃再延伸 10 min。扩增产物经 1.5% 琼脂糖凝胶电泳分离，在凝胶成像系统（Gel Doc 2000 TM）拍照，保存图像并观察记录。

1.3 统计分析

电泳图谱中一条清晰条带（DNA 片段），代表一个 DNA 位点。对 DNA 条带进行统计，按照条带的有或无赋值。在相同迁移位置上有带（显性）记为 1，无带（隐性）记为 0，依此构成 0/1 遗传相似矩阵。仅在重复试验中能够稳定出现的 DNA 条带用于数据分析。得到的二元数据矩阵用 NTSYS 2.1 软件中 SM 法计算遗传相似系数，UPGMA 法进行聚类分析，构建聚类图。

2 结果与分析

2.1 不同辐射剂量处理对猕猴桃嫁接萌芽率、成活率和形态变异等的影响

由表 27-1 可知，接穗嫁接萌芽后，在对接穗的萌芽率、成活率和形态变异等的观察中发现对照的萌芽个数和成活植株数均最多，分别为 59、57，成活率达 95%；一年生嫁接苗基部直径最大（0.92 cm），死亡植株数最少（3），死亡率仅 5%。而 100 Gy 辐射处理后的猕猴桃萌芽个数和成活植株数最少，分别为 17、11，成活率仅 18.33%；一年生嫁接苗基部直径最小（0.65 cm），死亡植株数最多（49），死亡率达 81.67%，而形态变异植株比例高达 81.82%（表 27-1）。说明在 100 Gy 的辐射剂量范围内，随着辐射剂量的增加，死亡植株数和形态变异植株比例相应增加；而萌芽个数、成活植株数和一年生嫁接苗基部直径相应减少，说明辐射处理对长果猕猴桃芽的萌发、植株成活率、植株形态变异和一年生嫁接苗基部直径等均有一定的影响。根据成活植株的外观形态变异可确定长果猕猴桃适宜辐射剂量为 60 ~ 80 Gy。

表 27-1 不同辐射剂量处理对猕猴桃嫁接萌芽率、成活率和形态变异的影响

辐射剂量（Gy）	总嫁接数	萌芽		成活植株		死亡植株		形态变异植株		一年生嫁接苗基部直径（cm）
		个数	比例（%）	株数	比例（%）	株数	比例（%）	株数	比例（%）	
ck	60	59	98.33	57	95.00	3	5.00	0	0	0.92
40	60	56	93.33	51	85.00	9	15.00	3	5.88	0.87
60	60	52	86.67	41	68.33	19	31.67	7	17.07	0.76

续表

辐射剂量（Gy）	总嫁接数	萌芽		成活植株		死亡植株		形态变异植株		一年生嫁接苗基部直径（cm）
		个数	比例（%）	株数	比例（%）	株数	比例（%）	株数	比例（%）	
80	60	31	51.67	16	26.67	44	73.33	11	68.75	0.68
100	60	17	28.33	11	18.33	49	81.67	9	81.82	0.65

2.2 猕猴桃辐射诱变嫁接植株 ISSR 引物筛选与多态性分析

利用优化的反应体系，从 100 条 ISSR 引物中筛选出扩增条带清晰、稳定性强的 7 条引物进行统计分析。用 7 条引物对 55 个长果猕猴桃总 DNA 进行 PCR 扩增，结果如表 27-2 所示，共扩增出 100 个 DNA 位点，其中约 47 个为多态位点，占总位点的 46.85%。其中 U820 的 DNA 条带数和多态位点数最多，分别为 17、13，其次是 U835 和 U853，DNA 条带数均为 15，多态位点数分别为 9、8，U846 和 U847 的 DNA 条带数均为 14，多态位点数分别为 5、6，U825 和 U845 的 DNA 条带数偏少，依次为 13、12，多态性位点数依次为 1、5。不同剂量辐射处理后多态位点数以 60 Gy 最多（46），平均多态位点数为 6.6，其次为 80 Gy 和 40 Gy，多态位点数分别为 34 和 33，平均多态位点数分别为 4.9 和 4.7，100 Gy 处理后多态位点数最少，为 30，平均多态位点数为 4.3。结合形态变异植株数分析发现，多态位点数与形态变异数相关性不大。

表 27-2　7 条 ISSR 引物序列及扩增结果

引物	引物序列（3'-5'）	Tm 值（℃）	退火温度（℃）	位点数	不同剂量辐射的多态位点数					多态位点数	多态位点百分数（%）
					0	40	60	80	100		
U820	(GT)$_8$C	54.6	53	17	10	9	13	8	9	13	76.47
U825	(AC)$_8$T	52.2	51	13	0	0	1	1	1	1	7.69
U835	(AG)$_8$YC	56.2	52	15	5	6	8	8	4	9	60.00
U845	(CT)$_8$RG	56.2	52	12	4	3	5	4	4	5	41.67
U846	(CA)$_8$RT	53.9	52	14	5	5	5	3	3	5	35.71
U847	(CA)$_8$RC	56.2	52	14	1	6	6	5	3	6	42.86
U853	(TC)$_8$RT	53.9	51	15	7	4	8	5	6	8	53.33
总数	—	—	—	100	32	33	46	34	30	47	—
平均	—	54.74	51.86	14.3	4.6	4.7	6.6	4.9	4.3	6.7	46.85

注：Y=（C，T），R=（A，G）。

图 27-1 为引物 U846 的部分 PCR 扩增结果，该图片 60-7 和 60-8 没有大于 1.1 kb 的 DNA 条带，而 80-6 和 80-7 有 2 条。从图中可以看出，经辐射诱导的长果猕猴桃植株 ISSR 扩增的带纹丰富，ISSR 反应扩增的条带分子量一般均为 400 ～ 1500 bp。

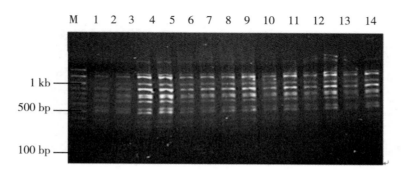

M：100 bp DNA Marker；1-5：60-7 ～ 60-11；6-14：80-1 ～ 80-9

图 27-1　引物 U846 扩增的部分长果猕猴桃 ISSR 电泳图

2.3　聚类分析

利用 ISSR-PCR 扩增的 116 条 DNA 条带建立遗传相似矩阵，按 UPGMA 方法进行聚类分析，构建 55 个"长果"猕猴桃辐射样品的聚类图（图 27-2）。在遗传相似系数 0.79 ～ 1.00 范围内的聚类结果显示，7 个 ISSR 引物能将供试的 55 个样品分开。依据遗传相似性程度，在遗传相似系数为 0.83 时，可将 55 个"长果"猕猴桃植株聚为 5 类。第Ⅰ类中包含未经辐射处理的 ck-1 ～ ck-11，40-1 ～ 40-11（除 40-4 外）和 60-1 ～ 60-5 共 26 个样品，40-1 ～ 40-3 与对照的遗传距离最近，变异程度最小，其次为 40-5 ～ 40-11 和 60-1 ～ 60-3，60-4 和 60-5 与对照遗传距离最远；第Ⅱ类为 100-1 ～ 100-11 和 80-11；第Ⅲ类为 80-1 ～ 80-10 和 60-9 ～ 60-11；第Ⅳ类为 40-4 单株；60-6 ～ 60-8 为第Ⅴ类，与对照的遗传距离最远，变异程度最大。聚类分析结果表明 40 Gy、60 Gy、80 Gy 和 100 Gy 辐射处理后遗传结构发生变异的株数分别为 1、5、11、11，随着辐射剂量增加，变异植株数也相应增加，这与形态观察结果一致。聚类分析结果与形态观察结果比较显示，100 Gy 辐射处理后形态上发生变异株数有 9 株，而聚类结果显示 11 株，说明遗传结构发生变异不一定从外观形态上表现出来。

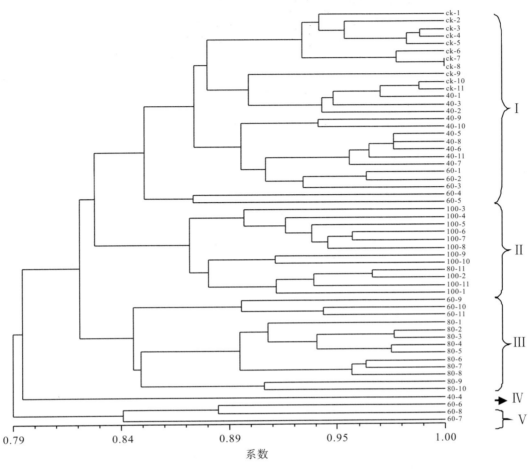

图右边数字代表不同处理样品编号

图 27-2 基于 ISSR 数据绘制的 55 份供试材料间的聚类分析

3 讨论

本研究中，在 100 Gy 的辐射剂量范围内，随着辐射剂量的增加，植株存活逐渐减少，变异程度逐渐增大，萌芽个数、成活植株数和一年生嫁接苗基部直径逐渐减少，这与郭建辉等研究结果一致。Luckey 等研究认为，小剂量或适宜剂量辐射对生物体有刺激效应，高剂量射线对植物生长活性酶起抑制作用。80 Gy 以上，植株畸形严重，主要表现在枝条分化和叶片的性状上，枝条节间缩短或不分节，叶片表现簇生、失绿发黄、不对称畸形或皱缩畸形、缺刻等症状；这与 Luckey 等的研究结果基本一致。成活植株的外观形态变异也可为确定猕猴桃适宜辐射剂量提供依据。结果同时认为，"长果"猕猴桃最佳辐射剂量为 60～80 Gy；再次验证了叶开玉等前期试验结果，即"长果"猕猴桃半致死剂量为 71.7 Gy 的结论。可见，^{60}Co-γ 射线诱导"长果"猕猴桃发生变异程度具有稳定性。

根据 ISSR 电泳图谱分析，与对照相比，^{60}Co-γ 射线处理使猕猴桃的遗传结构发生变异，主要表现为 ISSR 扩增差异条带的增加或减少，可能是基因组中相关位点碱基变化的结果。这也可能是导致植株的形态发生变异的原因。不同引物扩增得到的 DNA 条带数不同，条带数越多，相应的多态位点数也越多，且多态性位点多分布在较大或是较少 DNA 片段，而不同剂量辐射处理中以 60 Gy 多态性位点数最多，60 Gy 以上反而略有降低，而形态变异发现 100 Gy 处理的变异植株比例最大。结合聚类结果分析，40-4、60-6、60-7、60-8 几个单株与对照的遗传距离最远，变异程度最大，说明在变异植株中，这几个单株本身可能特有的突变位点最多，从而也说明了 60 Gy 多态性位点数较多的原因，而 100 Gy 处理的变异植株虽然最多，但是多为变异植株共有的。

第三部分

生理生态

第二十八章 濒危植物金花猕猴桃繁殖生物学初步研究

　　植物繁殖生物学是研究与植物繁殖有关的特征与过程的一门分支学科，是以认识植物繁殖过程自然规律为内容的基础研究学科，其研究范畴包括开花生物学、传粉生物学、种子和幼苗的研究以及植物群落自然更新等方面，还包括各种形式的营养体无性繁殖和孢子生殖过程（何璐等，2010）。植物在自然状态下繁殖过程是对环境长期适应的反映，研究野生植物的繁殖生物学对了解植物生活史对策，了解繁殖器官对各种繁殖方式的适应机制，对植物保护生物学及生态学研究都具有重要意义（何璐，2010；李娅琼，2011）。通过了解物种的繁殖方式可以对其进行有效的保护，因而繁殖生物学研究已成为濒危植物保护生物学研究的重点之一（何璐等，2010）。

　　金花猕猴桃（*A. chrysantha*）是猕猴桃属植物中唯一开金黄色花的种类，其果实酸甜可口，营养丰富，果型中等，果肉呈绿色至翠绿色，具香气，适于鲜食或加工罐头，且成熟期较迟，果皮较坚硬，耐贮藏，是有较大经济价值的一种野生猕猴桃，也是杂交育种创造新种质的珍贵资源。金花猕猴桃在广西主要分布于临桂、龙胜、资源、兴安等地，湖南的城步、宜章、宁远、芷江，广东的阳山、乳源等地也有零星分布（崔致学，1993）。经群落调查发现，金花猕猴桃种群逐渐缩小，居群数量越来越少，有的分布区已无法找到金花猕猴桃。调查发现的 6 个居群，金花猕猴桃数量少且老树居多，自然更新差（龚弘娟等，2012）。2004 年被列为中国第二批珍稀濒危植物（许再富，1998），2006 年被 IUCN（世界自然保护联盟）红色名录列为易危种（Vulnerable）。由此可见，金花猕猴桃已处于严重濒危的境地。

　　然而，关于金花猕猴桃的研究较少，广西植物研究所最早对该物种进行报道，早在 20 世纪 80 年代、90 年代就对其资源分布、生物学特性、营养成分、种子繁殖、花粉形态等进行了初步研究（梁木源等，1986；梁木源等，1989；李洁维等，1995；李洁维等，1989），此后很长一段时间都鲜见其相关报道，更未有较为完整的繁殖生物学研究报道。为此，本团队对金花猕猴桃进行了较为系统的繁殖生物学研究，以期为其保护提供科学依据。

1 材料与方法

1.1 试验地概况

　　主要试验观测地点位于广西东北部的临桂县与龙胜各族自治县交界处的广西花坪国家级自然保护区（E 109° 48′ 54″ ～ 109° 58′ 20″，N 25° 39′ 36″），总面积 15133.3 hm²。保护区地质古老，具有古陆性质，属江南古陆南部边缘地区，褶皱明显，构造复杂，以砂页岩为主，间有石灰岩，属中山地貌，海拔 1200 ～ 1600 m，主峰蔚青岭海拔 1807.5 m。气候属中亚热带季风气候，年平均气温 12 ～ 14 ℃，年相对湿度 85% ～ 90%，全年降雨日数多达 220 天，年总降水量 2000 ～ 2200 mm，其中春季降水量占全年的 35.7%，夏季占 40.8%；秋冬季降水量相对较少，各占总降水量的 10.9% 和 12.6%。全年降雨丰沛，干湿季节不甚明显，旱情很少发生。域内各种植物生长茂盛，森林植被发育良好。

1.2　定位观测项目

分别于 2008 年 10 月、2009 年 9 月、2010 年 5 月、2012 年 10 月、2014 年 5 月，对金花猕猴桃物候、开花结果习性、种子散布方式等进行了多次观测。

1.3　传粉生物学观察

①传粉媒介：于花期到花坪自然保护区对金花猕猴桃开展套袋试验，套袋选取即将开放的花蕾，分别做不套袋、套硫酸纸袋、套网袋、去雄不套袋、去雄套硫酸纸袋和去雄套网袋处理，花期过后 20 天左右观察坐果率，确定传粉媒介；②访花昆虫：在花期观察昆虫访问时间、频率，采集昆虫标本进行鉴定。

1.4　繁殖能力研究

（1）不同分布区种子萌发试验：试验所用种子分别采自广西花坪国家级自然保护区、广西资源县车田乡和广西姑婆山自然保护区。果实采回后，放置室内数天至完全软熟后洗出饱满种子阴干，贮藏于 0 ～ 5 ℃冰箱中待用。播种前 20 天进行层积处理，层积后进行田间播种试验，观察种子萌发率。每处理 3 个重复，每重复 100 颗种子。

（2）不同贮藏方式及种子处理方式的种子萌发试验，种子洗出阴干后分别做以下 4 种处理：①常温干藏，用纸袋包装放于室内通风干燥处，播种前用温水浸泡 2 h；②低温干藏，用纸袋包装放置 0 ～ 5 ℃冰箱内，播种前用温水浸泡 2 h；③沙藏层积，种子用 40 ℃左右的温水浸泡 30 min，然后在含水量约为 20 ％的湿沙中层积 20 天；④低温 + GA$_3$ 处理，将低温干藏的种子，于播种前用 1500 mg/L 赤霉素（GA$_3$）浸泡 2 h，然后马上播种。每处理 3 个重复，每重复 100 颗种子。

2　结果与分析

2.1　形态、物候、开花结果

2.1.1　形态

金花猕猴桃为落叶藤本植物。叶软纸质，阔卵形至卵形，先端渐尖，边缘有圆锯齿，叶片长 8.5 ～ 17.8 cm，宽 3.8 ～ 9.5 cm，叶面草绿色，有光泽，叶背粉绿色，无毛。叶柄长 1.7 ～ 4.7 cm，水红色，无毛。雌雄异株，花生于新梢叶腋，每花序有花 1 ～ 3 朵，花瓣金黄色，5 ～ 7 枚，花药黄色。

雌花花序柄长 0.5 ～ 0.7 cm，花柄长 1.0 ～ 1.7 cm，萼片 4 ～ 6 枚，长和宽均为 0.5 ～ 0.6 cm，花冠直径（1.9 ～ 2.7）cm×（2.4 ～ 2.8）cm，柱头 20 ～ 29 枚，子房大小为（0.4 ～ 0.55）cm×（0.43 ～ 0.47）cm，雌蕊 30 ～ 41 枚，花丝长 0.35 ～ 0.5 cm，花药长 0.2 ～ 0.3 cm，花粉不发育。雄花花序柄长 0.4 ～ 1.0 cm，花柄长 0.3 ～ 1.0 cm，萼片 5 ～ 6 枚，长 0.3 ～ 0.4 cm，宽 0.25 ～ 0.4 cm，花冠直径（1.7 ～ 2.5）cm×（1.5 ～ 2.6）cm，柱头不发育，雄蕊 27 ～ 35 枚，花丝长 0.4 ～ 0.6 cm，花药长 0.18 ～ 0.25 cm。果为长圆柱形、短圆柱形或椭圆形，纵径 3.57 ～ 3.91 cm，横径 2.43 ～ 3.14 cm，平均单果重 7.34 ～ 27.53 g，最大单果重可达 35.0 g，果肉绿色至翠绿色，有香气，味酸甜，Vc 含量 65.71 mg/100 g，总酸含量 0.81% ～ 2.59%，总糖含量 8.71% ～ 14.26%。种子为扁卵形，深褐色，平均单果种子数 98 ～ 314 粒，千粒重 0.93 ～ 1.65 g。

2.1.2　雌株物候与开花结果习性

金花猕猴桃的物候期随海拔的不同而有差异，低海拔（< 600 m）比高海拔（> 600 m）早 5 ～ 7 天。一般于 3 月下旬至 4 月上旬萌动抽梢，这一时期抽生的枝条，有 2/3 是结果枝，1/3 是营养枝。一年生枝条从基部至中上部（约占全枝条的 2/3），几乎每节均可抽生新梢，枝条尾部每隔 2 ～ 4 节才抽生一个新梢；二年生、三年生的枝条上也能萌发部分的结果枝，但数量不多，一般每隔 3 ～ 5 节抽生一个新梢；果枝率 61.9%。金花猕猴桃有抽生夏梢的习性，当结果枝开花后幼果形成期间，结果枝的顶梢基本上趋于停止生长，此时二三年生枝条的中部开始抽生夏梢，每条可抽生 1 ～ 3 个新梢，这些新梢比早春的结果枝更为粗壮，生长 1 ～ 2 年后，可代替老的结果母枝成为新的结果母枝。雌花花期为 5 月中下旬至 6 月上旬，低海拔地区 5 月中下旬开花，高海拔地区 5 月下旬至 6 月上旬开花。花序着生于结果枝基部第 2 ～ 4 节叶腋中，每条结果枝有花序 2 ～ 7 个，每花序有能发育的花 1 ～ 3 朵，不同果型植株的花数略有区别，一般短圆柱果型的每花序有花 3 朵，长圆柱果型则多为 1 朵花，偶有 2 朵。雌花多于凌晨 4：00 ～ 5：00 开放，阴雨天可延迟至 12：00 左右开放，一般下午花不开放。花开后第二天花瓣开始变为褐黄色，第三天逐渐萎缩凋谢，如果花开后迟迟未能授粉，可延长开放时间，第四天花冠凋谢脱落。授粉良好的，花谢后的第二至第三天，子房迅速膨大，幼果迅速生长，花瓣谢后 40 ～ 45 天，果实基本定形，其大小达到成熟时的 95% 以上，7 月中旬以后，果实的发育以碳水化合物积累为主，9 月下旬至 10 月上旬果实成熟。

2.1.3　雄株的开花习性

雄株萌发的花枝较多，约占新梢的 76.5%。现蕾期与新梢伸长期相一致，于 4 月中旬开始现蕾，开花比雌花早 1 ～ 2 天。花序为聚伞花序，着生于花枝基部的 1 ～ 2 节叶腋中，一般每条花枝有花序 5 ～ 7 个，花序数最多可达 9 个，每个花序有发育花 3 朵，偶有 4 朵。一般从花枝的基部开始由下而上顺序开放，同一花序，中花先开放，然后是侧花。单花开放时间为凌晨 4：00 ～ 5：00，历时 2 天，第三天开始萎缩脱落。单株的花期持续 7 ～ 10 天，整个居群花期持续 10 ～ 15 天。

2.2　果实及种子散布

金花猕猴桃果实营养丰富，当地群众经常采摘食用、酿酒或送给朋友，人类是其果实及种子的主要传播者之一；果实成熟后，会引来鸟类啄食，及松鼠和猴子采食；其余的将自然脱落，脱落后在株下的传播距离为 5～10 m，脱落的果实有部分被老鼠或是其他野生动物吃掉，传播至更远的地方，残存在林下的种子则会在枯枝落叶上被风干，不利于发芽。

2.3 传粉

金花猕猴桃是雌雄异株植物，一般靠雄株花粉才能坐果，试验表明套硫酸纸袋的处理坐果率为零，说明金花猕猴桃不能自花授粉；在野外自然环境中，金花猕猴桃不套袋的自然坐果率达 90%，去雄与不去雄套网袋的坐果率分别为 83.3% 和 86.7%（表 28-1），套网袋阻隔了虫媒传粉，坐果率稍低，说明金花猕猴桃为风媒和虫媒共同授粉，仅靠风媒传粉亦有较好的效果。

野外观察到的主要传粉昆虫有蜜蜂科、细蜂科、丽蝇科鼻蝇亚科、食蚜蝇科、蜡蝉科、大蚊科长脚蚊属昆虫等，昆虫活动频繁的时段一般为 9：00～12：00，阴雨天可延迟到 10：00～14：00，其他时段仅有零星昆虫访花。

表 28-1　金花猕猴桃坐果率统计

处　理	处理花数	坐果数	坐果率（%）
不套袋自然结实	150	135	90.0
套硫酸纸袋	30	0	0
不去雄套网袋	30	26	86.7
去雄套硫酸纸袋	30	0	0
去雄套网袋	30	25	83.3
去雄不套袋	30	27	90.0

2.4 繁殖能力分析

采自不同居群金花猕猴桃种子萌发试验结果表明（表 28-2）：不同居群的种子发芽率有差异，黄沙－安江坪居群（海拔 1334 m）的种子发芽率最高（17.5%），资源车田居群（海拔 1084 m）的种子发芽率为 15.36%，而姑婆山居群（海拔 728 m）的种子发芽率为 0。可见，海拔高度影响着金花猕猴桃的种子繁殖能力，这也就解析了在高海拔山区金花猕猴桃个体分布数量多的原因。

表 28-2　不同分布区金花猕猴桃种子发芽率

分布区	海拔（m）	播种数	发芽数	发芽率（%）
广西花坪国家级自然保护区	1334	200	35	17.5
资源县车田乡	1084	1120	172	15.36
广西姑婆山自然保护区	728	78	0	0

不同贮藏及催芽方式种子萌发试验结果（图 28-1）表明，不同处理之间金花猕猴桃种子发芽率差异极显著（$P < 0.01$）。低温 + GA$_3$ 处理的种子发芽率最高（22.67%），显著高于其他 3 个处理；其次

是层积处理的（12.67%）；再次是常温干藏（10.67%）；最低的是低温干藏（8%），后三者之间种子发芽率没有显著差异。低温 + GA$_3$ 处理可以较好地促进种子萌发。

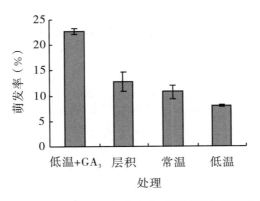

图 28-1　不同贮藏及催芽方式对种子发芽率的影响

在野外调查时，样地内发现的幼龄植株，是老龄植株被人为砍伐后从基部萌发出的枝蔓，没有发现金花猕猴桃实生苗。根据我们的前期研究，以混合营养土、河沙 + 苔藓、河沙 + 珍珠岩、石英砂 4 种不同基质开展扦插试验，结果表明除石英砂扦插成活率（60%）较低外，其余 3 种基质扦插成活率均可达到 80% 以上（张静翅等，2010）。综合以上研究结果表明，金花猕猴桃种子繁殖能力差，而无性繁殖能力强。其种子萌发率远远低于中华猕猴桃的 37% ～ 56%（王郁民等，1991）。

3　结论与讨论

本研究结果表明，金花猕猴桃为虫媒和风媒共同授粉，自然结实率达 90%，不存在传粉障碍；金花猕猴桃具有种子繁殖能力差，无性繁殖能力强的繁殖特点，这种现象也常常表现在其他濒危植物上，如濒危植物太行花（*Taihanggia rupestris*）在原产地因生境条件特殊，有性生殖能力弱，主要靠无性生殖扩大种群（陆文梁等，1995）。因此种子萌发率低可能是致其濒危的重要原因。金花猕猴桃生境狭窄，种群个体数量少，其种子萌发率低可能是近交衰退引起的。有学者的研究表明，种群的大小和密度与该种的生育力呈现显著的正相关（Martin 和 Katariina，2007），而小种群种子发芽率低的原因则可能是近交衰退带来的遗传多样性丧失引起的（胡世俊，2007），有研究已经证明了，近交衰退确实会带来遗传多样性的降低（何亚平等，2003；Takebayashi 和 morrell，2001）。当种群个体数小于 100 时，常会观察到近交衰退，而且与较大的种群相比其种子发芽率更低（Joel P. 等，1998）。而金花猕猴桃大部分居群个体数量只有 3 ～ 5 株，呈零星分布状态（龚弘娟，2012）。

第二十九章　珍稀濒危植物金花猕猴桃优势群落特征分析

　　金花猕猴桃是猕猴桃科猕猴桃属植物，大型木质藤本，是本属植物中唯一开金黄色花的种类，主要分布于广西的临桂、龙胜、资源、兴安等地，湖南的宜章、宁远、芷江和广东的阳山、乳源等地也有零星分布（中国植物志 49 卷第二册，2004；梁木源等，1986）。其果实大小仅次于中华猕猴桃，属中果型，果肉细腻，呈淡绿色至绿色，具香气，酸甜可口，营养丰富，适于鲜食或加工罐头，且成熟期较迟，果皮较坚硬，耐贮藏（梁木源等，1986）；其根具有抗癌功效，在民间常以单方形式用于治疗鼻咽癌、胃癌、肝癌、乳癌等多种癌症（黄宏文等，2000）。因此，金花猕猴桃是杂交育种、种质创新的珍贵资源。然而，随着社会经济发展的需要，人类对自然资源的不合理开发利用和生态环境的迅速变化，使很多猕猴桃种质资源处于受威胁的状况，有 10 多种已处于濒危状态（张忠慧等，1999），其中金花猕猴桃已被列为中国第二批珍稀濒危植物（许再富，1998）。

　　基于以上原因，本团队开展了金花猕猴桃濒危机制的研究，在野外调查采样过程中，发现了小面积的金花猕猴桃优势群落。本章着重分析该金花猕猴桃优势群落的结构特征，探讨金花猕猴桃的适生环境特点及濒危原因，以期为制定金花猕猴桃的保护策略提供依据。

1　材料与方法

1.1　试验区概况

　　广西花坪国家级自然保护区，位于广西东北部的临桂区与龙胜各族自治县交界处，地处东经 109° 49′ 07″ ～ 109° 58′ 10″，北纬 25° 28′ 55″ ～ 25° 39′ 15″，总面积 151.33 km²。其地貌属中山地貌。海拔多为 1200 ～ 1600 m，主峰蔚青岭海拔 1801 m。气候属中亚热带季风气候，年平均气温为 12 ～ 16 ℃，年降水 2000 ～ 2400 mm，雨季为 3 ～ 8 月，相对湿度85% ～ 90%，日照短，多雾，有 6 个月霜期和 5 个月雪期。本次发现的金花猕猴桃优势群落，位于保护区下属的安江平工作站附近，面积不足 1 hm²，海拔 1334 m，坡度 45°，坡向 SE 120°，森林类型属亚热带常绿落叶阔叶混交次生林，靠近路边，人为干扰较为严重。

1.2　调查方法

　　在该金花猕猴桃分布区域，设置 3 个 10 m×20 m 的样方，根据其地势特点，使样地的长轴与海拔梯度方向平行。每木调查：以 5 m×5 m 为基本单元，用相邻格子法做每木调查，测定胸径 ≥ 2 cm 的全部乔木的胸径、树高、冠辐和枝下高。大型木质藤本（如金花猕猴桃）计入乔木层，记录其胸径和攀缘高度。林下植被调查：在每个大样方的四角和中心各设 1 个 2 m × 2 m 的小样方，调查灌木和草本，记录其高度、粗度、多度、盖度等指标。

1.3 数据处理

数据计算及图表制作使用 Excel 2003 软件处理。主要指标的计算公式如下：

某一生活型百分率 =（该生活型的植物种数 / 该群落所有的植物种数）× 100

密度 = 一种植物个体总数 / 样地面积

相对密度 =（一个种的密度 / 所有种的密度和）× 100

频度 = 该种植物出现的样地数 / 所调查的样地总数

相对频度 =（一个种的频度 / 所有种的频度总和）× 100

相对显著度 =（该种所有个体胸径断面积之和 / 所有种个体胸径断面积之和）× 100

重要值 = 相对多度 + 相对显著度 + 相对频度

2 结果分析

2.1 物种组成

根据样方调查资料统计结果，金花猕猴桃优势群落的物种组成丰富，在 600 m² 的样地内共有维管束植物 77 种，隶属于 34 科 56 属。其中，蕨类植物 2 科 2 属 2 种，单子叶植物 4 科 10 属 12 种，双子叶植物 28 科 44 属 63 种。在 34 个科中，有 16 个科只含 1 个种，占总科数的 47.1%，所含的种仅占总种数的 20.8%。含物种较多的科有樟科（Lauraceae）（5 属 9 种）、山茶科（Theaceae）（4 属 8 种）、禾本科（Gramineae）（5 属 5 种）、山矾科（Symplocaceae）（1 属 4 种）、冬青科（Aquifoliaceae）（1 属 4 种）和百合科（Liliaceae）（2 属 4 种），这 6 个科所含种数占总种数的 44.2%。

2.2 垂直结构

由调查结果可知，该群落垂直结构复杂，可分为乔木层、灌木层和草本层，此外还有大量的藤本植物。乔木层又可分为三个亚层。第一亚层和第二亚层种类和数量都较少，仅有数株挺立于第三亚层之上。第一亚层高 15 ～ 30 m，胸径 17 ～ 22 cm，仅由 3 株成年光叶山矾（Symplocos lancifolia）组成，可能是人为砍伐过程中幸存下来的。第二亚层高 9 ～ 15 m，胸径 7 ～ 16 cm，由 6 株新木姜子（Neolitsea aurata）、2 株光叶山矾、阔瓣含笑（Michelia platypetala）和中平树（Macaranga denticulata）各 1 株组成。第三亚层高 3 ～ 9 m，多数树木高度在 4 ～ 6 m 之间，胸径 2.2 ～ 12.5 cm，种类组成和数量较多，以半枫荷（Semiliquidambar cathayensis）、单体红山茶（Camellia uraku）和尾叶冬青（Ilex wilsonii）占优势，常见树种有密花冬青（Ilex confertiflora）、鹿角杜鹃（Rhododendron latoucheae）、中平树、树参（Dendropanax dentiger）等。

灌木层，一般高度 0.5～1.5 m，盖度 60% 左右。以乔木层林木幼树为主，如尾叶冬青、新木姜子、毛叶木姜子（*Litsea mollis*）、树参、小叶女贞（*Ligustrum quihoui*）、网脉山龙眼（*Helicia reticulata*）等，其他常见树种有刺叶冬青（*Ilex bioritsensis*）、大头茶（*Gordonia axillaris*）等。

草本层，植物种类少，且覆盖度低，仅 5%～10%。以禾本科植物和蕨类植物为主。常见种类有淡竹叶（*Lophatherum gracile*）、心叶稷（*Panicum notatum*）、蕨状苔草（*Carex filicina*）、小叶野海棠（*Bredia microphylla*）、单芽狗脊（*Woodwardia unigemmata*）等。

藤本植物，种类不多，以猕猴桃属和菝葜属植物为主。主要种类有金花猕猴桃、菝葜（*Smilax china*）和福建蔓龙胆（*Crawfurdia pricei*）等。其中，金花猕猴桃以第三亚层乔木为攀缘对象，攀缘高度 5～8 m，数量多，且分布均匀。

2.3　生活型分析

按照 Raunkiaer 生活型分类系统，统计群落的生活型谱，结果如图 29-1 所示。在金花猕猴桃群落中，以高位芽植物为主，占总数的 76.7%，地上芽植物、地面芽植物、地下芽植物和一年生植物占 23.4%。高位芽植物中又以小高位芽植物最多，占总数的 40.3%，矮高位芽植物次之，占总数的 18.2%，藤本高位芽植物也占较大的比例，占总数的 13%，中高位芽植物较少，仅占 5.2%，缺乏大高位芽植物。在该群落中，小高位芽植物占比例最高，这与黄世训等（2008）对广西狭叶坡垒群落和吴协保等（2007）对广西千家洞福建柏群落的研究结果相一致。且该金花猕猴桃群落的生活型图谱与吴协保（2007）等研究的福建柏群落的生活型图谱具有很高的相似度。这种生活型分布格局反映了该金花猕猴桃群落分布区域温暖湿润的中亚热带气候特点。

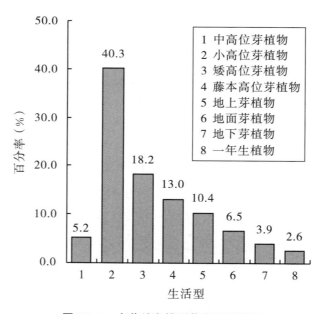

图 29-1　金花猕猴桃群落生活型谱图

2.4 乔木层主要树种重要值分析

植物重要值的大小可以作为群落中植物优势度的一个度量指标，指出植物在群落中的相对重要性及植物的最适生境。由于本研究以金花猕猴桃为研究对象，且其在垂直分布上处于乔木层，所以在调查中同乔木一起进行每木调查，并做重要值分析，分析结果见表29-1。

根据重要值分析的结果，该群落为金花猕猴桃—半枫荷—光叶山矾群落。在该群落中金花猕猴桃的重要值最高，达到49.08%，其次是半枫荷和光叶山矾，重要值均在31.0%以上，单体红山茶和尾叶冬青的重要值也较高，达到23.0%以上。金花猕猴桃在群落中占了绝对优势，其相对多度和相对频度在乔木层所有物种中都是最高的，但是其相对显著度较低，这与其植物本身的特性有关。金花猕猴桃作为藤本植物，在其整个生命过程中，最大茎粗只能达到 7 ~ 10 cm，而植物的胸径是反映相对显著度大小的指标。

以科为单位分析，科内植物的重要值总和在30.0%以上的科有猕猴桃科（Actinidiaceae）49.08%、冬青科39.60%、樟科37.72%、山矾科37.46%、山茶科37.18%、金缕梅科（Hamamelidaceae）31.88%。通过分析科的重要值，可以反映出，除猕猴桃科外，冬青科、樟科和山茶科植物在群落中所处的重要地位。

表 29-1 乔木层主要树种重要值分析

物种	相对多度（%）	相对显著度（%）	相对频度（%）	重要值（%）
金花猕猴桃 *Actinidia chrysantha*	22.58	6.30	20.20	49.08
半枫荷 *Semiliquidambar cathayensis*	8.39	13.40	10.10	31.88
光叶山矾 *Symplocos lancifolia*	3.23	26.04	2.02	31.28
单体红山茶 *Camellia uraku*	9.03	6.12	9.09	24.24
尾叶冬青 *Ilex wilsonii*	7.74	8.43	7.07	23.24
中平树 *Macaranga denticulata*	4.52	4.11	5.05	13.67
新木姜子 *Neolitsea aurata*	3.87	5.32	4.04	13.24
密花冬青 *Ilex confertiflora*	5.16	2.79	5.05	13.00
鹿角杜鹃 *Rhododendron latoucheae*	5.81	2.88	3.03	11.72
灰白新木姜子 *Neolitsea umbrosa*	2.58	4.23	3.03	9.84
珍珠花 *Lyonia ovalifolia*	3.23	2.48	4.04	9.75
树参 *Dendropanax dentiger*	3.87	2.63	1.01	7.52
木姜润楠 *Machilus litseifolia*	1.94	2.34	2.02	6.30
阔瓣含笑 *Michelia platypetala*	1.29	2.68	2.02	5.99
网脉山龙眼 *Helicia reticulata*	1.94	1.26	2.02	5.22
尖连蕊茶 *Camellia cuspidata*	2.58	1.28	1.01	4.87
山矾 *Symplocos sumuntia*	1.29	0.45	2.02	3.76
冬青 *Ilex chinensis*	1.29	1.05	1.01	3.35
毛叶木姜子 *Litsea mollis*	0.65	0.25	2.02	2.91
小叶女贞 *Ligustrum quihoui*	0.65	1.00	1.01	2.65

续表

物种	相对多度（%）	相对显著度（%）	相对频度（%）	重要值（%）
光叶石栎 *Lithocarpus mairei*	0.65	0.92	1.01	2.58
尖叶毛枔 *Eurya acuminatissima*	0.65	0.76	1.01	2.42
羊舌树 *Symplocos glauca*	0.65	0.76	1.01	2.42
杜英 *Elaeocarpus decipiens*	0.65	0.57	1.01	2.22
毛果算盘子 *Glochidion eriocarpum*	0.65	0.39	1.01	2.04
合　计	94.84	98.45	91.92	285.21

2.5　年龄结构分析

种群的龄级划分，在森林群落中通常是以树木的立木级来代表。这里乔木的立木级划分参照王伯荪（1996）的划分方法：I 级，高度在 33 cm 以下；II 级，高度在 33 cm 以上，胸径不足 2.5 cm；III 级，胸径在 2.5～7.5 cm；IV 级，胸径在 7.5～22 cm；V 级，胸径在 22.5 cm 以上。金花猕猴桃是该群落的优势物种，由于其是藤本植物，其年龄等级划分参照李先琨等（2002）、戴月等（2008）的方法，按照金花猕猴桃的生活史特点划分：I 级，茎粗在 1 cm 以下；II 级，茎粗在 1～3 cm；III 级，茎粗在 3～5 cm；IV 级，茎粗在 5～7 cm；V 级，茎粗在 7 cm 以上。

由图 29-2 可知，金花猕猴桃种群多数为成龄壮年植株，林下无幼苗，无老龄植株，种群的年龄结构目前表现为稳定型，然而由于没有幼苗的补充，当现有的成龄树步入老龄后，种群将进入衰退阶段。半枫荷的年龄结构图呈现倒三金字塔型，多为成龄树或中老龄树，无幼苗和幼树，表现为衰退型。

金花猕猴桃和半枫荷都属于国家珍稀濒危植物。由其年龄结构可以看出，其野外自我繁殖能力差，天然更新难度大，如不采取必要的保护措施，其数量势必会进一步减少。而且，根据林下植被调查和重要值分析的结果，樟科和冬青科植物在该群落中也占有一定的优势地位，而且冬青科的尾叶冬青，樟科的新木姜子和小新木姜在灌木层均属常见的种类，属于进展种，随着时间的推移金花猕猴桃和半枫荷的优势地位可能会被取代。

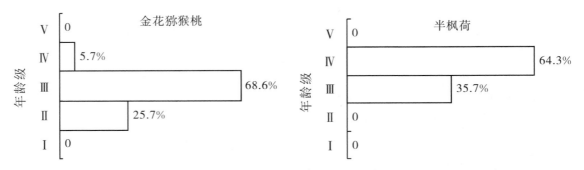

图 29-2　群落中主要优势树种年龄结构图

3　讨论

3.1　金花猕猴桃的濒危原因

调查的结果显示，在该金花猕猴桃优势群落中无幼苗幼树，这可能与其繁殖特性有关。梁木源等（1989）的猕猴桃种子发芽试验结果表明，金花猕猴桃种子发芽率低，长果型的为23%，圆果型的为26%（梁木源等，1989）。张静翅等（2010）开展了金花猕猴桃扦插繁殖试验研究，结果表明：金花猕猴桃的扦插生根能力强，经生根粉处理，在培养土中的生根率可达93.02%（张静翅等，2010）。在本项目野外调查过程中也发现，在野外林木稀疏的地方或者人为砍伐过的区域，光照充足，可见到金花猕猴桃萌条。由此可见，金花猕猴桃种子繁殖困难，但是具有较强的无性繁殖能力。

然而，金花猕猴桃幼苗需阴，成苗却喜阳，由于林下郁闭度大，光照条件不好，种子即使萌发，也会由于光照不足无法满足幼苗正常生长需求而导致死亡，同时郁闭的林下环境也不利于其无性繁殖。因此，金花猕猴桃的这种繁殖特性和野外森林郁闭的环境是导致其濒危的重要原因。

3.2　该金花猕猴桃优势群落形成原因

金花猕猴桃很少发现分布如此多而集中的居群，一般都是3～5棵零星分布。该群落是天然次生林，而且群落中金花猕猴桃年龄相近，均为10～15年的成年植株，与该次生林的年龄相吻合，据此可以推测，该居群的金花猕猴桃，可能是在上次人为砍伐后，发出的幼苗、萌蘖或根蘖苗，由于光热条件适宜，随该次生林一起成长起来的。猕猴桃枝条生长速度快，可以迅速地攀缘至林冠上层，在群落演替早期及其后一定时期内可占据优势地位。但是随着林龄的增长，林内郁闭度逐渐增大，林下就不能再满足其幼苗生长的条件，其优势地位将被占据一定优势地位的进展物种所代替。由此可推论，适当砍伐，增加林内光照，反而是有利于金花猕猴桃更新的。

3.3　金花猕猴桃濒危现状及保护对策

金花猕猴桃分布范围狭窄，在不多的几个分布区中，广西花坪国家级自然保护区是金花猕猴桃分布较多的区域。然而，这里更是孑遗植物银杉（*Cathaya argrophylla*）的发现地，其建立之初主要目的是保护银杉和该区域内分布的其他珍稀濒危动植物及典型常绿阔叶林生态系统（广西花坪国家级自然保护区综合科学考察报告，2010）。到目前为止，金花猕猴桃尚未被列入保护区重点保护植物名单内（广西花坪国家级自然保护区综合科学考察报告，2010；花坪保护区珍稀濒危植物名录，2005）。而且，此次发现的金花猕猴桃居群所处位置也仅在半保护区边界带上，并未在核心保护区内。再加上金花猕猴桃在当地较为常见，当地百姓不懂得其珍贵而未加珍惜，常随意砍伐。因此，在这个重要的分布区内，金花猕猴桃未得到高度的重视和有效的保护。David and Lawrence（2005）综合多个学者的研究结果表明，生境丧失是导致物种濒危的最广泛的原因，在所有受威胁物种中有85%的物种濒危是由于生境丧失造成的。因此，保护金花猕猴桃的适生环境，对于其种群恢复至关重要。

　　基于以上原因，建议将该居群所在区域划定为以保护金花猕猴桃为目的的特定区域，尽快建立保护小区，并在保护中实行适当的管理策略，定期砍伐一些常见种的大树或幼苗，形成林窗，以利于金花猕猴桃的自然更新；同时，应开展迁地保护及其生殖生物学研究，对其进行人工繁殖扩大种群，以避免种群衰退。

第三十章　濒危物种金花猕猴桃生存群落特征及濒危原因分析

金花猕猴桃是猕猴桃属植物中唯一开金黄色花的种类，被列为中国第二批珍稀濒危植物（许再富，1998）。关于金花猕猴桃的研究较少，更没有关于其生存环境的群落学研究。研究金花猕猴桃生存环境的群落特征及其在群落中的地位，探明其种群的年龄结构，对于揭示金花猕猴桃的濒危现状及其濒危的原因具有重要意义，并可为金花猕猴桃的保护提供科学依据。本研究深入金花猕猴桃的主要分布区（包括广西的龙胜、临桂、资源、贺州，湖南的城步及广东的天井山等地）进行群落学调查及采样，对其生存群落的群落特征进行了较为全面的分析。

1　试验方法

1.1　样地概况

群落调查共调查样点 13 个，样方总数 19 个，总面积 4800 m²，每个样方均用 GPS 定位仪测定经度、纬度及海拔。由于野外环境复杂，受地形限制，根据样点实际情况，样方设置有 10 m×10 m、10 m×20 m、10 m×30 m、20 m×20 m 等多种类型，样方设置时考虑其地势特点，一般使样方长轴与海拔梯度方向平行。具体情况见表 30-1。

表 30-1　13 个样点的基本信息

编号	样方数	样方大小	地点	经度	纬度	海拔（m）
P1	1	10 m×20 m	广西龙胜金竹坳	110° 04′ 14″ E	25° 40′ 147″ N	690
P2	1	10 m×30 m	广西龙胜金竹坳	110° 03′ 965″ E	25° 40′ 218″ N	658
P3	1	10 m×20 m	广西临桂宛田至黄沙	110° 04′ 16″ E	25° 40′ 149″ N	980
P4	2	20 m×20 m	广西临桂黄沙路口	109° 57′ 261″ E	25° 32′ 850″ N	1204
P5	1	20 m×20 m	广西临桂黄沙路口	109° 57′ 308″ E	25° 32′ 839″ N	1208
P6	1	10 m×20 m	广西临桂花坪保护区	109° 57′ 060″ E	25° 36′ 386″ N	1256
P7	1	10 m×10 m	广西临桂花坪保护区	109° 57′ 019″ E	25° 36′ 470″ N	928
P8	3	10 m×20 m	广西临桂花坪保护区	109° 56′ 418″ E	25° 33′ 735″ N	1334
P9	2	10 m×20 m	广西资源车田 Q1	110° 32′ 456″ E	26° 2′ 496″ N	1083
		10 m×20 m	广西资源车田 Q2	110° 32′ 457″ E	26° 2′ 494″ N	1034

续表

编号	样方数	样方大小	地点	经度	纬度	海拔（m）
P10	2	10 m × 20 m	广西贺州姑婆山姑婆肚 Q1	111° 32′ 15″ E	24° 37′ 27″ N	695
		10 m × 20 m	广西贺州姑婆山姑婆肚 Q2	111° 32′ 06″ E	24° 37′ 33″ N	728
P11	2	10 m × 20 m	广西贺州姑婆山马古槽 Q1	111° 33′ 07″ E	24° 35′ 42″ N	568
		10 m × 20 m	广西贺州姑婆山马古槽 Q2	111° 33′ 03″ E	24° 37′ 47″ N	575
P12	1	20 m × 20 m	湖南城步明头坳	—	—	900
P13	1	20 m × 20 m	广东天井山	—	—	900

1.2　调查方法

每个样方均做乔木层及林下植被调查。每木调查：以 5 m × 5 m 为基本单元，用相邻格子法做每木调查，测定胸径 ≥ 2 cm 的全部乔木的胸径、树高、冠辐和枝下高，大型木质藤本（如金花猕猴桃）计入乔木层，记录胸径和攀缘高度，这与吴冬等（2011）的方法相一致。林下植被调查：在每个大样方的四角和中心各设 1 个 2 m × 2 m 的小样方，调查灌木、草本及草质藤本植物，记录其高度、粗度、多度、盖度等指标。

1.3　数据分析

1.3.1　生活型划分

按 Raunkiaer 生活型分类系统，统计群落的生活型谱。

某一生活型百分率 =（该生活型的植物种数 / 该群落所有的植物种数）× 100

1.3.2　年龄级划分方法

种群的龄级划分，在森林群落中通常是以树木的立木级来表示，即以胸径和树高等作为代用指标来衡量树木的年龄。由于金花猕猴桃是藤本植物，不能以乔木的标准来衡量，因此其年龄等级参照其他学者的方法，按照金花猕猴桃的生活史特点进行划分：Ⅰ级，茎粗在 1 cm 以下；Ⅱ级，茎粗在 1 ~ 3 cm；Ⅲ级，茎粗在 3 ~ 5 cm；Ⅳ级，茎粗在 5 ~ 7 cm；Ⅴ级，茎粗在 7 cm 以上。

1.3.3　聚类分析

以每个样地乔木层树种的重要值为参数，以其欧氏距离为相异系数，采用离差平方和法对 13 个样点进行聚类，根据聚类分析结果划分群落类型。由于金花猕猴桃是我们的主要研究对象，其作为大型木质藤本，一般攀缘至群落上层，每木调查中记录到了乔木层，因此在计算重要值时和乔木一起参与乔木层重要值的计算。

密度 = 一种植物个体总数 / 样地面积

相对密度 =（一个种的密度 / 所有种的密度和）× 100

频度 = 该种植物出现的样地数 / 所调查的样地总数

相对频度 =（一个种的频度 / 所有种的频度总和）× 100

相对显著度 =（该种所有个体胸径断面积之和 / 所有种个体胸径断面积之和）× 100

重要值 = 相对多度 + 相对显著度 + 相对频度

1.3.4 数据处理软件

各指标的计算、生活型谱图及年龄结构图制作采用 Excel 2003 软件进行，聚类分析及聚类图用 statistica 6.0 软件处理。

2 结果与分析

2.1 物种组成

根据样方调查的结果可知，金花猕猴桃伴生群落内物种多样性十分丰富，在调查的 13 个样点、共 19 个样方中，共有维管束植物 351 种，隶属于 92 科 211 属。其中双子叶植物种类最多，有 70 科 165 属 281 种；单子叶植物 5 科 22 属 38 种；裸子植物 3 科 3 属 3 种；蕨类植物种类丰富，共有 14 科 21 属 29 种。

在全部 92 个科中，以樟科（20 种）和山茶科（19 种）种类最多，禾本科（16 种）、茜草科（16 种）、菊科（15 种）所含植物种类也较多，均达到了 15 种以上，含 10 种以上的科还有蔷薇科（14 种）、壳斗科（14 种）、大戟科（10 种）、百合科（11 种）。含 10 种以上的科共 9 个，占总科数的 9.8%，这 9 个科共含物种 135 个，占物种总数的 38.5%。含物种数较多的科还有杜鹃花科（9 种）、紫金牛科（9 种）、野牡丹科（7 种）、桦木科（7 种）、马鞭草科（7 种）、五加科（7 种）、山矾科（6 种）、猕猴桃科（6 种）、金缕梅科（6 种）、莎草科（6 种）、鳞毛蕨科（6 种）。除以上 20 个科外，其余科属所含物种均小于 5 种，以 1 种或 2 种的居多。其中仅含 1 个种的科共 37 个，占总科数的 40.2%。

2.2 群落的垂直结构

金花猕猴桃的生存群落主要有两种森林类型，即中亚热带常绿落叶阔叶混交林和针阔混交林，其结构复杂，可被划分为乔木层、灌木层、草本层和藤本植物，有些群落乔木层又可划分为两层或三层。各个样点的层次结构及主要物种组成如表 30-2 所示。

表30-2　杂木林各样点的主要物种组成

样地号	层次结构		主要物种组成
P1	乔木层	第一亚层	高15～20 m，粗度13～24 cm，马尾松（*Pinus massoniana*）、厚壳树（*Ehretia thyrsiflora*）、杉木（*Cunninghamia lanceolata*）、黎蒴（*Castanopsis fissa*）
		第二亚层	高8～15 m，粗度6～22 cm，马尾松、野柿（*Diospyros kaki*）、山乌桕（*Sapium discolor*）等
		第三亚层	高3～8 m，粗度3.5～20 cm，黄杞（*Engelhardtia roxburghiana*）、杨梅（*Myrica rubra*）野柿、山檨叶泡花树（*Meliosma thorelii*）等
	灌木层		野柿、白檵木（*Loropetalum chinense*）、杨梅、红背山麻杆（*Alchornea trewioides*）、米槠（*Castanopsis carlesii*）等
	草本层		心叶稷（*Panicum notatum*）、里白（*Hicriopteris glauca*）、海金沙（*Lygodium japonicum*）、芒萁（*Dicranopteris dichotoma*）、淡竹叶（*Lophatherum gracile*）、地菍（*Melastoma dodecandrum*）等
	藤本植物		金花猕猴桃、亮叶崖豆藤（*Millettia nitida*）、山银花（*Lonicera confusa*）、苍白秤钩风（*Diploclisia glaucescens*）等
P2	乔木层	第一亚层	高8～13 m，胸径5～17 cm，山苍子（*Litsea cubeba*）、山乌桕、钩锥（*Castanopsis tibetana*）、杜英（*Elaeocarpus decipiens*）、蚊母树（*Distylium racemosum*）等
		第二亚层	高4～7 m，胸径3～6 cm，山苍子、山乌桕、鹅掌柴（*Schefflera octophylla*）、楤木（*Aralia chinensis*）等
	灌木层		山乌桕、蚊母树、红背山麻杆、锈毛莓（*Rubus reflexus*）、光叶海桐（*Pittosporum glabratum*）等
	草本层		肾蕨（*Nephrolepis auriculata*）、白花败酱（*Patrinia villosa*）、五节芒（*Miscanthus floridulus*）、大叶艾纳香（*Blumea martiniana*）、地菍等
	藤本植物		金花猕猴桃、蓝叶藤（*Marsdenia tinctoria*）、异果崖豆藤（*Millettia dielsiana* var. *heterocarpa*）、东风草（*Blumea megacephala*）、三裂叶蛇葡萄（*Ampelopsis delavayana*）
P3	乔木层		高3～11 m，胸径3～10.5 cm，毛竹（*Phyllostachys heterocycla*）、杉木、鹅掌柴、狭叶密花树（*Rapanea kwangsiensis* var. *lanceolata*）、红梗润楠（*Machilus rufipes*）等
	灌木层		黄皮润楠（*Machilus versicolora*）、杉木、鼠刺（*Itea chinesis*）、野牡丹（*Melastoma candidum*）、多花野牡丹（*Melastoma affine*）、鹅掌柴、红背山麻杆等
	草本层		五节芒、芒萁、大叶艾纳香、无芒山涧草（*Chikusichloa mutica*）、稀子蕨（*Monachosorum henryi*）、马兰（*Kalimeris indic*）等
	藤本植物		金花猕猴桃、梨叶悬钩子（*Rubus pirifolius*）和菝葜属植物等
P4	乔木层		高2～6 m，胸径2～15 cm，马尾松、华中山柳（*Clethra fargesii*）、桤木（*Alnus cremastogyne*）、野漆（*Toxicodendron succedaneum*）、盐肤木（*Rhus chinensis*）等
	灌木层		粗叶悬钩子（*Rubus alceaefolius*）、水红木（*Viburnum cylindricum*）、青榨槭（*Acer davidii*）、鹅掌柴、野漆、杨梅、柃木（*Eurya japonica*）、山胡椒（*Lindera glauca*）等

续表

样地号	层次结构		主要物种组成
P4	草本层		五节芒、十字苔草（*Carex cruciata*）、石芒草（*Arundinella nepalensis*）、芒萁、地菍、里白、单芽狗脊（*Woodwardia unige mmata*）、稀子蕨等
	藤本植物		金花猕猴桃、亮叶崖豆藤（*Millettia nitida*）和栝楼（*Trichosanthes kirilowii*）
P5	乔木层	第一亚层	高 8～15 m，胸径 4～18 cm，野漆、苦槠（*Castanopsis sclerophylla*）、青榨槭、黄皮润楠、虎皮楠（*Daphniphyllum oldhami*）、厚皮香（*Ternstroemia gymnanthera*）等
		第二亚层	高 2～8 m，胸径 3～8.5 cm，鹅掌柴、柃木、青榨槭、网脉山龙眼（*Helicia reticulata*）、野漆等
	灌木层		鹅掌柴、四川新木姜（*Neolitsea sutchuanensis*）、山胡椒、毛果柃（*Eurya trichocarpa*）、毛果算盘子（*Glochidion eriocarpum*）等
	草本层		心叶稷、五节芒、芒萁、稀子蕨、地菍、马兰、福建蔓龙胆（*Crawfurdia pricei*）等
	藤本植物		金花猕猴桃、柱果猕猴桃（*Actinidia cylindrica*）、南五味子（*Kadsura longipedunculata*）、常春藤（*Hedera nepalensis* var. *sinensis*）等
P6	乔木层	第一亚层	高 16～26 m，胸径 13～40 cm，杉木、枫香（*Liquidambar formosana*）、苦槠和木荷（*Schima superba*）
		第二亚层	高 9～15 m，胸径 6～22 cm，毛竹和杉木
		第三亚层	高 3～8 m，胸径 3～6 cm，贵州杜鹃（*Rhododendron guizhouense*）、树参（*Dendropanax dentiger*）、鼠刺、竹叶木姜子（*Litsea pseudoelongata*）等
	灌木层		贵州杜鹃、腺叶桂樱（*Laurocerasus phaeosticta*）、黄丹木姜（*Litsea elongata*）、尖子木（*Oxyspora paniculata*）、鼠刺等
	草本层		单芽狗脊、翠云草（*Selaginella uncinata*）、美肉穗草（*Sarcopyramis bodinieri* var. *delicata*）
	藤本植物		金花猕猴桃、藤金合欢（*Acacia sinuata*）、粉菝葜（*Smilax glamuco–china*）
P7	乔木层	第一亚层	高 14～24 m，胸径 8～31 cm，米槠、木荷、杉木、润楠（*Machilus pingii*）和山乌桕等
		第二亚层	高 4～7 m，胸径 3～6 cm，米槠和石壁杜鹃（*Rhododendron bachii*）
	灌木层		贵州杜鹃、木荷、米槠、乌饭树（*Vaccinium bracteatum*）、四川新木姜、润楠等
	草本层		美肉穗草、里白、单芽狗脊
	藤本植物		金花猕猴桃、首冠藤（*Bauhinia corymbosa*）、野木瓜（*Sauntania chinensis*）等
P8	乔木层	第一亚层	高 15～30 m，胸径 17～22 cm，光叶山矾（*Symplocos lancifolia*）
		第二亚层	高 9～15 m，胸径 7～16 cm，新木姜子（*Neolitsea aurata*）、光叶山矾、阔瓣含笑（*Michelia platypetala*）、中平树（*Macaranga denticulata*）等
		第三亚层	高 4～6 m，胸径 2.2～12.5 cm，半枫荷（*Semiliquidambar cathayensis*）、单体红山茶（*Camellia uraku*）、尾叶冬青（*Ilex wilsonii*）、密花冬青（*Ilex confertiflora*）、羊角杜鹃（*Rhododendron moulmainense*）、中平树、树参等

续表

样地号	层次结构		主要物种组成
P8	灌木层		尾叶冬青、新木姜子、毛叶木姜子（*Litsea mollis*）、树参、小叶女贞（*Ligustrum quihoui*）、网脉山龙眼、刺叶冬青（*Ilex bioritsensis*）、大头茶（*Gordonia axillaris*）等
	草本层		淡竹叶、心叶稷、蕨状苔草（*Carex filicina*）、小叶野海棠（*Bredia microphylla*）、单芽狗脊等
	藤本植物		金花猕猴桃、菝葜（*Smilax china*）和福建蔓龙胆
P9	乔木层	第一亚层	高 12～13 m，胸径 15～22 cm，杉木
		第二亚层	高 1.5～7 m，胸径 2～15 cm，杉木、白栎（*Quercus fabri*）、马尾松
	灌木层		粗叶悬钩子、山胡椒、黔桂苎麻（*Boehmeria blinii*）、杉木萌条、山莓（*Rubus corchorifolius*）、白背叶（*Mallotus apelta*）、白栎和茅栗（*Castanea seguinii*）等
	草本层		毛杆野古草（*Arundinella hirta*）、红盖鳞毛蕨（*Dryopteris erythrosora*）、蕨菜（*Pteridium excelsum*）、土牛膝（*Achyranthes aspera*）、革命菜（*Crassocephalum crepidioides*）、鱼腥草（*Houttuynia cordata*）等
	藤本植物		金花猕猴桃、毛鸡矢藤（*Paederia scandens var. tomentosa*）、山乌归（*Stephania tetrandra*）、忍冬（*Lonicera japonica*）等
P10	乔木层	第一亚层	高 9～15.5 m，胸径 6～25 cm，檫木、鸡仔木（*Sinoadina racemosa*）、山麻杆（*Alchornea davidii*）、栲树（*Castanopsis fargesii*）
		第二亚层	高 2.5～7.5 m，胸径 2～13 cm，大头茶、桂南木莲（*Manglietia chingii*）等
	灌木层		粗叶悬钩子、盐肤木、罗伞树（*Ardisia quinquegona*）等
	草本层		千里光（*Senecio scandens*）、五节芒、珍珠茅（*Scleria herbecarpa*）、淡竹叶、金鸡菊（*Coreopsis drummondii*）、乌毛蕨（*Blechnum orientale*）等
	藤本植物		金花猕猴桃、菝葜、首冠藤、钻地风（*Schizophragma integrifolium*）、铁脚威灵仙（*Clematis chinensis*）、常春藤等
P11	乔木层	第一亚层	高 10～30 m，胸径 4.5～24 cm，深山含笑（*Michelia maudiae*）、半枫荷、杉木、新木姜子等
		第二亚层	高 4～9 m，胸径 2～18 cm，新木姜子、网脉山龙眼、陀螺果（*Melliodendron xylocarpum*）等
	灌木层		苦竹（*Pleioblastus amarus*）、竹叶木姜子、新木姜子、四角柃（*Eurya tetragonoclada*）等
	草本层		五节芒、淡竹叶、花葶苔草（*Carex scaposa*）、黑莎草（*Gahnia tristis*）、金鸡菊、铁芒萁（*Dicranopteris linearis*）、斜方复叶耳蕨（*Arachniodes rhomboidea*）等
	藤本植物		金花猕猴桃、华千金藤（*Stephania sinica*）、野葛（*Pueraria lobata*）、菝葜、海金沙等
P12	乔木层		高 3～6.5 m，胸径 2～12 cm，马醉木（*Pieris japonica*）、毛竹、马尾松、油桐（*Vernicia fordii*）、木荷等
	灌木层		粗叶悬钩子、杜鹃（*Rhododendron simsii*）、白栎、盐肤木、山莓等
	草本层		珍珠茅、蕨菜、茜草（*Rubia cordifolia*）、狗脊（*Woodwardia japonica*）、淡竹叶等
	藤本植物		金花猕猴桃、三叶木通（*Akebia trifoliata*）、藤黄檀（*Dalbergia hancei*）和野葛

续表

样地号	层次结构		主要物种组成
P13	乔木层	第一亚层	高 8 ~ 10 m，胸径 17 ~ 40 cm，拟赤杨（*Alniphyllum fortunei*）、石楠（*Photinia serrulata*）和栲树
		第二亚层	高 2.5 ~ 7 m，胸径 3.5 ~ 15 cm，女贞（*Ligustrum lucidum*）、盐肤木、杉木、润楠等
	灌木层		紫竹（*Phyllostachys nigra*）、九节（*Psychotria rubra*）、悬钩子（*Rubus chingii*）、琴叶榕（*Ficus pandurata*）、贵州杜鹃等
	草本层		积雪草（*Centella asiatica*）、地菍、翠云草、蔓生莠竹（*Microstegium vagans*）、芒萁、乌毛蕨、骨碎补（*Davallia mariesii*）、华南毛蕨（*Cyclosorus parasiticus*）等
	藤本植物		金花猕猴桃、酸藤子（*Embelia laeta*）、薜荔（*Ficus pumila*）、鸡矢藤（*Paederia scandens*）、海金沙

2.3　金花猕猴桃生存群落类型划分

通过对调查数据的分析整理，计算各个样点金花猕猴桃伴生群落的乔木层重要值，并对其进行聚类分析，可以发现各个群落类型均有些差异，其中也有一些群落类型相近。根据聚类分析的结果（图 30-1），在距离系数为 100 时，金花猕猴桃生存群落可划分为 8 个类型：①马尾松 + 野柿群落（P1）；②毛竹 + 杉木群落（P3、P6）；③金花猕猴桃 + 五节芒群落（P4）；④米槠林（P7）；⑤杉木林（P9）；⑥马醉木 + 毛竹 + 金花猕猴桃群落（P12）；⑦拟赤杨 + 女贞 + 金花猕猴桃群落（P13）；⑧杂木林（P2、P5、P8、P10、P11）。

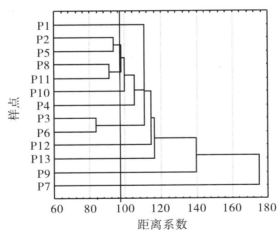

图 30-1　13 个样点群落类型聚类图

2.4　生活型组成

由图 30-2 可知，在金花猕猴桃群落中，以高位芽植物为主，占总数的 82.1%，高位芽植物中，矮高位芽、小高位芽和中高位芽占较大比例，所占比例均在 20% 以上；藤本高位芽植物也占了较大的比例，占总数的 11.1%；大高位芽植物缺乏，仅占总数的 1.4%。群落中还包括少数附生植物和肉质茎植物，地上芽植物、地面芽植物、地下芽植物和一年生植物占17.9%。乔木层树种中，有60.2%为常绿的种类，其余为落叶或半落叶种类，属常绿落叶混交林。这种生活型分布格局，反映了金花猕猴桃生存群落有较好的水热条件，金花猕猴桃群落分布区域具有温暖湿润的中亚热带气候特点。金花猕猴桃群落的高位芽植物比例，比同处中亚热带的广东南岭广东松群落（89.1%）稍低，比浙江的中亚热带常绿阔叶林（76.7%）稍高，这反映了不同的群落类型，其生活型组成存在差异。

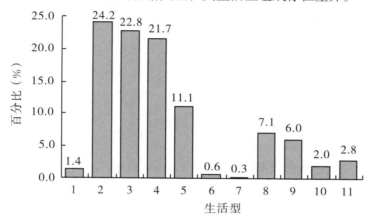

图 30-2　金花猕猴桃生存群落生活型谱图

注：1大高位芽植物，2中高位芽植物，3小高位芽植物，4矮高位芽植物，5藤本高位芽植物，6附生高位芽植物，7肉质茎高位芽植物，8地上芽植物，9地面芽植物，10地下芽植物，11一年生植物。

2.5　金花猕猴桃种群年龄结构

由图30-3可以看出金花猕猴桃种群的年龄结构特点，幼龄植株少，占总数的5.88%；以成龄植株和壮年植株最多，二者的总和占总数的70.58%；老龄树也占较大的比例，占总数的23.53%。这样的年龄结构，显示了金花猕猴桃种群目前处于一个相对稳定的状态。然而，其幼龄植株太少，Ⅳ级和Ⅴ级植株占了将近1/4，且根据调查的实际，这些幼龄植株多为老树天然萌蘖，或砍伐后萌生的萌蘖，没有发现种子繁殖的植株，这说明金花猕猴桃种群种子自然发芽率低，天然更新能力差。因此，当现有的成年树步入老年后，金花猕猴桃种群将趋于衰退。

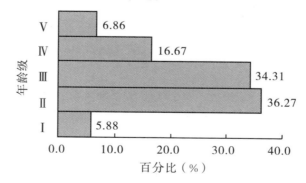

图 30-3　金花猕猴桃种群年龄结构图

注：Ⅰ.幼龄植株，Ⅱ.成龄植株，Ⅲ.壮年植株，Ⅳ、Ⅴ.老龄植株。

3 金花猕猴桃濒危原因

3.1 金花猕猴桃濒危的环境因素

根据《中国猕猴桃》（1993）记载，金花猕猴桃主要分布于广西的临桂、龙胜、资源，兴安和贺州也有分布，广东的阳山、乳源和湖南的宜章、宁远、芷江、城步等也有零星分布，其分布的海拔范围在 700 ~ 1500 m（崔致学，1993）。然而，本项目调查在姑婆山海拔 568 ~ 728 m 的四个样地中均发现了金花猕猴桃，因此，金花猕猴桃分布的海拔范围向下可扩展到海拔 568 m。据《中国植物志》记载，金花猕猴桃大多出现于海拔 900 ~ 1300 m，群体分布多在海拔 1000 m 以上。根据本调查的数据分析结果，在海拔 900 ~ 1334 m 范围内，金花猕猴桃在群落中的重要值较高，因此，900 ~ 1334 m 是最适宜金花猕猴桃生长的海拔范围。

从金花猕猴桃生存的群落类型来看，金花猕猴桃主要生存于中亚热带常绿落叶阔叶混交林和常绿落叶针阔混交林内，在群落的物种组成上，常绿的种类较多。

从分布区、海拔、群落类型几方面综合分析可知，最适宜金花猕猴桃生存的环境是中亚热带海拔 900 ~ 1300 m 的常绿落叶阔叶混交林或常绿落叶针阔混交林，可见其适生生境极其狭窄，而海拔和气候是限制其分布的主要生态因子。因此适宜金花猕猴桃生存的有限区域一旦遭到破坏，金花猕猴桃将遭到严重的威胁。

3.2 金花猕猴桃濒危的内在原因

繁殖力低常常是导致物种濒危的重要原因之一，是物种易灭绝特征之一（董元火等，2008）。黄仕训（1998）、李先琨等（2002）对元宝山冷杉的研究结果也表明，种子萌发率低是导致元宝山冷杉濒危的重要原因。在本项目实施过程中，本团队利用野外采集到的种子进行了播种试验，结果表明经沙藏处理、经 60 ℃温水及不同浓度的赤霉素浸泡处理，金花猕猴桃种子的最高萌芽率不超过 23%，一般都在 10% 左右，不经赤霉素处理发芽率几乎为零，且在金花猕猴桃生存群落内未发现种子苗。因此，种子繁殖力低是金花猕猴桃种群趋于衰退的重要原因之一。

有学者的研究表明，种群的大小和密度与该种的生育力呈现显著的正相关（Martin schmalholz，Katariina kiviniemi，2007）。向成华等（2009）对峨眉含笑的研究结果表明，种群数量的减少会导致遗传多样性的下降（向成华等，2009），而小种群由近交衰退带来的遗传多样性丧失可能会导致种子发芽率低（胡世俊等，2007）。有研究已经证明，近交衰退确实会带来遗传多样性的降低（何亚平等，2003；Takebayashi N，L. P. morrell，2001）。当种群个体数小于 100 时，常会观察到近交衰退，而且与较大的种群相比其种子发芽率更低（Joel P O，Glennr F and James J L，1998）。金花猕猴桃种群很小，调查中发现的最大的居群，其个体数也小于 100，一般一个居群的个体数量都在 10 株以下，只有一株的也很常见，而且不同的居群间距离较远，存在地理隔离。因此，其种子发芽率低可能是近交衰退引起的。

4 金花猕猴桃保护对策

4.1 保护金花猕猴桃适生生境

David 和 Lawrence（2005）综合多个学者的研究结果表明：生境丧失是导致物种濒危的最广泛的原因，在所有受威胁物种中有 85% 的物种濒危是生境丧失造成的（David S W，Lawrence L M，2005）。生境的退化会影响种群的生存能力（如存活率、增长率和生育力等），而且会导致种群的减小和片段化（Satu R，Lauri P，Jukka S 等，2008）。适合金花猕猴桃生存的范围极其狭窄，因此，要保护金花猕猴桃，首先应保护其生境不被破坏。

4.2 加强宣传

金花猕猴桃分布区内（特别是在广西的龙胜、临桂等地）有人类生活居住，通过向当地群众了解发现，山区的群众对金花猕猴桃的濒危情况知之甚少，因建屋或耕作的需要，在毁林开山过程中，金花猕猴桃常遭到砍伐，致使许多个体消失。因此，应加强宣传，促使当地居民自觉保护，减少对金花猕猴桃生境破坏。

4.3 开展就地保护与迁地保护工作

由调查结果可见，广西花坪国家级自然保护区内及其周边地区、广西姑婆山自治区级森林公园、广东天井山国家森林公园均有一定数量的金花猕猴桃分布。因此，应依托保护区及森林公园对其实施就地保护。针对其自然更新能力差的特点，应对其进行人工辅助更新，如人工抚育其幼树，定期间伐其他常见种大树形成林窗为其幼树创造生长条件。为避免近交衰退，应对其遗传多样性进行恢复。

迁地保护方面，广西植物研究所在 20 世纪 80 年代猕猴桃种质资源收集中收集了少数类型的金花猕猴桃，目前仅余一株，武汉植物园亦有引种保存，为同一个体的无性后代。在本项目实施过程中，本团队也对野外的一些个体进行了收集及无性繁殖，然而，由于金花猕猴桃对生境条件要求苛刻，迁地保护难度较大，引种成活率极低。因此，应进一步开展金花猕猴桃生殖生物学研究，为金花猕猴桃的迁地保护及野外更新提供技术支持。

第三十一章 珍稀濒危植物金花猕猴桃遗传多样性的 ISSR 分析及致濒机制的初步研究

ISSR（inter-simple sequence repeat）又称简单重复序列间扩增，是 Zietkiewicz 等于 1994 年创建的一种新的分子标记技术。它结合了 RAPD 和 SSR 的优点，具有操作简便快速、开发成本低、试验重复性好、多态性丰富、稳定性较高的优点（Woff K.，1995），已被广泛应用于植物种质资源遗传多样性的研究、品种鉴定及遗传图谱构建等（王建波等，2002；孙洪等，2005）。一个种群遗传多样性越丰富，对环境的适应能力就越强，越容易扩展其分布范围和开拓新的环境。可见物种或种群进化潜力和适应环境的能力取决于遗传多样性的大小。遗传多样性的研究尤其为分析物种珍稀或濒危的原因和进化潜力提供重要资料，对物种保护具有指导意义（Greef J M 等，1997）。利用 ISSR 分子标记的方法对不同地理分布区域的珍稀濒植物金花猕猴桃种群遗传结构进行分析研究，探索其遗传背景、遗传多样性及致濒原因，为金花猕猴桃的合理保护提供可靠的依据和对策。

1 材料和方法

1.1 试验材料

用于试验的金花猕猴桃样品材料：1 ～ 43 号采自广东韶关市天井山自然保护区、44 ～ 49 号采自湖南省城步县明头凹、50 ～ 58 号采自广西贺州市姑婆山、59 ～ 62 号采自广西桂林资源县车田乡、63 ～ 113 号采自广西桂林临桂县花坪国家自然保护区；114 号来自广西植物研究所猕猴桃种质圃的迁地保护种。作为广布种的中华猕猴桃材料：115 ～ 118 号采自湖南城步县、119 ～ 144 号采自广西桂林资源县车田乡、145 ～ 148 号采自广西桂林资源县中峰乡。

样品采集范围涉及广西北部、湖南、广东三地，其中野生金花猕猴桃 113 份、迁地保护金花猕猴桃 1 份、野生中华猕猴桃 34 份，共计 148 份样品。

1.2 试验方法

1.2.1 基因组 DNA 的制备

参照李思光、姚春潮等改良 CTAB 法提取金花猕猴桃基因组 DNA，并做了适当改进，具体如下：①在液氮中把 10 mg 硅胶干燥的猕猴桃叶片研磨成粉末，研磨同时加入 40 mg（5% ～ 6%，W/V）PVP 干粉。②将研磨好的粉末转入 1.5 mL 离心管中，加入 700 μl 冰冷的提取介质（0.2 mol/L Tris-HCl，pH 8.0；50 mmol/L EDTA，pH 8.0；0.25 mol/L NaCl）和 14 μl β-巯基乙醇，充分混匀后在 0 ℃放置

10 min。③在 4 ℃，7000 r/min 离心 10 min，收集沉淀。④在沉淀中加入 700 μl 65 ℃保温的 2×CTAB（2% CTAB；100 mmol/L Tris-HCl，pH 8.0；80 mmol/L EDTA；1.4 mmol/L NaCl，1% β-巯基乙醇）提取液充分混匀，置于 65 ℃保温 60 min，期间每间隔 10 min 轻慢颠倒混匀一次。⑤冷却后加入等体积的氯仿/异戊醇（24∶1），混匀后在 4 ℃，12000 r/min 离心 10 min。⑥吸取上清液转入新的 1.5 mL 离心管中，加入等体积的氯仿/异戊醇（24∶1），混匀后在 4 ℃，12000 r/min 离心 10 min。⑦吸取上清液转入新的 1.5 mL 离心管中，加入 2 倍体积的无水乙醇，轻轻混匀后在 -20 ℃，静止 120 min 后 10000 r/min 离心 10 min。⑧弃上清液，沉淀用 70% 乙醇洗涤 2 次，晾干后，溶于 100 μl TE 中，置于 -20 ℃下保存备用。

1.2.2　ISSR-PCR 反应

引物选用哥伦比亚大学（University of British Columbia，Set No.9，No.801-900）公布的序列，共 100 条，由上海 Sangon 公司合成。分别用距离较远的金花猕猴桃和中华猕猴桃的 DNA 样品为模板进行引物筛选，从 100 条引物中筛选出 12 条扩增条带好、信号强、反应稳定且多态性丰富的引物用于金花猕猴桃资源的遗传多样性分析。采用 20 μl 的体系进行 PCR 扩增，其中含模板 DNA 30～50 ng、1.5 μmol/L 引物、1 U Taq 聚合酶、0.25 mmol/L dNTPs、2.0 mmol/L MgCl$_2$、2.0 μl 10×PCR buffer（Mg^{2+} free），加水补齐至 20 μl。PCR 扩增程序为 94 ℃预变性 5 min，94 ℃变性 1 min，51～56 ℃复性退火 45 s，72 ℃延伸 2 min，45 个循环，最后 72 ℃再延伸 10 min。扩增产物经 1.5% 琼脂糖凝胶电泳分离，溴化乙锭染色，冲洗干净后在凝胶成像系统（Gel Doc 2000TM）中观察记录，并保存图像。

1.2.3　数据统计

电泳图谱中，一条清晰带（DNA 片段）代表一个标记位点。对 DNA 条带进行统计，按照条带的有或无赋值。在相同迁移位置上有带（显性）记为 1，无带（隐性）记为 0，依此构成 0/1 遗传相似矩阵。对于多态位点，仅在重复试验中能够稳定出现的用于数据分析。得到的二元数据矩阵用 NTSYS 2.1 软件中 DICE 法计算遗传相似系数，UPGMA 法进行聚类分析，绘制聚类图。

1.2.4　致濒机制分析

根据金花猕猴桃和广布种中华猕猴桃遗传多样性的 ISSR 研究，通过不同自然居群的遗传距离的远近分析金花猕猴桃种间遗传多样性的丰富度及迁移力，初步分析导致金花猕猴桃濒危的分子机制。

2　结果与分析

2.1　ISSR 多态性分析

从 100 条引物中筛选出 12 条多态性好、稳定性强的引物，用 12 条引物对 114 个金花猕猴桃和 34 个中华猕猴桃资源进行扩增，共扩增出 133 个 DNA 位点，其中 99 个为多态性位点，占总位点的 74.44%，不同引物扩增的多态比率为 61.53%～85.71%，说明供试的猕猴桃样品遗传多样性比较丰富。每个引物扩增的条带数为 7～14 条，平均为 11.08 条（表 31-1）。扩增产物条带介于 400～3000 bp，大多数片段介于 500 ~ 2000 bp（图 31-1）。

表31-1 12 条 ISSR 引物序列及扩增结果

引物（%）	引物序列 （3'-5'）	Tm 值	退火温度（℃）	位点数	多态位点数	多态位点 百分数（%）
U807	(AG)$_8$T	52.18	53	14	11	78.57
U808	(AG)$_8$C	54.59	56	10	7	70.00
U809	(AG)$_8$G	54.59	54	11	8	72.73
U811	(GA)$_8$C	54.59	53	12	9	75.00
U815	(CT)$_8$G	54.59	53	11	8	72.73
U834	(AG)$_8$YT	53.88	53	10	8	80.00
U835	(AG)$_8$YC	56.16	55	9	7	77.78
U840	(GA)$_8$YT	53.88	53	13	10	76.92
U841	(GA)$_8$YC	56.16	55	7	5	71.43
U842	(GA)$_8$YG	56.16	56	13	8	61.53
U855	(AC)$_8$YT	53.88	52	14	12	85.71
U873	(GACA)$_4$	51.55	51	9	6	66.67
总数	—	—	—	133	99	—
平均	—	54.35	53.7	11.08	8.25	74.09

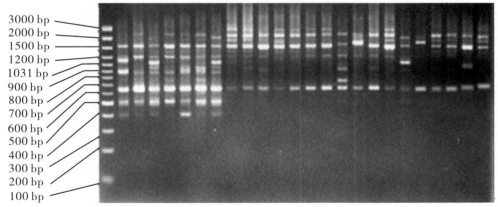

图 31-1 引物 U855 扩增的部分金花猕猴桃 ISSR 电泳图

注：M 泳道为 GeneRuler^{TM} 100 bp DNA ladder；其他泳道为 49 ~ 72 号金花猕猴桃样品。

2.2 聚类分析

对 12 条引物 PCR 扩增的条带用 NTSYS 2.1 软件进行统计分析，用 DICE 法计算相似系数，用 UPGMA 法构建分子系统树（图 31-2）。结果显示，在供试的 114 份金花猕猴桃和 34 份作为广布种的中华猕猴桃材料中，两两间遗传相似系数范围为 0.65 ~ 0.95。在相似系数为 0.65 时，可明显地将供试

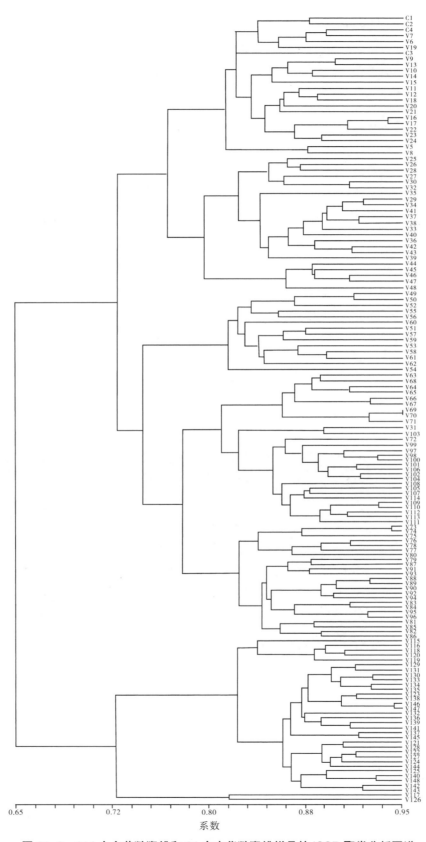

图 31-2　114 个金花猕猴桃和 34 个中华猕猴桃样品的 ISSR 聚类分析图谱

的 148 个样品分为两个种群，其中第一个种群是 1 ~ 114 号的 114 个金花猕猴桃，第二个种群为作为广布种的 34 个中华猕猴桃。说明金花猕猴桃和作为广布种的中华猕猴桃具有较大的遗传差异，也说明了利用 ISSR 技术能够很好地区分猕猴桃属不同的种。

金花猕猴桃的相似系数在 0.725 ~ 0.95，在相似系数为 0.742 时可将金花猕猴桃分为三组。第一组共有 47 个样品，包括除 31 号样品外（1 ~ 30 号、32 ~ 43 号）的 42 个广东天井山的样品和除 49 号样品外（44 ~ 48 号）的 5 个湖南城步明头凹样品；第二组共 14 个样品，包括 1 个湖南城步（49 号）样品、9 个（50 ~ 58 号）广西贺州姑婆山样品和 4 个广西资源车田乡样品；第三组共 53 个样品，包括 51 个（63 ~ 113 号）广西花坪自然保护区样品，31 号广东天井山样品和 114 号种植在广西植物研究所猕猴桃种质圃的迁地保护金花猕猴桃样品。如以相似系数 0.768 划分，金花猕猴桃可以划分为 5 个不同的组。作为广布种的中华猕猴桃在相似系数为 0.725 时分为两个居群，其中 117 号和 126 号两个样品聚为一组，其余 32 个样品聚为一组。利用 12 条引物可以将供试的所有金花猕猴桃和中华猕猴桃样品分开，说明这些供试材料具有一定的遗传差异，它们之间具有丰富的遗传多样性。

2.3　致濒分子机制分析

从 ISSR 分子标记数据分析聚类结果可以看出，无论是分为 3 组或是 5 组，金花猕猴桃基本上是按照一定的地理气候特征进行聚类的，在一定程度上反映了样品的地理分布情况，作为广布种的中华猕猴桃聚类上也存在一定的地域性，但没有金花猕猴桃那么明显。说明地理因素对金花猕猴桃自然居群的野外分布有很大影响。这与野外调查中金花猕猴桃对海拔高度（700 ~ 900 m）要求较高的结果相一致。对生存条件要求的苛刻性，可能是金花猕猴桃濒危的一个因素。

金花猕猴桃总的供试样品的遗传距离较大，从聚类图来看，基本上按照地理区域划分出来 5 个组，分别为 0.792 ~ 0.95、0.824 ~ 0.95、0.864 ~ 0.85、0.816 ~ 0.95、0.810 ~ 0.95，各个不同的自然居群的遗传相似系数均在在 0.792 ~ 0.95；这 5 个不同的组，基本上是按照一定的地理分布在一起的，说明金花猕猴桃自然居群的野外分布有很强的地域性，单一地理居群的金花猕猴桃遗传相似系数较大，种群内不同自然居群之间的基因交流很小，遗传距离很小。作为广布种的中华猕猴桃相似系数在 0.725 ~ 0.95，不能明确区分各个自然居群，各个自然居群受地理隔阂较小，整个种群遗传距离相对较大。进一步说明了地理隔阂对金花猕猴桃的遗传分化具有直接影响力，单一地理居群遗传分化较小，亲缘关系较近。

3　结论与讨论

3.1　结论

改良的 CTAB 法能够有效地从硅胶干燥的金花猕猴桃和中华猕猴桃叶样品中提取出高质量的基因组 DNA，可以满足 ISSR-PCR 操作。从 100 条 ISSR 引物中筛选出的 12 条引物，对 114 个金花猕猴桃和 34 个中华猕猴桃进行 ISSR-PCR，共扩增出 133 个 DNA 位点，其中 99 个为多态性位点，占总位点数的 74.44%，从而从分子水平证实了野生金花猕猴桃遗传多样性的丰富性。同时，单一地理居群相似系数较大，亲缘关系较近，从而也证明了金花猕猴桃单一地理居群遗传分化的狭小性。ISSR 技术能够有效地应用于金花猕猴桃致濒机制的研究。

3.2 讨论

ISSR 标记作为以 PCR 为基础的分子标记，除具有操作简单的优点外，还具有稳定和多态性条带丰富的优点，近年来在遗传多样性分析领域被广泛应用（毛伟海等，2006；郑玉红等，2006；马艳明等，2006）。本试验利用 12 条 ISSR 引物将 114 份金花猕猴桃材料完全区分开来，说明 ISSR 分子标记适用于金花猕猴桃种质资源遗传多样性的分析。另外，试验中只读取了完全清晰可辨的条带，虽然这在一定程度上会降低条带的丰富性，但却保证了结果的准确性。

一个物种的进化潜力和抵御不良环境的能力既取决于种内遗传变异的大小，也有赖于种群的遗传结构（Arise J C，Hamrick J L，1996）。多态位点比率和遗传多样性指数是衡量种群遗传多样性的重要指标。本研究利用 12 条 ISSR 引物对 114 份金花猕猴桃材料和 34 份广布种（中华猕猴桃）材料的基因组 DNA 进行扩增，得到 133 条清晰显带，其中 99 条呈多态性，占 74.44%，表明金花猕猴桃遗传多样性比较丰富。不同地理居群间出现一定程度的遗传分化和一定的基因交流，但由于地理隔离较大，基因交流比较少，造成单个地理居群遗传距离很近。这可能是导致金花猕猴桃濒危的原因之一，至于具体的致濒原因还有待进一步研究探讨。

对于金花猕猴桃来说，由于不同地理居群间出现了一定程度的遗传分化，建议在迁地保护和取样时，不仅要在每个自然居群中取足够多的个体，而且要在尽可能多的居群中取样，最大限度的保护金花猕猴桃的遗传多样性，为今后进一步研究金花猕猴桃的系统演化奠定基础。

第三十二章　4 种砧木嫁接的红阳猕猴桃光合特性比较

　　果树砧木不但可以提高栽培品种的抗性和适应性，还可以调节嫁接苗的生长势、成熟期、产量和果实品质等（李小红等，2009）。光合作用是果树生长和结果的基础，果树的光合性能不仅受品种和砧木遗传性的制约，而且还受"砧—穗"组合的影响，一般认为，果树叶片光合性能与其生产潜力呈正相关（张建光等，2007；马玉坤等，2012）。红阳猕猴桃风味好，价格高，但是抗病性不强，目前是广西的主栽品种，栽培面积 666.7 hm^2，生产上普遍以米良 1 号作砧木，是否有更适合红阳猕猴桃嫁接的砧木，需要进一步试验。因此，了解猕猴桃不同砧木品种及其组合的光合性能，对筛选红阳猕猴桃嫁接砧木具有十分重要的意义。不少学者开展了不同砧木对梨（姜卫兵等，2002）、李（周怀军等，2003）、樱桃（李勃等，2006）、柑橘（胡利明等，2006）、苹果（张建光等，2007）和葡萄（李小红等，2009；马玉坤等，2012））等果树光合特性的影响研究。关于猕猴桃光合特性的研究也较多，Greer 等（1988，1989，1992）在 1988～1992 年连续开展了温度对猕猴桃叶片光合光抑制及光抑制恢复影响的研究，结果表明，光抑制会严重降低美味猕猴桃叶片的光合能力；光抑制在低温下最大，光合光抑制是由叶片吸收超额的激发能引起的 PS Ⅱ 的原初光化学反应淬灭引起。Montanaro 等（2007）研究地中海气候环境下海沃德猕猴桃对干旱和复水的光合响应，发现猕猴桃光合器官可以适应临时的水分短缺，水分亏缺时 PS Ⅱ 会出现短暂的光破坏，复水后光合作用可恢复 95%，气孔导度恢复 80%。Montanaro 等（2009）研究了干旱条件下猕猴桃对遮阴的光合生理响应，结果表明，在严重干旱条件下，遮阴 50% 可保持 PS Ⅱ 的反应效率接近 0.8，水分利用效率比不遮阴增强 10%～15%。Wang 等（2011）研究干旱胁迫下猕猴桃对外源 ABA 的生理响应，结果表明，ABA 可以提高猕猴桃的抗旱能力，减少膜渗透性，增强抗氧化酶活性，干旱胁迫下猕猴桃的 Pn 和 Gs（气孔导度）下降，喷施 ABA 的处理 Gs 较其他处理下降更快，Pn 则降低较慢。黄涛（2006）研究大棚栽培下红阳猕猴桃的光合特性，结果表明大棚栽培的红阳猕猴桃叶片净光合速率和蒸腾速率大于露地栽培。郑小华等（2008）对红阳猕猴桃的光合日变化特征进行研究，结果表明，红阳猕猴桃日变化为双峰曲线，光合午休是气孔限制和非气孔限制共同作用引起。袁继存（2011）对红阳等 6 种猕猴桃的光合特性进行研究，结果表明，红阳猕猴桃日变化为双峰曲线，回归分析表明其 LSP 为 1928 μmol/m^2 · s，LCP 为 89 μmol/m^2 · s，光能利用范围较大。专家学者开展不同砧木对梨、李、樱桃、柑橘、苹果和葡萄等果树光合特性影响的研究较多，不同砧木对猕猴桃光合特性影响的研究鲜见报道。测定 4 种不同砧木嫁接的红阳猕猴桃光响应曲线和光合日变化，从光合生理的角度比较砧木对红阳猕猴桃光合性能的影响，旨在为筛选红阳猕猴桃嫁接砧木提供参考。

1 材料与方法

1.1 试验材料

供试材料为阔叶猕猴桃（*Actinidia latifolia*）、桂林猕猴桃（*A. guilinensis*）、长果猕猴桃（*A. longicarpa*）和中华猕猴桃（*A. chinensis*）（桂海 4 号）实生苗砧木嫁接（切接）的 2 年生红阳猕猴桃。净光合速率等参数用 Li-6400 便携式光合测定系统（美国 Li-COR 公司）测定。

1.2 试验方法

试验于 2011 年 9 月在广西植物研究所进行，用 Li-6400 便携式光合测定系统测定刚成熟的红阳猕猴桃叶片的净光合速率（*Pn*）、蒸腾速率（*Tr*）、气孔导度（*Gs*）、胞间 CO_2 浓度（*Ci*）等生理参数，同时记录光合有效辐射（*PAR*）、相对湿度（*RH*）、气温（T_{air}）、叶温（T_{leaf}）等环境状况。

1.2.1 *Pn–PAR* 响应曲线测定

设定 CO_2 浓度为 360 μmol/mol，叶面温度 30±2 ℃，相对湿度 50% 左右。用系统自带的红蓝光源给光，*PAR* 分别设定为 0 μmol/m²·s、10 μmol/m²·s、20 μmol/m²·s、50 μmol/m²·s、100 μmol/m²·s、200 μmol/m²·s、400 μmol/m²·s、600 μmol/m²·s、800 μmol/m²·s、1000 μmol/m²·s、1200 μmol/m²·s、1500 μmol/m²·s、1800 μmol/m²·s 和 2000 μmol/m²·s，测定上述一系列 *PAR* 强度下的 *Pn*，每光强下测定 2 min，记录数据 5 个，每种砧木选 3 株嫁接苗，每株测 1 片叶。测定前在 *PAR* 为 1500 μmol/m²·s 条件下，对测定的叶片进行光诱导 20 min。

1.2.2 光合日变化测定

4 种砧木嫁接的红阳猕猴桃光合日变化在同一天（晴天）中的 8：00～18：00 测定，每隔 1.5 h 测定 1 次，中午间隔时间稍密，两次测定间隔 1.0 h。每次均固定测定预先选好的叶片。为了消除时间差异引起的误差，每种砧木选 2 株嫁接苗，每株测定 1 片叶，每种砧木先轮流测第 1 片叶，测完后再轮流测第 2 片叶，每片测定 2 min，记录数据 5 个。

1.3 数据分析

光合参数的计算：根据一系列 *PAR* 下的 *Pn* 测定值，利用统计软件拟合光响应曲线，得出各光合参数。直角双曲线模型和非直角双曲线模型是目前比较常用的两种光响应曲线模型，通过光响应曲线的拟合得到表观量子效率（*AQY*）、最大净光合速率（P_{max}）和光下呼吸速率（R_{day}）3 个光合参数。光饱和点（*LSP*）和光补偿点（*LCP*）根据 *PAR* < 200 μmol/m²·s 时的 *Pn–PAR* 直线回归方程计算。通过直线回归方程，可以返回 *AQY* 和 R_{day} 两个参数，但由于光响应曲线拟合得到的 *AQY* 和 R_{day} 与直线回归得到的参数有较大差异，因此本研究在光响应曲线拟合时先作直线回归，得到 *AQY* 和 R_{day} 两个参数，然后使光响应曲线模型中的 *AQY* 和 R_{day} 与直线拟合出的数值相等，再作光响应曲线拟合返回 P_{max} 和

k 值。光响应曲线采用非直角双曲线方程拟合。

$$P = \frac{\varphi \cdot PAR + P_{max} - \sqrt{(\varphi \cdot PAR + P_{max})^2 - 4\varphi \cdot PAR \cdot P_{max}}}{2k} - R_{day}$$

式中，φ 为表观光量子效率，PAR 为光有效辐射，P_{max} 为最大净光合速率，R_{day} 为光下呼吸速率，k 为光合光响应曲线曲角。

气孔限制值：$Ls = 1 - (Ci/Ca)$

水分利用效率：$WUE = Pn/E$

光能利用效率：$LUE（\%）= Pn \times 100/PAR$

RuBP 酶羧化效率：$CE = Pn/Ci$

光响应曲线和 $PAR < 200$ μmol/m^2·s 时的直线回归方程用 Stastica 5.5 软件拟合，用 Excel 2003 作图。

2　结果与分析

2.1　4 种砧木嫁接的红阳猕猴桃光响应结果

2.1.1　Pn-PAR 响应

通过非直角双曲线方程拟合的光合参数见表 32-1，拟合的光响应曲线见图 32-1。由表 32-1 可知，4 种砧木嫁接的红阳猕猴桃的 AQY 为 0.0465 ～ 0.0538，LSP 为 433.6 ～ 494.79 μmol/m^2·s，LCP 为 33.19 ～ 61.79 μmol/m^2·s。其中长果砧嫁接苗的 AQY、P_{max} 和 LSP 均比其他 3 种砧木的高，而 R_{day} 和 LCP 比其他 3 种砧木的低，其光合性能最好；阔叶和桂林砧的各参数大小比较接近，但阔叶砧的 R_{day} 较大，致使其 LCP 较高；中华砧的 P_{max} 和 LSP 最低，光和性能较差。由图 32-1 可以看出，4 种砧木嫁接的红阳猕猴桃光合特性表现为长果砧＞阔叶砧＝桂林砧＞中华砧，长果砧嫁接苗对光环境的适应性最强，可利用的有效光合辐射范围最大。

表 32-1　4 种砧木嫁接的红阳猕猴桃光合作用参数

砧木	AQY	P_{max}（μmol/m^2·s）	R_{day}（μmol/m^2·s）	LSP（μmol/m^2·s）	LCP（μmol/m^2·s）	k值
阔叶 A. latifolia	0.0488	19.8099	3.0184	467.33	61.79	0.7386
桂林 A. guilinensis	0.0491	20.7930	2.2860	469.94	46.55	0.7775
长果 A. longicarpa	0.0538	24.8340	1.7855	494.79	33.19	0.9098
中华 A. chinensis	0.0465	17.6853	2.4722	433.60	53.18	0.7853

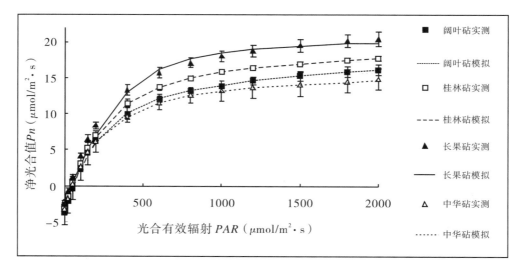

图 32-1　4 种砧木嫁接的红阳猕猴桃 Pn-PAR 响应曲线

2.1.2　其他光合生理参数的光响应

由图 32-2A 可以看出，随着 PAR 的增强，Ci 逐渐下降随后趋于平稳，4 种砧木对 Ci 的影响差异不大。由图 32-2B、图 32-2C 可知，红阳猕猴桃的 Gs 和 E 随着 PAR 的增强而持续上升；4 种砧木中，长果砧的 Gs 值最大，中华砧的最小，阔叶砧和桂林砧的居中；桂林砧的 E 最大，阔叶砧的最小，长果砧和中华砧的居中。由图 32-2D 可以看出，WUE 的光响应受 Pn 与 E 两者影响，呈先迅速升高然后

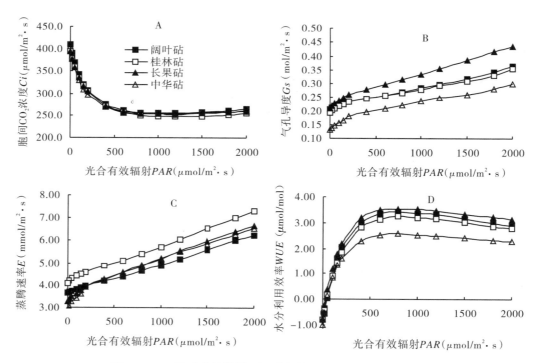

图 32-2　4 种砧木嫁接的红阳猕猴桃 Ci、Gs、E、WUE 的光响应

注：图 32-2 中所有图例均同图 32-2A。

缓慢降低趋势；长果砧的 WUE 最高，中华砧的 WUE 最低，阔叶砧和桂林砧的 WUE 居中。4 种砧木中长果砧的 Gs 最大，E 却不是最大的，因此其 WUE 最高。有研究表明，当不存在水分胁迫时 Pn 与 Gs 呈线性关系（傅伟，1994），较高的 Gs 和 WUE 可能是长果砧的红阳猕猴桃叶片具有较高 Pn 的主要原因之一。

2.2　4 种砧木嫁接的红阳猕猴桃光合日变化测定结果

2.2.1　环境因子的日变化

测定光合日变化的当天，天气晴朗，偶尔有云，气温较高。由图 32-3A 可以看出，PAR 从 8 : 00 ～ 18 : 00 呈先升高后降低趋势，在 14 : 00 上升至最高峰，PAR 值在 34.0 ～ 1755.0 $\mu mol /m^2 \cdot s$ 内变化；温度变化趋势与 PAR 变化趋势一致，其变化范围为 24.2 ～ 38.6 ℃，温度变化受 PAR 的影响，其变化时间比 PAR 变化滞后，相关分析结果表明两者呈显著正相关，相关系数 81.4%。大气 CO_2 浓度与相对湿度（RH）的变化趋势（图 32-3B）一致，均是早晚高，中午低，大气 CO_2 浓度变化范围为 378.6 ～ 404.5 $\mu mol/mol$，RH 变化范围为 21.2% ～ 48.6%。

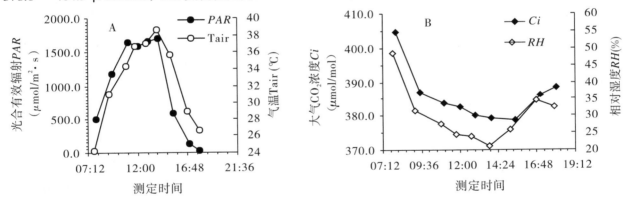

图 32-3　环境因子日变化图

2.2.2　光合参数的日变化

（1）净光合速率的日变化。由图 32-4A 可知，随着一天中各环境因子的变化，红阳猕猴桃的 Pn 表现为典型的双峰曲线，说明其存在光合"午休"现象（曲线最低峰值），"午休"时间在 13 : 00 ～ 14 : 00，其中阔叶砧的红阳猕猴桃"午休"出现在 14:00，其余 3 种砧本的红阳猕猴桃"午休"出现在 13:00。4 种砧木嫁接的红阳猕猴桃的光合最高峰均出现在上午 9 : 30 左右，下午的峰值除阔叶砧的出现在 15 : 30 外，其余 3 种砧木均出现在 14 : 00 ～ 14 : 30。阔叶砧的红阳猕猴桃光合"午休"时间比其余 3 种砧木晚，说明阔叶砧的嫁接苗对高光强和高温有更好的适应性。4 种砧木嫁接的红阳猕猴桃，以长果砧的光合能力最强。

（2）气体交换参数的日变化。Gs 的变化趋势（图 32-4B）与 Pn 变化趋势相似，也表现为双峰型。Ci 的变化趋势为 U 形变化（图 32-4C），4 种砧木间差别不大，以阔叶砧的 Ci 稍高。Ls 的变化趋势（图 32-4D）与 Ci 相反。E 的变化（图 32-4E）也表现为双峰型，在 13 : 00 受 Gs 降低的影响，E 出现一个低谷，因为 E 的日变化除受 PAR 影响外，还受温度和湿度等多个因素影响，不同砧木嫁接的红阳猕猴

桃 E 的大小表现与光响应测定结果有差异，表现为长果砧和桂林砧较高，阔叶砧和中华砧次之。"午休"后长果砧的 Gs 和 E 明显高于其他砧木，说明长果砧的嫁接苗在经历中午的高 PAR 后，恢复能力好于其他砧木的嫁接苗。

（3）其他光合生理参数的日变化。WUE 的变化（图 32-4F）在一天中表现为上午最高，随后逐渐降低；不同砧木间的 WUE 仅在上午 8：00 差异较大，长果砧和桂林砧的 WUE 最高，中华砧的次之，阔叶砧的最低。LUE 日变化呈先降低而后升高趋势（图 32-4G）。CE 的日变化与 Pn 相似，也呈双峰型（图 32-4H）。不同砧木间的 LUE 和 CE 差异表现与 WUE 相似，也以长果砧和桂林砧的最高，中华砧的次之，阔叶砧的最低。叶片温度的变化与气温密切相关，两者变化趋势相同，不同砧木间的叶温差异不明显（变化幅度为 ±1 ℃）。长果砧的 WUE、LUE 和 CE 均高于其他砧木，因此较高的 LUE 和较高的 CE 可能是其 Pn 高于其他砧木的主要原因。

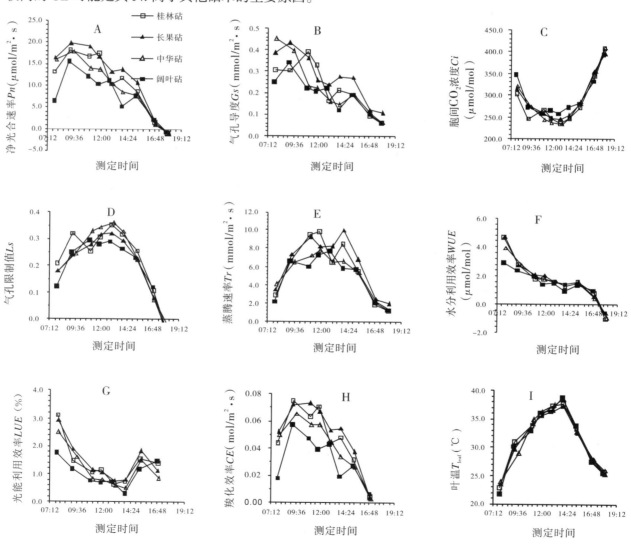

图 32-4　不同砧木嫁接的红阳猕猴桃光合生理参数日变化

注：图 32-4 中所有图例均同图 32-4A。

3　讨论

3.1　不同砧木对红阳猕猴桃光适应性的影响不同

光合参数中的 AQY 是指植物对 CO_2 同化的表观光量子效率，反映了植物光合作用对光能特别是弱光的利用效率（蹇洪英等，2003；张振文等，2010；张利刚等，2012）。LSP 和 LCP 是一对用于衡量植物需光特性的生理指标，LCP 较低、LSP 较高的植物对光环境的适应性较强，而 LCP 较高、LSP 较低的植物对光照的适应性较弱（张振文等，2010；张利刚等，2012）。本研究结果表明，长果砧嫁接的红阳猕猴桃 AQY 最高（0.0538），说明其光能利用率高于其他 3 种砧木的嫁接苗，与邱国维（1992）研究认为植物的 AQY 一般为 0.03～0.07，AQY 越大，光能利用率越高的结果一致；长果砧嫁接的红阳猕猴桃的 LSP 最高，R_{day} 和 LCP 却最低，反映了长果砧嫁接的红阳猕猴桃对光环境的适应性最强，可利用的有效光合辐射范围最大；4 种砧木的嫁接苗光合特性表现为长果砧嫁接苗＞阔叶砧和桂林砧嫁接苗＞中华砧嫁接苗，与这 4 种砧木中生长势最强的为长果砧猕猴桃、最弱的为中华砧猕猴桃相吻合。

3.2　光合峰值及"午休"出现的时间、原因探讨

本研究中红阳猕猴桃光合峰值（第一峰值在 9：00，第二峰值在 14：30～15：30）及光合"午休"出现的时间（13：00～14：00）与袁继存等（2011）的研究结果接近，与黄涛（2006）、郑小华等（2008）研究发现第一峰值出现在 12：00 的结果有较大差异，可能与气候差异有关，特别与测定时的光有效辐射相关。如郑小华等（2008）测定光有效辐射当天上午 10：00 的 PAR 仅 300 μmol/m²·s，而在桂林测定光有效辐射当天上午 9：00 的 PAR 为 1000 μmol/m²·s 以上。

Ci 和 Ls 的变化方向可用来判断引起光合"午休"的因素是气孔因素还是非气孔因素。当 Ci 降低、Ls 升高、Pn 下降时，表明 Pn 降低是气孔限制造成的，反之则是非气孔限制引起（许大全，1997）。本研究中红阳猕猴桃的光合"午休"在中午光合最低点之前，Ci 随着 PAR 的升高而降低，Ls 随着 PAR 的升高而升高，因此，红阳猕猴桃在高光强下 Pn 降低主要是气孔限制引起，与黄涛（2006）对大棚条件下红阳猕猴桃的研究结果一致。当温度和水分条件适合时，PAR 上升，Pn 持续上升，说明红阳猕猴桃不存在光抑制，发生"午休"现象时，是一天中温度最高（38.6 ℃）、湿度最低（21.2%）的时候，日变化中在高光强下出现"午休"现象是高温和低湿度引起的气孔关闭造成的。

4　结论

本研究结果表明，长果砧嫁接的红阳猕猴桃的 P_{max}、AQY、LSP、Pn、WUE、LUE 和 CE 均最高，其光合性能最好，从光合角度来评价，长果砧是嫁接红阳猕猴桃效果较佳的砧木。

第三十三章 桂北中华猕猴桃光合蒸腾特性及其影响因子研究

光合作用是植物生长发育的基础，是果树产量和品质构成的决定因素。对不同作物的光合特性已有许多报道（吴姝等，1998；杨建民等，1998；王志强等，2000；潘晓云等，2002；谢田玲等，2004），对猕猴桃光合特性的研究也逐年增多（向小奇等，1998等；谢田玲，等2004；）。广西地处热带和亚热带，光能充足，雨量充沛，丘陵山地多，利用大面积海拔在 800～1200 m 的山地发展猕猴桃绿色果品，将是西部大开发、亚高山区扶贫和生态重建、农业结构调整的重要途径，也是其他水果不可替代的（王新桂等，2003）。广西植物研究所选育的中华猕猴桃"桂海4号"于8月底至9月初成熟，比区外产地提早1个月左右进入市场，具有更大的市场竞争力（何碧娟，1997；李瑞高等，1998；王新桂等，2002；莫凌等，2003）。因此，加强对广西猕猴桃的栽培生理研究，显得尤其重要。目前植物光合速率日变化及其影响因素是科技工作者研究的重点之一，已有报道对大豆（张瑞朋等，2002）、青花菜（张杰等，2006）、沙冬青（李禄军等，2007）、柿树（孙磊等，2007）、美味猕猴桃（刘应迪等，1999）等多种经济树种进行了研究，表明环境条件对作物净光合速率变化影响甚大。本试验对桂北中华猕猴桃光合速率及蒸腾速率日变化情况进行了分析测定，并运用相关分析方法进行分析评价，以期为中华猕猴桃栽培技术措施的合理制订提供有益参考。

1 材料与方法

1.1 试验地概况

试验地设在广西植物研究所引种栽培室的猕猴桃园，海拔 170 m，年平均气温 19.2 ℃，最热月（7月）平均气温 28.3 ℃，最冷月（1月）平均气温 8.4 ℃，极端最高温 38 ℃，极端最低温 –6 ℃，冬有霜冻，偶见雪。年降水量 1655.6 mm，降水集中在 4～6月，冬季雨量较少，干湿交替明显，年平均相对湿度 78%，土壤为酸性黏壤土。试验地土壤平均容重 1.13 g/cm³，田间持水量 32.78% 左右。土壤全氮含量 1.82 g/kg，全磷含量 2.25 g/kg，全钾含量 11.04 g/kg。

1.2 试验材料及方法

供试材料为 22 年生中华猕猴桃早熟品种桂海 4 号，采用大棚架栽培，株行距 3 m×3 m。选择在 6 月下旬的晴天用 Li–6400 便携式光合作用测定系统（Li–cor，USA）测定植物叶片的净光合速率（Pn）、蒸腾速率（Tr）、气孔导度（Gs）、饱和气压差（$Vpdl$）、胞间 CO_2 浓度（Ci）等生理指标，同时记录相关的环境因子，如光合有效辐射（PAR）、空气相对湿度（RH）、叶温（T_{leaf}）等。测定时间为 8：00～

18：00，每隔2 h测定1次，供试叶片选用树冠上层成熟、向阳的完整叶片。结果为5次测定的平均值。所有数据均由仪器自动记录，数据统计分析应用 Excel 和 spss 软件。

2 结果与分析

2.1 中华猕猴桃各因子的日变化情况

典型的夏季气候条件下，PAR 呈倒 U 形（图 33-1），8：00 即接近 1000 $\mu mol/m^2 \cdot s$，12：00 达一天中最大值，1835.78 $\mu mol/m^2 \cdot s$，随后下降，16：00 仍有 1258.81 $\mu mol/m^2 \cdot s$，一天中超过 1000 $\mu mol/m^2 \cdot s$ 的时间近 8 h，其平均值达到 1272.75 $\mu mol/m^2 \cdot s$；T_{leaf} 随着 PAR 的加强而增大，12：00～14：00 变幅不大均在 42 ℃左右，一天中的均温为 39.34 ℃；RH 一天中的变化趋势与 T_{leaf} 及 PAR 相反，早晚高、中午低，14：00 达最低值 35.68%，比 8：00 下降了 38.6%，18：00 恢复至近早上的湿度值。

猕猴桃桂海 4 号 Pn 值一天中呈现出双峰曲线，在 10：00 达一天中最大值 14.56 $\mu mol/m^2 \cdot s$，而后下降，在 12：00 达低谷，14：00 有一小高峰出现，后持续下降，18：00 仍维持在 3.82 $\mu mol/m^2 \cdot s$ 左右，一天中的均值为 9.41 $\mu mol/m^2 \cdot s$，表明其在夏季生长较旺盛；在维持高光合速率的同时，其 Tr 也保持在较高水平，表现为单峰曲线，一天中均值为 8.28 $mmol/m^2 \cdot s$，在 14：00 达到高峰（13.47 $mmol/m^2 \cdot s$）；Gs 一天中呈双峰形，10：00 和 14：00 各有一高峰出现，下午的峰值比上午要高；$Vpdl$ 为一单峰曲线，其峰值出现在 12：00；Ci 则与 $Vpdl$ 相反，低谷值出现在 10：00。

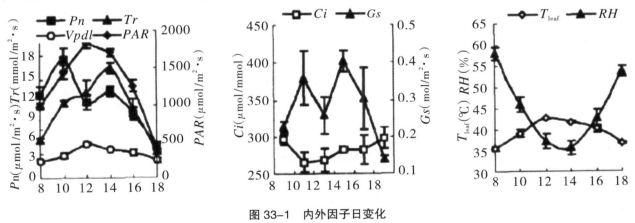

图 33-1　内外因子日变化

2.2 内外因子对中华猕猴桃光合和蒸腾的影响

2.2.1 光合有效光辐射和空气相对湿度

在夏季典型的天气条件下，Pn 与 PAR 呈极显著相关。上午 Pn 值随着 PAR 的上升而上升，在 PAR 为 1400 $\mu mol/m^2 \cdot s$ 左右时达最高值，其后随着 PAR 的继续升高而下降，在 PAR 达峰值时处于低谷，然后随 PAR 的下降有一小高峰出现，之后随 PAR 的持续下降而下降，在 18：00 Pn 仍有一天中最高值（26.24%）。通过回归分析发现，*PAR* 与 *Pn* 的关系呈抛物线型（图 33-2a），其方程如表 33-1，曲线的顶点为（1408，10.84），说明在强光下桂海 4 号适应性较强。*PAR* 与 *Tr* 呈极显著正相关（*P* < 0.01），*Tr* 与 *PAR* 的关系呈线性（图 33-2a，表 33-1），*Tr* 值随 *PAR* 的增大持续增大，在正午 *PAR* 最大时，*Tr* 仍未达最大值，而在 14：00 达最大，这也许是因为存在蒸腾饱和现象的缘故。*RH* 对 *Pn* 和 *Tr* 都呈负面影响，*Pn* 的低谷出现在 *RH* 相对较低的时候，而 *RH* 与 *Tr* 达极显著负相关（图 33-2b，表 33-1），*Tr* 随着 *RH* 的降低而升高，在 *RH* 达低谷时 *Tr* 达最高值。

2.2.2 叶温和饱和气压差

叶温对光合有一定影响，净光合速率峰值出现在叶温较高时（39.13、41.80 ℃），谷值出现在温

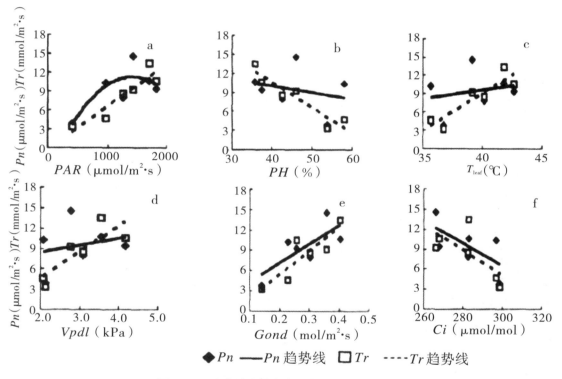

图 33-2　中华猕猴桃光合和蒸腾对内外因子的响应

表 33-1　中华猕猴桃桂海 4 号净光合速率与蒸腾速率随内外因子变化的回归方程

项目	净光合速率 *Pn*		蒸腾速率 *Tr*	
	回归方程	相关系数	回归方程	相关系数
光合有效辐射 *PAR*	$Y=-7.1E-0.6X^2+0.020X-3.249$	0.558**	$Y=0.006X-0.252$	0.847**
相对湿度 *RH*	$Y=-0.079X+13.156$	-0.184	$Y=-0.381X+25.649$	-0.901**
气孔导度 *Gs*	$Y=21.845X+3.517$	0.644**	$Y=25.974X+1.367$	0.764**
胞间 CO_2 浓度 *Ci*	$Y=-0.081X+32.154$	-0.436**	$Y=-0.035X+18.767$	-0.183
饱和气压差 *Vpdl*	$Y=0.440X+8.286$	0.105	$Y=2.729X+0.276$	0.649**
叶温 T_{leaf}	$Y=0.209X+1.343$	0.157	$Y=1.023X-31.951$	0.784**

注：*P < 0.05，**P < 0.01。

度最高时（42.64 ℃），表明其能耐受一定程度的高温。叶温对蒸腾影响显著，相关系数达 0.784（P < 0.01）（图 33-2c，表 33-1）。午前随着叶温的升高，蒸腾增大，午后随其下降而降低。蒸腾作用有助于降低叶片温度，免受高温伤害。饱和气压差与光合作用呈正相关，但相关性很小，相关系数为 0.105（P < 0.01）。饱和气压差与蒸腾速率呈极显著正相关（图 33-2d，表 33-1），饱和气压差增大，可加大蒸腾动力，从而加速蒸腾作用。

2.2.3 气孔导度和胞间 CO_2 浓度

生理因子随着气候因子的变化而变化，反过来生理因子又影响植物的光合和蒸腾。Gs 与光合、蒸腾均呈极显著正相关（图 33-2e，表 33-1）。一天中 Gs 与 Pn 一样呈双峰变化，上午随着气孔逐渐张开，Gs 升高，光合速率升高，随着 PAR 的进一步增强，气孔部分关闭，光合出现低谷，随着 Gs 又一峰值的出现，Pn 出现一天中的第二峰值，之后再次下降；Tr 随着气孔的开张、Gs 的上升而快速上升，在中午气孔部分关闭时，Tr 上升缓慢，随之出现峰值。Ci 对 Pn 与 Tr 均呈负相关，其中与 Pn 显著相关（图 33-2f，表 33-1）。Pn 越大，其消耗的 CO_2 越多，Ci 就越低，反之，Ci 上升，表明参与同化的 CO_2 减少，从而导致 Pn 下降。

2.3 各因子的综合作用

净光合速率和蒸腾速率呈极显著正相关（$R=0.410^{**}$）；PAR 与 Ci、RH 均呈极显著负相关（$R=-0.549^{**}$，-0.816^{**}），与 Gs、$Vpdl$、T_{leaf} 均呈极显著正相关（$R=0.487^{**}$，0.828^{**}，0.845^{**}）；RH 与 Gs、$Vpdl$、T_{leaf} 均呈极显著负相关（$R=-0.470^{**}$，-0.856^{**}，-0.938^{**}），而与 Ci 呈极显著正相关（$R=0.379^{**}$）；T_{leaf} 与 Gs 呈显著正相关（$R=0.227^{*}$），与 Ci 呈极显著负相关（$R=-0.578^{**}$），与 $Vpdl$ 呈极显著正相关（$R=0.964^{**}$）；$Vpdl$ 与 Ci 呈极显著负相关（$R=-0.636^{**}$）。从以上分析不难看出，主要环境因子 PAR、RH、T_{leaf} 与 Gs、$Vpdl$、Ci 等内在因子均对 Pn、Tr 产生了一定程度的影响，为进一步分析它们之间的数量化关系，对测定结果进行了逐步回归，可得 Pn、Tr 与内外因子的多元线性方程，分别表示为：

$$Pn=43.944+50.902\,Gs-0.118\,Ci+0.495\,RH+7.112\,Vpdl-1.508\,T_{leaf}$$

（复相关系数 $R=0.976$，F 值 =295.298，$P=0.000$）

（1）$Tr=-1.364-0.108\,RH+21.049\,Gs+1.842\,Vpdl+0.011\,Ci$（复相关系数 $R=0.989$，F 值 =814.347，$P=0.000$）。

（2）这两个模型的每一个回归系数具有极高的显著性，均为重要变量。而 PAR 被剔除在外并不能说明其对于光合速率不重要（相关系数为 0.558^{**}），有可能是由于田间条件下植株表现出特殊的"午休现象"，使得 Pn 与其响应关系受到破坏。

3 结论与讨论

光合作用是十分复杂的生理过程，植物叶片净光合速率与自身因素密切相关，又受环境因子的影响。研究结果表明，在夏季自然晴天条件下，中华猕猴桃桂海 4 号净光合速率日变化呈双峰曲线，表现出典型的"午休"特征。这与刘应迪等（1999）、孙骞等（2007）测得的结果大致相同。但出现峰值和谷值的时间有所不同，这可能是由于各地气候条件及猕猴桃品种本身的原因造成。桂海4号净光合速率最大值出现在10:00，而在12:00出现"午休"现象，而此时相对湿度不是日测最小值，气孔导度出现波谷，但也不是最小值，胞间CO_2浓度有所增加，说明气孔的关闭没有减少对叶片CO_2的供应，"午休"的形成并不是气孔导度下降所造成，且蒸腾速率没有减少，而光合有效辐射最大（1835.78 μmol/m² · s），较其顶点（1408 μmol/m² · s）高出30.4%，过量的光能引起了光抑制，它的一个显著特征就是表观量子效率的降低（李晓征等，2005），从10:00的0.0101降至12:00的0.0051，说明出现"午休"现象是非气孔因素造成的。桂海4号对于不同的光环境具有较强的适应性，其适应强光和高温（1408，10.84）（39.13～41.80 ℃）的能力较美味猕猴桃（1348，16.79；1315，20.40；1333，18.14）（32.5～34.5 ℃）强（符军等，1998）。何科佳等（2007）得出中华猕猴桃翠玉对高温强光的耐受性高于美味猕猴桃米良1号；竺元琦（1999）也认为中华猕猴桃比美味猕猴桃具有更强的抗高温能力。本研究支持上述观点。

自然条件下，净光合速率和蒸腾速率是多因子综合作用的结果。本研究中，Gs、Ci、RH、$Vpdl$、T_{leaf}皆为重要因子共同作用于光合速率，而PAR与这5个因子均有显著相关关系，通过改变PAR来影响这些因子，从而提高光合速率；蒸腾作用是受Gs、Ci、RH、$Vpdl$共同限制的，与光合速率一样，也可通过改变PAR来达到降低蒸腾作用的目的。生产上可通过遮阴来达到这一目的。具体的遮阴方法及遮阴度等问题还有待进一步研究。

第三十四章 不同遮阴强度对猕猴桃"桂海4号"光合特性及果实品质的影响

遮阴作为一种农艺措施，对大田作物是否有益仍存在争议，因为它在改善植物抗逆生理的同时，对植物生长、光合、果实产量和品质也产生了相应的影响（Allan 等，1999；Allan 等，2002；Snelgar 等，1988；Tiyayon 等，2004）。遮阴对植物产生正面或负面影响与物种和环境条件关系密切，如 Amarui 等（2003）研究 4 个不同光照水平对巴豆（*Croton urucurana* Baill）生长、叶绿素含量和光合作用的影响，发现 70% 遮阴的植物具有较高的叶和根干重，高度和叶面积也较高，但是，幼苗根系的干重生物量在全光照下较高，随着遮阴强度的增加，叶绿素含量增加，但是光合作用下降。Gregoriou 等（2007）研究发现，30%、60% 和 90% 遮阴强度使光合作用分别降低 21%、35%、67%，随着遮阴强度的增加，其气孔导度降低。Yang 等（2007）研究发现低光照（85% 遮阴强度）降低植物的光化学猝灭系数（qP）和非光化学猝灭系数（qN）。因此研究不同遮阴强度对植物的影响，进而对植物筛选其适宜的遮阴强度的研究具有十分重要的意义。

猕猴桃是珍稀的被子植物之一，其果实具有很高的 Vc 含量，还含有维生素 P 以及人体必需的氨基酸和矿物质等，具有很高的营养价值（孙骞等，2007）。猕猴桃是一种不耐高温的果树，叶片和果实遭受高温极易发生灼烧伤害，虽然其耐阴性较强，但是果实生长又需要阳光，尤其是成年植株对光照的要求更高，而且猕猴桃不同生理过程对遮阴的敏感性不同（袁飞荣等，2005）。中华猕猴桃桂海 4 号（*Actinidia chinensis* Planch cv. guihaia 4）具有结实早，品质好，适应性广等特点，具有较高的经济价值，但是在桂北地区，却容易受到高温干旱环境胁迫。因此我们研究其在桂北地区环境条件下不同遮阴水平对其光合生理和果实品质等方面的影响，有助于通过适宜的遮阴水平调控其光合生理，提高其生产力、果实产量和品质，还有助于我们进一步了解如何通过大田措施来增强植物的适应性，从而提高光合生产力及改善植物抗逆生理，为实现猕猴桃丰产、优质和高效栽培目标提供一定的理论依据，同时又可以丰富植物抗逆生理的研究内容。

1 材料与方法

1.1 试验地自然概况

试验地设置在广西植物研究所猕猴桃园内。该区地理位置为 110° 12′ E 和 25° 11′ N，海拔 170 m，年平均气温 19.2 ℃，最热月（7 月）平均气温 28.3 ℃，最冷月（1 月）平均气温 8.4 ℃，极端最高温 38 ℃，极端最低温 –6 ℃。年降水量 1655.6 mm，降水集中在 4 ～ 6 月，冬季雨量较少，干湿交替明显，年平均相对湿度 78%。土壤为酸性黏壤土，土壤 pH 值 4.85，容重 1.13 g/cm³，田间持水量

32.78%，土壤有机质 42.6 g/kg，土壤全氮 1.82 g/kg，水解氮 111.1 g/kg，全磷 2.25 g/kg，全钾 11.04 g/kg。

1.2 田间试验设计

试验地猕猴桃树龄为 22 年，株行距 3 m × 3 m，棚架栽培。试验于 2007 年 8 月 1 日在管理水平基本一致的猕猴桃园内，选取大小一致、生长中庸、无病虫害的猕猴桃 9 株进行遮阴处理：处理 1 为一层黑色遮阳网，遮阴强度为 40%；处理 2 为两层黑色遮阳网，遮阴强度为 60%，以自然光照为对照（CK，遮阴强度为 0）。实验期间施肥、管理技术同大田生产。

1.3 叶片气体交换参数测定

于 2007 年 9 月中旬，选择典型晴天，在各处理的每株树上统一选择树冠中部外侧向阳的完全伸展、无病虫害且保持完整的 2 ～ 3 张成熟叶片，用 Li-6400 便携式光合测定系统（Li-cor，USA），于 9：00 ～ 11：30 测定叶片光合速率（Pn）、气孔导度（Gs）和蒸腾速率（Tr）等生理指标，仪器稳定后记录数据。根据 Penuelas 等（1998）计算水分利用效率（WUE）= Pn/Tr，潜在水分利用效率（$WUEi$）= Pn/Gs。

于 9：00 ～ 11：30 利用 Li-6400 便携式光合作用测定系统测定植物叶片的光响应曲线开放式气路，设定温度为 28 ℃，CO_2 浓度为 400 μmol/m^2·s，应用 Li-6400-02B 红蓝光光源提供不同的光合有效辐射强度（PAR），分别在 PAR（μmol/m^2·s）为 2000、1800、1500、1200、1000、800、600、400、200、150、100、50、0 下测定不同处理猕猴桃叶片净光合速率（Pn，μmol/m^2·s）、蒸腾速率（Tr）等气体交换参数，根据非直线双曲线模型拟合光响应曲线：

$$A = \frac{H \cdot Q + A_{\max} - \sqrt{(H \cdot Q + A_{\max})^2 - 4 \cdot H \cdot Q \cdot K \cdot A_{\max}}}{2K} - R_d$$

计算光饱和速率（$A_{\max}$）、表观量子效率（AQY）、光饱和点（LSP）、光补偿点（LCP）和暗呼吸速率（R_d）。

1.4 叶绿素荧光参数的测定

于 9：00 ～ 11：30 利用 Li-6400 便携式光合作用测定系统的荧光叶室测定植物叶片的叶绿素荧光参数，包括初始荧光（Fo）、可变荧光（Fv）、最大荧光（Fm）、PS Ⅱ 最大光能转换效率（Fv/Fm）、PSII 光能捕获效率（F′v/F′m）、PSII 电子传递量子效率（PhiPS2）和光化学猝灭系数（qP）。叶片用暗适应叶夹进行暗适应 30 min 后，测定暗适应指标，然后用人工光源测定其他相关指标，每次测定 5 ～ 6 张叶片。

1.5 数据处理

采用 SPSS 统计分析软件（SPSS 11.0）对数据进行相关分析和 One-Way ANOVA 方差分析，并用 LSD 法进行多重比较。

2 结果与分析

2.1 不同遮阴强度光响应曲线比较

如图 34-1 所示，光强（PPFD）在 0 ～ 600 μmol/m² · s 时，全光照与 40% 和 60% 遮阴强度条件下猕猴桃光合速率（Pn）快速上升，各处理间 Pn 差异较小；之后随着光强增加而渐趋于平缓，但是各处理间 Pn 差异增大，全光照下 Pn 显著高于 40% 和 60% 遮阴水平的 Pn。这表明在低光强下，遮阴对猕猴桃 Pn 无显著影响，但是随着光强增加，遮阴显著地降低其 Pn。

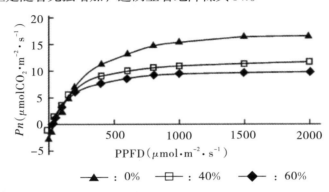

图 34-1 不同遮阴强度猕猴桃叶片光响应曲线比较

2.2 不同遮阴强度光响应参数比较

如表 34-1 所示，与全光照相比，40% 和 60% 遮阴强度显著降低了猕猴桃的光饱和速率（A_{max}）、表观量子效率（AQY）、光饱和点（LSP）、光补偿点（LCP）和暗呼吸速率（R_d）($P < 0.05$)，但这些参数在 40% 和 60% 遮阴强度处理均无显著差异（$P > 0.05$）。40% 和 60% 遮阴强度对其水分利用效率（WUE）和叶绿素含量（Chl content）均无显著影响（$P > 0.05$），但潜在水分利用效率（$WUEi$）随着遮阴强度的增加而增加。

表 34-1 不同遮阴强度猕猴桃光响应曲线参数比较

处理	0	40%	60%	P
A_{max}（μmol/m² · s）	21.18 ± 2.35 a	13.51 ± 1.33 b	11.72 ± 2.67 b	< 0.05
LSP（μmol/m² · s）	491.29 ± 51.32 a	368.39 ± 40.61 b	349.82 ± 73.64 b	< 0.05
LCP（μmol/m² · s）	47.87 ± 7.76 a	22.42 ± 1.89 b	21.74 ± 7.13 b	< 0.05
AQY（CO_2/photon）	0.0487 ± 0.0046 a	0.0389 ± 0.0049 b	0.0351 ± 0.0053 b	< 0.05
R_d（μmol/m² · s）	2.70 ± 0.38 a	1.15 ± 0.34 b	1.38 ± 0.28 b	< 0.05
WUE（μmol/m² · s）	3.32 ± 0.74 a	3.59 ± 0.48 a	2.56 ± 0.81 a	< 0.05
$WUEi$（μmol/m² · s）	7.476 ± 0.691 c	11.130 ± 0.657 b	13.433 ± 0.557 a	< 0.05
Chl content	48.34 ± 8.41 a	48.69 ± 7.19 a	48.19 ± 6.09 a	< 0.05

注：同一行内，相同字母表示无显著差异，不同字母表示具有显著差异。

2.3 不同遮阴强度叶绿素荧光参数比较

猕猴桃的初始荧光（Fo）、可变荧光（Fv）、最大荧光（Fm）和 PS Ⅱ 最大光能转换效率（Fv/Fm）在全光照和不同遮阴处理间无显著差异（$P > 0.05$），表明一定程度的遮阴对其 Fo、Fv、Fm、Fv/Fm 无显著影响，但是与全光照相比，40% 遮阴强度却显著降低了 PS Ⅱ 光能捕获效率（F′v/F′m）、PS Ⅱ 电子传递量子效率（PhiPS2）和光化学猝灭系数（qP），而 60% 遮阴强度其 F′v/F′m、PhiPS2 和 qP 与全光照下的无显著差异（$P > 0.05$）（表 34-2）。

表 34-2 不同遮阴强度猕猴桃叶绿素荧光参数比较

处理	Fo	Fv	Fm	Fv /Fm	F′v /F′m	PhiPS2	qP
0	153.55 ± 8.10 a	695.47 ± 34.38 a	849.0 ± 40.57 a	0.819 ± 0.006 a	0.67 ± 0.01 a	0.501 ± 0.024 a	0.747 ± 0.036 a
40%	152.76 ± 12.45 a	686.34 ± 63.00 a	839.1 ± 74.48 a	0.818 ± 0.006 a	0.63 ± 0.04 b	0.436 ± 0.042b	0.694 ± 0.027 b
60%	160.18 ± 11.74 a	702.12 ± 40.53 a	862.3 ± 44.87 a	0.814 ± 0.012 a	0.65 ± 0.03 ab	0.463 ± 0.033ab	0.711 ± 0.023 ab
P	> 0.05	> 0.05	> 0.05	> 0.05	< 0.05	< 0.05	< 0.05

注：同一列内，相同字母表示无显著差异，不同字母表示具有显著差异。

2.4 叶片气体交换参数与叶绿素荧光参数相关分析

猕猴桃在全光照下，光合速率（Pn）、气孔导度（Gs）和蒸腾速率（Tr）均呈显著的正相关关系（$P < 0.01$），但是 40% 和 60% 遮阴强度条件下 Pn 与 Gs 和 Tr 关系较弱（$P > 0.05$）（表 34-3）。Gs 和 Tr 在全光照和不同遮阴强度条件下均呈极显著的正相关（$P < 0.01$）。全光照条件下，PhiPS2 与 Pn、Gs、Tr 呈极显著负相关（$P < 0.01$），与水分利用率（WUE）均呈极显著的正相关（$P < 0.01$）。

表 34-3 猕猴桃叶片气体交换参数与叶绿素荧光参数的相关分析

遮阴（%）	Level	Gs	Tr	WUE	Fo	Fv	Fm	Fv/Fm	F′v/F′m	Fv/Fo	PhiPS2
0	Gs	1			0.069	0.605	0.539	0.677	0.066	0.687	−0.969**
	Tr	0.999**	1		0.102	0.644	0.579	0.686	0.103	0.696	−0.963**
	WUE	−0.983**	−0.981**	1	−0.093	−0.594	−0.534	−0.637	−0.177	−0.645	0.915*
	Pn	0.989**	0.992**	−0.950*	0.110	0.665	0.599	0.701	0.056	0.712	−0.973**
40	Gs	1			−0.085	0.131	0.096	0.162	−0.456	0.176	−0.407
	Tr	0.918**	1		0.223	0.312	0.341	0.017	−0.223	0.041	−0.156
	WUE	−0.717	−0.430	1	0.311	0.023	0.102	−0.254	0.888*	−0.249	0.840
	Pn	−0.077	0.288	0.741	0.493	0.263	0.366	−0.250	0.777	−0.227	0.779

续表

遮阴（%）	Level	*Gs*	*Tr*	*WUE*	Fo	Fv	Fm	Fv/Fm	F′v/F′m	Fv/Fo	PhiPS2
60	*Gs*	1			0.548	0.206	0.266	−0.650	0.005	−0.634	−0.252
	Tr	0.974**	1		0.586	0.310	0.360	−0.482	−0.111	−0.462	−0.327
	WUE	−0.376	−0.2791	−0.631	−0.466	−0.500	0.221	−0.644	0.214	−0.426	
	Pn	0.173	0.287	0.840	−0.293	−0.282	−0.287	−0.043	−0.708	−0.038	−0.611

注：*$P < 0.05$ 和 **$P < 0.01$ 分别表示在 0.05 和 0.01 水平上差异显著。

2.5 果实外观和品质

遮阴对猕猴桃果实重量、大小和外观形态均无显著影响，但显著影响了果实 Vc 含量、可溶性固体物等品质（表 34-4）。40% 遮阴强度显著降低了其 Vc 含量、总糖、可溶性固体物和酸含量，但 60% 遮阴强度降低了其总糖含量，但是其 Vc 含量、可溶性固体物和酸含量与对照相比均无明显差异。

表 34-4 不同遮阴强度对猕猴桃果实外观和品质的影响

处理	果实重量（g）	大小（cm）	Vc 含量（%）	总糖（%）	可溶性固体物（%）	酸含量（%）
0	61.27 ± 10.83 a	107.56 ± 19.10 a	0.17 ± 0.03 a	8.79 ± 0.14 a	13.35 ± 1.08 a	1.72 ± 0.11 a
40%	64.49 ± 12.02 a	115.21 ± 25.10 a	0.14 ± 0.07 b	7.15 ± 0.09 c	11.85 ± 1.34 b	1.47 ± 0.05 a
60%	58.78 ± 12.16 a	102.17 ± 21.00 a	0.16 ± 0.17 a	8.03 ± 0.19 b	12.16 ± 0.92 ab	1.57 ± 0.04 ab
P	> 0.05	> 0.05	< 0.05	< 0.05	< 0.05	< 0.05

注：同一行内，相同字母表示无显著差异，不同字母表示具有显著差异。

3 讨论

光照在植物的生长发育中起着十分重要的作用，尽管在特定地区光照对某种植物而言并不是其限制因子，但是由于人类活动和植物本身的生长发育，甚至是由于天气条件的变化也会导致植物面临不同的光照条件（Montanaro 等，2002）。遮阴可以在一定程度上降温增湿，改善植物的冠幕微环境，大大降低叶温和果温，有效消除叶片光合作用的"午休"现象（何科佳等，2007），但是重度遮阴不仅降低植物的光合速率（Gregoriou 等，2007），而且影响其花芽分化（Morgan 等，1985），影响产量与果实品质（Snelgar 等，1988）。

遮阴对猕猴桃光合作用的影响较为复杂，依据遮阴水平（Allan 等，1999）和品种不同而存在差异（何科佳等，2007）。对生长于不同地区的同种植物而言，其遮阴的适宜度也是有差别的，Allan 等（2002）研究发现，在 0、30%、40% 和 55% 遮阴范围内，猕猴桃遮光率以 30% ～ 40% 为宜，55% 以上的重度遮阴是有害的。本文研究发现，与全光照相比，40% 和 60% 遮阴水平均显著降低了猕猴桃的 A_{max}、*LSP*、*LCP* 和 R_d（$P < 0.05$）；40% 遮阴强度显著降低了 F′v/F′m、PhiPS2 和 qP，而 60% 遮阴强度其 F′v/F′m、PhiPS2 和 qP 与全光照下的无显著差异（$P > 0.05$），这表明遮阴对猕猴桃光合生理产生了一定的影响，但不同遮阴水平对猕猴桃光合生理的影响程度存在差异，这可能与猕猴桃的品种不同以及环境条件差异有关，遮阴使猕猴桃"桂海4号"的 A_{max}、LSP、LCP 和 R_d 均下降。

遮阴对猕猴桃的不同品种间的影响较为复杂，何科佳等（2007）对中华猕猴桃"翠玉"和美味猕猴桃"米良1号"的研究发现，遮阴对"翠玉"叶片的蒸腾速率无显著影响，但是对"米良1号"的影响较大。本研究的对象为猕猴桃"桂海4号"，遮阴对其 Pn 的影响为低光强时，全光照与40%和60%遮阴强度条件下猕猴桃 Pn 均快速上升，各处理间 Pn 差异较小；之后随着光强增加而渐趋于平缓，但是各处理间 Pn 差异明显增大，全光照下 Pn 显著高于40%和60%遮阴水平的 Pn。这表明在低光强下，遮阴对猕猴桃 Pn 无显著影响，但是随着光强增加，遮阴显著地降低其 Pn，这与 Gregoriou 等（2007）对橄榄（Olea europaea L.）研究较为一致。本研究中，全光照、40%和60%遮阴强度条件下猕猴桃的 Fo、Fv、Fm 和 Fv /Fm 均无显著差异（$P > 0.05$），表明一定程度的遮阴对其 Fo、Fv、Fm、Fv/Fm 无显著影响，但是与全光照相比，40%遮阴强度却显著降低了 F′v/F′m、PhiPS2、qP 和 ETR，而60%遮阴强度的 F'v/F'm、PhiPS2 和 qP 与全光照下的无显著差异（$P > 0.05$）。从对荧光参数的影响而言，60%遮阴强度对猕猴桃比较适宜，通过对光合参数的相关分析发现，只有全光照条件下猕猴桃叶片 PhiPS2 与 Pn、Gs、Tr 呈极显著负相关（$P < 0.01$），与 WUE 均呈显著的正相关（$P < 0.05$），而遮阴条件下相关性不显著，表明遮阴对猕猴桃光合生理参数之间的关系有一定的影响，可能是遮阴使环境条件发生一定的改变，使其生理更多的受环境因子的调控。Montanaro 等（2002）研究了水分亏缺条件下猕猴桃气体交换参数和叶绿素荧光参数的变化特征，结果发现猕猴桃克服水分亏缺的能力较强。本研究中，随着遮阴强度的增加，猕猴桃叶片可能产生了适应遮阴这一环境条件变化的生理调整，从而使其具有与全光照下相当的 F'v/F'm、PhiPS2 和 qP，表明猕猴桃具有较强的适应性，从而具有较广的地理分布范围。

植物对低光强的适应往往表现为叶绿素含量的降低（Amauri 等，2003）。本研究中，40%和60%遮阴强度均对叶绿素含量无明显影响（$P > 0.05$），表明猕猴桃对低光强具有一定的适应能力。另外，遮阴对果实外观没有影响，却显著影响了果实品质。Tiyayon 和 Strik（2004）对猕猴桃的研究发现，遮阴对当年果实产量和品质没有影响，但是却影响翌年果实产量。本研究中的遮阴对猕猴桃"桂海4号"翌年光合生理和果实产量的影响有待于进一步深入研究。

第三十五章 桂北地区中华猕猴桃光合作用的日变化特征

  光合作用不仅是植物生长发育的基础，也是产量和品质构成的决定性因素（Camacho Rubio F 等，2003；Eric garnier 等，2004；Dirk h·olscher 等，2005）。由于植物光合特性对环境因子的适应机制和耐受性不同，因此对环境变化的适应能力就存在差异（Ueda, Y. 等，2000；Midgley 等，2004；John Robert 等，2007）。同时，植物光合作用受各种生态、生理和生化因素的影响和制约，而这些因素无时无刻不在发生变化，因此使光合作用呈现出复杂的日变化，以及因其变化而引起的其他环境因子的变化以及它们之间的协同变化均会对植物光合作用产生重要影响（张小全等，2000；金则新等，2004）。光合作用日变化曲线不仅反映了植物内在节律的差异，而且也体现了植物对环境适应能力的差异，因此可以表征植物生理特性以及环境因子对它的综合作用（窦春蕊等，2005；兰小中等，2005）。

  猕猴桃是一种不耐高温的果树，叶片和果实极易遭受高温伤害，虽然其耐阴性较强，但果实生长又需阳光，尤其是成年植株对光照的要求更高。由于植物光合特性不仅具有物种差异（窦春蕊等，2005），而且即使是同种植物，也因环境条件的不同而明显不同（徐炳成等，2003）。目前，猕猴桃在我国乃至世界范围内种植区域较广，因此关于猕猴桃对特定区域的生理适应机制已成为研究的热点之一，主要集中在高温、强光和干旱对其生长、发育、生理、果实产量和品质的影响方面（Morgan D C 等，1985；Snelgar 等，1988；谢建国等，1999；刘应迪等，1999；Allan P 等，2002；耶兴元等，2004）。由于猕猴桃不同品种间，同一品种处于不同环境条件下时光合特性具有不同的表现规律。对不同猕猴桃品种以及同一品种不同环境条件下生理生态特性的研究可为探明其生理特性和调控机理及其栽培管理提供理论依据。

  中华猕猴桃桂海 4 号（*Actinidia chinensis* cv. guihaia 4）具有结实早、丰产、品质好、抗逆性强、适应性广等特点，经济价值较高（李瑞高等，1998）。研究这一优良品种的光合作用日变化规律及其在桂北地区生境下的生理生态机制，对于其合理布局、栽培管理具有重要的指导意义。

1 材料与方法

1.1 试验地自然概况

  试验地点设在广西植物研究所桂海 4 号猕猴桃高产示范园内（园区概况同第三十三章），供试植株树龄为 22 年生中华猕猴桃桂海 4 号健康植株，株行距 3 m×3 m。

1.2 叶片气体交换参数的测定

6月是猕猴桃果实的第二次生长高峰期，是保证当年果实丰产、稳产的重要时期，9月是猕猴桃果实成熟的重要时期，环境条件极易影响其果实品质和质量，选择此时进行光合特性研究具有一定的代表性。因此，本试验于2006年6月22日和9月16日选择典型晴天，在管理水平基本一致的猕猴桃园内，选取大小一致、生长中庸、无病虫害的猕猴桃3株，每株树统一选择树冠中部外侧向阳的完全伸展、无病虫害且保持完整的3~5片成熟叶片，用Li-6400便携式光合测定系统（Li-cor，USA），在8：00、10：00、14：00、16：00和18：00每2h测定叶片光合速率（Pn）、气孔导度（Gs）、蒸腾速率（Tr）和胞间CO_2浓度（Ci）等生理指标，仪器稳定后记录数据，同时仪器自动测定和记录相关的环境因子（光合有效辐射，大气温度和湿度等）。根据Penuelas等（1998）计算水分利用效率（WUE）=Pn / Tr，潜在水分利用效率（$WUEi$）=Pn / Gs。方差分析表明，6月和9月选取的3株植株光合参数不具有显著差异，表明选取的3株植株基本一致，满足取样及统计分析要求。

1.3 数据处理

采用SPSS统计分析软件（SPSS 11.0）对数据进行相关分析、一元方差分析，并用LSD法进行多重比较。

2 结果与分析

2.1 猕猴桃气体交换参数的日变化特征

猕猴桃6月和9月的日平均Pn、Tr、Gs、WUE、$WUEi$、Ls、Ci、T_{leaf}和$Vpdl$分别为9.4 μmol/m^2·s、6.8 μmol/m^2·s，8.3 μmol/m^2·s，4.6 μmol/m^2·s，0.3 μmol/m^2·s，0.2 μmol/m^2·s，1.3 mmol/m^2·s，1.5 mmol/m^2·s，35.2 mmol/m^2·s、32.9 mmol/m^2·s，0.40 μmol/m^2·s、0.33 μmol/m^2·s，282.6 μmol/m^2·s、299.8 μmol/m^2·s，39.3 ℃、33.3 ℃，3.0 kPa、2.5 kPa（图35-1）。方差分析表明，6月和9月猕猴桃日变化中不同时段间气体交换参数均具有极显著差异（$P < 0.01$）。

6月和9月的Pn日变化曲线均为双峰型，具有不同程度的光合"午休"现象。6月的峰值出现在10：00和14：00，分别为14.6 μmol/m^2·s和10.6 μmol/m^2·s，9月的峰值出现在10：00和16：00，分别为11.3 μmol/m^2·s和8.4 μmol/m^2·s。猕猴桃Gs与Pn的日变化特征较为一致，也为双峰曲线，且峰值与光合"午休"峰值点相同。猕猴桃6月Pn、Tr、Gs和气孔限制值均大于9月，但WUE要低于9月。不同时段$WUEi$表现较为复杂，但日均值为6月大于9月。猕猴桃6月和9月的叶片温度变化规律具有差异。6月的峰值出现在12：00，并且下降较为明显，而9月出现在14：00，至16：00后下降比较明显。Ci随着时间推移而降低，之后有一定回升，但变化较为平缓。大气饱和蒸汽压亏缺为单峰曲线，与光合有效辐射基本一致。

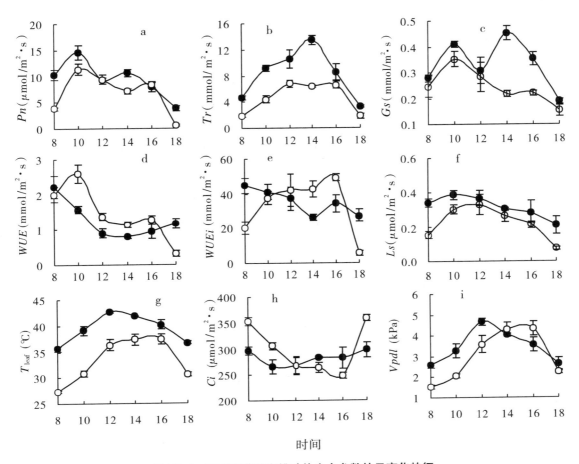

图 35-1　不同季节猕猴桃叶片光合参数的日变化特征

注：●和○分别代表 6 月和 9 月；a、b、c、d、e、f、g、h 和 i 分别代表猕猴桃光合速率（Pn）、蒸腾速率（Tr）、气孔导度（Gs）、水分利用效率（WUE）、潜在水分利用效率（$WUEi$）、气孔限制值（Ls）、叶片温度（T_{leaf}）、胞间 CO_2 浓度（Ci）和大气饱和蒸汽压亏缺（$Vpdl$）。

2.2　猕猴桃环境因子的日变化特征

猕猴桃 6 月和 9 月的日平均光合有效辐射、大气温度和相对湿度分别为 1272.75 $\mu mol/m^2 \cdot s$、1072.44 $\mu mol/m^2 \cdot s$，39.81 ℃、32.93 ℃和 45.59%、45.36%（表 35-1）。其中，6 月和 9 月的日平均光合有效辐射、大气饱和蒸汽压亏缺具有显著差异（$P < 0.05$），但是相对湿度相同（$P > 0.05$）。

猕猴桃 6 月和 9 月的光合有效辐射通量密度先增加后减少，峰值分别出现在 12：00（1836 $\mu mol/m^2 \cdot s$）和 14：00（1799 $\mu mol/m^2 \cdot s$），9 月的日变幅大于 6 月。大气温度为单峰曲线，先增大后减小。相对湿度先减少后增大，6 月在 14：00 达到最低值，而 9 月在 16：00 达到最低值。大气温度与光合有效辐射变化方向基本一致，而当光合有效辐射通量密度较高时，相对湿度较低。

表 35-1　不同季节猕猴桃环境因子的日变化特征

环境因子	月份	时间						日均值
		8：00	10：00	12：00	14：00	16：00	18：00	
PAR	6	983 ± 34.5 e	1444 ± 91.2 c	1836 ± 60.5 a	1706 ± 48.9 b	1259 ± 74.9 d	410 ± 86.7 f	1272.75
	9	202 ± 15.3 e	1312 ± 17.5 d	1655 ± 125.6 b	1799 ± 36.1 a	1413 ± 34.0 c	54.00 ± 2.80 f	1072.44
RH	6	58.07 ± 1.50 a	45.96 ± 1.72 c	37.36 ± 1.76 e	35.68 ± 1.63 e	42.66 ± 2.15 d	53.82 ± 1.27 b	45.59
	9	61.90 ± 0.89 a	57.76 ± 1.99 b	39.08 ± 1.81 d	31.97 ± 1.79 e	29.68 ± 2.88 f	51.76 ± 0.96 c	45.36
T_{air}	6	34.74 ± 0.66 f	39.16 ± 0.60 d	42.40 ± 0.46 b	42.93 ± 0.62 a	41.48 ± 0.16 c	38.15 ± 0.06 e	39.81
	9	28.20 ± 0.03 f	29.68 ± 0.71 e	34.92 ± 0.90 c	36.09 ± 0.97 b	36.78 ± 1.37 a	31.90 ± 0.43 d	32.93

注：PAR、RH 和 T_{air} 分别代表光合有效辐射、相对湿度和大气温度。

2.3　光合速率与环境因子的相关关系

对 Pn 与光合有效辐射、大气温度、大气饱和蒸汽压亏缺和相对湿度进行相关分析，结果 6 月猕猴桃 Pn 与光合有效辐射为极显著的正相关关系（$R^2=0.563**$），与大气饱和蒸汽压亏缺（$R^2=0.108$）、气温（$R^2=-0.010$）和相对湿度（$R^2=-0.186$）的相关性均未达显著水平。9 月猕猴桃 Pn 与光合有效辐射（$R^2=0.835**$）、大气饱和蒸汽压亏缺（$R^2=0.425**$）和气温（$R^2=0.337**$）为极显著的正相关关系，与相对湿度（$R^2=-0.366**$）为极显著的负相关关系（图 35-2）。

3　讨论

植物的光合特性是环境因子及其自身协同作用的结果，对其进行研究可以有效地揭示植物对环境的适应机制（徐炳成等，2003）。本研究中，猕猴桃 6 月和 9 月的 Pn 日变化曲线均为双峰型，并具有不同程度的光合"午休"现象，但峰值出现的时间不同。在 6 月其 Pn 的峰值出现在 10：00 和 14：00，分别为 14.6 $\mu mol/m^2 \cdot s$ 和 10.6 $\mu mol/m^2 \cdot s$，9 月峰值出现在 10：00 和 16：00，分别为 11.3 $\mu mol/m^2 \cdot s$ 和 8.4 $\mu mol/m^2 \cdot s$，且一天中不同时段的 Pn 存在极显著差异（$P < 0.01$），表明猕猴桃为适应外界环境条件的变化，光合特性发生了相应的调整。

刘应迪等（1999）对美味猕猴桃"米良 1 号"光合日变化进行研究后发现，在 5 月其 Pn 日变化呈双峰曲线型，峰值出现在 10：00 和 16：00，分别为 18.65 $\mu mol/m^2 \cdot s$ 和 10.35 $\mu mol/m^2 \cdot s$，本研究中除 6 月第二个峰值与其无明显差异外，6 月第一个峰值和 9 月的两个峰值均低于其测定值，原因可能与测定的猕猴桃品种、测定的树龄以及环境条件差别较大有关。本研究中测定的猕猴桃为 22 年生，而刘应迪等（1999）测定的猕猴桃为 5 年生。发现当"米良 1 号"在适宜的环境条件下（气温 34 ℃，相对湿度 62%），其 Pn 可高达 17.37 ～ 18.69 $\mu mol/m^2 \cdot s$，而在高温和干旱条件下（气温 41 ℃，相对湿度 30%），Pn 可降低至 7.3 $\mu mol/m^2 \cdot s$。因此测定时的田间条件也是影响其 Pn 峰值大小以及出现时间早晚的重要因素。本研究中的猕猴桃品种具有喜湿的特点，但随着气温的升高（最高为 43 ℃），空气

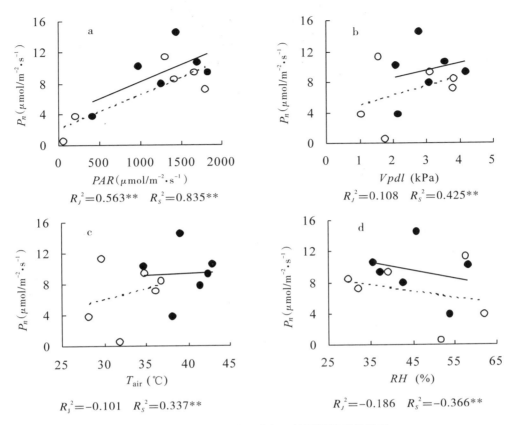

图 35-2　猕猴桃光合速率与环境因子的相关关系

注：●和○分别代表 6 月和 9 月；RJ2 和 RS2 分别代表 6 月和 9 月猕猴桃 *Pn* 与光合有效辐射（*PAR*），大气温度（*T*air），大气饱和蒸汽压亏缺（*Vpdl*）和相对湿度（*RH*）的相关系数；a，b，c，d 分别代表 *Pn* 与 *PAR*、*Vpdl*、*T*air 和 *RH* 的关系。

湿度急剧下降（最低为 31%），叶片蒸腾作用也随之增强，导致 *Pn* 下降，这是其光合效率较低的原因之一。

本研究中，6 月和 9 月猕猴桃第一峰值出现的时间相同，但第二峰值出现的时间不同，通过相关分析发现这主要是由光合有效辐射引起。6 月和 9 月 10 : 00 时的光合有效辐射相近（$P > 0.05$），而且 6 月和 9 月 *Pn* 均与光合有效辐射为极显著的正相关关系（$R^2=0.563**$，$R^2=0.835**$）。下午峰值出现的时间不同，这是因为 9 月猕猴桃 *Pn* 除受光合有效辐射影响外，也受大气饱和蒸汽压亏缺（$R^2=0.425**$）、气温（$R^2=0.337**$）和相对湿度气温（$R^2=-0.366**$）的影响，而 6 月猕猴桃 *Pn* 主要受光合有效辐射的影响，大气饱和蒸汽压亏缺（$R^2=0.108$）、气温（$R^2=-0.010$）和相对湿度（$R^2=-0.186$）对其影响较小（$P > 0.05$）。徐炳成等（2003）发现沙棘光合日变化为双峰曲线，也具有不同程度的"午休"现象，且峰值出现的时间不同，主要是因立地条件和水分条件而变化。由于本研究为同一猕猴桃园，立地条件基本一致，因此不同月份之间 *Pn* 峰值大小和出现时间的差异主要是由于光合有效辐射，以及因其变化而引起的其他环境因子对 *Pn* 的综合作用造成的。

光合"午休"现象一般是由高温、低湿和土壤干旱等环境引起的气孔的部分关闭和光呼吸增强或光合作用发生光抑制引起的（Penuelas J 等，1998）。高温低湿极易造成植物光合"午休"现象，张小垄和徐德应（2000）发现中午的高温低湿可能是导致杉木中龄林叶 Pn 下降的主要原因，岳春雷等（2002）研究发现湿地松、杜英和杨梅的光合"午休"可能也是高温和低湿造成的。由于猕猴桃是一种喜光但怕暴晒的植物，谢建国等（1999）研究认为猕猴桃出现光合"午休"现象是由于强光引起气孔关闭所造成的。这是因为猕猴桃虽然耐阴性较强，但果实生长又需阳光进行光合作用，积累养分，形成了喜光又怕强光的特殊习性。本章通过比较分析猕猴桃叶生理特性指标和环境因子，发现当空气相对湿度降低时，猕猴桃叶大气饱和水汽压差增大，Tr 加快，叶片失水加剧，为避免极度水分亏缺，气孔部分关闭，导致气孔阻力增大；随着光合有效辐射的降低，空气相对湿度逐步升高，猕猴桃叶大气饱和水汽压差、Tr、气孔限制值出现了相反的变化。根据 Farquhar 和 Sharkey（1982）的观点，Pn 降低的同时，Gs 和 Ci 降低，Ls 提高，则以气孔限制为主；如果 Gs 降低，Ci 升高，Ls 降低，则以非气孔限制为主。从图 35-1 可以看出，猕猴桃 6 月的光合"午休"现象主要是由非气孔因素引起的，而 9 月的光合"午休"现象主要是由气孔因素引起的。

本研究中，光合有效辐射具有明显的日变化特征，在引起猕猴桃光合"午休"的同时，也降低了其 Pn，但由于使气温升高的同时也增加了 Tr，从而导致猕猴桃 WUE 的下降。为了适应主要由光合有效辐射引起的一系列的环境因子的变化，猕猴桃光合生理也发生了一系列的变化，可见，光合有效辐射是影响猕猴桃光合作用的主要限制性因子。猕猴桃光合特性日变化表现出的特征反映了猕猴桃对 6 月和 9 月不同气候的一种适应机制。通过上述分析，本研究认为从生产优质来看，良好的日照条件是不可少的，并建议在栽培条件下，当中午强光辐射时，采取遮光或降低叶温等措施，对克服光合"午休"是有利的。

由于光合作用是复杂的生理过程，植物叶片 Pn 不仅受光照强度、气温、空气相对湿度、土壤含水量等影响，还与自身因素如叶绿素含量、叶片厚度、叶片成熟度等密切相关。植物光合作用是自身的生理特性和环境条件综合作用的结果（张颖等，2007）。如水分亏缺会影响猕猴桃光合、生长和干物质的积累和分配。Chartzoulakis1 等（1993）设置了 100%、85%、65% 和 40% 的田间持水量梯度，结果表明，与对照相比，水分亏缺降低了植物 53%～64% 的光合速率，严重的水分亏缺使植物高度下降 78%～84%，总干重下降 58%～66%，总叶面积下降 72%～77%。在受到水分胁迫的植物中，根茎比为对照的 3.5 倍，表明水分胁迫改变了猕猴桃的干物质分配模式，干物质更多的分配到根系中。水分亏缺不仅使植物生长减少，对植物叶片的发育也会产生负面的影响。Buwalda 等研究发现猕猴桃叶片萌芽之后的 3～5 个月内，叶片最大光合能力与叶片氮含量和叶绿素含量的变化有关，不仅如此，其冠层光合作用与叶片面积发育也具有较强的相关关系。可见叶片在猕猴桃的生长发育以及调配资源分配方面具有重要作用，因此探明猕猴桃光合特性的日变化特征与叶性因子之间的关系有待进一步研究，这对于深入揭示其生理生态特性，为提高其栽培管理水平等均具有重要的指导意义。

第三十六章 毛花猕猴桃茎化学成分试验及其光谱鉴别的研究

毛花猕猴桃（*A. eriantha* Benth）又名毛花杨桃、毛冬瓜、白藤梨、白洋桃、白毛桃，来源于猕猴桃科猕猴桃属落叶藤本植物。猕猴桃全属植物有 66 种以上，约 118 个变种和变型，分布于马来西亚至西伯利亚东部的广阔地带。我国是猕猴桃优势主产区，有该属植物 62 种左右，分布在 20 多个省（自治区），其中以河南伏牛山区、陕西秦巴山区、湖南西部等山区为最多（中国科学院中国植物志编辑委员会，1984）。毛花猕猴桃广泛分布于浙江、江西、福建、湖南、广东、广西、贵州等地，全株可供药用，有清热解毒、舒筋活血的功效，民间用于治疗食道癌、胃癌、鼻咽癌、乳腺癌、乳痛、跌打损伤，有缓解病情的作用（全国中草药汇编编写组，1975；江苏新医学院，1977）。药理研究表明，其确有抗肿瘤作用（白素平等，1977）。目前，国内外对毛花猕猴桃的研究报道不多，其茎的化学成分研究亦未见有报道。本文采用化学反应鉴别法对毛花猕猴桃茎的成分作初步预试验，并对毛花猕猴桃茎进行紫外 – 可见光谱鉴别的实验研究，旨在为今后该药材的鉴别与开发利用提供一定的科学依据。

1 试验材料及仪器

毛花猕猴桃采于广西桂林地区，经中国科学院广西植物研究所植物分类室鉴定为猕猴桃科猕猴桃属植物毛花猕猴桃的茎，标本存于广西中医学院药物分析教研室。UV–Vis Agilent 8453 紫外 – 可见分光光度计（波长范围为 190 ~ 1100 nm，美国安捷伦公司）；试验所用的试剂均为分析纯。

2 试验方法与结果

2.1 化学成分预试验样品供试液制备

2.1.1 水提取液的制备

取毛花猕猴桃茎粗粉约 10 g，加水 100 mL，冷浸 24 h 后，滤过，取 10 mL 滤液作氨基酸、多肽、蛋白质预试。剩余药渣在 60 ℃水浴上加热 30 min，滤过，滤液做糖、多糖、皂苷、鞣质、有机酸等鉴别检查。

2.1.2 乙醇提取液的制备

取毛花猕猴桃茎粗粉约 10 g，加 95% 乙醇 100 mL，加热回流 1 h，冷却，滤过。将滤液分成 2 份，一份做黄酮、蒽醌、酚、苷、香豆素、内酯、萜类、强心苷、甾体化合物的鉴别检查；另一份将乙醇提取液浓缩成膏状（至无醇味），加 5% 盐酸溶液使其溶解，滤过，酸水溶液做生物碱鉴别试验。

2.1.3 石油醚提取液

取毛花猕猴桃茎粗粉约 1 g，加 10 mL 石油醚（60 ～ 90 ℃，放置 2 ～ 3 h），滤过，取部分滤液做挥发油和油脂检查，其余滤液置表面皿中挥干，残留物进行甾体或三萜类鉴别试验。

2.1.4 试验结果

分别对毛花猕猴桃茎的水提液、乙醇提取液、石油醚提取液进行化学鉴别试验，试验结果见表 36-1 至表 36-3。

表 36-1 毛花猕猴桃茎的水提液化学鉴别试验结果

检查项目	试剂或反应名称	正反应指标	现象	结论
氨基酸、多肽、蛋白质	茚三酮试剂	呈蓝色、紫色	颜色无变化	负反应
	双缩脲反应	呈蓝色、紫色	颜色无变化	负反应
	沉淀反应	产生沉淀	无沉淀产生	负反应
糖、多糖、苷类	酚醛缩合反应	两界面处形成紫红色环	两界面处形成紫红色环	正反应
	斐林试剂	产生棕红色沉淀	产生棕红色沉淀	正反应
皂类	泡沫试验	振摇后产生大量泡沫，放置 10 min 后泡沫不明显消失	产生大量泡沫，放置 10 min 后泡沫不明显消失	正反应
鞣质	三氯化铁试验	绿色、蓝色或暗紫色	颜色无变化	负反应
	氯化钠明胶试验	出现白色沉淀或混浊	无白色沉淀或混浊产生	负反应
有机酸	pH 试纸	试纸颜色在 pH 7 以下	试纸颜色 pH 5 ～ 6	正反应
	溴甲酚绿试验	蓝色背景显黄色斑点	蓝色背景上显黄色斑点	正反应

表 36-2 毛花猕猴桃茎的乙醇提取液化学鉴别试验结果

检查项目	试剂或反应名称	正反应指标	现象	结论
黄酮类	盐酸 - 镁粉反应	呈红色	棕红色	正反应
	三氧化铝试验	荧光应变黄或加深	荧光加深	正反应
	氨熏试验	应显黄色荧光	黄色荧光	正反应
蒽醌类	碱性试验	加碱变红色，加酸成酸性后褐色	不变色	负反应
	醋酸镁试验	呈红色	颜色无变化	负反应
酚类	三氯化铁试验	呈绿色、蓝色或暗紫色	呈墨绿色	正反应
	氯化钠明胶试验	出现白色沉淀或混浊	白色沉淀	正反应
香豆素与内酯	异羟肟酸铁试液	呈红色	淡红色	正反应
	偶合反应	呈红色或紫色	红色	正反应
	荧光试验	有绿色、蓝色荧光	显蓝色荧光	正反应
强心苷	3,5- 二硝基苯甲酸试验	呈红色或紫色	颜色无变化	负反应
	亚硝酸铁氰化钠试液	呈红色，且红色逐渐消失	显黄色，且逐渐加深	负反应
	碱性苦味酸试验	呈红色或橙色	呈黄绿色	负反应

续表

检查项目	试剂或反应名称	正反应指标	现象	结论
甾体或三萜类	醋酐－浓硫酸试验	颜色由黄色→红色→紫青色→污绿色变化	黄色→红色→紫青色→污绿色变化	正反应
	氯仿－浓硫酸试验	氯仿层显红色或青色，硫酸层有绿色荧光	氯仿层显红色，硫酸层有黄绿色荧光	正反应
生物碱	碘化汞钾试液	有白色或淡黄色沉淀	无沉淀	负反应
	碘化铋钾试液	有淡黄色或棕色沉淀	无沉淀	负反应
	硅钨酸试液	有淡黄色或白色沉淀	无沉淀	负反应

表 36-3　毛花猕猴桃茎的石油醚提取液化学反应结果

检查项目	试剂或反应名称	正反应指标	现象	结论
甾体或三萜类	醋酐－浓硫酸试验	颜色由黄色→红色→紫青色→污绿色变化	黄色→红色→紫青色→污绿色变化	正反应
	氯仿－浓硫酸试验	氯仿层显红色或青色，硫酸层有绿色荧光	氯仿层显红色，硫酸层有黄绿色荧光	正反应
挥发油及油脂	滤纸试验	滤纸上有油斑	无油斑	负反应

2.2　紫外－可见光谱鉴别样品供试液制备

取毛花猕猴桃茎粗粉（过 20 目筛）6 份，每份约 1 g，分别加入水、95% 乙醇、50% 乙醇、乙酸乙酯、氯仿、石油醚（60～90 ℃）各 25 mL，回流 2 h，过滤，取续滤液备用。

2.3　光谱扫描

取上述滤液适当稀释，分别以水、95% 乙醇、50% 乙醇、乙酸乙酯、氯仿、石油醚（60～90 ℃）作为空白对照，在 200～800 nm 波长范围内扫描，测定紫外吸收峰峰位并绘制紫外—可见吸收曲线图，结果见表 36-4 和图 36-1。

表 36-4　毛花猕猴桃茎提取液的紫外—可见光谱吸收峰峰位

提取溶剂	稀释倍数	峰位（nm）	谷位（nm）
水	2.5	—	—
95% 乙醇	12.5	206，280，431	259，581，759
50% 乙醇	50	201，279，712	656，769，794
乙酸乙酯	2	284，431，583	260，362，585
氯仿	2	287，433，458，664	267，355，448，628
石油醚	1	214，292，271，442，415，470	257，274，459，429

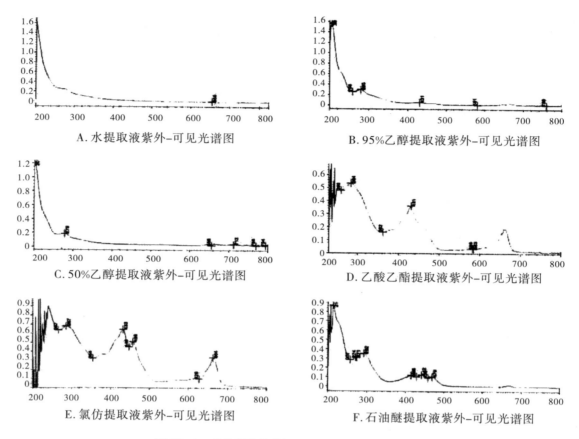

A. 水提取液紫外-可见光谱图　　　　B. 95%乙醇提取液紫外-可见光谱图

C. 50%乙醇提取液紫外-可见光谱图　　　D. 乙酸乙酯提取液紫外-可见光谱图

E. 氯仿提取液紫外-可见光谱图　　　　F. 石油醚提取液紫外-可见光谱图

图 36-1　毛花猕猴桃茎提取液的紫外—可见光谱图

3　小结

以上化学反应鉴别结果初步表明，毛花猕猴桃茎中可能含有黄酮类、三萜类、甾体、糖类、多糖、有机酸类、酚类、香豆素及内酯等化合物。化学成分预试验可初步了解毛花猕猴桃茎的化学成分，可为进一步用适当的方法对其中的有效成分进行提取分离提供依据。

在紫外—可见光谱中，毛花猕猴桃茎可提供一定的特征峰以助鉴别，特别在乙酸乙酯提取液、氯仿提取液和石油醚提取液中，特征峰较为明显、较强。但是水提取液没有明显的特征峰，只是在290 nm 附近有个肩峰，而 95%、50% 乙醇提取液在 280 nm 附近均具有相同的吸收峰，提示有可能是所提取的化学成分很相似。在乙酸乙酯提取液紫外—可见光谱中，284 nm、431 nm 处吸收峰较为明显；氯仿提取液中，在 433 nm 处有最大吸收峰；石油醚提取液中，214 nm、292 nm 处吸收峰较为明显，这些特征均具有一定的鉴别意义。但是由于紫外—可见吸收光谱的影响因素很多，有一定的局限性，所以其专属性不强，只能作为鉴别的辅助手段。

第三十七章 猕猴桃果实性状及营养成分的初步研究

我国是猕猴桃的分布中心，资源丰富，种类繁多。据报道，我国有猕猴桃 92 种（变种、变型），广西有 30 种（变种、变型）（梁畴芬，1980、1982），在这些繁多的种群中，不同种类和植株间的果实性状和营养成分含量，有较大的变化，直接影响其利用价值。猕猴桃的营养成分的研究，前人曾做过工作，但仅限于少数种类（李舒养等，1980；黄演濂，1982）。为了更好地利用野生猕猴桃资源，有目的地选择良种进行引种栽培，我们于 1981 年对中华猕猴桃等 14 种（变种、变型）猕猴桃果实的性状及营养成分进行了初步研究。

1 材料和方法

1.1 供试种类

美味猕猴桃 A. deliciosa、中华猕猴桃 A. chinensis、毛花猕猴桃 A. eriantha、金花猕猴桃 A. chrysantha、中越猕猴桃 A. indochinensis、阔叶猕猴桃 A. latifolia、京梨猕猴桃 A. callosa var. henryi、绵毛猕猴桃 A. fulvicoma var. lanata、美丽猕猴桃 A. melliana.、两广猕猴桃 A. liangguangensis、糙毛猕猴桃 A. fulvicoma var. hirsuta、粉毛猕猴桃 A. farinosa、柱果猕猴桃 A. cylindrica、异色猕猴桃 A. callosa var. discolor。

1.2 果实性状测定

果实采摘后，选择较均匀的果实 10 个，进行果实性状的测定（测定果形、大小、颜色、被毛物、果顶、果皮厚薄、单果重、果肉颜色、种子形状及颜色等）。

1.3 营养成分测定

可溶性固形物采用手持糖量计测定，糖分采用斐林氏容量法；酸度采用氢氧化钠溶液滴定法（上海商品检验局主编，1979），Vc 采用碘酸钾滴定法。

2 结果和讨论

2.1 猕猴桃不同种类的果实性状和营养成分

猕猴桃不同种类的果实性状和营养成分含量均有一定的差异（表 37-1、表 37-2）。不同种类的猕猴桃，果实形状有长圆形、长圆柱形、卵圆形、圆形及近圆形等；果皮颜色有绿色、淡绿色、黄褐色及褐色之分，果顶有平、微突及微凹等；萼片有脱落及宿存之分；至于果实的大小，则差异更大，平均单果重大的达 35.15 g，小的仅 1.07 g。果肉厚薄及颜色也不一样。果实的成熟期更有明显的差异，如中华猕猴桃于 9 月中旬成熟，而中越猕猴桃和柱果猕猴桃于 11 月中下旬才成熟。

从经济利用观点来看，应选用大中果型，果顶微突或平，无或少被毛物，长圆形、卵圆形或近圆形，果皮颜色鲜艳美观，果肉黄白色且皮薄等性状为好，不但可食部分比例高，风味品质好，且方便加工。

不同种类的猕猴桃果实的营养成分含量也有较大的差别，果实糖分最高为中越猕猴桃，达 6.38%，最低为柱果猕猴桃，仅 0.76%，一般为 2%～5%。Vc 含量最高为毛花猕猴桃，达 1013.98 mg/100 g 鲜果，最低为柱果猕猴桃，仅 8.80 mg/100 g 鲜果。酸度最高为柱果猕猴桃，达 3.77%，最低为异色猕猴桃，仅 1.04%。

从 14 种（变种、变型）猕猴桃果实（系调查采集的果实，成熟度不尽相同）的营养成分含量来看，Vc 含量以中华硬毛、中华软毛、毛花、金花及阔叶 5 种猕猴桃较高，达 71.72～1013.98 mg/100 g 鲜果，比柑橘高 1～25 倍，比苹果高 13～202 倍，不愧被誉为"果中珍品"。初步认为这 5 种应考虑为重点利用对象。

表 37-1 猕猴桃不同种类的果实性状及营养成分（一）

品种	产地	果实形状			果实大小			果皮			果肉	
		果形	果顶	萼片	纵径(cm)	横径(cm)	平均单果重(g)	茸毛多少	颜色	厚薄	颜色	厚薄
美味猕猴桃	资源	卵圆形	平	脱落	4.20	3.62	32.82	少	褐	薄	黄白	厚
中华猕猴桃	资源	卵圆形	平、凹	脱落	4.29	3.60	35.15	少	褐	薄	黄白	厚
毛花猕猴桃	资源	长圆形	突	脱落	4.01	2.92	20.16	多	绿	中	绿	中
金花猕猴桃	龙胜	近圆形	平	宿存	3.38	3.05	19.02	无	浅绿	中	浅绿	厚
中越猕猴桃	德保	长圆柱形	突	脱落	3.26	1.92	5.50	无	黄褐	厚	绿	厚
阔叶猕猴桃	融水	近圆形	平	宿存	2.01	1.54	3.27	少	绿	薄	浅绿	中
京梨猕猴桃	田林	长圆形	微凹	宿存	2.63	1.68	5.07	—	深绿	厚	绿	厚
绵毛猕猴桃	融水	长圆柱形	微突	宿存	2.63	1.30	3.50	少	绿	薄	绿	厚
美丽猕猴桃	容县	长圆柱形	微凹	脱落	2.13	1.03	1.98	少	浅绿	薄	绿	薄
两广猕猴桃	容县	长圆柱形	微突	宿存	2.61	1.22	2.44	少	绿	薄	深绿	薄
糙毛猕猴桃	田林	长圆柱形	微突	宿存	2.23	1.22	2.54	多	深绿	薄	绿	中

续表

品种	产地	果实形状			果实大小			果皮			果肉	
		果形	果顶	萼片	纵径 (cm)	横径 (cm)	平均单果重 (g)	茸毛多少	颜色	厚薄	颜色	厚薄
粉毛猕猴桃	田林	圆柱形	平	脱落	1.74	0.84	1.07	少	浅绿	薄	绿	中
柱果猕猴桃	融水	圆柱形	微突	宿存	2.05	1.04	1.69	少	绿	薄	绿	薄
异色猕猴桃	田林	近圆形	微凹	宿存	1.70	1.23	1.65	少	绿	薄	深绿	厚

表 37-2　猕猴桃不同种类的果实性状及营养成分（二）

种子			成熟期	糖分（%）			Vc（mg/100 g 鲜果）	酸度（%）	可溶性固形物（%）
形状	颜色	千粒重（g）		还原糖	蔗糖	总糖			
扁卵	褐	1.30	9 月中旬	4.03	1.56	5.59	125.84	1.69	12.00
扁卵	深褐	1.35	9 月中旬	5.52	0.47	5.99	145.42	1.82	12.00
扁卵	褐	0.80	10 月上中旬	2.56	0.12	2.68	1013.98	1.42	12.00
扁卵	深褐	1.30	10 月上旬	3.47	0.96	4.43	71.72	1.75	11.00
扁椭圆	深褐	1.40	11 月中下旬	5.94	0.44	6.38	16.50	2.02	—
扁椭圆	深褐	0.75	10 月中旬至 11 月上旬	3.13	0.01	3.14	897.78	1.86	10.00
扁椭圆	褐	0.72	10 月上中旬	3.58	1.33	4.91	20.02	2.30	7.00
扁卵圆	褐	0.15	10 月下旬	0.59	0.19	0.78	23.88	1.66	7.00
椭圆	褐	0.30	11 月下旬	1.16	0.29	1.45	44.88	2.51	8.50
椭圆	褐	0.20	11 月中旬	1.82	0.12	1.95	9.68	1.16	—
椭圆	褐	0.15	10 月下旬	0.99	0.30	1.29	23.10	1.71	—
椭圆	褐	0.27	11 月上中旬	—	—	—	16.28	1.83	—
椭圆	浅褐	0.28	11 月中下旬	0.51	0.25	0.76	8.80	3.77	—
扁卵	浅褐	0.30	11 月中旬	1.49	0.66	2.15	12.54	1.04	—

2.2　猕猴桃果实性状与营养成分的关系

　　1981 年 9 ～ 12 月，在龙胜、那坡、融水等县，分别采集中华、中越、阔叶及绵毛 4 种猕猴桃的不同果实性状进行营养成分测定，为优良类型选择及培育良种提供科学依据，其结见表 37-3。

　　从表 37-3 可看出，在 4 种猕猴桃的果实性状中，平均单果重都是长圆形果比短圆形果重，如中华猕猴桃长圆形果平均单果重为 33.90 g，而短圆形果则为 27.80 g，中越猕猴桃长圆形果平均单果重为 9.84 g，短圆形果为 8.21 g。从营养成分含量来看，其差异没有一定的规律性，如中华猕猴桃长圆形果的总糖含量为 4.69%，Vc 含量为 146.74 mg/100 g，而短圆形果总糖含量则为 4.53%，Vc 含量 87.12 g/100 g；而阔叶猕猴桃总糖含量长圆形果比短圆形果高，前者为 4.90%，后者为 3.14%，Vc 含量则短圆形果比长圆形果高，前者为 878.78 mg/100 g，后者为 373.78 mg/ 100 g，这是种类不同或其他因素所致，有待进一步研究。

表 37-3　猕猴桃果实性状与营养成分的关系

品种	果形	果实大小			糖分（%）			Vc（mg/100 g 鲜果）	酸度（%）	可溶性固形物（%）
		纵径（cm）	横径（cm）	平均单果重（g）	还原糖	蔗糖	总糖			
中华猕猴桃	长圆形	4.85	3.49	33.90	3.26	1.43	4.69	146.74	1.90	13.50
	短圆形	4.12	3.51	27.80	3.27	1.26	4.53	87.12	2.34	10.50
中越猕猴桃	长圆形	2.89	2.31	9.84	4.52	0.18	4.70	13.64	3.06	—
	短圆形	2.46	2.36	8.21	4.52	0.18	4.70	13.64	2.45	—
阔叶猕猴桃	长圆形	2.81	1.58	4.69	3.28	1.62	4.90	373.78	1.89	16.00
	短圆形	2.01	1.54	3.27	3.13	0.01	3.14	878.78	2.16	14.00
绵毛猕猴桃	长圆形	2.63	1.30	3.50	0.68	0.13	0.81	15.84	2.04	8.00
	短圆形	1.60	1.20	1.49	0.19	0.19	0.38	33.68	1.66	7.00

2.3　猕猴桃株间的果实性状和营养成分

1981 年在龙胜各族自治县进行猕猴桃资源调查时，选择中华猕猴桃等 6 个不同株号，于同年 9 月分别采果进行果实性状及营养成分含量测定，结果见表 37-4、表 37-5。

中华猕猴桃不同株间的果实大小、单株产量及营养成分含量均有明显的差异，单果最大重量达 100 g，平均单果重量为 63.0～90.0 g，单株产量为 2.70～50.00 kg。果实营养成分含量，糖分为 4.31%～6.38%，Vc 含量为 38.06～179.96 mg/100 g，酸度为 1.38%～2.09%，可溶性固形物为 12.00%～18.50 %。因此在人工栽培时应选择优良单株采集繁殖材料，以提高其产量和质量。

表 37-4　猕猴桃株间的果实性状

株号	果实外形			果实大小				果肉			种子		产量（kg）
	形状	皮色	茸毛	纵径（cm）	横径（cm）	最大单果重（g）	平均单果重（g）	颜色	质地	香味	颜色	千粒重（g）	
1	卵圆形	青绿	较少，短	4.98	4.04	80	69.5	黄白	细致	清香	褐	259.0	37.50
2	卵圆形	黄褐	极少	5.54	4.64	80	71.0	黄白	细致	清香	棕褐	434.6	6.00
3	苹果形	黄褐	较少，短	5.39	5.39	100	90.0	黄白	细致	清香	棕褐	570.8	50.00
4	长卵圆形	褐	较少，短	5.77	4.56	75	69.0	黄白	细致	清香	黄褐	395.6	11.25
5	长卵圆形	青褐	较少，短	5.79	4.31	78	63.0	黄白	细	清香	棕褐	291.4	2.70
6	圆柱形	青褐	较少，短	5.26	4.57	71	64.3	青绿	细致	清香	深褐	485.6	23.25

表 37-5 猕猴桃株间的果实营养成分

株号	糖分（%）			Vc （mg/100 g 鲜果）	酸度（%）	可溶性固形 物（%）
	还原糖	蔗糖	总糖			
1	4.06	2.32	6.38	75.24	1.80	18.50
2	2.97	1.34	4.31	99.00	2.09	13.00
3	3.87	1.64	5.50	38.06	1.39	12.50
4	3.65	1.59	5.24	55.00	1.69	15.50
5	4.16	1.79	5.96	77.66	1.88	13.00
6	3.95	1.82	5.77	179.96	2.05	12.00

3 小结

广西猕猴桃种类较多，资源丰富，从测定的 14 种（变种、变型）结果来看，猕猴桃果实含有丰富的营养成分，如糖分、有机酸及 Vc 等，Vc 含量极高，可作为鲜食及加工食品的水果品种。根据果实性状及营养成分含量综合考虑，认为大中型果的种类，如中华、毛花、金花、中越及阔叶等 5 种猕猴桃，可考虑为重点利用对象。

中华猕猴桃、毛花猕猴桃和阔叶猕猴桃的 Vc 含量为 125.84 ～ 1013.88 mg/ 100 g，比柑橘（38.5 ～ 44.0 mg/100 g）高 1.88 ～ 25.38 倍，可利用为保健食品。

猕猴桃不同种类、不同果形及不同株间的果实性状和营养成分含量有一定的差异，尤其 Vc 含量的变化幅度较大，因此在人工栽培时应选择大中型果的种类、产量高、营养成分含量丰富的优株作为繁植材料。

第三十八章　猕猴桃属植物果实营养成分的研究

　　猕猴桃属植物资源丰富，种类繁多，分布范围广，果实的营养价值极高，被冠以"Vc 之王"的美称。临床试验结果表明，猕猴桃的防癌治癌作用在于其不仅含有丰富的 Vc，还含有能阻断 N- 亚硝基吗啉合成的物质（宋圃菊等，1988）。猕猴桃还有扶正祛邪、清热利水、散瘀活血、增强免疫、促进正常细胞生长、抗多种细菌感染的功能。因此，猕猴桃是一种融营养和保健作用于一体的高级水果。关于猕猴桃营养成分的研究，国内外已报道不少（黄正福等，1983；陈前绎，1987；兰宣，1982；卢开春，1986；李瑞高等，1991；Sakan T 等，1960；Selman J D，1983；Visser F R，1984），但大多是关于中华猕猴桃优良株系的营养分析，而对猕猴桃属不同种类的营养含量研究报道较少。本章对收集于本所猕猴桃种质库内 35 个种类的猕猴桃果实的营养成分进行了测定和研究，旨在为该属植物的种质研究及开发利用提供科学依据。

1　材料与方法

1.1　材料

　　研究所用材料大多采自广西植物研究所猕猴桃种质库，部分来自野生植株。试验材料：紫果猕猴桃（*Actinidia arguta* var. *purpurea*）、河南猕猴桃（*A. henanensis*）、对萼猕猴桃（*A. valvatia* var. *valvata*）、大籽猕猴桃（*A. macrosperma* var. *macrosperma*）、革叶猕猴桃（*A. rubricaulis* var. *coriacea*）、京梨猕猴桃（*A. callosa* var. *henryi*）、异色猕猴桃（*A. callosa* var. *discolor*）、柱果猕猴桃（*A. cylindrica* var. *cylindrical*）、网脉猕猴桃（*A. cylindrica* var. *reticulata*）、华南猕猴桃（*A. glaucophylla* var. *glaucophylla*）、耳叶猕猴桃（*A. glaucophylla* var. *asymmetrica*）、金花猕猴桃（*A. chrysantha*）、中越猕猴桃（*A. indochinensis*）、清风藤猕猴桃（*A. sabiaefolia*）、美丽猕猴桃（*A. melliana*）、长叶猕猴桃（*A. hemsleyana* var. *hemsleyana*）、粉毛猕猴桃（*A. farinosa*）、密花猕猴桃（*A. rufotricha* var. *glomerata*）、绵毛猕猴桃（*A. fulvicoma* var. *lanata*）、糙毛猕猴桃（*A. fulvicoma* var. *lanata* f. *hirsuta*）、阔叶猕猴桃—圆果型（*A. latifolia*）、阔叶猕猴桃—长果型、桂林猕猴桃（*A. guilinensis*）、多花猕猴桃（*A. latifolia* var. *latifolia*）、安息香猕猴桃（*A. styracifolia*）、毛花猕猴桃（*A. eriantha* var. *eriantha*）、两广猕猴桃（*A. liangguangnensis*）、中华猕猴桃（*A. chinensis* var. *chinensis*）、红肉猕猴桃（*A. chinensis* var. *rufopulpa*）、美味猕猴桃（*A. diliciosa* var. *diliciosa*）、绿果猕猴桃（*A. deiclioas* var. *chlorocarpa*）、漓江猕猴桃（*A. lijiangensis*）、大花猕猴桃（*A. grandiflora*）、江西猕猴桃（*A. jiangxiensis*）、山梨猕猴桃（*A. rufa*）。

1.2 种质库的自然条件

海拔 170 m，年平均气温 19.2 ℃，最热的 7 月平均气温 28.3 ℃，最冷的 1 月平均气温 8.4 ℃，极端高温 38 ℃，极端低温 -6 ℃，冬有霜冻，偶见雪，年降水量 1655.6 mm，降水集中在 4～6 月，冬季雨量较少，干湿交替明显，年平均相对湿度 78%，土壤为酸性红壤，质地为黏壤土。

1.3 方法

果实生理成熟期，在植株的不同方位随机采样，分别测定果实的总糖、总酸、Vc 和可溶性固形物含量。糖分采用斐林氏容量法测定，总酸用 NaOH 溶液滴定法，Vc 用碘滴定法，可溶性固形物用手持糖度折光仪测定，氨基酸用酸水解法处理样品后，用 LOCARTEMK$_4$ 氨基酸分析仪测定。

2 结果

猕猴桃属植物不同分类群的果实营养成分含量差异较大，总糖含量范围在 0.93 %～9.06 %，中华猕猴桃果实含糖量最高，达 9.06 %，绵毛猕猴桃果实含糖量最低，仅为 0.93 %，最高值为最低值的 9 倍多，大多数分类群的总糖含量在 2% 以上。果实 Vc 含量范围在 12.54～1404.52 mg/100 g，圆果阔叶猕猴桃果实的 Vc 含量最高，达 1404.52 mg/100 g，异色猕猴桃果实的 Vc 含量最低，只有 12.54 mg/100 g，最高含量为最低含量的 112 倍。果实总酸含量 0.29 %～2.58%，可溶性固形物含量在 5.0%～15.8%，猕猴桃优良株系果实可溶性固形物含量可达 19.5%。从猕猴桃果实中检出的氨基酸有 17 种，猕猴桃果实 17 种氨基酸总含量为 1.79%～9.04 %，最高含量的大籽猕猴桃为最低含量的美味猕猴桃的 5 倍。猕猴桃属植物各分类群果实的主要营养成分含量见表 38-1，氨基酸含量见表 38-2。

表 38-1 猕猴桃属植物果实营养成分含量（%）

组名	种类名称	Vc (mg/100 g)	还原糖 (%)	蔗糖 (%)	总糖 (%)	总酸 (%)	可溶性固形物 (%)	糖/酸	汁液颜色	平均单果重 (g)	自然分布海拔 (m)
净果组	紫果猕猴桃	80.96	3.42	0.01	3.43	1.26	8.0	2.7	黄绿	—	700～800
	河南猕猴桃	25.20	3.00	0.20	3.20	1.74	5.0	1.8	黄绿	7.7	1000～1700
	对萼猕猴桃	59.05	—	—	—	—	10.5	—	黄绿	7.5	—
	大籽猕猴桃	22.22	5.19	0.41	5.60	0.43	9.7	13.2	绿黄	14.8	1300
斑果组	革叶猕猴桃	41.76	3.40	0.14	3.54	0.29	11.0	12.2	绿黄	0.6	1000 以上
	京梨猕猴桃	20.02	3.58	1.33	4.91	2.30	7.0	2.1	淡黄绿	2.1	570～1300
	异色猕猴桃	12.54	1.49	0.66	2.14	1.04	11.6	2.1	绿	—	1135
	柱果猕猴桃	34.67	2.66	1.32	3.98	—	—	—	绿	0.8	500～800
	网脉猕猴桃	146.65	2.00	0.63	2.63	1.11	10.5	2.4	黄绿	4.4	600～800
	华南猕猴桃	22.44	1.68	0.35	2.03	—	9.0	—	绿	0.48	600～1000

续表

组名	种类名称	Vc (mg/100 g)	还原糖 (%)	蔗糖 (%)	总糖 (%)	总酸 (%)	可溶性固形物 (%)	糖/酸	汁液颜色	平均单果重 (g)	自然分布海拔 (m)
斑果组	耳叶猕猴桃	53.99	3.29	3.20	6.49	—	12.1	—	绿	—	450
	金花猕猴桃	71.72	3.47	0.96	4.43	1.75	11.0	2.53	绿黄	—	700～1500
	中越猕猴桃	39.60	1.62	0.12	1.74	1.84	9.4	0.95	绿黄	1.9	600～1300
	清风藤猕猴桃	55.03	3.03	0.03	3.06	0.997	12.4	3.07	绿	0.4	—
糙毛组	美丽猕猴桃	64.70	2.31	0.27	2.58	1.70	9.5	1.5	绿	1.8	200～800
	长叶猕猴桃	13.80	2.84	0.67	3.51	1.79	6.5	2.0	绿	10.9	江西铅山
星毛组	粉毛猕猴桃	16.28	—	—	—	1.83	—	—	绿	0.5	1200
	密花猕猴桃	22.44	2.58	0.08	2.66	2.58	11.0	1.1	绿	0.6	1200
	绵毛猕猴桃	37.56	0.81	0.12	0.93	0.43	11.0	2.2	绿	4.0	300～600
	糙毛猕猴桃	41.29	2.87	0.49	3.36	1.20	9.1	2.8	绿	3.1	1000～1300
	圆果阔叶猕猴桃	1404.52	2.20	0.27	2.47	0.95	9.0	2.6	黄绿、黏稠	13.5	80～1190
	长果阔叶猕猴桃	1005.81	2.38	0.14	2.52	1.44	8.9	1.8	黄绿、黏稠	5.8	80～1190
	多花猕猴桃	829.79	4.35	0.17	4.52	1.16	8.5	3.9	黄绿、黏稠	2.5	—
	桂林猕猴桃	1286.44	2.04	0.39	2.43	0.81	8.9	3.0	黄绿、黏稠	14.0	80～1190
	安息香猕猴桃	452.1	2.06	0.095	2.16	1.22	13.2	1.8	黄绿、黏稠	2.2	600～900
	毛花猕猴桃	592.56	3.49	0.71	4.10	0.74	12.0	2.4	黄绿、黏稠	19.3	250～1100
	两广猕猴桃	91.30	1.42	0.029	1.45	0.58	—	2.5	绿、胶体	3.1	250～1000
	中华猕猴桃	166.55	6.3	2.76	9.06	1.63	14.0	5.6	绿黄	70.5	250～1800
	红肉猕猴桃	243.05	6.21	1.92	8.13	1.17	12.6	6.9	淡绿	40.8	500～1800
	美味猕猴桃	125.84	4.03	1.56	5.99	1.69	12.0	3.01	绿黄	58.8	300～1800
	绿果猕猴桃	40.7	5.54	1.75	7.29	1.34	0.3	5.4	绿黄	50.4	900～1400
	漓江猕猴桃	61.7	6.99	9.13	7.12	1.78	13.3	3.5	绿黄	13.7	广西桂林
	大花猕猴桃	92.69	5.84	0.37	6.21	1.20	13.4	5.2	绿黄	10.55	1260～1980
	江西猕猴桃	157.4	1.62	0.12	1.74	0.58	—	3.0	绿	1.9	江西黎山、铅山
	山梨猕猴桃	37.26	4.52	1.82	6.34	1.70	15.8	3.7	绿黄	18.9	—

表 38-2　猕猴桃不同种类果实氨基酸含量（%）

氨基酸名称	对萼猕猴桃	大籽猕猴桃	长叶猕猴桃	毛花猕猴桃*	中华猕猴桃*	红肉猕猴桃	美味猕猴桃	湖北猕猴桃	漓江猕猴桃
天门冬氨酸	0.67	1.24	0.71	0.45（0.075）	0.32（0.055）	0.78	0.24	0.22	0.66
苏氨酸	0.29	0.54	0.25	0.24（0.041）	0.16（0.027）	0.31	0.15	0.11	0.28
丝氨酸	0.24	0.42	0.23	0.26（0.043）	0.14（0.025）	0.23	0.12	0.12	0.27
谷氨酸	0.97	1.51	0.91	0.63（0.105）	0.59（0.102）	0.33	0.35	0.43	0.03
脯氨酸	—	—	—	0.35（0.059）	0.19（0.033）	—	—	—	—
甘氨酸	0.38	0.66	0.28	0.29（0.048）	0.20（0.035）	0.60	0.116	0.13	0.36
丙氨酸	0.35	0.65	0.26	0.29（0.049）	0.17（0.029）	0.28	0.112	0.15	0.32
胱氨酸	—	0.02	0.03	0.05（0.0008）	0.008（0.0014）	0.05	—	—	0.06
色氨酸	0.36	0.68	0.23	0.32（0.053）	0.19（0.033）	0.30	0.132	0.13	0.32
蛋氨酸	0.02	0.09	—	0.09（0.015）	0.055（0.0095）	0.02	0.04	0.01	—
异亮氨酸	0.23	0.53	0.10	0.31（0.051）	0.21（0.036）	0.25	0.128	0.10	0.26
亮氨酸	0.29	0.73	0.06	0.35（0.058）	0.25（0.044）	0.26	0.132	0.16	0.38
酪氨酸	0.10	0.26	0.05	0.24（0.041）	0.08（0.013）	0.14	0.048	0.06	0.13
苯丙氨酸	0.05	0.16	0.09	0.33（0.055）	0.16（0.029）	0.10	0.076	0.06	0.11
赖氨酸	0.18	0.33	0.33	0.19（0.031）	0.07（0.012）	0.29	0.112	0.15	0.34
组氨酸	0.13	0.25	0.17	0.15（0.025）	0.08（0.011）	0.13	0.04	0.07	0.19
精氨酸	0.39	0.97	0.48	0.65（0.109）	0.14（0.024）	0.53	0.116	0.14	0.42
总含量	4.65	9.04	4.18	5.173（0.865）	2.973（0.518）	4.60	1.794	2.04	5.14

注：*为广西植物研究所分析结果，其余为武汉植物研究所提供，括号内的数值为鲜物质含量。

3　讨论

3.1　猕猴桃果实营养成分含量与开发利用价值的关系

果实主要营养物质含量是衡量猕猴桃开发利用价值的重要指标。果实大、果形好、果实中营养物质含量丰富、风味佳美的种类将是鲜食和加工的理想原料，是培育优良栽培品种的理想资源，如中华猕猴桃、美味猕猴桃等。经过长期的引种驯化和栽培选择，我国已选育出了 60 多个中华猕猴桃优良株系，使这一种类的资源得到了充分的开发和利用。圆果阔叶猕猴桃、长果阔叶猕猴桃、多花猕猴桃、桂林猕猴桃、毛花猕猴桃、安息香猕猴桃等种类的果实中 Vc 含量特别高，然而果实较小、种子多、果肉薄、风味差，既难以食用又不适宜加工，但这些种类树势强，植株生长茂盛，抗逆性强，如果利用这些种类作中华猕猴桃优良株系的砧木，通过无性杂交的蒙导作用，将其高 Vc 含量等优点传导给中华猕猴桃，可望培育出更为理想的优良品种；或者利用这些种类作为有性杂交的亲本，与大果型的品种进行杂交，从杂交后代中选育综合性状更为优良的单株，推广生产应用，这将产生极好的经济效益，因此，这些种类是重要的种质资源。其他果实偏小，Vc 含量偏低的种类，有的花色美丽而芳香，有的果穗优美，可利用这些优点，作为奇异的园林观赏植物。

3.2 猕猴桃果实的糖酸比值与果实风味品质的关系

糖酸比历来是作为衡量水果风味的重要参数。糖酸比过高，果实偏甜而味道单调；糖酸比过低，果实风味偏酸难以食用。果实中的糖分和总酸的含量只有合乎一定的比值，果实才酸甜适中，风味可口。不同的水果品种，其适宜的糖酸比值不同。根据多年的测定及实践结果，猕猴桃属植物的果实糖酸比值在 5 ～ 7 时，果实表现较好的风味，容易被消费者接受，如中华猕猴桃、绿果猕猴桃、红肉猕猴桃的糖酸比分别为 5.6、5.4、6.9，这 3 个种类的 Vc 含量中等，而且果实大、风味品质好，具有较大的经济价值。而圆果阔叶猕猴桃等种类虽有较高的 Vc 含量，但果实糖酸比偏低，风味偏酸，食用价值低。一些糖酸比值偏高的种类，如大籽猕猴桃、革叶猕猴桃等，不但风味差，且果实也小，没有经济价值。总之，猕猴桃属植物绝大多数种类的果实糖酸比例失调，食用价值低，但这些种类却是宝贵的育种材料。

3.3 猕猴桃果肉汁液的颜色与营养成分含量的关系

多年的实际观察结果表明，猕猴桃果实汁液的颜色与果实的营养成分含量呈一定的相关性。一般汁液呈绿黄色的种类，含糖量较高，如大籽猕猴桃、革叶猕猴桃、大花猕猴桃、中华猕猴桃等。而汁液呈绿色或黄绿色且较稀的种类，含糖量一般较低。汁液呈黄绿色黏稠状的种类，如圆果阔叶猕猴桃、长果阔叶猕猴桃、多花猕猴桃、桂林猕猴桃、毛花猕猴桃等，Vc 含量特别高；而汁液呈绿色无黏稠状的种类，如异色猕猴桃、柱果猕猴桃等 Vc 含量则相对较低。需要指出的是，Vc 含量高的种类的汁液黏稠状有别于胶体（两广猕猴桃汁液呈胶体状，但 Vc 含量低），这种黏稠状是否起保护 Vc 的作用，或是导致 Vc 含量高的因素，有待进一步研究。

3.4 猕猴桃不同分类组果实营养成分含量的差异

猕猴桃有 4 个分类组：净果组、斑果组、糙毛组和星毛组。各分类组内不同种类的营养成分含量有较大的差异。本章所测定的种类中，净果组的平均 Vc 含量为 46.86 mg/100 g，含量在 22.22 ～ 80.96 mg/100 g，平均总糖含量为 4.08%，平均总酸含量为 1.14%，可溶性固形物含量平均 8.3%。

斑果组 Vc 含量平均为 49.84 mg /100 g，含量范围在 12.54 ～ 146.65 mg/100 g，含量最高的网脉猕猴桃为含量最低的异色猕猴桃 11.5 倍。总糖含量平均 3.5%，含量最高的耳叶猕猴桃为含量最低的中越猕猴桃的 3.7 倍，可溶性固形物含量为 7.0% ～ 12.4%，总酸含量为 0.29% ～ 2.3%。

糙毛组 Vc 平均含量为 39.25 mg/100 g，含量为 13.8 ～ 64.7 mg/100 g，美丽猕猴桃的 Vc 含量是长叶猕猴桃的 4.7 倍。平均总糖含量为 3.05%，平均总酸含量为 1.75 %，平均可溶性固形物含量为 8.0%。

星毛组各种类营养成分含量差异较大。Vc含量范围为16.28～1404.52 mg/100 g，平均含量为381.17 mg/100 g，含量最高的圆果阔叶猕猴桃为含量最低的粉毛猕猴桃的86倍。平均总糖含量为42.4%，总酸含量平均为1.17%，可溶性固形物含量为8.5%～15.8%。

4个分类组之间的果实营养成分含量平均值也有较大的差异，其中以星毛组的果实营养成分含量平均值最高，其次为斑果组，糙毛组最低。星毛组的经济价值和开发利用价值最大。4个分类组的营养含量比较见表38-3。

表38-3 猕猴桃组间果实营养含量的差异

组名	Vc （mg/100 g）	总糖 （%）	总酸 （%）	可溶性固形物 （%）
净果组	46.84	4.08	1.14	8.30
斑果组	49.84	3.50	1.39	9.65
糙毛组	39.25	3.05	1.75	8.00
星毛组	381.17	4.24	1.17	11.43

3.5 猕猴桃属植物果实的生长发育规律

猕猴桃属植物不同种类的开花物候期各不相同，果实的成熟期亦相异，但果实的生长发育规律基本一致。果实生长发育到最大值所需的时间为112～126天。果实体积的变化过程可分为3个时期：a.迅速增长期，b.缓慢增长期，c.停滞增长期。

由于各种类果实数量有限，未能对各种类的果实不同发育阶段进行营养成分含量变化测定，只对中华猕猴桃果实发育中后期进行营养变化测定。中华猕猴桃果实固形物含量变化过程可分4个阶段：a.微升增长阶段；b.活跃增长阶段；c.迅速增长阶段；d.渐缓增长阶段（李洁维等，1992）。中华猕猴桃果实Vc含量在8月中下旬左右达到最大值，此时正是果实的生理成熟期，是营养物质的合成和转化高峰期。此后，Vc的含量逐渐降低。

4 小结

综上所述，猕猴桃属植物是很有利用价值的一种果树。果实大、风味品质好的中华猕猴桃和美味猕猴桃既是理想的高级水果，又是制作高级保健饮料及加工食品的理想原料。中华猕猴桃经引种栽培后已选育出了许多优良株系，为猕猴桃属植物的开发利用开辟了广阔的前景。营养物质含量丰富、植株树势强、抗逆性强的种类将是理想的砧木及杂交育种材料；一些花朵芳香秀丽的小果种类也不失为奇异的园林观赏植物。

第三十九章　猕猴桃优良株系果实生长发育规律研究

猕猴桃果实在生长发育的不同时期，对营养成分的需求不同。只有摸清了猕猴桃果实生长发育的规律，才能在果实生长发育的不同时期，采取相应的栽培管理措施，满足果实迅速生长的需要，同时也为果实的适期采收提供准确的理论依据。为此，笔者对广西植物研究所内部分猕猴桃优良株系作了果实生长发育规律方面的初步探索。

1　材料与方法

1.1　供试材料

本试验供试优株 12 个，植株是 5 ～ 7 年生的嫁接苗，包括中华猕猴桃桂海 1 号、桂海 3 号、桂海 4 号、桂海 5 号、桂海 9 号、湖南中华、实生 15 号、华光 10 号、华光 6 号，美味猕猴桃 79-3、美味猕猴桃 79-5-1、绿果猕猴桃。

1.2　果实大小的测定方法

在各供试优株中，选取长势中庸健壮的植株 1 株，在此植株上选取果形正常的小果 20 个，分别挂牌编号，花后 20 天开始测定果实的纵径、横径和侧径。此后每隔 20 天测定 1 次，直至 8 月下旬或 9 月上旬。

1.3　果实可溶性固形物含量变化的测定

7 月中旬开始第一次测定。测定的当天 8：00 ～ 9：00，从各供试优株植株上不同部位摘取 5 个果形正常的无病果，将每个果实的两端切下（约 1 cm 厚）榨汁，用手持折光仪测定可溶性固形物含量，结果取 5 个果实可溶性固形物的平均值。此后每隔 2 周（8 月中旬以后隔 1 周）测定 1 次，直至 8 月底或 9 月初。

2 结果

2.1 果实体积的变化

中华猕猴桃的优株花期一般为 4 月上旬至 4 月中旬,美味猕猴桃的优株花期则稍晚,一般为 4 月下旬至 5 月初,绿果猕猴桃的花期与美味猕猴桃的花期相近。尽管花期有差异,但优株果实体积的变化趋势表现一致。根据优株果实生长动态的观测结果,猕猴桃整个果实体积的变北过程可以明显地分为 3 个时期:①迅速增长期。中华猕猴桃从 4 月中旬至 6 月上旬,美味猕猴桃及绿果猕猴桃从 4 月底或 5 月初至 6 月中下旬。坐果后,果实迅速增大,纵径、横径和侧径增长率均在 0.20 cm/ 周以上。纵径最大增长率可达 0.92 cm/ 周(美味猕猴桃 79-5-1),桂海 4 号的纵径增长率最高也达 0.85 cm/ 周。迅速增长期结束时,中华猕猴桃优株的果径均已达最大值的 80% ~ 85%;而美味猕猴桃优株及绿果猕猴桃的果径则已达最大值的 86% ~ 94%。②缓慢增长期。中华猕猴桃从 6 月上旬至 7 月下旬,美味猕猴桃和绿果猕猴桃约自 6 月下旬至 7 月下旬。此时果实体积的增长速度明显减小,各果径的增长量一般小于 0.1 cm/ 周。③停滞增长期。中华猕猴桃从 7 月下旬至 8 月下旬或 9 月初;美味猕猴桃和绿果猕猴桃自 8 月上旬至 9 月上中旬。8 月上旬以后,无论是中华猕猴桃桃还是美味猕猴桃或绿果猕猴桃,果实均已基本停止增长,即使有增长也是很微小的,此阶段,果实体积基本达到最大值。猕猴桃果实生长发育到最大值所经历的时间,中华猕猴桃约需 18 周,美味猕猴桃和绿果猕猴桃约需 16 周。本章供试的 12 个优株的果实生长曲线见图 39-1。果实的纵径、横径和侧径的生长是同时并进的,并无孰先孰后之差,只是由于果实是长柱形的,故纵径的增长相对较大,猕猴桃果实先长纵径后长横径、侧径是值得商榷的。

2.2 果实可溶性固形物含量的变化

7 月 17 日第一次测定时,各优株的可溶性固形物含量较低,最高的是中华猕猴桃华光 10 号(4.4%),最低的是美味猕猴桃 79-5-1 和湖南中华猕猴桃(3.4%)。第一次测定后大约一个月内,可溶性固形物含量在一定范围内基本保持稳定,平均每周增长在 0.1% 以下,不同优株可溶性固形物保持稳定持续的时间不同,桂海 3 号、桂海 4 号、桂海 5 号、美味猕猴桃 79-3、美味猕猴桃 79-5-1 需 5 周左右,华光 10 号和实生 15 号 6 周左右,桂海 1 号 3 周左右,而绿果猕猴桃可溶性固形物保持稳定的时间几乎为零。

当可溶性固形物含量达到或接近 5% 时,上升速度加快,增长量高达每周 1.06%,桂海 1 号;最低的也达每周 0.46%,如桂海 5 号。

当固形物上升到 6% ~ 6.5% 左右时,中华猕猴桃桂海 1 号、桂海 3 号、桂海 4 号、桂海 5 号、实生 15 号、华光 10 号等的可溶性固形物增长量又逐渐减缓,增长量为每周 0.28% ~ 0.92%。此后,当可溶性固形物含量达到或接近 7.0% 时,可溶性固形物的上升速度又逐渐加快,几乎以每周 1.0% ~ 3.0% 的增长率上升到 10% ~ 12 % 左右,此后上升速率又趋于平缓。

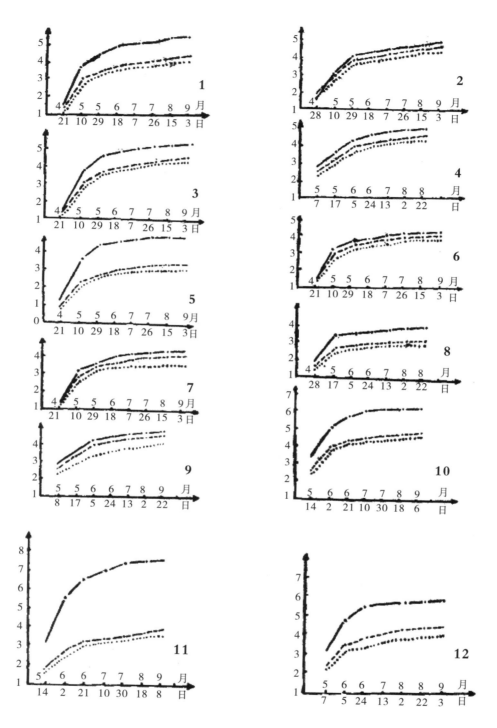

图 39-1 猕猴桃优株的果实生长曲线图

—· 纵径 —— 横径 ···侧径

1. 中华猕猴桃桂海 1 号　 2. 中华猕猴桃桂海 3 号　 3. 中华猕猴桃桂海 4 号　 4. 中华猕猴桃桂海 5 号

5. 中华猕猴桃桂海 9 号　 6. 中华猕猴桃实生 15 号　 7. 湖南中华猕猴桃　 8. 中华猕猴桃华光 6 号

9. 中华猕猴桃华光 10 号　 10. 美味猕猴桃 79-3　 11. 美味猕猴桃 79-5-1　 12. 绿果猕猴桃

美味猕猴桃 79-3 和 79-5-1 及绿果猕猴桃的果实可溶性固形物变化与中华猕猴桃各优株的变化有差异。美味猕猴桃 79-3 和 79-5-1 的可溶性固形物在达到 5% 前上升速度较缓慢，一旦达到 5%，其上升速度即加快，此后几乎没有减慢，直至可溶性固形物升至 12% 左右。绿果猕猴桃的可溶性固形物则几乎呈直线上升。

综上所述，中华猕猴桃各优株果实可溶性固形物含量变化过程可归纳为 4 个阶段：①微升增长阶段。即可溶性固形物含量达 5% 前的阶段，增长量每周少于 0.1%，持续时间 5 周左右，即自 7 月中旬至 8 月中旬左右。②活跃增长阶段。即可溶性固形物从 5% 升至 6.5% 左右的阶段，增长量为每周 0.46% 以上，持续时间约 2 周，即自 8 月 20 日左右至 9 月初。③迅速增长阶段。也就是可溶性固形物从 7% 升至 12% 左右的阶段，每周增长量高达 1.0%～3.0%，持续时间也较短，大约 2 周左右。④渐缓增长阶段。可溶性固形物含量达 12% 以后，增长速度降为 0.35% 左右。

本章供试的美味猕猴桃优株 79-3 和 79-5-1 以及绿果猕猴桃的可溶性固形物变化阶段性不明显。将各优株可溶性固形物变化绘制成曲线，可以发现，中华猕猴桃各优株的变化曲线呈近双"S"形，而美味猕猴桃的优株及绿果猕猴桃的变化曲线呈近"S"形。由于篇幅所限，各优株的可溶性固形物变化曲线图在此略去。

2.3　果实体积的变化、可溶性固形物含量的变化与适期采收的关系

就中华猕猴桃系列优株而言，果实的停滞生长期正是可溶性固形物的活跃增长阶段。这就是说，果实停止生长后，果实内碳水化合物的合成和转化处于活跃阶段，果实在生理上已经成熟，美味猕猴桃各优株及绿果猕猴桃的可溶性固形物变化虽然没有明显的阶段性，但其与中华猕猴桃的活跃增长阶段相对应的变化范围所经历的时期正与果实的停滞增长阶段相对应。

可溶性固形物由低到高，意味着各种糖分的合成逐渐增多以及还原糖越来越多地转变为转化糖。果实停止生长后，果实内部的生理活动却活跃进行，如果让果实继续挂在树上，果实的生理活动将逐渐加快，并伴随着乙烯的大量产生，最后达到食用熟。

商品性生产中需要的是耐贮性的果实。若在果实生理活动活跃阶段将果实采收，并施行一些采后处理措施，将可抑制果内的生理活动及果面的呼吸作用，从而延缓果实的成熟，减少采收后出现病果及烂果。多年的实践经验及实际观测表明，在可溶性固形物的活跃增长阶段采收的果实，营养丰富，耐贮性及加工性都较好。不同种类适期采收的标准各异。一般中华猕猴桃在可溶性固形物为 5.5%～5.8% 时采收最佳，如果超过这个标准采收，则果实不耐贮藏，加工性能也差。如广西重点发展的优株桂海 4 号，当果实可溶性固形物达 5.5%～5.8% 时采收，室温条件下贮藏可达 30 天以上，果实软熟时，其营养成分达到最佳水平，而当可溶性固形物平均已达 6.5%，采后 7 天，果实全部软熟，10 天后即腐烂一半，而果实软熟时的营养成分并未比前者高。美味猕猴桃在可溶性固形物达 6.0%～6.5% 时采收最合适。这里所提供的标准是在广西产区的立地条件下的观察结果，不同产区，由于地理环境及气候条件的差异，适期采收的可溶性固形物标准不尽相同。

3　讨论

几乎所有果树的果实生长发育过程都可分为 3 个阶段，猕猴桃也不例外。日本的大垣智昭曾提出猕猴桃果实的肥大过程可分为 3 个阶段，本试验结果与之相符。猕猴桃果实的生长过程是果心和内外果皮细胞分裂和增大的过程，在生长的第一个阶段，这些组织的细胞急剧分裂和增大，使整个果实迅速膨大，果实总生长量的 80% 以上是在此阶段进行的。第二个阶段，即果实缓慢增大期，是由内外果皮及果心细胞膨大的迅速减慢所致。到了第三个阶段，外果皮已基本成熟，整个果实基本上不再膨大。

生产上的土肥管理工作应该按照果实的生长发育规律进行，在果实的迅速膨大期，即 4～6 月适当增施氮肥及复合肥，以满足果实壮大的需要，在果实的缓慢增长期，即 7 月再施一次复合肥，可以起到壮果作用。在果实停滞生长期，适量增施钾肥，可以促进果实内的同化作用、碳水化合物合成、运输和转化以及蛋白质和油脂的合成，同时可增强植株的抗旱能力。

可溶性固形物含量是衡量果实是否达到生理成熟的最有效的指标，也是确定采收期的最简易的方法。可溶性固形物的变化过程也就是果实生理生化活动过程的间接反映。不同种类猕猴桃果实可溶性固形物含量变化的差异是各自生理上差异的结果。

第四十章　红阳猕猴桃果实生长发育及主要营养物质动态变化研究

红阳猕猴桃是四川省自然资源研究所从红肉猕猴桃（*A. chinensis* var. *rufopulpa*）资源中选出的果肉为红色的猕猴桃新品种。因其稀有的果肉颜色和口感品质，栽培面积迅速扩大，并不断引种到全国各地。广西从 2006 年开始引进，目前红阳猕猴桃已经成为广西猕猴桃的主栽品种。近年来，一方面随着猕猴桃市场价值的不断上升，一些农户或企业为了追求利益最大化，不顾果实的自然发育规律而盲目早采，已经给猕猴桃生产和市场带来严重影响；另一方面，引种到广西的红阳猕猴桃，无论是物候期还是果实品质都与原产地有很大差异，这也对合理采收期的确定造成一定的困难。因此在桂北地区开展红阳猕猴桃果实生长发育及主要营养物质动态变化研究，对了解果实发育，合理指导生产和确定适宜的采收期具有重要的指导意义。

1　材料与方法

1.1　试验材料

试验在广西植物研究所猕猴桃品种试验园进行，地处桂林市雁山区，海拔 170 m 左右，属亚热带季风气候区。年平均气温 19.8 ℃，最冷月平均气温 8 ℃左右，最热月平均气温 28.5 ℃左右，年平均积温 5955.3 ℃。冬季有霜冻，偶有降雪，全年无霜期 309 天。年平均降水量 1865.7 mm，主要集中在 4 ～ 8 月，秋、冬季则雨量少，干湿交替明显，年平均相对湿度 78%。土壤为砂页岩发育而成的酸性红壤，pH 值为 5.0 ～ 6.0。试验地有灌溉条件，管理水平中等。试验树为 5 ～ 6 年生中华砧红阳猕猴桃，株行距 3 m×3 m，雌雄比例为 8：1，棚架栽培。

1.2　试验方法

2015 年 4 ～ 9 月和 2016 年 4 ～ 9 月，连续两年在红阳猕猴桃果实生长期观测果实生长动态和营养积累规律。试验树花蕾形成后，选取长势和雌花盛期基本一致（70% 雌花以上盛开）的 10 株树进行果实观测。在谢花后幼果形成期，在每株树的东、西、南、北、中 5 个方位各选 1 个发育基本一致的果实挂牌记录，用游标卡尺定期测量果实的纵径、横径、侧径，并计算果形指数（纵径与横径的比值），每周测量 1 次。同时采摘不同方位的果实各 3 个，共计 15 个，用分析天平称鲜果重，并用于测定果实发育期的营养成分。

谢花后 4 周开始测定营养成分的变化，每 2 周测定 1 次，每次测定重复 3 次，分别测定果实的还原糖、蔗糖、总酸、Vc 的含量。糖分采用斐林氏容量法测定；总酸用 NaOH 溶液滴定法；Vc 用碘滴定法；总糖（%）= 还原糖（%）+ 蔗糖（%）；糖酸比 = 总糖（%）/ 总酸（%）。

1.3 数据处理

为避免因不同年份物候期引起的时间差异，所有测定时间均用谢花后周数表示，且所有观测资料均为两年的平均数据。借助 Excel 软件进行数据整理，并作图分析。

2 结果与分析

2.1 红阳猕猴桃果实生长动态

红阳猕猴桃在桂林地区，2 月初开始树体活动，2 月下旬萌芽，4 月上旬开花，4 月中旬坐果，8 月下旬至 9 月上旬果实成熟，从谢花到果实成熟需 135 天左右，果实发育持续 19 ～ 20 周。从授粉坐果开始，果实纵径、横径、侧径和果实质量同时生长。从表 40-1 可知，红阳猕猴桃在谢花后的 1 ～ 4 周内果实纵径迅速增长，5 ～ 9 周生长趋势有所降低，9 周之后进入缓慢生长期；横径、侧径增长规律与纵径基本相同，5 周之后增长趋势大于纵径，整个果子生长是先增长后增粗，这从果形指数先高后低的变化可以看出。果实质量从坐果开始猛然增加，但由于前 4 周果实质量基数较小，虽然周增长率较大，但果实实际质量增加有限，5 ～ 9 周果实质量从 10.63 g 增加到 41.96 g，果实大小达到正常果的 60% ～ 70%，之后进入缓慢生长期。

表 40-1　红阳猕猴桃果实生长发育过程中指标变化

谢花后时间（周）	纵径（cm）	纵径每周增长率（%）	横径（cm）	横径每周增长率（%）	侧径（cm）	侧径每周增长率（%）	果实质量（%）	质量每周增长率（%）	果形指数
1	1.98	—	1.47	—	1.41	—	2.28	—	1.35
2	2.28	15.15	1.68	14.29	1.59	12.77	2.93	28.51	1.36
3	2.72	19.30	1.98	17.86	1.88	18.24	4.22	44.03	1.37
4	3.58	31.62	2.54	28.28	2.43	29.26	6.52	54.50	1.41
5	3.92	9.50	2.92	14.96	2.82	16.05	10.63	63.04	1.34
6	4.37	11.48	3.37	15.41	3.14	11.35	16.73	57.38	1.30
7	4.51	3.20	3.50	3.86	3.28	4.46	25.96	55.17	1.29
8	4.68	3.77	3.66	4.57	3.39	3.35	35.30	35.98	1.28
9	4.75	1.50	3.70	1.09	3.43	1.18	41.96	18.87	1.28
10	4.78	0.63	3.74	1.08	3.47	1.17	43.12	2.76	1.28
11	4.84	1.26	3.74	0.00	3.48	0.29	44.02	2.09	1.29
12	4.89	1.03	3.79	1.34	3.51	0.86	46.23	5.02	1.29

续表

谢花后时间（周）	纵径（cm）	纵径每周增长率（%）	横径（cm）	横径每周增长率（%）	侧径（cm）	侧径每周增长率（%）	果实质量（%）	质量每周增长率（%）	果形指数
13	4.93	0.82	3.81	0.53	3.56	1.42	51.38	11.14	1.29
14	4.99	1.22	3.86	1.31	3.59	0.84	53.93	4.96	1.29
15	5.03	0.80	3.90	1.04	3.63	1.11	54.97	1.93	1.29
16	5.07	0.80	3.94	1.03	3.68	1.38	57.29	4.22	1.29
17	5.08	0.20	4.04	2.54	3.77	2.45	58.23	1.64	1.26
18	5.12	0.79	4.09	1.24	3.79	0.53	60.67	4.19	1.25
19	5.19	1.37	4.14	1.22	3.85	1.58	62.35	2.77	1.25
20	5.24	0.96	4.15	0.24	3.87	0.52	63.41	1.70	1.26

2.1.1 果实纵径、横径、侧径生长动态

由图 40-1 可知，红阳猕猴桃谢花后果实迅速生长，其中 1～4 周，纵径生长的速度明显高于横径和侧径；5～8 周纵径生长逐渐减缓，横径和侧径生长加速；9～20 周，纵径、横径、侧径生长均趋于平缓。纵径生长经历"快速生长期—较快生长期—缓慢生长期"过程；横径与侧径生长比较相似，都呈现出"慢—快—慢"的规律，整体基数低于纵径，决定了红阳猕猴桃的形状呈长圆柱型。

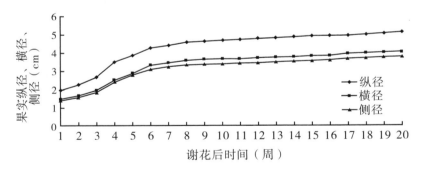

图 40-1　红阳猕猴桃果实纵径、横径、侧径生长曲线

2.1.2 果实质量动态变化

红阳猕猴桃果实体积增大的同时伴随着质量的增加，由图 40-2 可知，红阳猕猴桃果实质量的增加呈"慢—快—慢—快—慢"的生长规律，呈双"S"型。红阳猕猴桃谢花后果实迅速增重，1～4 周由于基数小，实际增大不明显，5～9 周随着果实的迅速膨大，果实质量也急剧增加，达到果子质量的 60%，10 周之后进入缓慢增重期，16 周后基本达到果实固有大小，形态发育基本完成。

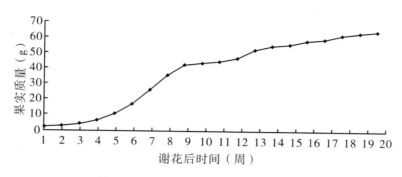

图 40-2　红阳猕猴桃单果质量动态变化

2.1.3　果实周增长率的变化

　　谢花后，红阳猕猴桃体积和质量迅速增加。由图 40-3 可知纵径增长率在谢花后的 2～4 周以 15.15%、19.30%、31.62% 的周增长率不断增大，5～9 周增长速率逐渐降低，10 周以后增长十分缓慢。横径、侧径的周增长率与纵径基本一致，1～4 周快速增长，但增长率低于纵径，5～9 周生长减缓，但高于同期纵径的生长速率，10 周以后与纵径增长规律基本一致。红阳猕猴桃果实质量随着体积的增大不断增加，1～8 周基本上保持在 20% 以上的增长速率，其中 1～5 周增长最快，在第 5 周时达到 63.04% 的周增长率，随后增长速率逐渐下降，在谢花 10 周以后果实增长趋于平缓，进入缓慢生长期。

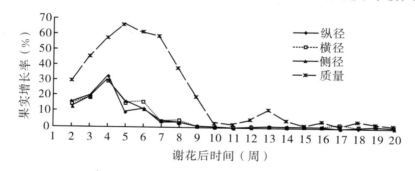

图 40-3　红阳猕猴桃果实周增长率的变化

2.1.4　果形指数

　　红阳猕猴桃纵径与横径的增长速率决定了果形指数的变化趋势。由图 40-4 可知，红阳猕猴桃果实生长的 1～4 周，纵径生长速度快于横径，果形指数相对较高达到了 1.41；5～8 周随着横径生长速度的加快，纵径生长相对较慢，果形指数逐渐降低；9～16 周之后纵径和横径增长速度基本一致，果形指数维持在 1.28～1.29；17 周后果实进入采前膨大期，横径增大，果形指数降低，成熟时为 1.25。红阳猕猴桃整个生长过程中果形指数都在 1.25～1.41，保持了果形为长圆柱形的基本形态。

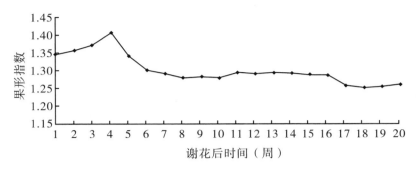

图 40-4 红阳猕猴桃果形指数动态变化

2.2 红阳猕猴桃果实主要营养积累规律

红阳猕猴桃的各种主要营养成分随着果实的发育，均呈现出一定的变化规律，见表 40-2。

表 40-2 红阳猕猴桃营养成分的动态变化

谢花后时间（周）	质量指标					
	Vc（mg/100 g 鲜果）	还原糖（%）	蔗糖（%）	总糖（%）	总酸（%）	糖酸比
4	69.52	2.32	0.12	2.44	0.55	4.44
6	69.41	2.36	1.02	3.38	0.74	4.57
8	73.23	2.80	1.29	4.09	0.83	4.93
10	75.75	2.78	1.61	4.39	0.94	4.67
12	85.00	3.78	2.21	5.99	1.20	4.99
14	110.26	3.40	2.55	5.95	1.00	5.95
16	116.00	4.64	1.56	6.20	0.97	6.39
18	108.34	6.57	1.83	8.40	0.92	9.13
20	82.48	6.96	3.15	10.11	0.82	12.33
成熟果	89.50	7.19	3.67	10.86	0.74	14.68

2.2.1 Vc 含量的变化

Vc 含量是评价猕猴桃果实品质的主要指标之一。红阳猕猴桃坐果初期 Vc 含量处于较低水平，谢花后 8 周 Vc 含量迅速上升，谢花后 12 周即可达到接近成熟时果实 Vc 含量，即 85 mg/100 g 左右。谢花后 16 周，果实 Vc 积累达到最高的 116 mg/100 g，随后又逐渐降低至成熟前的 82.48 mg/100 g，后熟过程中果实 Vc 含量有小幅度的提升。

2.2.2 糖含量的变化

果实中糖含量的高低是影响猕猴桃口感好坏的主要因素。从表 40-2 可知，红阳猕猴桃果实发育过程中，还原糖的含量也在不断增加，从最初的 2.32% 上升到成熟时的 7.19%；蔗糖含量初期较低，随着果实的生长不断积累，在谢花后 14 周达到 2.55%，随后有一个月左右的降低期，在果实成熟前突然升高，并在果实成熟时达到最高。总糖含量的变化规律与还原糖基本一致，也是随着果实生长逐渐增加。

2.2.3 总酸含量的变化

红阳猕猴桃随着果实的发育，总酸含量不断增加，在谢花后 12 周，总酸含量达到 1.2%，之后总酸含量逐渐下降，果实成熟时降到较低水平。这与丁捷等的研究结果基本一致。

2.2.4 糖酸比的变化

由表 40-2 可知，红阳猕猴桃糖酸比的变化趋势与果实中糖含量的变化规律基本一致，也是随着果实的发育，糖酸比逐渐升高，在果实成熟时达到最高，即 14.68，较高的总糖含量和相对较低的总酸含量是红阳猕猴桃味道很甜的主要原因。

3 结论

（1）红阳猕猴桃在桂林地区，2 月初开始树液流动，2 月下旬萌芽，4 月上旬开花，4 月中旬坐果，8 月下旬至 9 月上旬果实成熟，从谢花到果实成熟需 135 天左右，果实发育持续 19 ～ 20 周。

（2）红阳猕猴桃纵径、横径与侧径生长比较相似，整个生长过程只有一次生长高峰；果形指数在 1.25 ～ 1.41，保持了果形长圆柱形的基本形态。

（3）红阳猕猴桃果实质量的增加呈"慢—快—慢—快—慢"的生长规律，呈双"S"型。

（4）总酸在谢花后 12 周达到生长发育期的极大值 1.2%，后呈线性下降，成熟时总酸含量较低；Vc 含量随着果实的生长逐渐增加，在谢花后 14 周时达到最大值后开始下降；果实中的糖含量在生长发育过程中一直呈递增趋势，并随着果实成熟逐渐增加。糖酸比的变化趋势与果实中糖含量的变化规律基本一致，也是随着果实的发育，糖酸比逐渐升高，在果实成熟时达到最高。

第四十一章 猕猴桃属花粉形态研究简报

猕猴桃属植物花粉形态方面研究工作的系统报道较少，张芝玉（1987）在《猕猴桃科的花粉形态及其系统位置的探讨》一文中报道了 15 个分类群的观察结果。本章对本所猕猴桃种质圃内收集的猕猴桃属 23 个分类群的花粉形态进行光学显微镜观察，其中有 5 个分类群与张芝玉的观察重复，其他分类群为首次观察，以对张芝玉的研究作出补充，并为猕猴桃的系统研究提供资料。

1 材料与方法

本章所用的花粉材料均是贮藏于冰箱的新鲜花粉。花粉经醋酸酐法处理，甘油胶法制片（刘兰芳，1984），每种花粉测量 20 粒（测量花粉的赤道轴和极轴），取其最大值及最小值，并计算出平均值。

2 观察结果

猕猴桃属植物各分类群花粉粒的形态为近球形或近长球形至长球形或扁球形。极面观为三裂圆形，仅美丽猕猴桃有四裂圆形。花粉粒大小为（15.4～26.6）μm×（12.6～25.2）μm，花粉粒大小略有差异。清风藤猕猴桃的花粉粒最小，为（14.0～15.4）14.6 μm×13.06（12.6～14.0）μm，大籽猕猴桃的花粉粒最大，为（19.6～23.8）22.05 μm×20.72（16.8～22.4）μm（表 41-1）。

本属花粉多具三孔沟，偶有四孔沟。外壁一般分为两层，内外层几等厚或外层稍厚于内层，有时层次不明显。外壁厚约 0.98～1.68 μm；外壁最厚的是糙毛猕猴桃，为 1.68 μm。在光学显微镜下，外壁纹饰多为近光滑，模糊网纹，唯有美丽猕猴桃花粉外壁为拟网纹。

表 41-1 猕猴桃花粉特征表

种名	大小（μm）	形状	萌发孔类型	外壁特征		
				层次	厚度（μm）	纹饰类型
大籽猕猴桃 *A. macrosperma* var. *macrosperma*	（19.6～23.8）22.05× 20.72（16.8～22.4）	长圆球形	三孔沟	两层，外层较厚	1.54	近光滑
革叶猕猴桃 *A. rubricaulis* var. *coriacea*	（16.1～19.6）17.85× 16.10（15.4～17.5）	长圆球形	三孔沟	两层，外层较厚	1.54	近光滑
柱果猕猴桃 *A. cylindrica* var. *cylindrical*	（16.8～20.3）18.37× 17.18（16.1～19.6）	近球形	三孔沟	不明显	1.40	近光滑
网脉猕猴桃 *A. cylindrica* var. *reticulata*	（18.2～22.4）20.48× 18.47（16.1～19.6）	近球形	三孔沟	两层，几乎等厚	1.47	近光滑

续表

种名	大小（μm）	形状	萌发孔类型	外壁特征		
				层次	厚度（μm）	纹饰类型
金花猕猴桃 *A. chrysantha*	（18.9～20.72）20.34×17.34（14.7～19.6）	近球形	三孔沟	两层，外层较厚	1.47	模糊网纹
中越猕猴桃 *A. indochinensis*	（17.5～19.6）18.70×17.5（15.4～18.48）	长球形	三孔沟	不明显	1.4	近光滑
清风藤猕猴桃 *A. sabiaefolia*	（14.0～15.4）14.60×13.06（12.6～14.0）	长球形	三孔沟	不明显	1.26	近光滑
美丽猕猴桃 *A. melliana*	（16.8～21.0）19.39×17.15（14.7～18.9）	长球形	三（四）孔沟	不明显	1.40	拟网纹
奶果猕猴桃 *A. carnosifolia* var. *glaucescens*	（16.8～18.2）17.30×16.67（14.0～18.2）	扁球形	三孔沟	不明显	0.98	模糊网纹
长叶猕猴桃 *A. hemsleyana*	（19.6～26.6）21.49×20.13（16.8～25.2）	扁球形	三孔沟	不明显	1.40	模糊网纹
粉毛猕猴桃 *A. farinosa*	（16.8～19.6）17.99×16.80（15.4～18.2）	近球形	三孔沟	不明显	1.40	模糊网纹
密花猕猴桃 *A. rufotricha* var. *glomerata*	（20.3～22.4）21.70×16.66（15.4～18.2）	近球形	三孔沟	不明显	1.40	模糊网纹
绵毛猕猴桃 *A. fulvicoma* var. *lanata*	（15.4～19.6）17.50×16.31（14.0～17.5）	长球形	三孔沟	不明显	1.40	近光滑
糙毛猕猴桃 *A. fulvicoma* var. *lanata* f. *hirsuta*	（19.6～21.0）20.09×17.15（14.7～18.9）	长球形	三孔沟	两层，几乎等厚	1.68	模糊网纹
阔叶猕猴桃 *A. latifolia*	（16.8～19.6）18.48×17.68（16.8～18.9）	扁球形	三孔沟	两层，几乎等厚	1.47	近光滑
桂林猕猴桃 *A. guilinensis*	（15.4～18.48）18.18×17.05（15.4～18.2）	扁球形	三孔沟	两层，几乎等厚	1.47	近光滑
安息香猕猴桃 *A. styracifolia*	（18.9～23.8）22.27×16.06（14.0～19.6）	长球形	三孔沟	两层，几乎等厚	1.54	近光滑
毛花猕猴桃 *A. eriantha* var. *eriantha*	（19.6～26.6）22.05×19.74（16.8～22.4）	近球形、长球形	三孔沟	两层，几乎等厚	1.54	近光滑
两广猕猴桃 *A. liangguangensis*	（18.2～19.6）19.25×17.70（15.4～19.6）	长球形	三孔沟	不明显	1.40	模糊网纹
中华猕猴桃 *A. chinensis*	（16.8～21.0）19.25×16.79（16.1～18.2）	长球形	三孔沟	两层，几乎等厚	1.47	模糊网纹
美味猕猴桃 *A. deliciosa*	（16.8～20.72）18.79×15.89（15.4～18.2）	近球形	三孔沟	不明显	1.47	模糊网纹
绿果猕猴桃 *A. deliciosa* var. *chlorocarpa*	（18.2～23.1）20.65×18.48（17.5～19.88）	长球形	三孔沟	两层，外层较厚	1.51	模糊网纹
大花猕猴桃 *A. grandiflora*	（18.2～22.4）21.02×19.18（16.8～19.6）	近球形	三孔沟	不明显	1.47	模糊网纹

3 讨论

《花粉形态与植物分类》中指出，"猕猴桃科植物花粉粒经常具三孔沟，扁圆球至长圆球形（最大的轴 13 ～ 25 μm)，外壁层次和外层图案常不清楚"(G. 额尔特蔓，1962)。本章观察的结果基本与之相符，但在外壁层次方面有异。观察到的猕猴桃属植物花粉外壁大多分两层，两层几等厚或外层稍厚于内层，少数层次不明显。外壁的观察结果与张芝玉的观察结果基本相符。根据梁畴芬先生的猕猴桃分类系统，本文的观察材料分属不同的分类组（中国科学院中国植物志编辑委员会，1984)，由表中结果可见，各分类组的花粉形态特征稍有差异，但差异不大。花粉粒形态特征略有差异，可能是诸多分类群集合成猕猴桃属植物大群体的条件，也可作为该属植物的分类依据。

第四十二章　猕猴桃常温保鲜简述

猕猴桃属于呼吸跃变型水果，极不耐贮藏，不作任何处理的情况下，存放不足十天很快就变软腐烂，不利于运输和销售，对猕猴桃的大面积推广造成不利影响。目前，国外多采用低温冷库贮藏，但建设低温冷库投资大，成本高，国内尚不能普遍采用这一贮藏方法，因此，各地较为重视猕猴桃果实常温贮藏保鲜的研究，取得了一定的成效。我们将各地的试验结果进行归纳，并提出一些见解，以达到抛砖引玉的作用，集各方力量，使这方面的研究取得更加显著的效果。

目前收集的资料表明，猕猴桃果实常温保鲜主要采取采前处理和采后处理的技术措施。

1　采前处理

1.1　开花初期至采收前期的处理

猕猴桃果实腐烂不仅是由于本身的呼吸等生理活动的作用，真菌引起的病害——软腐病的危害也不容忽视。猕猴桃果实软腐病是由葡萄座腔菌（*Botryosphaeria dothidea*）侵染所致，它在初花期开始侵染潜伏，贮藏时再次感染使果实发生病害（邵双喜等，1992）。因此，初花期、幼果期及采收前的2周左右各喷施1次杀菌剂，如托布津、菌特灵等防治软腐病的感染。此外，昆虫也是一种传播媒介，每年除杀菌剂的施用外，适当喷施 1～2 次杀虫剂，对果实软腐病的发生有一定的防治作用。做好病害防治的前提下，将收到较佳的果实贮藏效果。

1.2　适期采收

适期采收，主要达到2个目的：一是使果实处于最佳的营养状态，充分发挥其营养价值；二是有利于果实的贮藏保鲜。猕猴桃不同品种，或同一品种在不同的地方成熟期不一致，采收期也就不一样。近年来，各地通常以果实可溶性固形物含量作为确定采收期的指标，各地指标有较大差异。李嘉瑞等（1988）认为，常温贮藏猕猴桃的适宜采收期指标，可溶性固形物含量宜在 7%～8.5% 范围内才能保证质量。吴德义等（1987）通过对"三峡2号"和"海沃德"进行不同时期采收贮藏试验后，提出中华猕猴桃的适期采收指标为果实可溶性固形物含量在 6.3%～7.6%；龙翰飞等（1988）经对湘鄙 80-2 和湘石东 79-09 进行不同采收期的常温和低温贮藏试验，对其耐贮性和贮藏后果实可溶性固形物、糖及 Vc 含量进行分析得出：中华猕猴桃适期采收指标是可溶性固形物在 7.0%～12%，而以 8.5% 以上最佳；而本研究所筛选的中华猕猴桃优株"桂海4号"，根据不同采收期和贮藏后的可溶性固形物含量及营养成分测定的结果，最佳采收期的指标则为可溶性固形物含量在 5.2%～6.1%。可见，各地不同的品种间的适期采收指标是不一致的。因时、因地、因品种地进行适期采收，能保证猕猴桃常温贮藏的保鲜质量。而且，要确定某地一个品种的适期采收指标，不是测定一二次就能做到的，必须经过不同时期采收测定、贮藏试验、贮藏过程果实营养成分测定，综观贮藏效果和果实的营养价值之后才能得到理想的适期采收指标。还必须指出，在确定适期采收指标时，应注意不同的年份，不同的气候因素的影响。在夏秋季高温干旱的年份，中华猕猴桃果实的成熟期相应提前，其适期采收指标要相应减少一定的百分点，同一地区、同一品种的适期采收指标的变化幅度不能过大，如果差异过大就失去其实际意义和应用价值。

2　采后处理

采收果实后进行处理是获得良好贮藏效果的重要技术措施。目前，各地采用的处理方法有多种，无论采用何种处理方法，因刚采下的果实含水量比较高，均需放置 2～3 天，让其通过呼吸作用，降低果实部分含水量后才作处理。

2.1　气调包装贮藏法

日本的新田洋冶（1991）在平均气温为 10 ℃左右的条件下进行 BR（20）（聚丁二烯，厚 20 μm）、PE（20）（聚乙烯，厚 20 μm）、PVA（17）（聚乙烯醇，厚 17 μm）和 PP（17）（聚丙烯，厚 17 μm）等不同材料的袋装贮藏保鲜试验，认为 BR（20）保鲜效果最好，贮藏 120 天，好果率达到 97%，批量贮藏 109 天，腐烂率低于 3%。从试验结果来看，贮藏效果是理想的，但必须指出的是，该试验是在气温相对较低的条件下进行的。

2.2　除去乙烯保鲜法

这种方法采用吸收剂除去乙烯。吸收剂主要是由过氧化物、促氧化物和载体化合物组成（筑坂亮吾等，1990）。日本 Rengo 公司生产的由这种保鲜剂制成的包装袋包装猕猴桃，在室温下可保存 8 个星期（丁连忠，1991）。陈天等（1991）利用此法对中华猕猴桃进行保鲜试验，在平均气温 12.4 ℃下可贮藏 30 天左右。

2.3　涂膜保鲜法

重庆师范学院食品保鲜研究所等单位（林明慧等，1991）用 SM-8 水果保鲜液处理"海沃德"品种的果实，在气温 2～16.2 ℃，相对湿度 80%～95% 的条件下，批量贮藏 160 天，好果率仍达 92.42%。陈天等（1991）应用同样方法发现，在气温为 5～20 ℃，日均气温为 12.4 ℃ 的条件下，中华猕猴桃的贮藏期为 80 天。

上述 2 个试验是在不同地区进行的，前者用新西兰"海沃德"品种作试验，后者用中华猕猴桃作试验，且贮藏的气温有一定的差异，故贮藏效果相差比较大。

涂膜保鲜法是利用硅窗选择透气性原理，经过浸渍，使果实表面形成一层薄膜，它能有效地降低果实表面 O_2 浓度和提高 CO_2 浓度，从而能降低果实的呼吸强度。同时，涂膜覆盖可使水分蒸发降低到最低程度，防止果实皱缩，影响外观质量。可以说，该法是集气调包装法和除乙烯法为一体的贮藏方法。尽管保鲜液的配制过程比较繁琐，各地反映的贮藏效果有较大差异，它显示出相对较高效果的保鲜性能，故被人们所接受，效果更佳的保鲜剂有待进一步筛选。在筛选保鲜剂时，因为人们对化学药品残留问题十分敏感，所以应以选择无毒无公害的天然制品为原则，否则就失去其保鲜的意义。

无论是气调包装法、除乙烯法，还是涂膜法对猕猴桃果实保鲜都有一定的效果，从试验的结果来看，贮藏保鲜效果是令人满意的，但可以认为，有些试验还有一定的局限性，试验采用的果实品种较单纯，采用的是较耐贮藏的品种，而有些试验是在相对较低的气温条件下进行。另外，还必须指出的是，各地进行的试验，仅注意到果实本身的处理，而忽视了外包装对保鲜的促进作用。上述的 3 种保鲜方法，都能不同程度地控制果实周围的气体成分和降低果实的呼吸强度，但却无法排除外界温度和湿度对果实的影响，而恰是这两个因素对果实的保鲜效果影响最大。在北方，猕猴桃多在 10 月中下旬至 11 月才开始成熟，这时天气已开始转凉变冷，低温对猕猴桃果实保鲜明显是有利的。而在南方，如在桂林，猕猴桃在 8 月下旬至 9 月初成熟，成熟期比北方提前两个月左右，这时正值可怕的秋老虎天气，平均气温在 25 ℃左右，极端最高气温达 34 ℃，这种天气至少持续一个月，明显不利于猕猴桃的保鲜效果。据河南生物研究所报道，中华猕猴桃在 0 ℃下可贮存 130 天，10 ℃降为 45 天，20 ℃降至 10 天左右。由此可见，温度对猕猴桃果实保鲜影响之大。另外，我们常用各种薄膜袋包装或单果包装猕猴桃果实，这些包装材料往往存在着结露问题，也同样影响到猕猴桃果实的常温保鲜效果。如何排除外界温度、湿度对猕猴桃果实的影响，将是我们进行常温保鲜亟待解决的问题。为解决这些问题，国内外都在致力于研制各种功能性保鲜材料，如日本发明的 SANBIL 食品保鲜膜，既能吸收果实周围的乙烯气体，又具有使酶失活，使水果水分活化和脱臭作用（吴春山，1991）。另外，他们还在普通的瓦楞纸箱中填充无机填料或各种功能性保鲜膜，制成具有隔热、防结露、吸乙烯、抗菌等功能的保鲜瓦楞纸箱，这对于我们猕猴桃常温保鲜研究有很大的启发。今后，在猕猴桃常温保鲜的研究，除致力于筛选高效保鲜剂外，还应致力于猕猴桃果实保鲜包装技术的研究，这对于获得较佳的猕猴桃果实保鲜效果乃至提高猕猴桃的利用价值和商品流通有着积极意义。

第四部分

繁殖技术

第四十三章 猕猴桃种子发芽试验报告

种子繁殖是重要的栽培技术措施之一。虽然有关单位做了一些这方面的工作，但多集中于中华猕猴桃。为提供猕猴桃一些主要种的种子繁殖技术，我们于 1980 年至 1987 年进行种子繁殖试验，现将试验结果初步总结。

1 材料和方法

1.1 供试材料

试验材料为中华猕猴桃（*A. chinensis* var. *chinensis*），美味猕猴桃（*A. deliciosa* var. *deliciosa*），阔叶猕猴桃（*A. latifolia* var. *latifolia*），中越猕猴桃（*A. indochinensis*），毛花猕猴桃（*A. eriantha* var. *eriantha*）和金花猕猴桃（*A. chrysantha*）等种类的种子。

1.2 种子处理

采收的果实置于室温数天，待软熟后，放进布袋内破碎，用清水冲洗果肉及杂质，即得种子。洗出的种子置室内阴干后，装入纸袋，标记称重，置于室内通风干燥处贮藏。在播种前 3 天，种子用冷水浸泡 4 h，使其充分吸水后，以 1 份种子与 10 份湿润的细沙混合，进行层积贮藏 30 天。贮藏期经常保持湿润，以细沙表面不干燥变白为度，在 2 月至 4 月进行播种。播种地每平方米施混合肥料（草皮灰 2 份，牛栏粪 1 份）2 kg 作基肥，种子采用条播，播后用细的草皮灰或细土覆盖种子，厚约 0.2 cm，并覆盖稻草厚约 1 cm，之后经常淋水保湿。播种地架设遮阴棚，高 1.8 m，透光度为 50%。当种子开始发芽时，揭去稻草，观察发芽情况。

1.3 试验地自然条件

试验地设在广西植物研究所试验场内；海拔 170 m，年平均气温 19.2 ℃，极端高温 38 ℃，极端低温 –6 ℃；年降水量 1655.6 mm。3 月中旬气温开始回升，3 月下旬至 4 月中旬日平均气温为 14 ～ 20 ℃，4 月下旬气温可达 20 ℃以上。土壤为红壤，质地较黏，pH 值 5 ～ 6。

2 结果与分析

2.1 播种期与中华猕猴桃种子发芽的关系

于 1985 年和 1987 年进行不同播种期的试验，相隔 10 天、15 天，播种 1 次。试验结果（表 43-1）表明，中华猕猴桃在 3 月中旬至 4 月中旬播种的发芽率较高，尤以 3 月底 4 月初播种的发芽率最高。在此时期内，桂北地区受冷空气入侵已减弱，日平均气温达 14～20 ℃，有利于中华猕猴桃种子的发芽。过早或过迟播种的发芽率均较低，是由于桂北地区进入冬季至 3 月中旬以前，受频繁的冷空气入侵影响，气温极不稳定，经常出现较长时间低于 10 ℃ 以下的低温天气，对猕猴桃种子发芽不利。而 4 月中旬以后，气温逐日上升，日平均气温高于 20 ℃ 以上，日照强烈，土壤水分蒸发作用加强，不利于中华猕猴桃种子发芽；再者，种子贮藏时间过长，致使种子失去生活力，发芽率低，甚至不发芽。因此在桂北地区的气候条件下，以 3 月中旬至 4 月中旬为中华猕猴桃适宜播种期，中华猕猴桃种子发芽较适宜的气温为日平均气温 14～20 ℃。

表 43-1　播种期对中华猕猴桃种子发芽的影响

播种期	播种量（粒）	播种至发芽天数（天）	播种至发芽日均气温（℃）	发芽数（粒）	发芽率（%）
1985.1.15	1200	53	8.6	195	16.25
1985.1.30	1200	61	9.1	36	3.00
1985.2.15	1200	49	9.0	20	1.67
1985.3.1	1200	43	11.6	74	6.17
1985.3.15	1200	31	13.9	472	39.33
1985.3.30	1200	16	15.9	656	54.67
1985.4.15	1200	14	19.7	290	24.17
1985.4.30	1200	—	—	0	0
1985.5.15	1200	—	—	0	0
1985.5.30	1200	—	—	0	0
1985.6.15	1200	—	—	0	0
1985.6.30	1200	—	—	0	0
1987.2.15	400	50	12.6	13	3.25
1987.2.25	400	40	13.3	44	11.00
1987.3.5	400	32	13.7	43	10.75
1987.3.15	400	36	14.9	87	21.75
1987.3.25	400	26	14.7	89	22.25
1987.4.5	400	18	18.6	144	36.00
1987.4.15	400	15	22.0	107	26.00

续表

播种期	播种量（粒）	播种至发芽天数（天）	播种至发芽日均气温（℃）	发芽数（粒）	发芽率（%）
1987.4.25	400	19	20.8	33	8.25
1987.5.5	400	20	23.2	2	0.50
1987.5.15	400	16	24.6	1	0.25
1987.5.25	400	—	—	0	0
1987.6.5	400	—	—	0	0
1987.6.15	400	—	—	0	0
1987.6.25	400	—	—	0	0

2.2 贮藏方法对猕猴桃种子生活力的影响

猕猴桃种子较易失去生活力，为探索保持其生活能力的贮藏方法，以提高发芽率。我们以中华猕猴桃、毛花猕猴桃和阔叶猕猴桃 3 个种类的种子作试验材料，在播种前 30 天进行沙藏、低温藏和袋藏对比试验。沙藏和袋藏是在常温条件下，低温藏是在冰箱 0.5～3 ℃条件下，每项处理均播种 400 粒，于 1982 年 2 月 25 日播种。结果表明（表 43-2），3 种猕猴桃种子的发芽率，均以沙藏处理为好，其具有较高的发芽率，以低温藏处理为次，而以袋藏处理为最差，其发芽率较低。这可能与猕猴桃种子含油量高，在干燥条件下贮藏易变质有关。

表 43-2 贮藏方法对猕猴桃种子发芽的影响

种类	贮藏方法	播种至发芽所需天数（天）	发芽数（粒）	发芽率（%）
中华猕猴桃	沙藏	46	58	14.50
	低温藏	52	45	11.25
	袋藏	84	40	10.00
毛花猕猴桃	沙藏	62	254	63.50
	低温藏	68	137	34.25
	袋藏	78	35	8.75
阔叶猕猴桃	沙藏	62	217	54.25
	低温藏	62	142	35.50
	袋藏	68	37	9.25

2.3 药剂处理对中华猕猴桃种子发芽的影响

中华猕猴桃种子很小，发芽率低，为探索药剂处理对种子发芽的影响，于 1982 年在播种前分别采用 0.1%、0.2%，0.3% 的硝酸钾，50 mg/L，100 mg/L，150 mg/L 的萘乙酸，5 mg/L、10 mg/L、50 mg/L 的激动素，l0 mg/L、30 mg/L、50 mg/L 的 2，4-D 等药剂处理种子 24 h，每项处理的试验种子均为 1200 粒，并以清水浸种作对照，均于 1982 年 3 月 16 日播种。从试验结果（表 43-3）看出，以 5 mg/L、10 mg/L 激动素的处理效果较好，其种子发芽率比对照组提高 40.10%～48.2%，其次为激动素的 50 mg/L 和 2,4-D 的 10 mg/L、30 mg/L 等，硝酸钾效果不明显。而以萘乙酸处理的为最差，其发芽率比对照组低，可能对种子发芽有抑制作用。

表 43-3　药剂处理对猕猴桃种子发芽的影响

药剂种类	处理浓度	发芽数（粒）	发芽率（%）	与对照百分比
硝酸钾	0.1%	136	11.33	136.01
	0.2%	101	8.42	101.08
	0.3%	135	11.25	135.05
萘乙酸	50 mg/L	85	7.08	84.90
	100 mg/L	75	6.25	75.03
	150 mg/L	64	5.33	63.99
激动素	5 mg/L	148	12.33	148.02
	10 mg/L	140	11.67	140.10
	50 mg/L	138	11.50	138.06
2,4-D	10 mg/L	134	11.17	134.09
	30 mg/L	132	11.00	132.05
	50 mg/L	99	8.25	99.04
清水	CK	100	8.33	—

2.4　猕猴桃不同类型的种子发芽率情况

猕猴桃是雌雄异株植物，由于长期自然选择的结果，后代变异性大，根据果形、果色以及经济性状，各种类又可划分为许多不同类型。不同类型的果实发育程度、种子饱满度不同，其种子发芽率是否有差异，为了探讨这一问题，我们选用中华猕猴桃、美味猕猴桃、阔叶猕猴桃、金花猕猴桃和中越猕猴桃等 5 个种类的长果类型和圆果类型的种子，进行播种比较试验，结果见表 43-4。猕猴桃 5 个种类的不同类型的种子发芽率均有显著差异，圆果类型的种子发芽率较高。这与种子饱满度有关。根据果实发育的生长激素的理论，果实开始长大时期是由其内含发育种子数量决定的，内含种子数量多，果实长得大，果形好。换言之，果实大，果形好，内含发育的种子多。测定中华猕猴桃圆果类型的出籽率为 1.82%，而长果类型的出籽率仅为 1.24%。因此，在繁殖育苗时，应注意选用圆果类型的种子作育苗材料。

表 43-4　猕猴桃不同类型种子发芽情况

种类	类型	播种期	播种量（粒）	发芽数（粒）	发芽率（%）
中华猕猴桃	长果	1981.3.18	400	93	23.25
	圆果	1981.3.18	400	110	27.50
美味猕猴桃	长果	1981.3.18	400	76	19.00
	圆果	1981.3.18	400	149	37.25
阔叶猕猴桃	长果	1981.3.20	400	108	27.00
	圆果	1981.3.20	400	199	49.75
中越猕猴桃	长果	1981.3.20	400	182	45.50
	圆果	1981.3.20	400	241	60.25
金花猕猴桃	长果	1981.3.14	400	247	61.75
	圆果	1981.3.14	400	318	79.50

3　小结

中华猕猴桃在桂林的适宜播种期为 3 月中旬至 4 月中旬，尤以 3 月底至 4 月初播种最好，种子发芽率可达 21.75% ～ 54.67%。从气候条件看，日平均气温在 14 ～ 20 ℃有利于中华猕猴桃种子的萌发。猕猴桃种子较易丧失生活力，采用细沙层积贮藏可以保持猕猴桃种子有较高的发芽率，比袋藏高 7.5% ～ 54.75%。药剂处理猕猴桃种子对其发芽有一定促进作用。以激动素处理为较好，其发芽率较对照高 38.06% ～ 48.02%。猕猴桃同一种类的不同果类型，种子发芽率有显著差异，圆果类型的种子发芽率较高。在繁殖培育砧木时应注意选用圆果类型的种子作育苗材料。

第四十四章　中华猕猴桃切接技术

猕猴桃是异花授粉植物，实生繁殖后代变异性大。为了适应选择的优良类型和优株的鉴定，建立猕猴桃采穗圃和无性系种子园，加速良种繁殖，促进速生，提早开花结果及引种栽培过程的雌雄株配置，提高产量和品质等方面的需要，提高猕猴桃的嫁接繁殖技术已成为亟待解决的问题。我们用切接方法将 4 个优株的接穗嫁接在刚定植的 2 年生实生苗上，分成 6 组，每组嫁接 24 株，共嫁接 144 株，平均成活率为 72.92%，最低为 54.17%，最高达 91.67%，长势良好。

1　断砧与削砧

砧木选用茎粗 0.7 cm 左右，生长健壮的 1～2 年生苗（2 年生以上的苗亦可利用），砧木在离地面 10 cm 左右圆直光滑的部位，用布擦净后截断。断砧时避免撕裂，猕猴桃茎蔓髓心较大，不太硬，可直接用嫁接刀断砧。断砧后用嫁接刀将断面削平，选择光滑的一面，斜削一刀，使斜口成 45° 左右的斜面。

2　切砧

在已削砧木的斜削口处，从上至下于皮层部与木质部之间纵切一刀，长约 1.5 cm，注意切面要平滑，勿切至髓心。

3　选接穗

接穗应从优株上选取，可在冬季采取后，沙藏备用或在母树将要萌动时采穗，采穗时宜选取生长健壮、无病虫害的 1 年生枝条。

4　削接穗

采选的接穗芽小，叶柄脱落后的痕迹比芽大，要注意分辨。用左手倒拿，夹于母指与食指之间，选芽眼明显的节，芽下面的削面紧贴在食指上，先削背面，从芽下约 1.2 cm 处斜削一刀，斜面的角度约 35°，然后翻转接穗。从芽基部起于皮层与木质部之间平削一刀，切口要平滑，削面长 1.6 cm 左右，最后在芽眼的上方 0.3 cm 左右处斜削一刀，切断接穗。

5 插接穗

砧木和接穗切削好后，即将接穗插入砧木的切口内，接穗削面向内，其形成层要与砧木的形成层互相对准，若接穗比砧木小或大则应对准一边的形成层，将接穗削面高出砧木斜面 0.1 cm 左右，以利于砧木和接穗愈合。

6 捆绑

接穗插好后，用长约 40 cm，宽约 1.5 cm 的农用塑料薄膜捆绑。

7 抹芽

随着气温升高，猕猴桃进入生长活动时期，这时在砧木基部大量萌芽长出新梢，要及时抹除这些萌蘖，以免妨碍接穗生长。因猕猴桃的萌芽力强，应 3 天抹芽 1 次。

8 解绑

嫁接愈合后，成活的接芽萌发嫩梢，待愈合完全，新梢较老化后即行解绑。猕猴桃生长迅速，过迟解绑会妨碍其生长。

9 加强圃地管理

嫁接后的苗圃地需采取措施，避免人畜干扰，防止机械损坏接芽。为避免阳光直射，防止水分蒸发，保持苗圃地的湿度，可以嫁接后搭棚或插树枝遮阴。同时加强水肥管理及病虫害防治。

第四十五章 猕猴桃嫁接试验

猕猴桃是雌雄异株植物，且在植株开花前不易区别其性别。雌株的花粉不发育，种子是天然的杂合体，用其繁殖后代变异性大，影响产量和品质，得不到商品生产的好效果。为了达到猕猴桃栽培良种化、商品化、基地化的目的，必须发展一套切合实际的苗木繁殖方法。我们从 1983 年至 1987 年在桂林雁山广西植物研究所试验场地进行嫁接繁殖试验，现将试验结果报告如下。

1 材料和方法

1.1 砧木

中华猕猴桃、中越猕猴桃、阔叶猕猴桃、毛花猕猴桃、金花猕猴桃、美味猕猴桃、绿果猕猴桃等种类的 2 年生苗。

1.2 接穗

除猕猴桃不同种类嫁接试验外，接穗均选自本所中华猕猴桃桂海 4 号 6 年生嫁接植株的 1 年生或当年生的生长健壮、发育充实、芽体饱满的枝条，随采随用。

1.3 包扎材料

采用塑料薄膜包扎。

1.4 嫁接方法

（1）不同嫁接时期试验：1987 年 1 月至 12 月，每月的上、中、下旬进行，采用切接法。

（2）不同嫁接方法：1987 年 3 月上旬、6 月中旬、9 月上旬分别进行切接、劈接、腹接、芽接等。

（3）不同砧木的嫁接试验：1987 年 3 月上旬进行中华猕猴桃、中越猕猴桃、毛花猕猴桃、金花猕猴桃、阔叶猕猴桃等种类的不同砧木嫁接试验，均采用切接法。

（4）猕猴桃不同种类的嫁接试验：1983 年 3 月上旬进行金花猕猴桃、中越猕猴桃、美味猕猴桃、绿果猕猴桃等种类嫁接试验，砧木为 2 年生本砧，采用切接法。

1.5　嫁接后的管理

（1）抹芽：嫁接后在砧木上发生大量萌蘖，要及时除去。

（2）松绑：嫁接愈合后，成活的接芽萌发嫩梢，待愈合完全，新梢老化时进行松绑。

（3）加强苗圃地的管理：苗圃地要避免人畜干扰，防止机械损坏接芽。搭棚或插树枝避免阳光直射，减少水分蒸发，保持苗地的湿度。同时加强肥水和病虫害防治等管理工作。

2　结果及讨论

2.1　不同嫁接时期对嫁接成活的影响

为了探讨中华猕猴桃嫁接的最适宜时期，在 1987 年 1 月至 12 月进行周年嫁接，每月的上、中、下旬各嫁接 20 株。其成活率变化曲线见图 45-1。从图中可以看出，猕猴桃周年均可嫁接。最适宜的时期是冬季落叶后至翌年萌芽前，嫁接成活率在 90% 以上。这时期接芽饱满充实，长出的苗木粗壮、整齐。4 月初至 5 月中旬，正值春梢萌发生长期，嫁接成活率较低。夏季 5 月下旬至 6 月中旬，春梢暂时停止生长，只有枝条基部芽木质化，芽体不够充实饱满，嫁接虽有一定的成活率，但苗木极其细弱。6 月下旬至 8 月中旬，正值气温最高，阳光直射最强时期，大量萌发夏梢，枝条营养水平低，嫁接成活率低。秋季 8 月下旬至 10 月中旬，气温逐渐降低，枝条逐渐转为积累转化养分阶段，但芽体的营养水平仍较低，嫁接虽有较高的成活率，但苗木不够粗壮，翌年春尚不能出圃。

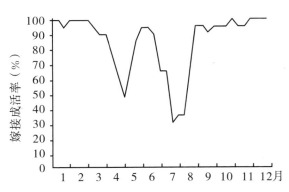

图 45-1　不同嫁接时期对嫁接成活率的影响

2.2　不同嫁接方法对猕猴桃嫁接成活的影响

为了探讨不同嫁接方法对猕猴桃嫁接成活的影响，于 1987 年 3 月上旬、6 月中旬、9 月上旬，在 2 年生中华猕猴桃砧木上，进行切接、劈接、腹接、芽接等不同嫁接方法的试验，结果见表 45-1。

从表 45-1 可以看出，不同嫁接方法的猕猴桃成活率各有差异。以切接最好，春、夏、秋嫁接的成活率都在 90% 以上，而芽接成活率最低。切接具有操作方便，易于掌握，接芽处于砧木的顶端优势，接口愈合完全、迅速，有利于促进接芽的成活生长，同时营养输送畅通，萌蘖率低，减轻抹芽工作量。

表 45-1　不同嫁接方法猕猴桃的成活率

嫁接方法	嫁接时期	嫁接株数	成活株数	成活率（%）
切接	1987.3.5	60	57	95.0
	1987.6.12	20	18	90.0
	1987.9.4	20	19	95.0
劈接	1987.3.5	60	54	90.0
	1987.6.12	20	4	20.0
	1987.9.4	20	15	75.0
腹接	1987.3.16	60	35	58.3
	1987.6.12	20	13	65.0
	1987.9.4	20	8	40.0
芽接	1987.3.5	60	24	40.0
	1987.6.12	20	4	20.0
	1987.9.4	20	4	20.0

2.3　不同砧木对中华猕猴桃嫁接成活的影响

为了探讨不同砧木对猕猴桃嫁接成活的影响，我们以中华猕猴桃、中越猕猴桃、毛花猕猴桃、金花猕猴桃、阔叶猕猴桃等种类的 2 年生苗作砧木，以中华猕猴桃桂海 4 号的枝条作接穗进行嫁接试验，结果见表 45-2。从表 45-2 可以看出，5 种砧木对中华猕猴桃桂海 4 号的嫁接成活率差异显著。中华猕猴桃砧木与桂海 4 号有良好的亲和力，嫁接成活率 95.0%，毛花猕猴桃、阔叶猕猴桃、金花猕猴桃亲和力较差，嫁接成活率分别为 58.3%、41.7%、38.3%。嫁接后近 4 个月进行生长量测定，每种砧木嫁接苗随机选取 10 株，采用方差分析 t 测验，方差分析、平均株高见表 45-3、表 45-4。

表 45-2　猕猴桃不同砧木的嫁接成活率

砧木	嫁接时期	嫁接株数	成活率（%）	成苗率（%）
中华猕猴桃	1987.3.3	60	95.0	91.7
中越猕猴桃	1987.3.3	60	91.7	76.7
毛花猕猴桃	1987.3.4	60	66.7	58.3
阔叶猕猴桃	1987.3.4	60	48.3	41.7
金花猕猴桃	1987.3.4	60	58.3	38.3

表45-3 方差分析

变异原因	平方和	自由度	方差	F值
砧木间	210008.699	4	52502.18	15.07**
误差	156728.67	45	3482.86	
总	366737.37	49		

从表45-3、表45-4可以看出，桂海4号以中华猕猴桃为砧木的嫁接苗平均株高与中越猕猴桃、金花猕猴桃、阔叶猕猴桃、毛花猕猴桃等种类为砧木的嫁接苗的平均株高有极显著的差异，其他砧木嫁接苗株高、茎粗之间无明显差异。

表45-4 桂海4号嫁接不同砧木的植株高生长情况

砧木	苗均株高 $\bar{x}_t$（cm）	$\bar{x}_1-\bar{x}_5$	$\bar{x}_1-\bar{x}_4$	$\bar{x}_1-\bar{x}_3$	$\bar{x}_1-\bar{x}_2$
中华猕猴桃	$\bar{x}_1$=206.9	174.2**	165.4**	160.7**	133.2**
中越猕猴桃	$\bar{x}_2$=73.7	41.0	32.2	27.5	
阔叶猕猴桃	$\bar{x}_3$=46.2	13.5	4.7		
金花猕猴桃	$\bar{x}_4$=41.5	8.8			
毛花猕猴桃	$\bar{x}_5$=32.7				

注：t 0.05=2.014，t 0.01=2.690，Sd=25.392，** 示 0.01 水平极显著。

2.4 猕猴桃不同种类的本砧嫁接效果

为了探讨猕猴桃不同种类的本砧嫁接特性，于1983年3月上旬采用切接法进行金花猕猴桃、中越猕猴桃、美味猕猴桃、绿果猕猴桃等不同种类的嫁接试验，砧木为2年生苗，接穗采用各种类的优株，结果见表45-5。可以看出，不同种类本砧嫁接均有较高的成活率，参试的四个种类的成活率分别94.2%、92.0%、90.6%、82.6%，表明猕猴桃不同种类的砧穗之间有良好的亲和力。

表45-5 猕猴桃不同种类的本砧嫁接成活率

种群	嫁接株数	成活株数	成活率（%）
金花猕猴桃	52	49	94.2
中越猕猴桃	50	46	92.0
美味猕猴桃	128	116	90.6
绿果猕猴桃	344	286	82.6

3 小结

在桂林雁山地区，周年均可嫁接，均有一定的成活率，以冬季落叶后至翌年萌芽前为猕猴桃嫁接最适宜时期，这时接芽饱满充实，嫁接成活率较高，苗木粗壮、整齐。

　　猕猴桃嫁接方法以切接为好，该法嫁接成活率达 90.0% 以上。切接法具有操作简便，易于掌握，接芽处于砧木的顶端优势，营养输送畅通，苗木生长速度快、粗壮、整齐，同时萌蘖率低，减轻抹芽工作量。

　　猕猴桃各种类的砧穗之间均有良好的亲和力，嫁接成活率均较高，本砧嫁接的效果更好，与其他种类嫁接效果较差。如中华猕猴桃桂海 4 号嫁接于中华猕猴桃的成活率达 91.7%，苗木生长量极显著高于嫁接在阔叶猕猴桃、金花猕猴桃、毛花猕猴桃、中越猕猴桃等种类。

　　在新建猕猴桃果园时采用先定砧后嫁接可取得较好的效果。具体做法是定砧 15 ～ 20 天后，用切接法嫁接，植株生长健壮，当年可以上棚，形成骨架，翌年可挂果，投产早，但管理要精细，要经常抹除萌芽，插枝遮萌，注意灌溉，花工较多。

第四十六章　猕猴桃硬枝扦插快速生根试验

猕猴桃实生繁殖变异性大，雄株比例高达 85% 以上，中华猕猴桃硬枝扦插生根难，有关单位采用高浓度生长素处理插穗进行试验，曾获 80% ～ 90% 的成活率，但用药量大，成本高，处理的时间长，需要较多人力物力。为加快发展人工栽培苗木，提高硬枝扦插的生根成活率，我们在多年试验的基础上，于 1987 年春进行比较系统的试验，效果显著。

1　材料和方法

从已结果的成年树取材，除不同插穗质地试验外，均选取生长健壮、胚芽饱满的 1 年生枝条作插穗。插穗长度视节间长短而定，一般具 2 节为宜，长度为 7 ～ 10 cm。插穗下切口紧靠节下 0.5 cm 处斜削成 45°，上切口在芽上方约 1 cm 处切断，切口力求平滑。插穗基部用生长素处理，然后插入苗床中，插入深度为插穗的 2/3，随即浇足水，经常保持湿润。

2　主要技术措施

2.1　苗床准备及消毒

在玻璃房内，用砖砌成高 20 cm、宽 1 m、长 4 m 的苗床，然后填入 15 cm 高的河沙、培养土（沙：火土：园土 =1：1：1）或蛭石。前两种基质用托布津 1000 倍稀释液淋透，用塑料薄膜密封灭菌 7 天后，再经 4 ～ 5 天通风透气后备用。后一种基质是新鲜的，不需要消毒。

2.2　封蜡

插穗上切口封蜡，以减少水分蒸发及避免水分流入髓部。

2.3　插穗基部药液处理

猕猴桃基部含有较多的胶质物，用 50% 酒精作溶剂的 100 mg/L 吲哚丁酸浸泡基部 1 min，避免胶质从基部大量流出而造成髓部中空，损失营养物质，同时低浓度也利于药物吸收渗透到组织细胞中，有效地促进生根。

2.4 调节苗床湿度

苗床的湿度及空气相对湿度是扦插生根成活的关键，在玻璃房内扦插，太阳辐射强烈，无喷雾条件，可采用淋水调湿。淋水量视天气情况而定，阴雨天不淋或少淋，晴天一般早晚各 1 次并把四周空旷处淋湿，以提高空气湿度。高温烈日时每天多淋 1 次。

2.5 控梢促根

由于气温逐渐升高，胚芽很快抽梢展叶，而插条基部尚未生根，便出现吸收和蒸腾的矛盾，为促进插穗早日生根，在新梢长至 2 cm 时，适当打顶摘心，保留 2 ～ 4 片叶，以减少蒸腾，同时在叶片老化时，每隔 10 天用 0.1% 尿素 +0.1% 氯化钾混合液喷叶片，利于生根成活。

3 结果与分析

3.1 不同温度对插条生根的影响

为探讨扦插的最佳时期，于 1 月 20 日，2 月 12 日、17 日、23 日，3 月 17 日分别进行中华猕猴桃优株 4 号扦插试验，苗床基质为河沙，插条基部用 100 mg/L 吲哚丁酸溶液浸泡 1 min，结果见表 46-1。扦插后 5 天气温稳定在 18 ℃左右时，生根率高，气温在 10 ℃以下时，生根率则受影响。3 月 17 日扦插，温度虽然适宜，但树体已进入抽梢盛期，枝条营养水平严重下降，难以生根。因此，我们认为硬枝扦插宜于植株萌动前气温回升时进行。

表 46-1 不同温度中华猕猴桃插条的生根率的影响

扦插期	扦插数（条）	生根条数	生根率（%）	当天气温（℃）	插后 5 天均温（℃）	最高温度（℃）	最低温度（℃）
1 月 20 日	20	5	25	7.8	8.5	10.5	6.7
2 月 12 日	20	10	50	14.8	18.5	25.4	11.9
2 月 17 日	20	3	15	20.3	6.4	11.2	3.4
2 月 23 日	20	7	35	7.9	10.2	13.0	6.1
3 月 17 日	20	0	0	16.5	17.6	27.0	12.3

3.2 不同基质对插条生根的影响

分别用河沙、培养土、蛭石作基质对中华猕猴桃优株 4 号硬枝扦插对比试验，插条基部用 100 pmm 吲哚丁酸溶液浸泡 1 min，试验结果见表 46-2。以培养土、蛭石作基质最好，生根率均为 90%，河沙较差，为 50%。这可能是由于蛭石、培养土质地疏松、保水性能好，湿度相对稳定，且能吸收部分辐射热，提高床温，有利于生根。河沙的保水能力差，温湿度变化较大，从而影响插条生根。

表46-2 不同基质的插条生根比较

基质	扦插期	插数（条）	调查期	平均长根（条）	最多（条）	平均根长（cm）	最长（cm）	生根率（%）
河沙	2月12日	20	4月29日	3.9	14	1.2	3.7	50
培养土	2月12日	20	4月29日	4.9	11	2.5	10.6	90
蛭石	2月12日	20	4月29日	3.9	8	1.7	11.1	90

3.3 不同插穗质地对扦插生根的影响

以中华猕猴桃优株4号为试材，选取树冠健壮的半木质化枝条（指当年秋季抽生的不充实枝条），1年生、2年生枝条分别作插穗。以河沙为基质，插穗基部用100 mg/L吲哚丁酸溶液处理1 min，生根差异显著。从表46-3可以看出，硬枝扦插的理想插穗质地为1年生枝条，木质化枝条次之，2年生枝条生根率最差。这可能是枝条木栓化组织层次的增多，原生质胶体分生细胞少所致。

表46-3 不同插穗质地对猕猴桃扦插生根的影响

插穗质地	扦插期	插数（条）	平均根数（条）	最多根数（条）	平均根长（cm）	最长根（cm）	生根率（%）
半木质化枝条	2月12日	29	3.0	6	1.1	2.6	34
1年生枝条	2月12日	20	3.0	14	1.2	3.7	50
2年生枝条	2月12日	20	—	—	—	—	10

调查日期：1987年4月29日。

3.4 不同种类扦插生根的差异

选择7个不同种类的插穗，用100 mg/L吲哚丁酸溶液处理1 min，用蛭石作基质进行扦插试验，生根率有明显差异。毛花猕猴桃生根率最高，达95%，绿果猕猴桃生根率最低，仅23.3%（表46-4）。

表46-4 不同种类的插穗生根对比

种类	扦插期	插数（条）	平均根数（条）	最多根数（条）	平均根长（cm）	最长根（cm）	生根条数（条）	生根率（%）
毛花猕猴桃	2月12日	60	13.6	21	4.9	12.2	57	95.0
阔叶猕猴桃	2月12日	60	18.5	25	5.7	9.3	55	91.7
软枣猕猴桃	2月12日	60	10.6	27	6.5	19.3	55	91.7
中华猕猴桃	2月12日	20	3.9	8	1.7	11.1	18	90.0
美味猕猴桃	2月12日	60	5.1	11	2.1	9.0	29	48.3
金花猕猴桃	2月12日	60	10.0	21	6.2	11.0	24	40.0
绿果猕猴桃	2月12日	60	3.7	7	2.2	8.1	14	23.3

调查日期：1987年4月29日。

4　小结

　　试验结果表明，扦插最佳时期是 2 月，并且在插后 5 天内气温保持在 18 ℃左右，生根率高；而在 10 ℃以下时，其生根率则低。中华猕猴桃硬枝扦插在蛭石、培养土为基质的苗床中比河沙为基质的生根率高。硬枝扦插的理想插穗为 1 年生枝条，半木质化枝条次之，2 年生枝条生根最差。用 50% 酒精作溶剂的 100 mg/L 吲哚丁酸溶液处理插条基部 1 min，毛花猕猴桃的生根率达 95%；阔叶猕猴桃、软枣猕猴桃的生根率均为 91.7%；中华猕猴桃为 90.0%。

第四十七章 猕猴桃良种桂海 4 号种苗繁殖技术

广西植物研究所选育的猕猴桃良种桂海 4 号，已通过广西区农作物优良品种审定委员会的审定，被作为广西推广的优良品种。我们在实施"猕猴桃良种桂海 4 号种苗开发"项目的过程中，进一步完善其砧木苗和嫁接苗的繁育技术。

1 砧木苗的繁育

1.1 种子采收和贮藏

在桂海 4 号果熟期，从生长健壮、无病虫害、高产、果实品质优良的母树选择果大圆滑、无病虫害、无损伤的成熟果实留种。采收的果实在室温软熟后，除去果皮、果肉，用清水冲洗干净，挑选饱满的种子，置于室内阴干后贮藏。

猕猴桃种子较易失去生活力，沙藏则能较好地保持其生活力。将室内阴干的种子与 10 倍的干净湿润河沙混合，进行层积贮藏或者将经阴干的种子装入纸袋，置于室内通风干燥处贮藏，或采用低温贮藏，在播种前 30 天将种子放在温水中浸泡 1 ～ 2 h 或在冷水中浸泡 4 h，种子充分吸收水分后捞出，与 10 倍干净湿润的河沙混合，进行层积贮藏。河沙的湿度以手握成团手掌潮湿为度，贮藏的容器选择底部能排水的木桶或花盆等。先在容器底部铺厚 3 ～ 5 cm 的湿沙，然后铺厚约 2 cm 的用河沙混合的种子，再盖一层厚约 3 cm 的湿沙，如此层层铺入，最上层铺一层厚 5 cm 的湿沙即可。将贮藏容器置于通风的室内，经常保持湿润，以河沙表面不干燥变白为度。贮藏期间经常检查，注意防治鼠害和霉变。

1.2 苗床准备与适时播种

选择排灌方便，肥沃疏松，微酸性或中性的沙壤土作苗圃。播种前半个月深翻，平整细耙，除去杂草，每 1 亩施粪水 2500 kg、复合肥 10 kg、磷肥 25 kg，然后起畦。畦面宽 1.2 m、高 15 ～ 20 cm。畦面铺一层土杂肥和草皮灰（每亩施 1000 kg）与表土拌匀。猕猴桃幼苗易受立枯病和猝倒病为害，最好在苗圃地施足基肥后，每平方米畦面用福尔马林 50 mL 加水 6 kg 喷洒，或亩撒多菌灵 2.5 kg，以消毒土壤。喷药 2 周后播种。苗圃地不宜连续育苗。

播种时直接将种子和混合的沙撒在畦面上，播种 3 ～ 4 g/m²。播种后用木板稍压实畦面，用细筛筛一层厚 2 ～ 3 mm 的草皮灰覆盖种子，上面再盖一层稻草，淋透水。

在桂林，桂海 4 号播种以 3 月中旬至 4 月中旬为宜，该时段月平均气温达 14 ～ 20 ℃，有利于种子发芽。过早或过迟播种，种子的发芽率较低。如 3 月 15 日播种的发芽率为 39.33%，3 月 30 日播种的发芽率为 54.7%，4 月 15 日播种的发芽率 24.17%，4 月 30 日播种的发芽率为 0。

1.3　苗床管理

播种前或播种后应及时搭棚遮阴，阴棚覆盖度 50% ～ 60%；在无雨情况下，第 2 ～ 3 天用喷壶淋水 1 次；播种后 15 ～ 20 天，出苗率达 50% ～ 60% 时，揭去覆盖的稻草，并及时拔除杂草，细心保护幼苗；每隔 10 ～ 15 天喷施 1 次 0.1% ～ 0.2% 尿素或淋稀薄粪水。苗期常有立枯病、猝倒病、根腐病等为害，幼苗出土后，用 8∶2 草木灰加石灰粉撒施苗床，或用 50% 多菌灵 800 ～ 1000 倍稀释液，或 50% 托布津 1000 ～ 1200 倍稀释液轮流喷洒防治，每隔 15 天喷雾 1 次。常见虫害有地老虎、蝼蛄等，可用 10∶1 的炒熟麸皮拌呋喃丹于傍晚撒在畦的周围诱杀，金龟子等于傍晚或早上用敌百虫 1500 倍稀释液喷杀。

幼苗长出 5 ～ 7 片真叶时移苗，转床培育。移植苗床要施足基肥，架设遮阴棚。在阴雨天或晴天的傍晚移苗，株行距 10 ～ 20 cm × 10 ～ 20 cm，每亩可移栽约 2 万株。移栽后 1 周内，每天早晚各淋 1 次水，幼苗成活后，喷施 1% 的尿素或稀粪水，以后每半个月追施 1 次。当幼苗长到 50 cm 高左右打顶，同时抹除基部萌蘖，促进幼苗长粗。幼苗茎粗达 0.6 cm 以上即可作砧木用。

2　嫁接苗繁育

猕猴桃是异花授粉植物，容易天然杂交，实生繁殖的后代变异大，要采用嫁接繁殖方法，以保持母树的优良性砧木和接穗的选择。

2.1　砧木和接穗的选择

猕猴桃嫁接以本砧为好，适宜的嫁接砧木树龄为 1 ～ 2 年生。选桂海 4 号树冠外围上部生长充实、芽眼饱满的枝条作接穗，植株下部的枝条和基部隐芽萌蘖的徒长枝不宜作接穗。尚未结果的嫁接树的枝条作接穗，则会使嫁接的植株延迟开花结果。

2.2　嫁接时期和方法

周年均可嫁接，最适宜的嫁接时期是冬季落叶后至翌年萌芽前，这一时期嫁接成活率可达 90% 以上。采用切接法嫁接。在砧木离地面 10 cm 左右周边光滑部位截断，在断面斜削一刀，使斜切口成 45° 的斜面。在斜削口处，从上往下于皮层部与木质部之间纵切一刀，长约 1.5 cm。削接穗，在选好接穗枝条的第一个饱满芽下约 1.2 cm 处斜削一刀，斜面成 35° 角，翻转接穗，在芽基部起刀，深至皮层与木质部之间平削一刀，削面长 6 cm 左右，最后在上方 0.2 ～ 0.3 cm 处斜削一刀切断接穗，将接穗插入砧木的切口内，砧木与接穗的形成层对准。然后用长 50 cm、宽约 1.5 cm 的塑料薄膜带捆绑，捆绑时，要求接穗与砧木接口紧贴，一端薄膜封闭砧木断面，另一端封盖接穗顶端，把整个接穗封好，露出芽眼。

2.3 嫁接后的管理

嫁接后的苗圃地，必须采取措施防止人畜践踏，搭棚遮阴避免日光直射，防止水分蒸发，保持苗圃地湿度；及时抹除砧木萌蘖，一般每隔 7 天抹除 1 次。当嫁接苗长出 5 ～ 7 张叶片时进行打顶，以减少养分和水分的消耗，促进新梢生长。为防止嫁接苗被风吹断，嫁接成活后及时在旁边插竿作支柱。当嫁接部位愈合完全，新梢半木质化后解绑。过早或过迟解绑都会影响嫁接苗的生长发育。

苗圃地要经常除草松土、追肥，保持土壤疏松。当嫁接苗长出 3 片叶后，每隔 7 天用 0.1% ～ 0.2% 的尿素喷淋幼苗 1 次。在打顶时，淋 1 次粪水，结合松土，施适量钾肥或复合肥，年生长周期内施 2 ～ 3 次。抽出的新梢细嫩，易遭病虫危害，要注意及时防治。

第四十八章　猕猴桃嫁接繁殖与砧木选择试验

嫁接繁殖是猕猴桃品种的主要繁殖方式，嫁接成活的难易和适宜的砧穗组合是影响猕猴桃优良品种繁育的主要因素（王莉等，2001），直接影响猕猴桃优良品种的推广应用。我国是世界上猕猴桃栽培面积最大的国家，新品种不断推出，随着社会的不断发展，生产力的不断提高，人们在追求利益最大化的同时，随意采用砧木带来的不良后果不断突出，造成品种优良性状退化，品质恶化，抗病力差，严重影响了猕猴桃产业的发展（李洁维等，2004）。因此，优良品种与适宜砧木的选择是猕猴桃优质种苗繁殖和推广应用的关键，也是猕猴桃生产良种化的基本保障。

利用广西壮族自治区植物研究所红阳、金艳、桂海4号等猕猴桃种质资源，比较了7个猕猴桃优良品种嫁接繁殖与砧木选择试验，对嫁接成活率、保存率以及嫁接芽萌发与生长规律进行探讨，试图找出适宜的砧穗组合，为猕猴桃生产提供理论依据。

1　试验方法

1.1　时间地点

试验于2011年2月至10月在广西植物研究所猕猴桃种苗圃进行。嫁接时间为2011年2月25日。

1.2　试验内容

分别以广西壮族自治区栽培品种中华猕猴桃桂海4号1年生实生苗作为砧木，分别嫁接桂海4号、16A、华优、金艳、金魁、海沃德和红阳7个优良栽培品种，观测不同品种萌芽日期、嫁接成活率、保存率，并定期观测不同品种嫁接苗的生长动态；同时，分别用阔叶、桂林、长果、美味（米良1号）和中华（桂海4号）猕猴桃作为砧木，以红阳猕猴桃作接穗，研究不同砧木嫁接同一品种猕猴桃的生长发育情况。

1.3　砧木和接穗标准

砧木要求：1年生实生苗，生长健壮，无病虫害，基部以上10 cm处直径达0.7 cm以上。接穗要求：生长充实，健壮，无病虫害，粗度与砧木相当或略细于砧木的猕猴桃1年生结果枝。

1.4　调查和统计方法

嫁接后观测各个嫁接处理的萌芽期。嫁接后 2 个月统计嫁接苗成活率，每 2 周测量 1 次嫁接苗接口以上 5 cm 处的粗度，直至停止生长为止。嫁接后 6 个月统计嫁接苗保存率，成活率和保存率计算公式：成活率 = 成活株数 / 嫁接株数 × 100%，保存率 = 保存株数 / 嫁接株数 × 100%。

2　结果与分析

2.1　同一砧木对不同猕猴桃品种嫁接效应的影响

2.1.1　同一砧木对不同猕猴桃品种嫁接成活的影响

由表 48-1 可以看出，以桂海 4 号实生苗作为砧木，与红阳、金艳等 7 个主栽猕猴桃品种进行嫁接，具有较强的亲和性，基本可以满足嫁接的要求，各个品种嫁接成活率都能达到 75% 以上，其中红阳猕猴桃成活率最高（87.27%），其次为桂海 4 号（86.75%），16A 成活率最低（76.67%）；嫁接苗保存率也都达到 60% 以上，其中红阳猕猴桃保存率最高（77.27%）；7 个品种猕猴桃在嫁接后 35 天左右开始陆续萌芽，其中桂海 4 号萌芽最早（3 月 31 日），其他依次为金艳、红阳、华优、16A、金魁，海沃德萌芽最晚（4 月 13 日），萌芽早晚的差异可能与不同猕猴桃品种的生物学特性有关。

表 48-1　同一砧木对不同猕猴桃品种嫁接成活率、保存率和萌芽的影响

品种	桂海 4 号	16A	华优	金艳	金魁	海沃德	红阳
嫁接日期	2 月 25 日						
萌芽日期	3 月 31 日	4 月 8 日	4 月 5 日	4 月 2 日	4 月 11 日	4 月 13 日	4 月 3 日
嫁接株数	83	30	74	80	114	53	110
成活株数	72	23	59	64	98	41	96
保存株数	59	19	51	53	84	35	85
成活率（%）	86.75	76.67	79.73	80.00	85.96	77.36	87.27
保存率（%）	71.08	63.33	68.91	66.25	73.68	66.04	77.27

2.1.2　不同猕猴桃品种 1 年生嫁接苗生长动态比较

由图 48-1 可知，7 个品种猕猴桃嫁接苗在嫁接后 2 个月均已抽梢，起初各个品种嫁接苗基部粗度差异不大；4 月 25 日至 7 月 18 日，各个品种生长都比较迅速，7 月 18 日至 8 月 15 日，各个品种的生长速度逐渐平缓，这可能与桂林夏季高温有关。7 月 18 日之后，桂海 4 号和海沃德生长逐渐平缓，到 9 月 12 日之后基本停止生长；16A、华优、金艳和金魁 4 个品种在 8 月 15 日至 9 月 12 日内有个快速生长的过程，9 月 12 日后生长逐渐变缓，直至停止生长；红阳猕猴桃整个过程都在生长，但生长速度比较缓慢，9 月 26 日之后基本停止生长。各个品种都停止生长后，嫁接口以上 5 cm 处基部粗度从大

到小依次为金艳＞金魁＞16A＞华优＞海沃德＞桂海4号＞红阳，基本上是美味猕猴桃的生长势要强于中华猕猴桃，与这7个猕猴桃品种的生物学特性相一致。

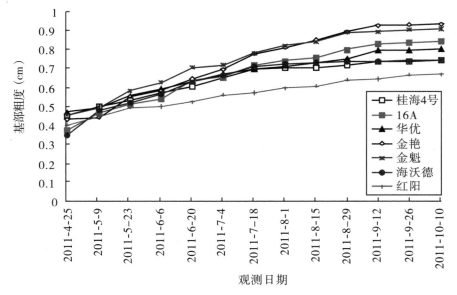

图 48-1　不同品种猕猴桃嫁接苗生长动态比较

2.2　不同砧木对同一猕猴桃品种嫁接效应的影响

2.2.1　不同砧木对红阳猕猴桃嫁接的影响

分别采用阔叶、桂林、长果、美味（米良1号）和中华（桂海4号）猕猴桃的1年生实生苗做砧木，1年生红阳猕猴桃结果枝做接穗，进行嫁接试验，结果如表48-2所示。红阳猕猴桃与5种砧木的嫁接成活率都较高，均达到75%以上，5种砧木的嫁接成活率依次为美味（88.1%）＞中华（87.27%）＞长果（82.5%）＞阔叶（80.49%）＞桂林（75.68%）；嫁接苗保存率依次为中华（77.27%）＞美味（76.19%）＞阔叶（70.73%）＞长果（67.50%）＞桂林（62.16%）。嫁接苗萌芽时期比较集中，均在4月2～5日，受砧木的影响不大。

表 48-2　不同砧木对红阳猕猴桃嫁接成活率、保存率和萌芽的影响

砧木类型	嫁接日期	萌芽日期	嫁接株数	成活株数	保存株数	成活率 %	保存率 %
阔叶	2月25日	4/4	41	33	29	80.49	70.73
桂林	2月25日	4/4	37	28	23	75.68	62.16
长果	2月25日	2/4	40	33	27	82.50	67.50
美味	2月25日	5/4	42	37	32	88.10	76.19
中华	2月25日	3/4	110	96	85	87.27	77.27

2.2.2　不同砧木嫁接红阳猕猴桃生长动态研究

由图 48-2 可以看出，不同的砧木对红阳猕猴桃嫁接苗的生长量影响较大，美味和阔叶猕猴桃作为砧木嫁接红阳猕猴桃，整个生长期都保持较强的生长势，其他 3 种砧木都保持平缓生长，中华砧木苗长势较为中庸，长果和桂林砧木苗则长势较弱；停止生长后，美味猕猴桃 1 年生苗基部粗度最大，可达 0.832 cm，其次是阔叶（0.758 cm）＞中华（0.668 cm）＞长果（0.621 cm）＞桂林（0.616 cm）。

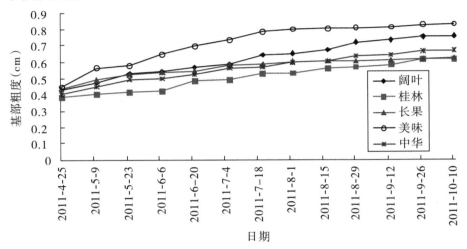

图 48-2　不同砧木嫁接红阳猕猴桃生长动态比较

3　结论

7 个猕猴桃品种与桂海 4 号实生苗嫁接，都具有较高的成活率和保存率，以广西栽培品种桂海 4 号猕猴桃实生苗作为砧木，可以基本解决红阳、金艳等 7 个猕猴桃品种嫁接亲和性问题。同时，通过对 5 种砧木与红阳猕猴桃进行嫁接试验，可以看出，红阳猕猴桃与中华、美味和阔叶猕猴桃砧木嫁接成活率和保存率都比较高，且美味猕猴桃和阔叶猕猴桃做砧木植株长势旺，抗性较强，适合南方高海拔山区高温、高湿病害易发地区栽培；中华猕猴桃做砧木长势中庸，容易修剪控制树形。因此，可以初步把中华、美味和阔叶猕猴桃确定为红阳猕猴桃在广西北部种植的理想砧木选择。不同的砧木对红阳猕猴桃产量和果实品质的影响还有待进一步研究。

第四十九章　猕猴桃根段扦插育苗试验研究

实生育苗，是猕猴桃砧木苗繁育的主要方法，当年播种，管理较好的实生苗基部直径（基径，下同）一般可长至 0.6 cm 的粗度。然而，广西目前主栽的猕猴桃品种"红阳"因生长旺盛，采集用作接穗的枝条较粗，砧木粗度 0.6 cm 已不能满足红阳猕猴桃嫁接的需要。然而该品种适宜种植地区多有冬季低温和倒春寒现象，春季嫁接苗萌芽后易受冻害，严重影响移栽成活率，造成生产上猕猴桃种苗短缺。实生育苗一般需进行移栽，此时幼苗较为柔弱，移栽后易发生病虫害，投入管理成本较大。猕猴桃砧木苗或嫁接苗冬季起苗后为便于苗木运输和利于移栽后形成愈伤组织促发新根，仅需保留 10 cm 左右的根长，过长的根需剪掉，会产生大量的根材料，利用这些根进行根插育苗是对实生育苗短缺的一种很好补充。因此，开展猕猴桃根段扦插育苗试验，对利用移苗产生根材料繁育符合嫁接要求的砧木苗、提高嫁接苗移栽成活率具有指导意义。

Lawes 和 Sim（1980）以粗河沙为基质进行美味猕猴桃（*A. deliciosa*）"艾伯特"不同取根时间、不同长度（5 cm、15 cm）、不同粗度（0.5 cm、0.5 ～ 1.5 cm、1.5 ～ 2.5 cm）、不同埋植方式和不同扦插时间的根插繁殖试验，结果表明冬季收集的根萌芽率最高，15 cm 长的根单株萌芽数量较多，0.5 ～ 1.5 cm 粗的根萌芽率最高，平放萌芽率最高，倒置不萌芽。钱长发（1981）开展了中华猕猴桃根插与硬枝扦插比较试验，结果表明，根插成活率高于硬枝扦插。钱长发等（1982）通过试验调查直插与平埋方式与不同粗度（6 mm、2 ～ 3 mm）和长度（5 ～ 6 cm、10 ～ 12 cm）的根插成活率，比较了阴棚沙床根插与露地根插的差异，结果表明，平埋比直插成活率高，6 mm 粗度根插成活率高于 2 ～ 3 mm，相同粗度根较长的成活率较高。高瑞华和吴泽南（1986）开展了软枣猕猴桃根插和硬枝扦插对比试验，结果表明，根插成活率低于硬枝扦插。朱杰荣（1987）开展了中华猕猴桃不同树龄（2 年生、5 年生、10 年生）的根插试验，结果表明，树龄小的根易生根，成活率高。除猕猴桃外，在刺槐（庹祖权等，2003；段庆伟，2012）、掌叶覆盆子（孙长清等，2005）、野山桐子（季永华等，2008）、香花槐（何彦峰等，2009）等植物上也有关于不同粗度和长度的根插繁殖试验报道。以往的这些研究一般仅测定根插的成苗率，很少关注生长动态，特别是成苗后的基径大小动态未见报道。

本文比较不同埋植方式、不同根段粗度和长度对中华猕猴桃根插出苗率和幼苗生长的影响，筛选出合适的根段埋植方式和根段处理方法，为利用移苗产生的根材料繁育符合猕猴桃嫁接要求的砧木苗提供依据。

1 材料与方法

1.1 试验材料

猕猴桃根材料为种植在广西植物研究所苗圃的中华猕猴桃桂海 4 号 1 年生实生苗的根，起苗后剪下的根及从土壤中挖出的根不能马上种植时，需先埋在湿润土壤中保存。

试验地设在广西植物研究所试验场，苗圃地经犁翻、起垄、耙平，垄宽 1.2 m 左右，垄间距 0.2 m。

1.2 试验方案

（1）不同埋根方式的根繁殖试验。选用 5 mm 粗的根，根段长度 9 cm。共设 4 种处理：①横埋，根段平放，埋土深度 5 cm；②竖埋，根段竖放，埋土深度 5 cm；③竖平，根段竖放，上端与地表齐平；④竖露，根段竖放，上端露出土表 1 cm。

（2）不同粗度与长度的根繁殖试验。设 3 种粗度：2 mm（1）、5 mm（2）、8 mm（3）。4 种长度：3 cm（A）、6 cm（B）、9 cm（C）、12 cm（D）。试验共设 12 个处理，每个处理设 4 个重复，每个重复 10 ～ 12 条根，埋根方式为"竖平"。具体试验设置见表 49-1。

表 49-1 不同长度和粗度根插繁殖试验设置

粗度 ＼ 长度	3 cm	6 cm	9 cm	12 cm
2 mm	1 A	1 B	1 C	1 D
5 mm	2 A	2 B	2 C	2 D
8 mm	3 A	3 B	3 C	3 D

1.3 埋根

2011 年 1 月上中旬起苗，1 月 14 日进行根繁殖试验。将预先埋藏保存的根，按照上述设计要求剪好，注意避风和保湿，然后植于预先准备好的苗圃地上。横埋的根，用土铲挖至 5 cm 深度，把根平放，根与根之间留 2 ～ 3 cm 的间隙，覆土。竖埋的根，用木棍先打孔，把根放入孔内（注意不能倒置），覆土。埋植行距 15 cm，株距 10 cm。

1.4 田间管理

埋根后，畦面盖稻草，淋透水，此后根据土壤干湿情况适当淋水。出苗后待苗长出 2 ～ 3 片叶时掀去稻草，开始淋叶面肥（一般为 0.2% 的尿素），并每隔 7 天淋施 1 次 0.2% 复合肥。至 5 月中下旬苗较大时，尿素可以直接撒施，然后淋水避免烧叶。苗长至 50 cm 高时打顶。

1.5　试验观测

观察并记录开始出苗日期，出苗后每隔 4 天观察记录一次出苗数量，直至观察不到新增苗为止。5 月 18 日开始测量基径，同时测量大田种子苗的基径，每隔 14 天测量 1 次，至 11 月苗木基本停止生长为止。

1.6　统计分析

使用 Excel 2003 软件进行数据整理及图表绘制，使用 Statistica 软件，对不同长度和粗度的根插苗的出苗率及基径，分别作双因素方差分析，并采用 Duncan 法做多重比较，不同埋根方式的根繁试验，则做一元方差分析及 Duncan 多重比较。

2　结果与分析

2.1　不同埋根方式对根插苗的影响

2.1.1　不同埋根方式之间出苗率的差异

由图 49-1 可知，竖平处理出苗最早，4 月 12 ~ 20 日增幅最快，在此期间的出苗量占埋根总数的 66.67%。竖露处理开始出苗时间稍晚，4 月 8 ~ 20 日增幅最快，此期间出苗量占埋根总数的 76.67%。这两个处理从开始出苗到出苗结束历时 24 天。竖埋处理和横埋处理出苗比竖平处理晚 8 天，从开始出苗到出苗结束历时 20 天，4 月 24 ~ 28 日增幅最大。大田春季播种的种子苗，3 月 9 日播种，3 月 30

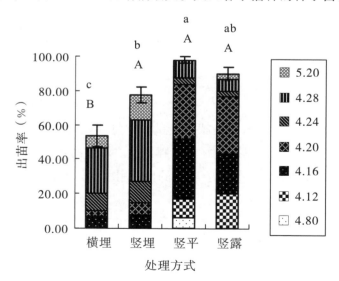

图 49-1　不同埋根方式根扦插的出苗率

注：图中小写字母标识显著差异性（$P < 0.05$），大写字母标识极显著差异性（$P < 0.01$），其他图中标识方法同图 49-1。

日开始出苗，出苗早于根繁殖苗。方差分析结果表明，不同埋植处理的出苗率与种子苗出苗率差异极显著（$P=0.0009 < 0.01$）。多重比较结果显示（图 49-1），竖平处理的出苗率（97.93%）与竖露处理（90.00%）差异不显著；竖平、竖露和竖埋处理的出苗率极显著高于横埋处理（53.33%）。种子苗在大田播种，未统计出苗率，根据以往的试验数据，中华猕猴桃种子出苗率一般在 30.00% 左右，最后能够成苗的数量更少（胡正月，1981；王郁民和李嘉瑞，1991）。

2.1.2　不同埋根方式对根插苗基径生长的影响

由图 49-2 可知，根插苗在 6 月 30 日至 9 月 21 日基径增长最快，种子苗在 8 月 8 日至 10 月 19 日基径增长较快；各个处理的根插苗的基径均大于种子苗的基径。方差分析结果显示，各个处理间苗木的基径不存在显著差异性（$P=0.0891 > 0.05$），但多重比较结果显示，竖露处理的基径显著大于其他处理，其他处理之间差异不显著。

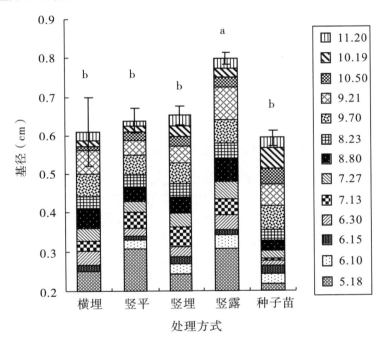

图 49-2　不同埋根方式的根插苗基径生长图

2.2　长度和粗度对根插苗的影响

2.2.1　不同长度和粗度的根插苗的出苗率比较

由图 49-3 可知，2 mm 粗度的处理比 5 mm 和 8 mm 的处理出苗晚，各处理从开始出苗到出苗结束历时 20 ~ 24 天，5 mm 和 8 mm 的各处理以 4 月 8 ~ 20 日出苗数量最多，2 mm 的处理由于出苗晚，出苗高峰期推后 4 天。

双因素方差分析结果见表 49-2，根段粗度或长度对出苗率的影响均不显著，但二者间表现出极强的交互作用，二者共同作用的出苗率差异极显著（$P=0.0004 < 0.01$），如粗度 2 mm 的 4 个长度处理，

较长的根出苗率更高；而粗度5 mm、8 mm的不同长度处理的出苗率并未表现出规律性。

利用多重比较进一步分析两两之间的差异性。1A和1B之间差异不显著，这两个处理出苗率最低，分别为80.35%和74.98%，其余10个处理之间也无显著差异。1A的出苗率极显著低于2C、1D、3B（按出苗率从高到低排序，下同），显著低于1C、3A、2A、2B，与2D、3D、3C之间的差异不显著。1B的出苗率极显著低于2C、1D、3B、1C、3A、2A、2B，显著低于2D、3D、3C。根据出苗率大致可以把这些处理划为4等：2C、1D和3B＞95.00%，90.00%＜1C、3A、2A和2B＜95.00%，85.00%＜2D、3D和3C＜90.00%，1A和1B＜85.00%。

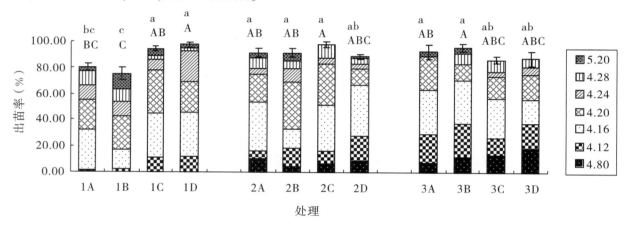

图49-3 不同长度和粗度根段的出苗动态图

表49-2 不同处理出苗率的双因素方差分析结果

变异来源	SS	df	MS	F	P
粗度	269	2	134.5	2.843	0.0714
长度	244.8	3	81.6	1.724	0.1793
粗度＊长度	1583.9	6	264	5.578	0.0004
Error	1703.6	36	47.3		

2.2.2 不同长度和粗度的根插苗的基径比较

由图49-4可以看出，不同处理之间根插苗的基径大小存在较大差异，与出苗率的表现相似的是1A和1B基径也是最小的；多数处理基径增长最快的时期是开始于6月30日，至9月21日后增长速度开始减缓。

双因素方差分析结果（表49-3）表明，根段粗度对根插苗的基径有极显著的影响，基本表现为根段长度相同时，其粗度越大根插苗的基径越大或略小但差值不大；长度对基径大小也有显著的影响，但是未呈现出规律性；粗度对基径的影响大于长度，二者之间存在交互作用。

多重比较结果显示：①3A的基径显著高于3B、2D、3D、3C、1D，极显著高于2A、1C、2C、2B、1B、1A；②3B、2D的基径显著高于2C、2B、1B，极显著高于1A；③3D、3C、1D的基径显著高于2B、1B，极显著高于1A；④其余两两之间未表现出显著差异。由多重比较的结果来看，按照基径大小不同，这些处理也可以分为几个组：3A的基径最大，显著高于其他处理，达到了0.946 cm；

3B、2D、3D、3C、1D 为一组，0.75 cm ＜ 基径 ＜ 0.80 cm；2A、1C、2C 为一组，0.60 cm ＜ 基径 ≤ 0.70 cm；2B、1B、1A 为一组，0.55 cm ＜ 基径 ≤ 0.60 cm。

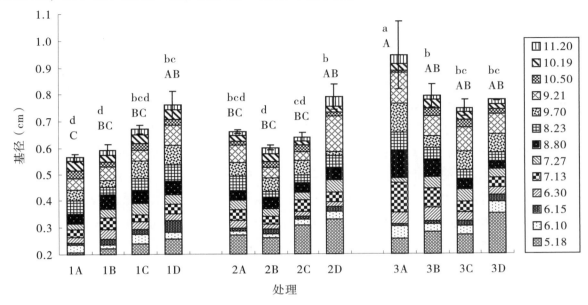

图 49-4　不同长度和粗度根段的根插苗基径生长动态图

表 49-3　不同处理根插苗基径的双因素方差分析结果

变异来源	SS	df	MS	F	P
粗度	0.278	2	0.139	16.973	0.000006
长度	0.088	3	0.029	3.587	0.022894
粗度＊长度	0.170	6	0.028	3.451	0.008524
Error	0.295	36	0.008		

3　结论与讨论

3.1　适合的埋根方式

本研究结果表明，竖平处理具有最高的出苗率，竖露处理次之，二者的出苗率差异不显著，均在 90.00% 以上，竖露处理的平均基径最大，达 0.798 cm，显著高于其他 3 种方式，因此，竖露处理是最适合根插育苗的埋植方式，与融水县科委（2006）的研究结果一致，但与 Lawes 和 Sim（1980）对美味猕猴桃 "艾伯特" 的根插实验研究和钱长发等（1982）对中华猕猴桃根插试验认为平放是较适合的埋植方式的研究结果不同，可能与他们用沙床育苗有关，沙床水分易散失，特别是盖沙较薄时，平放更容易保持较好的水分条件。横埋处理不但出苗率低于其他埋植方式，而且根插苗基径较小，是最不适合的埋植方式。但各种埋植方式的出苗率和基径大小都高于种子苗。

以根插方式繁殖猕猴桃苗木，竖平和竖露处理的出苗率较高，可能与竖平处理更有利于保持根段的水分有关，而竖露处理由于根上端接触空气，因此诱导的新芽最强壮，根插苗基径最大。竖埋处理的效果优于横埋处理，与植株生长的极性有关，竖埋处理使其形态学上端向上，符合植株生长极性，更有利于形成新的植株，且植株生长势较好。

3.2 适合的根段处理方式

本研究结果表明，虽然不同粗度的根插处理出苗率存在差异，除 1A 和 1B 外，其余处理的出苗率均在 85.00% 以上，根段粗度较小时（2 mm），出苗较晚，且根段越长出苗率越高；除 1A、1B 和 2B 外，其余处理的根插苗基径均大于 0.6 cm，根段长度相同时，根段粗度越大根插苗的基径越大，根段粗度为 8 mm 时，根插苗的基径均能达到 0.8 cm 左右，甚至更粗。因此，猕猴桃根段作为育苗材料具有独特的优势，即使根很细也可以作为育苗材料。但是根段处理需注意，当根较细时（2 mm），根段的修剪长度应大于 6 cm；粗度 2～8 mm 的根长度在 3 cm 以上即可，但以长度 6 cm 以上育苗效果更佳；粗度 8 mm 及更粗的根是极好的育苗材料，若管理得当，当年苗基径可达 0.9 cm 以上，甚至达到 1.0 cm，因此，为了避免浪费，修剪长度为 3 cm 即可。关于根段长度和粗度对根苗的影响，本研究与何彦峰等（2009）对香花槐、孙长清等（2005）对掌叶覆盆子、段庆伟（2012）对四倍体刺槐、钱长发等（1982）对中华猕猴桃根插的研究结果相似，均表现为根粗度和长度较大的根段成活率较高且苗高较大，其原因是根段越大所含的营养物质越多，越有利于育成大苗。庹祖权等（2003）对刺槐根插的研究表明，根粗细对出芽率影响不明显，本研究也有类似之处，但根的粗细对苗大小影响较大。因此，在衡量根段育苗好坏时，除了考虑出苗率，还要考虑成苗的大小。

4 结论

在猕猴桃砧木育苗中，利用移苗剩余根材料进行根繁殖是一种高效省时的繁殖方式。根插苗与种子繁殖苗相比，出苗率明显提高，即使是仅 2 mm 粗 3 cm 长的小根段，其出苗率也能达到 80%；且一般处理的基径均大于种子苗；埋根方式以竖露处理的效果最佳。

第五十章　猕猴桃不同时期硬枝扦插试验研究

猕猴桃扦插多在落叶后到萌芽前（12 月至翌年 2 月）进行（储鹏程，2005；楼枝春，王新建，2001；王玉霞，张超，2004；高本旺，周鸿彬，张双英，等，2003），或者采用冬枝春插的方法（杨清平，艾秀兰，2001），但是扦插效果并不理想。为寻找适宜猕猴桃扦插的最佳时期，开展了本试验。

1　材料及方法

1.1　试验材料

插条材料取自广西植物研究所，中华猕猴桃优良品种桂海 4 号示范园。选取 1 年生枝条中部芽眼饱满部分为插条材料，剪成长度为 15 cm 的插条，每个插条留 2 ～ 3 个芽，插条上部在离芽 2 cm 处平切，用蜡封顶，基部平芽切平。

试验用生长调节剂吲哚丁酸为广东汕头市西陇化工厂生产的分析纯粉剂。先用 98% 酒精溶解，然后用水稀释，配成 1000 mg/L 的溶液。

1.2　试验方法

（1）试验设计：试验从 2006 年 10 月下旬开始，至翌年 2 月中旬停止。每月的上旬（5 日）、中旬（15 日）、下旬（25 日）各扦插 1 次，视具体情况可提前或推后 1 ～ 2 天。每次扦插都做 3 个重复，每个重复 30 根插条。扦插 2 个月后，观测扦插生根率，并对其根系生长情况进行调查，测量并记录根数、一级侧根数、根长、根粗等指标。

（2）扦插：试验在有喷灌及遮阴设备的大棚内进行。棚内分为 4 畦，畦宽 1.5 m，长 30 m。先将畦内 20 cm 深度的土壤挖出，然后铺上相同厚度的细沙，放入除去杂质的苔藓，混匀，耙平。扦插前 10 天左右，用 800 倍的多菌灵 800 倍稀释液对基质进行消毒。

插条随剪随插，将剪切好的插条在 1000 mg/L 的吲哚丁酸溶液中浸蘸 1 min，然后按 10 cm × 10 cm 的株行距进行扦插，扦插深度 10 cm 左右。

（3）数据分析：用 Excel 整理数据表，用 Statistica 统计软件作方差分析图和多重比较。

2 结果与分析

2.1 不同时期扦插对生根率的影响

（1）方差分析：方差分析结果显示，$F=3.33$，$P=0.0006 < 0.01$（图 50-1），不同时期插条的生根率有极显著差异。由图 50-1 可以看出，10 月下旬至 11 月下旬扦插的生根率明显高于 12 月上旬至翌年 2 月中旬。从 10 月下旬至 2 月中旬，猕猴桃扦插生根率呈先降低后升高的趋势，10 月下旬至 12 月下旬呈下降趋势，此后又开始回升。其中，11 月中旬的扦插生根率最高，达到了 21.9%，12 月下旬的扦插生根率最低。

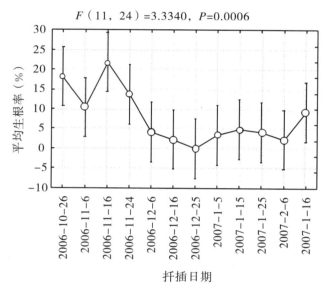

图 50-1　不同时期扦插生根率的方差分析图

（2）不同时期扦插生根率的多重比较。

在方差分析的基础上做多重比较。① 10 月下旬的扦插生根率显著高于 12 月上旬至翌年 2 月上旬的扦插生根率；② 11 月中旬的扦插生根率极显著高于 12 月上旬至翌年 2 月上旬的扦插生根率，显著高于 2 月中旬的扦插生根；③ 11 月下旬的扦插生根率显著高于 12 月下旬，与其余各个处理之间则未表现出显著差异性；④ 10 月下旬至 11 月下旬 4 次的扦插生根率之间无显著差异性。

由方差分析和多重比较的结果可知，10 月下旬至 11 月下旬最适宜猕猴桃硬枝扦插。在桂林，10 月下旬至 11 月下旬，正处于深秋季节，2 月中旬则已是初春季节。因此，从季节上来讲，进行猕猴桃硬枝扦插可以选在深秋落叶之前或翌年的春天进行，而不宜采用传统的 12 月至翌年 2 月扦插。

2.2 不同时期扦插的根系调查结果

由表 50-2 可知，10 月下旬和 11 月上旬扦插的生根数多，而且根较长；11 月中旬和下旬虽然生根数较少，但侧根数较多，平均 8～9 条，根也比 10 月下旬和 11 月上旬的根粗，形成了较强大的根系；

表 50-1 不同时期扦插生根率的 LSD 多重比较结果

扦插日期	2006.10.26	2006.11.6	2006.11.16	2006.11.24	2006.12.6	2006.12.16	2006.12.25	2007.1.5	2007.1.15	2007.1.25	2007.2.6
2006.11.6	0.1753										
2006.11.16	0.4918	0.0520									
2006.11.24	0.4096	0.5360	0.1555								
2006.12.6	0.0231 *	0.3048	0.0040 **	0.1206							
2006.12.16	0.0118 *	0.2029	0.0017 **	0.0726	0.7581						
2006.12.25	0.0040 **	0.1063	0.0005 **	0.0321 *	0.5083	0.6798					
2007.1.5	0.0177 *	0.2599	0.0029 **	0.0987	0.8906	0.8474	0.5785				
2007.1.15	0.0267 *	0.3340	0.0048 **	0.1348	0.8982	0.6813	0.4495	0.8058			
2007.1.25	0.0212 *	0.2919	0.0036 **	0.1136	1.0000	0.7654	0.5166	0.8982	0.8906		
2007.2.6	0.0112 *	0.1976	0.0016 **	0.0698	0.7482	1.0000	0.6999	0.8365	0.6746	0.7581	
2007.2.16	0.1348	0.8365	0.0368 *	0.4401	0.3863	0.2671	0.1467	0.3345	0.4096	0.3674	0.2599

备注："*"代表差异显著，"**"代表差异极显著。

2月下旬生根数也较多，但是根短；12月至翌年2月上旬则多数生根数少，且根短。这一结果进一步证明了，10月下旬至11月下旬之间是最适宜猕猴桃扦插的时期。

表50-2　不同时期的根系生长情况调查结果表

扦插日期	平均根数（条）	平均根长（cm）	平均根粗（mm）	平均侧根数（条）
2006.10.26	5.50	4.03	1.08	5.20
2006.11.6	5.14	4.78	1.32	6.23
2006.11.16	2.54	4.73	1.62	9.05
2006.11.24	2.77	3.99	1.64	8.86
2006.12.6	2.25	5.23	1.56	12.69
2006.12.16	1.71	3.32	1.02	8.80
2006.12.25	—	—	—	—
2007.1.5	1.67	2.46	1.52	7.85
2007.1.15	3.63	2.70	1.80	9.94
2007.1.25	3.56	3.70	1.52	13.76
2007.2.6	2.50	1.28	1.53	1.50
2007.2.16	8.13	2.36	1.89	5.11

3　小结

对猕猴桃不同时期硬枝扦插的研究结果表明，不同时期扦插的生根率差异极显著。10月下旬至11月下旬的扦插生根率明显高于12月上旬至翌年2月中旬的扦插生根率，其中11月中旬的扦插生根率最高，除生根率较高外，此时扦插的生根数多，且根较长。因此，10月下旬至11月下旬，是最适宜猕猴桃扦插的时期。

第五十一章　不同植物生长调节剂对中华猕猴桃扦插生根的影响

猕猴桃扦插繁殖，是直接利用植株的营养器官繁殖猕猴桃苗木的一种无性繁殖方法，也是一种简便易行、多快好省的培育优良苗木的方法（王玉霞等，2004）。然而，杨清平等（2001）对多个猕猴桃种类进行了扦插研究，结果显示在不用植物生长调节剂处理的情况下中华猕猴桃的扦插成活率是最低的。因此，应尽快寻找适宜的生长调节剂，以提高其成活率。近年来，已有研究人员开展这方面研究，但多采用低浓度处理，低浓度处理需长时间的浸泡，不利于大量快速扦插繁殖。因此，笔者开展了不同生长调节剂高浓度处理的扦插试验研究，以期找到适宜猕猴桃快速扦插的生长调节剂水平。

1　材料及方法

1.1　插条的准备

插条材料取自广西植物研究所中华猕猴桃优良品种桂海 4 号示范园。选取 1 年生枝条中部芽眼饱满部分为插条材料，剪成长度为 15 cm 的插条，每个插条留 2 ～ 3 个芽，插条上部在离芽 2 cm 处平切，用蜡封顶，基部平芽切平。

1.2　插床的准备

试验在有喷灌及遮阴设备的大棚内进行。棚内分为 4 畦，畦宽 1.5 m、长 30 m。先将畦内 20 cm 深度土壤挖出，然后铺上相同厚度的细沙，放入除去杂质的苔藓，混匀，耙平。扦插前 10 天左右用多菌灵 800 倍稀释液对基质进行消毒。

1.3　试验用激素及浓度设置

选取吲哚丁酸（IBA）、萘乙酸（NAA）、ABT 生根粉 3 种植物生长调节剂来处理插条，每种生长调节剂设 500 mg/L、1000 mg/L、1500 mg/L 3 个水平，共 9 个处理。每个处理设 3 个重复，每个重复 30 根插条。吲哚丁酸（IBA）为广东汕头市西陇化工厂生产的分析纯粉剂，萘乙酸（NAA）为上海国药集团化学试剂有限公司生产的化学纯粉剂，ABT 生根粉为北京艾比蒂研究开发中心生产的可溶性粉剂。

1.4 扦插

扦插在 2 月中旬进行。插条随剪随插，将剪切好的插条在配好的生长调节剂中浸蘸 1 min，然后按 10 cm×10 cm 的株行距进行扦插，扦插深度 10 cm 左右。

1.5 试验观测及数据分析

于 4 月中旬观测其扦插生根率。同时做根系生长状况调查，测量并记录每个生根插条的根数、一级侧根数、根长和根粗等指标。

用 Statistica 软件做方差分析、LSD 多重比较和主成分分析，用 Excel 作主成分得分散点图。

2 结果与分析

2.1 不同生长调节剂对猕猴桃扦插生根率的影响

（1）不同处理扦插生根率的方差分析。

方差分析的结果如图 51-1 所示，P 值＜0.01，不同生长调节剂处理的猕猴桃扦插生根率差异达到极显著水平。3 种生长调节剂处理的扦插生根率总体表现为吲哚丁酸＞萘乙酸＞ABT。不同生长调节剂的 3 个水平表现略有差异，吲哚丁酸和 ABT 的 3 个水平的扦插生根率表现为 1500 mg/L＞500 mg/L＞1000 mg/L，而萘乙酸则表现为 1000 mg/L＞1500 mg/L＞500 mg/L。

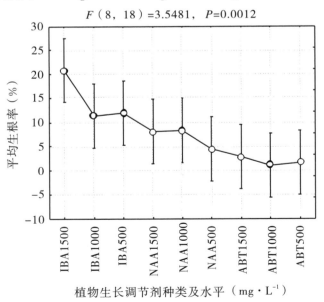

$F_{(8, 18)} = 3.5481$, $P = 0.0012$

图 51-1 不同生长调节剂处理的插条生根率的方差分析

（2）多重比较结果分析。

在方差分析的基础上，进一步用 LSD 比较法对各个处理的生根率作多重比较，结果如表 51-1 所示。吲哚丁酸与其他两种生长调节剂之间表现出了显著的差异性，而萘乙酸与 ABT 的 3 个处理之间均未表现出显著差异性。吲哚丁酸 1500 mg/L 的扦插生根率，极显著高于萘乙酸和 ABT 的各个处理，显著高于吲哚丁酸 1000 mg/L 的处理，与吲哚丁酸 500 mg/L 之间则无显著差异性。吲哚丁酸 1000 mg/L 与吲哚丁酸 500 mg/L 的扦插生根率未表现出显著差异性。吲哚丁酸 500 mg/L 和吲哚丁酸 1000 mg/L 这两种处理的扦插生根率均显著高于 ABT 500 mg/L 和 ABT 1000 mg/L 的处理，与 ABT 1500 mg/L 和萘乙酸的 3 个处理之间则没有表现出显著差异性。

表 51-1　不同生长调节剂处理的插条生根率的 LSD 多重比较

处理	IBA 1500	IBA 1000	IBA 500	NAA 1500	NAA 1000	NAA 500	ABT 1500	ABT 1000
IBA 1000	0.0492 *							
IBA 500	0.0638	0.9070						
NAA 1500	0.0083 **	0.4837	0.4141					
NAA 1000	0.0097 **	0.5208	0.4481	0.9534				
NAA 500	0.0008 **	0.1462	0.1169	0.4481	0.4141			
ABT 1500	0.0002 **	0.0724	0.0561	0.2684	0.2442	0.7260		
ABT 1000	0.0001 **	0.0326 *	0.0245 *	0.1462	0.1309	0.4837	0.7260	
ABT 500	0.0001 **	0.0430 *	0.0326 *	0.1809	0.1629	0.5593	0.8152	0.9070

注："*"代表差异显著，"**"代表差异极显著。

2.2 根系调查结果及其主成分分析

根系情况观测统计结果如表 51-2 所示。可以看出，吲哚丁酸处理的插条根系发达，各个测定指标均处于较优的状态，根数和侧根数多，且根较长；萘乙酸处理的插条根系生长状况与吲哚丁酸处理的插条相比，主要表现为根数和侧根数少，根长和根粗与吲哚丁酸无明显区别；而 ABT 处理的插条生根情况最差，与前两者相比，表现为根数少且根短，但根较粗壮。

表 51-2　不同生长调节剂处理的插条生根情况统计结果

处理	平均根数（条）	平均根长（cm）	平均根粗（cm）	一级侧根数（条）
IBA 1500	4.12	3.41	0.15	9.04
IBA 1000	6.06	4.38	0.14	11.01
IBA 500	1.95	3.27	0.16	9.35
NAA 1500	4.61	3.97	0.17	3.76
NAA 1000	1.48	5.02	0.14	4.07
NAA 500	2.71	3.62	0.13	5.21
ABT 1500	1.38	3.06	0.18	3.60
ABT 1000	1.50	2.20	0.13	0.00
ABT 500	1.25	1.48	0.18	0.00

根据生根情况调查的 4 个指标和扦插生根率的标准化数据做主成分分析，综合分析哪种处理的插条生长情况更好，结果如表 51-3 所示。可以看出，第 1 主成分（生根率）的方差贡献率达到 57.93%，是判断各个处理插条生长好坏最重要的指标；第 2 主成分（平均根数）的方差贡献率为 19.86%，是判断各个处理插条生长好坏第二重要的指标；二者的累积贡献率达到了 77.79%，因此，只用前两个主成分就可以判断哪种处理的生长情况最好。

用前两个主成分得分值作散点图（图 51-2）。图中每个字母代表一种处理水平，a、b、c 分别代表吲哚丁酸 1500 mg/L 、1000 mg/L 和 500 mg/L，d、e、f 分别代表萘乙酸 1500 mg/L、1000 mg/L 和 500 mg/L，g、h、i 分别代表 ABT 1500 mg/L、1000 mg/L 和 500 mg/L。

图中这些点可以分为 6 类：a、b、h 三者自成一类，c 和 d 为一类，e 和 f 为一类，g 和 i 为一类。其中吲哚丁酸 1500 mg/L（a）这个处理最好，不仅生根率高而且生根数多；吲哚丁酸 500 mg/L（c）和萘乙酸 1500 mg/L（d）次之，生根数多，但是生根率较低；ABT 1000 mg/L（h）最差，不仅生根率低，而且生根数少；其余 3 类的各个处理也较差，两种主成分中均有一种得分为负。由此可以得出结论，在中华猕猴桃的扦插中，用吲哚丁酸 1500 mg/L 处理插条最好，也可选用吲哚丁酸 500 mg/L 和萘乙酸 1500 mg/L 来处理插条，ABT 生根粉不适合用于中华猕猴桃插条的处理。

表 51-3　不同处理插条生长情况各指标的主成分分析

指标	特征根值	方差贡献率	累计贡献率
生根率	2.8966	0.5793	0.5793
平均根数	0.9928	0.1986	0.7779
平均根长	0.4913	0.0982	0.8761
平均根粗	0.4419	0.0884	0.9645
一级侧根数	0.1775	0.0355	1.0000

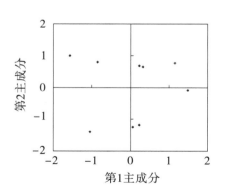

图 51-2　主成分得分值散点图

3　小结

用不同植物生长调节剂处理猕猴桃插条，其扦插生根率存在极显著差异：吲哚丁酸 1500 mg/L 的扦插生根率极显著高于萘乙酸和 ABT 生根粉的各个处理，显著高于吲哚丁酸 1000 mg/L；吲哚丁酸

500 mg/L 和吲哚丁酸 1000 mg/L 的扦插生根率显著高于 ABT 500 mg/L 和 ABT 1000 mg/L；其余各个处理两两之间均无显著差异性。

吲哚丁酸对根数和根长的促进作用优于萘乙酸和 ABT 生根粉，ABT 生根粉对于根粗的促进作用却较其他两者强。这与石进校等（2002）的研究结果略有不同，他们分别用吲哚丁酸、萘乙酸以及二者的混合液来处理插条，结果发现萘乙酸对根有增粗作用，而本研究结果表明萘乙酸与吲哚丁酸之间无明显区别。

判断不同生长调节剂处理效果的好坏不能仅从生根率来判断，因此结合根系情况调查的 4 个指标，对其进行主成分分析，并进行分类。结果表明吲哚丁酸 1500 mg/L 处理的插条生长情况最好，吲哚丁酸 500 mg/L 和萘乙酸 1500 mg/L 次之，而 ABT 1000 mg/L 处理的插条生长情况最差。因此，本研究认为吲哚丁酸 1500 mg/L 最适合用于中华猕猴桃的快速扦插繁殖。郎秀丽等（2002）的研究结果也表明吲哚丁酸促进生根的作用最为明显。

4　讨论

4.1　关于扦插用生长调节剂的浓度

虽然研究结果显示吲哚丁酸的处理优于萘乙酸，但是萘乙酸的价格比吲哚丁酸要低很多，且本研究还发现，较高浓度的萘乙酸（NAA 1500 mg/L）与较低浓度吲哚丁酸（IBA 500 mg/L）的处理效果相当。因此，在生产上可以考虑用更高浓度（提高到 2000～3000 mg/L）的萘乙酸处理来代替吲哚丁酸。高本旺等（2003）在美味猕猴桃"金魁"的扦插繁殖中，用到了 5000 mg/L 的吲哚丁酸，由此可见，生根剂应用的最高浓度范围还有待探讨。

4.2　关于高浓度快蘸法的浸蘸时间

目前，已有资料记载的高浓度快蘸法，插条浸蘸时长各不相同。有浸蘸 1～5 s 的（高本旺等，2003；孙涛，2004；储鹏程，2005），有浸蘸 10～20 s 的（刘引菊等，2001），也有浸蘸 3～5 min 的（王玉霞等，2002），本试验采用的是 1 min 浸蘸处理。高浓度快蘸法与低浓度浸泡法相比，可以大大节省插条处理的时间，适宜猕猴桃苗木的大量扦插繁殖。然而，要在快的前提下保证较高的成活率，我们研究人员应该"分秒必争"，进一步开展不同浸蘸时长的扦插试验研究。

4.3　关于混合生长调节剂处理

石进校等（2002）的研究表明，吲哚丁酸与萘乙酸混合液处理插条，既可保留一定的根长，又可促进根数和根粗。本研究结果也表明，吲哚丁酸处理的插条根数更多，根更长，而 ABT 对根粗的促进效果明显。因此，笔者认为可以开展不同生长调节剂种类以不同比例混合的高浓度快蘸扦插试验，找到更加优化的处理方法。

第五十二章　金花猕猴桃扦插不同植物生长调节剂的促根效果研究

金花猕猴桃（*A. chrysantha*）目前处于严重濒危的境地，已被列为第二批国家珍稀濒危保护植物。本研究开展不同生长调节剂对金花猕猴桃的扦插生根研究，对了解该物种的无性繁殖能力、掌握其扦插生根技术、制定保护策略等方面均具有重要的科学意义。

1　材料及方法

1.1　扦插基质及插床的准备

试验设于有喷灌及遮阴设备的塑料大棚内，棚高 4 m、长 30 m、宽 6 m，扦插基质为细河沙。将棚内分为 4 畦，扦插用的畦铺上厚 20 cm 的细沙，四周用红砖围好，在插床的 1 ～ 5 cm 深处掺入除去杂质的苔藓，混匀，耙平。于扦插前 1 周用托布津 1000 倍稀释液对插床进行消毒。

1.2　试验用植物生长调节剂及浓度设置

试验用植物生长调节剂分别为吲哚丁酸（IBA）、萘乙酸（NAA）和 IBA+NAA 混合液。每种生长调节剂设 1000 mg/L、1500 mg/L、2000 mg/L 共 3 个处理浓度，每个处理设 3 个重复，每个重复 30 根插条。吲哚丁酸（IBA）为广东汕头市西陇化工厂生产的分析纯粉剂，萘乙酸（NAA）为上海国药集团化学试剂有限公司生产的化学纯粉剂。

1.3　扦插材料的准备

本试验参试材料为金花猕猴桃和中华猕猴桃，金花猕猴桃为濒危物种，是本试验的主要试验对象，中华猕猴桃为广布种，作为试验对比对象同时开展试验。金花猕猴桃和中华猕猴桃插穗均取自广西植物研究所猕猴桃种质圃。于扦插的当天（2008 年 2 月 29 日）选取长势中庸的金花猕猴桃和中华猕猴桃 1 年生枝条，取中部芽眼饱满部分为插穗材料，剪成长度为 12 ～ 15 cm 的插穗，每个插穗留 2 ～ 3 个芽，插穗上部在离芽 0.5 ～ 1 cm 处平切，用蜡封顶保湿，基部在芽眼底部呈 45° 斜切。

1.4　扦插

扦插于 2008 年 2 月 29 日进行。插条随剪随插，将剪切好的插穗顶端封蜡后，基部在配好的生长调节剂中浸蘸 1 min，然后按 10 cm × 10 cm 的株行距进行扦插，扦插深度 10 cm 左右。

1.5　试验观测及数据分析

于 2008 年 6 月 28 日观测其扦插生根率。同时做根系生长状况调查，测量并记录每个生根插穗的根数、根长、根粗、一级侧根数、梢粗和梢长等指标。试验数据用 Statistica 软件做方差分析、LSD 多重比较。

2　结果与分析

2.1　不同生长调节剂处理的金花猕猴桃扦插生根率差异

对不同生长调节剂处理的生根率进行了方差分析，P 值为 0.0195 ＜ 0.05，表明不同生长调节剂处理的金花猕猴桃扦插生根率差异显著。进一步的邓肯氏新复极差法检验结果显示，IBA 2000 mg/L、NAA 1500 mg/L、NAA 2000 mg/L、（IBA+NAA）1500 mg/L 和（IBA+NAA）2000 mg/L 的扦插生根率未表现出显著差异，IBA 1500 mg/L、IBA 1000 mg/L、NAA 1000 mg/L 和（IBA+NAA）1000 mg/L 的扦插生根率也未表现出显著差异。前五者的扦插生根率则高于后四者，并表现出了显著差异性，具体表现为 IBA 2000 mg/L 的扦插生根率显著高于 IBA 1000 mg/L 和（IBA+NAA）1000 mg/L，极显著高于 NAA 1000 mg/L；NAA 1500 mg/L 的扦插生根率显著高于 IBA 1500 mg/L、IBA 1000 mg/L 和（IBA+NAA）1000 mg/L，极显著高于 NAA 1000 mg/L；NAA2000 mg/L 的扦插生根率显著高于 NAA 1000 mg/L；（IBA+NAA）1500 mg/L 的扦插生根率显著高于 IBA 1000 mg/L 和（IBA+NAA）1000 mg/L，极显著高于 NAA 1000 mg/L；（IBA+NAA）2000 mg/L 的扦插生根率显著高于 NAA1000 mg/L。由此，我们初步把各个处理的生根效果分为三档，即 IBA 2000 mg/L、NAA 1500 mg/L、NAA 2000 mg/L、（IBA+NAA）1500 mg/L、（IBA+NAA）2000 mg/L 的扦插生根率最高，IBA 1500 mg/L、IBA 1000 mg/L 和（IBA+NAA）1000 mg/L 的较差，NAA 1000 mg/L 的最差。

2.2　不同生长调节剂处理金花猕猴桃插穗各生根指标的差异

方差分析结果表明，IBA 和 NAA 单独使用的 6 个处理，其成活插穗的平均根数、根长、根粗及一级侧根数等指标之间未表现出显著差异，而 IBA 和 NAA 混用的 3 个处理的平均根数、根长、根粗及一级侧根数等指标均极显著高于单用的各个处理，混用的 3 个处理中，生根效果顺序为（IBA+NAA）1500 mg/L ＞（IBA+NAA）2000 mg/L ＞（IBA+NAA）1000 mg/L。综合比较结果，（IBA+NAA）1500 mg/L 是金花猕猴桃扦插生根的最好选择（表 52-1）。

表 52-1　不同处理金花猕猴桃扦插生根状况

处理（mg/L）	梢长（cm）	梢粗（cm）	原发根数（条）	平均根长（cm）	平均根粗（cm）	平均一级侧根数（条）	平均二级侧根数（条）	平均生根率（%）
IBA 1000	4.48	0.33	12.50	4.22	0.076	7.53	14.03	25 b
IBA 1500	9.08	0.31	12.00	5.11	0.084	10.80	12.05	29.17 b
IBA 2000	7.87	0.28	12.80	5.51	0.087	11.92	18.48	50 aA
NAA 1000	1.70	0.18	7.21	3.79	0.072	9.06	13.05	18.75 bB
NAA 1500	5.60	0.24	9.99	5.39	0.084	9.22	12.12	52.92 aA
NAA 2000	3.07	0.25	15.17	3.08	0.075	6.02	6.15	41.67 a
（IBA + NAA）1000	3.5	0.25	14.75	4.72	0.10	9.70	27.00	25 b
（IBA + NAA）1500	6.18	0.27	18.40	6.34	0.16	15.70	65.00	50 aA
（IBA + NAA）2000	5.97	0.27	15.33	3.26	0.14	12.00	46.00	42 a

注：不同大写字母间表示差异达极显著水平，不同小写字母间表示差异达显著水平。

2.3　金花猕猴桃与中华猕猴桃扦插生根比较

金花猕猴桃分布范围狭窄，已被列为稀有濒危物种，而中华猕猴桃是猕猴桃属植物中分布范围最广的种，属于广布种。理论上，广布种的繁殖能力应强于濒危种，但实际的试验结果恰恰相反。我们的试验结果表明，相同植物生长调节剂处理的金花猕猴桃的扦插生根率均高于中华猕猴桃。金花猕猴桃的扦插生根率最高可达 52.92%，而中华猕猴桃的生根率最高仅为 25.00%。金花猕猴桃除 NAA 1000 mg/L 的扦插生根率高于中华猕猴桃的幅度不大外，其余各个处理，金花猕猴桃的扦插生根率均高出中华猕猴桃的 10% 以上（图 52-1）。可见，濒危物种金花猕猴桃的人工无性繁殖能力强于广布种中华猕猴桃。

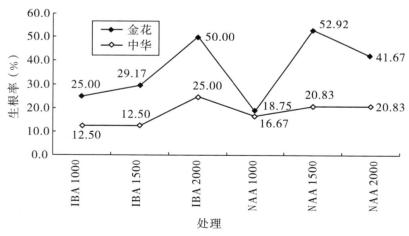

图 52-1　金花猕猴桃和中华猕猴桃的扦插生根率比较

3 讨论与结论

关于猕猴桃扦插繁殖的研究已陆续有报道。前人进行猕猴桃扦插试验的植物生长调节剂主要有吲哚丁酸（IBA）、萘乙酸（NAA）、2,4-D、ABT 等，在诸多的植物生长调节剂中，人们更倾向于选择吲哚丁酸和萘乙酸，这可能是因为两者对扦插生根的促进作用更好。本研究也是在选用多种植物生长调节剂进行前期试验的基础上，经过优化，选择吲哚丁酸和萘乙酸以及二者的混合液做进一步的试验。

IBA 和 NAA 作为猕猴桃扦插常用的生根剂，其使用浓度因浸泡时间不同而有差异，低浓度的生根剂浸泡处理时间短则 20 min，长则数小时至 24 h，有研究表明，猕猴桃枝条含有大量的胶质物，用激素溶液浸泡处理的时间越长，流胶越多，越影响成活率。而高浓度的生根剂仅需处理 1 ～ 5 s 或 1 ～ 5 min 便可获得较高的扦插成活率，便于扦插前插穗的管理和扦插效率的提高。用于快蘸处理的 NAA 和 IBA 溶液浓度一般为 500 ～ 2000 mg/L，最高已用到 5000 mg/L 和 10000 mg/L（1%）。本试验采用快蘸处理，浓度范围选择在 1000 ～ 2000 mg/L。

NAA 在果树上以刺激生根应用最早，其诱导的不定根较少但粗壮，IBA 则是目前最有效的生根促进剂，与 NAA 的促根效应相反，由 IBA 诱发的不定根数量多而细。因此 NAA 和 IBA 合用已成为诱发扦插生根的常用技术，ABT 便是二者合用的典型产品，但在实际试验中，ABT 对一些植物的扦插生根效果并不理想。因此，IBA 与 NAA 的合用需要根据具体物种的特性进行混合配制才能取得理想效果。本试验采用（IBA+NAA）1500 mg/L 处理金花猕猴桃的扦插生根效果就很理想。

已有的猕猴桃扦插生根试验研究对象主要针对中华猕猴桃、美味猕猴桃或软枣猕猴桃，对濒危物种金花猕猴桃的扦插生根试验报道很少。种类不同，其繁殖能力亦不同，因此，扦插用的生长调节剂浓度也不一样，应根据不同种类的特点，探索出适宜该物种扦插繁殖的植物生长调节剂及浓度。

本试验濒危物种金花猕猴桃的插穗用 IBA 2000 mg/L、NAA 1500 mg/L 和（IBA+NAA）1500 mg/L 浸蘸（1 min）处理的扦插生根率均达 50% 以上，但以（IBA+NAA）1500 mg/L 对原发根的数量、根粗、根长以及侧根数量等指标的促进作用最明显。因此，（IBA+NAA）1500 mg/L 是目前金花猕猴桃扦插生根的理想生根剂和浓度。本研究首次开展金花猕猴桃的扦插繁殖研究，IBA、NAA 及其混用浓度在该物种扦插繁殖中使用浓度的上限及浸泡时间还有待进一步的探索；同时，扦插基质的筛选也是完善该物种扦插繁殖研究的关键环节。

第五十三章　4 种基质对濒危物种——金花猕猴桃扦插苗根系和叶片性状的影响

　　金花猕猴桃（*A. chrysantha*）是猕猴桃属植物中唯一开金黄色花的种类，是国家二级保护野生植物。调查发现在其野生居群中几乎没有金花猕猴桃幼龄植株，其种子的人工播种发芽率极低，且实生育苗中约 75% 为雄株。虽然针对中华猕猴桃、软枣猕猴桃、狗枣猕猴桃、美味猕猴桃等种类的扦插繁殖研究的报道不少，但大多是局限于不同激素种类、浓度或基质对扦插生根的影响，尚缺乏不同扦插基质对扦插苗根系性状和植株叶片性状影响的研究（龚弘娟等，2008；赵淑兰等，1999；李秀霞等，2006；石进校等，2002）。为解决其无性繁殖能力、掌握扦插生根技术和制定保护策略等，笔者继不同植物生长调节剂的促根效果研究之后，又开展了本试验。

1　材料和方法

1.1　供试插条

　　插条来自金花猕猴桃自然分布区——花坪国家自然保护区。选取健壮植株上直径约 0.7 ～ 0.8 cm 芽眼饱满的 1 年生枝条，用湿润的报纸或苔藓包扎，装入尼龙袋中密封带回，放入 4 ℃的冰箱保存 10 天供试。

1.2　试验地概况

　　试验地在广西植物研究所试验场，插床设在遮光率为 75% 的大棚内，东西走向，长 30 m、宽 1.4 m。将插床内 20 cm 深土壤挖出，填入试验所用的 4 种不同基质，分隔好，于插前 7 天用 0.5% 甲基托布津溶液消毒。

1.3　试验设置

　　试验设 4 个不同基质，每个基质为 1 个处理。基质 1：河沙 + 苔藓（体积比 100：1）；基质 2：石英砂；基质 3：珍珠岩 + 河沙（体积比 1：1）；基质 4：培养土（又称泥炭土），为广州绿源园艺植材植料场生产，由椰糠、珍珠岩、蛭石、复合肥、河沙、谷粉制成。每处理 3 个重复，每个重复 40 ～ 50 根插条。

1.4　扦插

于 2008 年 11 月 2 日，将备用的供试枝条剪成长 15 cm，带 2～3 个芽的插穗，上端离芽 2 cm 处平切，用石蜡密封，下端切口靠芽 45° 斜切，用天津生产的 3-吲哚丁酸配成 1000 mg/L 的溶液浸泡 1 min 后扦插。

1.5　试验观测和统计分析

于翌年 4 月 23～30 日对各处理进行生根率观测，并人工统计扦插苗的根数、根长、根粗。一个月后，对各处理预留的 5 株扦插苗进一步人工统计生根数、根长、根粗、各级侧根数，洗净后用根系分析系统对根系进行分析。最后将根放在 80 ℃下烘干 48 h 称重；每个重复取 5 张成熟叶片用 Li-3000 型叶面积仪测定叶面积、叶长、叶宽，将叶烘干称重。采用 Excel 2003 整理数据，SPSS 13.0 分析处理数据，One-Way ANOVA 方差分析，并用 LSD 法进行多重比较。

2　结果与分析

2.1　不同扦插基质对金花猕猴桃根系性状的影响

（1）不同扦插基质对金花猕猴桃生根率的影响。

对不同扦插基质金花猕猴桃的生根率方差分析结果表明，不同扦插基质中金花猕猴桃生根率差异极其显著（P=0.0000 < 0.01）。在基质 4 中的生根率最高，达 93.02%，其次是基质 3 的，为 84.31%，再次是基质 1 的，为 70.89%，生根率最低的是基质 2 的，仅 42.04%。进一步多重比较结果显示，基质 4 的扦插生根率与基质 3 的扦插生根率差异不显著，但极显著高于其他两个基质的；基质 3 的生根率极显著高于基质 2 的，显著高于基质 1 的；基质 1 的生根率亦极显著高于基质 2 的（表 53-1）。4 种基质的生根率顺序：基质 4 ＞基质 3 ＞基质 1 ＞基质 2。

（2）人工观测根系性状的动态分析。

对不同基质扦插苗的根系进行了 2 次人工调查观测，2 次调查间隔 1 个月。将调查结果进行动态分析，结果表明，无论是扦插苗成活的前期还是后期，不同扦插基质对扦插苗的生根数、根长、根粗均有较大影响，不同处理间差异均达极显著水平或显著水平。扦插苗成活前期（第一次调查），基质 3 的生根数为 14.8 条，极显著高于基质 1 和基质 2 的，显著高于基质 4 的，基质 1 和基质 2 之间的生根数差异不显著；基质 4 的根长和根粗均表现最高，分别达 7.26 cm 和 1.41 cm，极显著高于基质 1、基质 2 和基质 3 的，基质 1 和基质 3 之间的差异不显著，但二者均显著高于基质 2 的（表 53-1）。扦插成活的后期（第二次调查），基质 3、基质 4 和基质 1 的根数分别达 19.2 条、17.41 条和 12.4 条，三者之间差异不显著，但前二者的显著高于基质 2 的（9 条），后者的与基质 2 的无显著差异；基质 4 的平均根长最长，为 11.33 cm，极显著高于基质 2 的，显著高于基质 3 的，但与基质 1 的差异不显著，基质 1 的根长也极显著高于基质 2 的，但与基质 3 的无显著差异。基质 4 的根粗指标最高，达 1.81 mm，极显著高于其他 3 个基质的；其次是基质 1 的，为 1.22 mm，极显著高于基质 2 的，显著高于基质 3 的；基质 2 和基质 3 之间差异不显著。综合扦插苗 2 次调查生根情况及根系生长情况，认为基质 4 的效果最好，基质 1 次之，这可能因为两者的透气性和保湿性好，尤其是基质 4 不但疏松，还富有营养，利于生根和根系生长。

表 53-1　不同扦插基质插条生根情况比较（人工观测）

基质	生根率（%）	第一次人工调查				第二次人工调查			
		根数（条）	根长（cm）	最长根长（cm）	根粗（mm）	根数（条）	根长（cm）	最长根长（cm）	根粗（mm）
基质 1	70.89 Bb	6.4 Bbc	3.43 Bb	16.0 Bb	0.71 Bb	12.4 Aab	9.14 Aab	28.7 Bb	1.22 Bb
基质 2	42.04 Cc	3.0 Bc	1.59 Bc	3.5 Dd	0.31 Bc	9.0 Ab	2.76 Bc	7.1 Dd	0.62 Cc
基质 3	84.31 ABa	14.8 Aa	2.97 Bb	12.8 CC	0.66 Bb	19.2 Aa	6.31 ABbc	19.5 Cc	0.96 BCbc
基质 4	93.02 Aa	9.7 ABab	7.26 Aa	27.0 Aa	1.41 Aa	17.4 Aa	11.33 Aa	38.6 Aa	1.81 Aa

注：小写字母表示 $P = 0.05$ 水平上有显著差异，大写字母表示 $P = 0.01$ 水平上有显著差异（下同）。

（3）根系分析仪观测的根系性状分析。

通过根系分析仪分析不同基质扦插苗的根系干重、总长、总表面积及平均直径，进行方差分析及多重比较，结果显示，各处理除根系平均直径无显著差异外，其他各项指标差异均具极显著性或显著性。其中以基质 4 的各项指标最优，其根系干重极显著高于基质 2 和基质 3，显著高于基质 1，根系总长度极显著高于基质 1、基质 2 和基质 3 的，根系总表面积也极显著高于其他 3 个基质的（表 53-2），基质 1、基质 2 和基质 3 之间的根系干重、根系总长和根系总表面积均无显著差异。上述结果表明，由培养土组成的基质 4 最有利于扦插苗根系的生长发育，使之形成了较其他基质更为庞大的根部体系，提供植株成活生长所需营养。

表 53-2　不同扦插基质根系性状比较（根系分析仪检测）

基质	根系干重（g）	根系总长（cm）	根系总表面积（cm²）	根系平均直径（mm）
基质 1	0.49 ABb	795.80 Bb	72.68 Bb	0.82Aa
基质 2	0.13 Bb	491.01Bb	32.56 Bb	0.66Aa
基质 3	0.29 Bb	688.70 Bb	51.96 Bb	0.85 Aa
基质 4	0.93 Aa	2975.61 Aa	167.52 Aa	0.66 Aa

（4）不同扦插基质侧根的发育情况。

不同扦插基质侧根的发育级数见图 53-1。基质 4 的扦插苗侧根发育显著超过其他 3 种基质的，尤其是基质 4 的二级侧根数多达 450 根，远远超过其他扦插基质的，且仅有基质 4 的扦插苗侧根发育到四级侧根。基质 4 的扦插苗如此庞大的侧根发育系统促进了根部的水分和养分的吸收，有效促进了地上部分的生长，使扦插植株生长健壮。

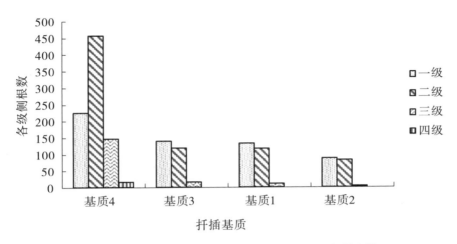

图 53-1 不同扦插基质中金花猕猴桃各级侧根数量比较

2.2 不同扦插基质对金花猕猴桃叶片性状的影响

不同基质扦插苗的成熟叶片用 Li-3000 型叶面积仪测定叶面积、叶长、叶宽，将叶烘干称重，结果显示：叶面积指标，基质 4 的扦插苗表现最好，为 34.11 cm²，其次是基质 1 的，为 28.81 cm²，两者之间无显著差异，但基质 4 与基质 2 和基质 3 差异极显著，基质 1 与基质 2 和基质 3 差异显著，基质 2 和基质 3 之间无显著差异（表 53-3）；叶长指标，基质 4 的亦表现最好，为 10.50 cm，其次为基质 1 的，为 9.88 cm，两者之间无显著差异，但基质 4 的极显著高于基质 2 和基质 3 的，基质 1 的显著高于基质 2 和基质 3 的，基质 2 和基质 3 之间无显著差异；叶宽指标，基质 4 的表现最好，为 3.17 cm，其次是基质 1 的，为 2.84 cm，再次是基质 3 的，为 2.33 cm，最小是基质 2 的，仅为 1.76 cm，基质 4 和基质 1 之间差异不显著，基质 4 的极显著高于基质 2 和基质 3 的，基质 1 的与基质 3 的差异不显著，但显著高于基质 2 的，基质 3 的显著高于基质 2 的；叶干重指标，基质 4 的为 1.45 g，显著高于基质 1 的，极显著高于基质 2 和基质 3 的，基质 1、基质 2 和基质 3 之间差异不显著；从扦插植株的叶片颜色来看，基质 4 的叶片呈深绿色，是植株营养充足的表现，基质 1 和基质 3 的叶片呈绿黄色，为正常生长颜色，而基质 2 的叶片呈黄色，是植株营养不良所表现的颜色。综合 4 个基质的 5 个叶片性状指标表现，其优劣顺序：基质 4 ＞基质 1 ＞基质 3 ＞基质 2。

表 53-3 不同扦插基质金花猕猴桃的叶片性状比较

基质	叶面积（cm²）	叶长（cm）	叶宽（cm）	叶干重（g）	叶片颜色
基质 1	28.81 ABa	9.88 ABa	2.84 ABab	0.74 ABb	绿黄色
基质 2	12.16 Bb	6.79 Bb	1.76 Bc	0.25 Bb	黄色
基质 3	18.66 Bb	7.93 Bb	2.33 Bb	0.62 Bb	绿黄色
基质 4	34.11 Aa	10.50 Aa	3.17 Aa	1.45 Aa	深绿色

3 讨论

本文的研究结果显示金花猕猴桃在培养土中的生根率达 93.02%，在珍珠岩 + 河沙的生根率为 84.31%，在河沙 + 苔藓的生根率为 70.89%，这一结果与石进校在美味猕猴桃（扦插生根最好的土质为沙土，其次为腐殖土）和赵淑兰在软枣猕猴桃（炉灰做扦插基质效果好于河沙）上的研究结果基本一致。培养土较其他基质形成了更为庞大的根部体系，可能的原因是培养土不但疏松透气、排水保水性好，而且富含营养；以珍珠岩 + 河沙（体积比 1∶1）为基质，因珍珠岩比例过高，虽保水性好些，但通透性却差了些，因此生根率效果较培养土的差些；以河沙 + 苔藓（体积比 100∶1）为基质，虽通透性较好，但因苔藓量比例过低保水性差了点，导致生根率稍低；单纯以石英砂为基质，通透性固然好，但保水力非常差，因此生根率最低。由此可见，颗粒较细的河沙加壤土、蛭石、珍珠岩等，是金花猕猴桃扦插生根成活的理想基质，而以河沙与珍珠岩、苔藓等的配比，尚需进一步试验。

根系对于多年生的木本果树影响尤为重要，它是树体整体发育的基础和中心。根系健壮是苗木健壮的基础，根系的生长发育状况直接影响植物个体的生长发育、营养水平和作物产量、品质。范崇辉等（2003）对秦美猕猴桃根系观察研究表明，干周长 20.5 cm 的 7 年生秦美猕猴桃根系的垂直分布有 90.6% ～ 92.0% 的根量在地表 0 ～ 60 cm 土层内，其中 0 ～ 20 cm 土层内根系分布密度最大，向下依次降低。本研究中以培养土和河沙 + 苔藓（体积比 100∶1）为基质，金花猕猴桃后期最长不定根长度分别达 38.6 cm 和 28.7 cm，且根系发达，须根稠密，基本上符合成年猕猴桃根系生长规律。韦兰英等（2008）认为植物根系吸收水分和养分的能力更多取决于根长。这正是以培养土为基质的扦插苗吸收能力强，地上部生长旺盛的根本原因。不少学者研究还认为细根是植物吸收水分和养分的重要器官，其性状特征对植物的生长和分布具有重要的指示作用，并且能承载一定的环境变化的信息。细根不仅在碳和养分循环、资源摄取以及全球生物地球化学循环中具有重要作用，而且影响植物群落和生态系统特性。

叶片是植物的重要组成部分，是植物进行光合作用和蒸腾作用主要的器官，是生态系统中初级生产者的能量转换器。叶片性状特征直接影响到植物的基本行为和功能。叶片是植物进行光合作用的最主要的器官，叶面积的增加可以提高光合叶片面积，可以增加树体总的光合面积，提高光合能力。叶面积是衡量叶片光合能力的指标，叶面积越大，越有利于拦截更多的阳光制造有机物，同时叶干重也可以反映干物质累积程度和利用价值。本试验中，以培养土为基质的金花猕猴桃扦插苗的叶面积、叶干重远远高于其他的基质，说明培养土的丰富养分较其他的基质更能够促进金花猕猴桃叶片的发育，使叶面积的增长速度加快，增加树体总的光合面积，从而提高扦插苗的光合能力，促进光合产物的积累，为扦插苗的生长发育提供营养保障，促进金花猕猴桃扦插成活并健康生长。因此，金花猕猴桃扦插苗的叶片性状同样能够反映基质对金花猕猴桃扦插的效果。可见，采用适当的扦插基质，可以通过扦插繁殖方式繁育和保存金花猕猴桃这一珍贵的濒危物种。

4 结论

植物扦插繁殖的不同基质的扦插效果各异，金花猕猴桃的扦插繁殖以培养土为基质的生根率最好，其生根率达 93.02%，扦插苗的根长、根粗、侧根级数、根系干重、根系总长、根系总表面积、叶面积、叶长、叶宽、叶干重等指标均表现最优，且明显优于其他基质。因此，无论从生根率还是植株生长状况和生物积累量等指标综合评价，均显示培养土是金花猕猴桃扦插繁殖的最佳基质，可获得正常的健康植株。培养土的性质接近腐殖土，与金花猕猴桃野生分布的土壤环境相近，利用培养土扦插繁殖获得的植株，用于金花猕猴桃的野外回归种植时容易获得成功。

培养土作为金花猕猴桃扦插繁殖基质，生根率高、根系发达，提高了根系水分和养分的吸收能力，促进地上部分的光合作用，苗木生长势好，就地生长当年可成苗上架，与嫁接苗相比，既可缩短育苗周期，又可免去嫁接砧木根部萌蘖对植株生长的影响和接穗部分死亡而再次嫁接所带来的麻烦。因此，金花猕猴桃可以采用扦插繁殖方式代替传统的嫁接繁殖方式，以获得纯正的无性繁殖后代，使这一珍贵的物种得以永续保存和合理开发利用。

第五部分

栽培技术

第五十四章 中华猕猴桃施肥试验初报

猕猴桃植株需要均衡而充足的养分，才能满足营养生长和生殖生长的需要。猕猴桃生产中，要获得高产优质的产品，合理施肥是不可忽视的栽培技术措施。我们多年来对猕猴桃植株的营养进行调查研究，取得了一些经验，为此开展施肥试验，为猕猴桃的产业性生产提供科学的施肥依据。

1 材料与方法

1.1 试验材料

采用广西植物研究所猕猴桃试验果园内 6 年生的中华猕猴桃桂海 4 号为试验树（园区概况见第五章）。

1.2 使用肥料类型

有机肥为混有谷壳的鸡粪。无机肥有钙镁磷肥、氯化钾复合肥、尿素及氯化钾。

1.3 试验方法

采用区组随机排列法，设 3 个处理，每个处理重复 3 次，每区组 36 株，每小区 12 株。

1.4 施肥处理

施肥分为 3 个处理：有机肥＋无机肥（A）；单施无机肥（B）；单施有机肥（C）。

1.5 施肥时间及施用量

施肥时间及施用量见表 54-1。

表 54-1　猕猴桃施肥时间及施用量（kg/ 株）

处理	尿素		氯化钾			复合肥	磷肥	鸡粪
	萌芽前（2 月下旬）	坐果期（4 月下旬）	4 月下旬	6 月上旬	7 月下旬	冬施	冬施	冬施
A	0.25	0.25	0.20	0.15	0.15	0.25	1	5
B	0.25	0.25	0.20	0.15	0.15	0.25	1	0
C	0	0	0	0	0	0	0	2.5

2　试验结果

试验植株的猕猴桃于 9 月上旬果实成熟期采收，称单株产量，12 株的平均产量作为小区平均株产量。经过数据处理后进行方差分析和 t 测验。方差分析及产量差异比较结果见表 54-2、表 54-3。统计分析结果表明，有机肥与无机肥并用区（A）的平均株产量极显著地高于有机肥单用区（C）的平均株产量，也显著地高于无机肥单用区（B）的平均株产量；无机肥单用区的平均株产量与有机肥单用区的平均株产量之间差异不显著。

表 54-2　猕猴桃不同施肥处理平均产量方差分析

变异原因	平方和	自由度	方差	F 值	$F_{0.05}$	$F_{0.01}$
处理	138.58	2	69.29	19.57**	6.94	18.00
区组	7.70	2	3.85	1.09		
误差	14.17	4	3.54			
总计	160.45	8				

注：处理间 F=19.57 大于 $F_{0.01}$=18.00，表明不同施肥处理间产量差异极显著。

表 54-3　猕猴桃不同施肥处理平均株产量差异比较

处理	平均株产量 $\bar{X}$	$\bar{X}$-C	$\bar{X}$-C
A	23.46	9.38**	6.51*
B	6.95	2.87	
C	14.08		

注：$t_{0.05}$=2.776，$t_{0.01}$=4.4604，Sd=1.536，5% LSD=4.264，1% LSD=7.072，** 表示 1% 水平极显著，* 表示 5% 水平显著。

3　讨论

施用有机肥能提高果树的产量。日本的小林章（1964）调查了日本爱缓县县立果树试验场温州蜜柑的无机肥料单用区和有机肥加用区的产量，结果表明有机肥加用区的产量高于无机肥单用区的产量。猕猴桃施肥试验结果表明，有机肥与无机肥并用区植株的平均产量极显著地高于有机肥单用区的产量，也显著地高于无机肥单用区的产量，这与小林章的调查结果相一致。

无机肥料的施用虽能给植株提供速效养分，但养分单一，且施用后产生不良反应，在土壤中残留各种酸碱离子，容易引起土壤侵蚀及成分流失，或变为不可给态，从而影响植株对养分的吸收。有机肥单独使用，由于肥料分解缓慢，不能充分满足猕猴桃植株营养生长和生殖生长的需要。但是有机肥往往含有多种营养成分，甚至含有微量元素，还含有与土壤物理性有关的腐殖质，从而起到维持地力的作用；同时，施用有机肥的土壤溶液浓度不会出现忽高忽低的急剧变化，在大雨和灌水之后，也不会发生流失。因此，有机肥能提高无机肥的肥效，并有缓和施用无机肥后不良反应的作用（小林章，1964）。二者并用，取长补短，相得益彰，植株便可从中获得充足而均衡的养分，生长健壮，获得较高的产量。

第五十五章 不同授粉方式对红阳猕猴桃坐果率和果实品质的影响

红阳猕猴桃属于雌雄异株、异花授粉植物，生产中通常是通过配置授粉树和放蜂的办法解决授粉问题。传统的授粉方式往往受天气等自然因素的影响达不到预期的授粉效果，而影响产量和效益。特别是广西北部猕猴桃种植区，每年 4 ～ 6 月的猕猴桃花期正值雨季，自然授粉和蜜蜂授粉受到很大影响，基本上是通过人工点粉来达到授粉目的，但人工点粉费工、费时、效率低，已然不能满足大规模的种植生产。因此，我们开展了不同的人工授粉技术的研究，以期为猕猴桃大面积生产提供依据。

1 材料与方法

1.1 试验材料

试验于 2011 年 4 ～ 9 月在桂林市兴安县金沙冲水库猕猴桃种植园进行。兴安县属亚热带季风气候，无霜期长，四季温和、水量丰沛。年平均气温 17.8 ℃，无霜期 293 天，年平均相对湿度 79 %，年平均日照时间 1459 h，年平均降水量 1814 mm，降水主要集中在 4 ～ 7 月，土质为红壤土。供试品种为 6 年生高接红阳猕猴桃，株行距为 3 m×3 m，南北走向，无间作，管理水平中等，选择树冠大小及生长势基本一致的猕猴桃树作为试验材料。

1.2 试验方法

1.2.1 花粉采集与保存

于晴天 10：00 前在大蕾期采集"铃铛花"时的雄花花蕾，剥出花药，平摊在硫酸纸上，放在室内阴凉、干燥、通风处，一般 24 h 就可散出花粉；如遇阴雨天气，可在硫酸纸下铺硅胶或者生石灰等干燥剂，吸收过多的水分。然后用 200 目细罗筛筛花粉，除去杂质，将纯花粉装入干净的棕色瓶中密封，置于冰箱中冷藏备用。

1.2.2 授粉方式与花粉悬浮液的配置

试验采用 7 个授粉处理，其中 A、B、C、D、E 为人工喷雾授粉，F 为人工点粉，以自然授粉为对照，随机区组设计，单株小区，每处理重复 3 次。花粉悬浮液配置：在 1 L 手持喷雾器内装入半壶水，按照表 55-1 中，A 至 E 5 种喷雾授粉处理的比例，加入花粉营养物质和花粉，然后将水加至 1 L 刻度水位线，盖紧后充分摇匀备用。

表 55-1 授粉方式和花粉悬浮液配方

处理	吲哚丁酸（g/L）	白砂糖（g/L）	硝酸钾（g/L）	硼酸（g/L）	阿拉伯胶（g/L）	花粉（g/L）
A	0.1	2	1	1	2	2
B	0.2	2	1	1	2	2
C	0.1	2	2	2	2	2
D	0.2	2	1	1	2	1
E	0	2	0	1	4	2
F 人工点粉						
CK 自然授粉						

1.2.3 授粉方法

喷雾授粉：在 1/2 ～ 2/3 的雌花开放时，于露水干后进行喷雾授粉，大风天不宜进行。将手持喷雾器打足气且保持适当压力，对准花群按一定顺序迅速喷雾，切勿在一处停留过久，以免形成水珠后花粉随水珠滴落而降低授粉效果。喷雾器距花约 15 ～ 20 cm，不可太近，及时调节喷头保持雾化良好。对大片的雌花可连续、反复喷授，对少量或单个的雌花可采用点喷，以节约花粉。有小风时应站在上风方顺风喷授。隔 1 ～ 2 天再喷授 1 次，整个花期喷授 2 ～ 3 次。若喷授后马上遇雨，则应重喷。若喷后 3 h 遇大雨，可不必再喷。

人工点粉：取保存好的花粉，用毛笔或棉签对供试花朵进行人工点授。

自然授粉：完全自然授粉，不人为干预。

1.2.4 花粉萌发率和花朵坐果率的测定

花粉萌发率及花朵坐果率的测定参考辜青青等（2007）的方法。

1.2.5 果实外观性状测定

取 10 个典型果实，用游标卡尺测定果实的纵径、横径、侧径，天平（精确度 0.01）称量果实单果重量。

1.2.6 果实内在品质测定

果实生理成熟期，在植株的不同方位随机采样，分别测定果实的还原糖、蔗糖、总酸、Vc、可溶性固形物和花青素含量。糖分采用斐林氏容量法测定，总糖（%）= 还原糖（%）+ 蔗糖（%）；总酸用 NaOH 溶液滴定法测定；Vc 用碘滴定法测定；可溶性固形物用手持糖度折光仪测定；花青素含量采用刘仁道等（2009）的方法测定。

1.3 数据处理

采用 Excel 软件进行数据整理，DPS 分析软件做方差分析和 LSD 法多重比较。

2　结果与分析

2.1　不同授粉方式对坐果率的影响

采集的花粉采用低温冷冻保存，经测定花粉离体萌发率为 78.25%，高于 60%，可以满足授粉的要求。由表 55-2 可知，7 个授粉处理间坐果率差异很大，其中以自然授粉为对照的坐果率极显著低于人工授粉的坐果率。其他 6 个人工授粉处理中，E 和 F 2 个处理的坐果率显著高于其他几个处理，达到了 70% 以上，可以满足生产需要，且两个处理间坐果率无显著差异，但人工喷雾授粉比人工点粉更省时、省力，效率更高。

2.2　不同授粉方式对果实外观性状的影响

从表 55-2 可以看出，7 个授粉处理的红阳猕猴桃果实纵径、横径和侧径都没有明显差异。平均单果重都达到了红阳猕猴桃正常果实生长性状，除 A 处理（66.82 g）外，其他处理均达到了 70 g 以上，其中 B、E、F 和 CK 4 个处理达到了 80 g 以上，果实大小比较理想，且这 4 个试验处理平均单果重差异不大。

表 55-2　不同授粉方式对红阳猕猴桃坐果率和果实外观性状的影响

处理	坐果率（%）	纵径（cm）	横径（cm）	侧径（cm）	单果重（g）
A	42.86 bB	5.34 abA	4.66 bB	4.24 bA	66.82 bA
B	23.10 cC	5.75 aA	5.19 aA	4.49 abA	81.68 aA
C	23.36 cC	5.33 bA	5.12 aA	4.35 abA	72.87 abA
D	29.80 cC	5.42 abA	5.00 aAB	4.28 abA	73.12 abA
E	70.14 aA	5.44 abA	5.01 aAB	4.38 abA	80.63 aA
F	71.69 aA	5.49 abA	5.08 aAB	4.59 aA	81.03 aA
CK	11.61 dD	5.66 abA	5.02 aAB	4.48 abA	80.21 aA

注：表中数据为几个重复的平均值，小写字母为 0.05 显著水平，大写字母为 0.01 显著水平。

2.3　不同授粉方式对果实内在品质的影响

从表 55-3 可以看出，7 个处理的果实内在品质没有明显的规律变化，其中处理 E 的果实 Vc、总糖和花青素含量都是最高的，分别达到了 113.22 mg/100 g、13.13% 和 0.033 mg/g；可溶性固形物含量达到 17.08%，位居第二；可滴定酸含量最少，为 0.65%。Vc 含量是评价猕猴桃品质的重要指标，而适宜的糖酸比是猕猴桃口感的决定因素。红阳猕猴桃 Vc 含量高、高糖、低酸，口感甜是比较突出的优良性状，处理 E 可以明显体现出红阳猕猴桃果实的优良品质特性。

表 55-3　不同授粉方式对果实内在品质的影响

处理	可溶性固形物（%）	可滴定酸（%）	Vc（mg/100 g）	还原糖（%）	蔗糖（%）	总糖（%）	花青素（mg/g）
A	15.75 cC	0.78 bAB	96.12 cB	8.18 dC	2.98 bB	11.15 cCD	0.021 fE
B	16.15 cBC	0.78 abAB	76.43 dC	8.55 cB	4.40 aA	12.96 aA	0.026 eD
C	17.00 abAB	0.78 bAB	100.12 bB	8.08 dC	4.24 aA	12.32 bAB	0.031 bB
D	15.92 cC	0.78 abAB	76.79 dC	7.38 eD	4.41 aA	11.79 bBC	0.033 aA
E	17.08 abAB	0.65 cC	113.22 aA	8.80 bAB	4.33 aA	13.13 aA	0.033 aA
F	17.25 aA	0.82 aA	77.38 dC	9.05 aA	4.02 aA	13.06 aA	0.027 dC
CK	16.35 bcABC	0.76 bB	77.14 dC	7.54 eD	2.85 bB	10.39 dD	0.028 cC

注：表中数据为几个重复的平均值，小写字母为 0.05 显著水平，大写字母为 0.01 显著水平。

3　讨论

　　猕猴桃属于雌雄异株果树，生产中必须经过配置授粉树或人工辅助授粉才能正常结果。而不同的花粉或授粉方式对猕猴桃果实的形状、大小、颜色、风味及内在成分含量等都有不同的影响（陈庆红等，1996）。因此，生产中除了选择适合的授粉树外，授粉方式和方法的选择也尤为重要。在本试验中，不同的授粉处理对红阳猕猴桃坐果率的影响差异较大，各个人工授粉的处理坐果率均高于自然授粉；不同的人工授粉方式和处理对授粉效果的影响也不同，处理 E 和 F 坐果率最高，均能达到 70% 以上，且果实外观性状和内在品质都能达到生产要求标准。但处理 F（人工点粉），费工、费时，效率低下，很难满足生产要求，因此处理 E（喷雾授粉）可作为红阳猕猴桃大面积生产的主要授粉方式。

　　猕猴桃果实的大小，一方面与果实内种子的数量有关，而种子的数量又由授粉的充分程度所决定。试验中发现坐果率较高的授粉处理果实也相对较大，这可能与授粉的充分程度有关；另一方面又与果实发育的营养状况有关。试验中自然授粉不能满足花粉的需求，造成坐果率很低，树体挂果少，但单个果实的营养供应较为充足，因此也能形成大果。试验发现，不同的授粉处理对猕猴桃果实品质有一定的影响，可能与授粉的充分程度或授粉添加物质有关，具体原因还有待进一步的研究。

第五十六章　果实增甜剂和猕猴桃果王液在中华猕猴桃桂海 4 号上的应用效果

化学调控已成为现代果树栽培的重要技术措施之一。应用植物生长调节剂和营养剂可以促进果实增大，改善果实品质，提高果实的商品价值（方金豹等，2000）。植物生长调节剂和营养剂在枇杷、梨、苹果、荔枝、柑橘类及猕猴桃等果树上的应用均有报道。本试验以中华猕猴桃为对象旨在筛选出可促进桂海 4 号果实增大，改善果实品质的有效植物生长素浓度及最佳使用时期，为猕猴桃生产的化学调控提供科学依据。

1　材料与方法

1.1　试验材料

试验地设在广西植物研究所猕猴桃高产试验园内，树龄 16 年，株行距 3 m×3 m。选取树势中庸、一致的结果树，单株小区，随机排列，重复 3 次。

试验所用增甜剂由广西桂林地区科旺叶面肥研究所研制；猕猴桃果王液（0.1% 吡效隆），化学名 N-（2-氯 -4-吡啶基）-N'-苯基脲，又名 CPPU，由成都施特优化工厂提供。

1.2　处理方法

（1）增甜剂处理（A）。同一浓度（300 倍稀释液）不同时期处理（A1）：① 4 月 15 日处理；② 5 月 5 日处理；③ 5 月 25 日处理。同一时期（4 月 15 日）不同浓度处理（A2）：① 200 倍稀释液处理；② 300 倍稀释液处理；③ 400 倍稀释液处理；④ 500 倍稀释液处理；⑤ 600 倍稀释液处理。同一浓度（300 倍稀释液）单次处理与重复处理（A3）：① 4 月 15 日处理；② 4 月 15 日、5 月 25 日处理；③ 4 月 15 日、5 月 25 日、7 月 5 日处理。

（2）果王液处理（B）。同一时期（4 月 15 日）不同浓度处理：① 0.5%；② 1%；③ 1.5%；④ 2%。同一浓度（1%）不同时期处理：① 4 月 15 日；② 4 月 20 日；③ 4 月 25 日；④ 4 月 30 日。

（3）果王液和增甜剂混合使用（C）。增甜剂 300 倍稀释液 +1% 果王液混合液于 4 月 15 日喷施；300 倍增甜剂液与 1% 果王液分别施用，于 4 月 15 日先喷增甜剂，待果面干爽后接着喷果王液。4 月 15 日喷清水为对照（CK）。4 月 15 日为花后 10 天。各处理均在无雨晴天进行，用手持喷雾器喷雾，至整个果实湿透呈滴水状。

1.3 观测方法

果实成熟期统计每株树的总果数及当年残留果柄数计算落果率。每处理选取 10 个具代表性的果实测定纵径、横径、侧径和单果重，并进行可溶性固形物、Vc、总糖、总酸等的测定。可溶性固形物用手持糖度计测定，总糖用斐林试剂法，总酸用碱滴定法，Vc 用碘滴定法。

文中所有表格同列数据后有相同小写字母者，表示在 $P=0.05$ 水平上差异不显著，相同大写字母表示在 $P=0.01$ 水平上差异不显著。

2 试验结果

2.1 增甜剂处理效果

2.1.1 同一浓度不同时期处理对果实体积和品质的影响

用稀释 300 倍的增甜剂在花后第 10 天起的不同时期喷施果面，到果实成熟期，各处理之间、处理与对照之间的果实体积无显著差异（表 56-1）；各处理的果实可溶性固形物含量和 Vc 含量稍低于对照；总糖含量和糖酸比以 5 月 5 日处理的最高，分别为 8.05% 和 6.10%，其他处理及对照的总糖含量均低于 8.0%（表 56-2），各处理的落果率均显著低于对照。

表 56-1 增甜剂同一浓度不同时期处理对果实大小和落果率的影响

处理	纵径（cm）	横径（cm）	侧径（cm）	单果重（g）	落果率（%）
A1 ①	5.25	4.12	3.98	54.57	2.34 bA
A1 ②	5.38	4.19	4.02	56.78	2.48 bA
A1 ③	5.25	4.10	3.94	53.36	1.81 bB
CK	5.33	4.22	4.05	57.82	4.01 aA

表 56-2 增甜剂同一浓度不同时期处理对果实品质的影响

处理	可溶性固形物（%）	Vc（mg/100 g）	总糖（%）	总酸（%）	糖酸比
A1 ①	12.34	83.70	7.89	1.44	5.48
A1 ②	12.79	72.87	8.05	1.32	6.10
A1 ③	12.04	66.93	7.91	1.42	5.57
CK	12.40	86.75	7.59	1.30	5.84

2.1.2 同一时期不同浓度处理对果实体积和品质的影响

花后 10 天（4 月 15 日），分别以稀释 200 倍、300 倍、400 倍、500 倍和 600 倍的增甜剂水溶液处理果实，结果表明，400 倍稀释液处理的果实体积及平均单果重最大，其果实的可溶性固形物含量、总糖含量及 Vc 含量也显著高于 200 倍稀释液、600 倍稀释液处理及对照，而与 300 倍稀释液、500 倍稀释液处理无显著差异。600 倍稀释液处理的果实体积显著小于其他处理及对照（表 56-3、表 56-4），表明高浓度的增甜剂处理会抑制果实的生长发育。

表 56-3　增甜剂同一时期不同浓度处理对果实大小和落果率的影响

处理	纵径（cm）	横径（cm）	侧径（cm）	单果重（g）	落果率（%）
A2 ①	5.25 bc BC	4.12	3.98	54.57	2.34 bcB
A2 ②	5.32 bABC	4.19	4.09	58.61	1.56 cB
A2 ③	5.52 aA	4.25	4.13	60.70	3.23 bcAB
A2 ④	5.39 abAB	4.22	4.06	58.03	2.39 bcB
A2 ⑤	5.16 cC	4.08	3.94	54.70	5.21 aA
CK	5.33 bABC	4.22	4.05	57.82	4.01 abAB

表 56-4　增甜剂同一时间不同浓度处理对果实品质的影响

处理	可溶性固形物（%）	Vc（mg/100 g）	还原糖（%）	蔗糖（%）	总糖（%）	总酸（%）	糖酸比
A2 ①	12.34 bB	83.70	6.34	1.55	7.89	1.44	5.48
A2 ②	13.04 abAB	87.75	6.77	3.20	9.97	1.37	7.28
A2 ③	14.35 aA	100.46	6.99	3.15	10.14	1.62	6.26
A2 ④	13.02 abAB	67.39	6.42	1.96	8.38	1.34	6.25
A2 ⑤	12.24 bB	59.76	5.67	1.40	7.07	1.19	5.94
CK	12.40 bB	86.75	6.12	1.47	7.59	1.30	5.84

2.1.3　同一浓度的增甜剂多次施用的效果

用 300 倍浓度的增甜剂溶液进行多次处理试验，结果表明，处理 2 次的果实体积比处理 1 次和处理 3 次的稍大，其落果率也显著低于处理 3 次和对照的，但各处理之间的果实品质无显著差异（表 56-5、表 56-6）。

表 56-5　增甜剂同一浓度多次施用对果实大小和落果率的影响

处理	纵径（cm）	横径（cm）	侧径（cm）	单果重（g）	落果率（%）
A3 ①	5.25	4.12	3.98	54.57	2.34 bBC
A3 ②	5.42	4.22	4.08	58.04	1.41 bC
A3 ③	5.35	4.15	4.00	55.14	4.44 aA
CK	5.33	4.22	4.05	57.82	4.01 aAB

表 56-6　增甜剂同一浓度多次施用对果实品质影响

处理	可溶性固形物（%）	Vc（mg/100 g）	还原糖（%）	蔗糖（%）	总糖（%）	总酸（%）	糖酸比
A3①	12.34	83.70	6.34	1.55	7.89	1.44	5.48
A3②	12.12	73.93	5.49	1.27	6.79	1.26	5.39
A3③	12.17	64.04	5.56	1.31	6.87	1.22	5.63
CK	12.40	86.75	6.12	1.47	7.59	1.30	5.84

2.2　果王液处理果实的效果

2.2.1　果王液不同浓度同一时期处理对果实体积和品质的影响

果王液不同浓度处理之间的果实的纵径、横径和侧径无极显著差异；各浓度处理的果实的纵径与对照无显著差异，侧径和横径则显著大于对照；果实的重量，以 1.5% 浓度处理的最高，显著高于 0.5%浓度处理及极显著高于对照的，而与 1% 及 2% 浓度处理的无显著差异。除 0.5% 外其他处理的落果率均极显著高于对照（表 56-7）。1.5% 浓度处理的果实的可溶性固形物、总糖和糖酸比显著高于对照和0.5% 浓度处理，而与 1% 和 2% 浓度处理稍有差异，但差异不显著，各处理的果实的 Vc 含量均比对照低（表 56-8）。

表 56-7　果王液不同浓度同一时期处理对果实体积和落果率的影响

处理	纵径（cm）	横径（cm）	侧径（%）	单果重（g）	落果率（%）
B1①	5.37	4.42 bA	4.27 aAB	63.62 bAB	1.47 dC
B1②	5.41	4.55 abA	4.40 aA	70.43 abAB	14.59 aA
B1③	5.48	4.61 aA	4.46 aA	72.71 a A	10.62 bB
B1④	5.43	4.56 abA	4.35 aA	69.89 abAB	14.08 aA
CK	5.33	4.22 cB	4.05 bB	57.82 bB	4.01 cC

表 56-8　果王液不同浓度同一时期处理对果实品质的影响

处理	可溶性固形物（%）	Vc（mg/100 g）	还原糖（%）	蔗糖（%）	总糖（%）	总酸（%）	糖酸比
B1①	12.13 bB	68.06	5.34	2.44	7.76	1.39	5.58
B1②	12.86 abAB	82.71	5.65	1.48	7.13	1.25	5.70
B1③	13.70 aA	57.08	5.98	3.02	9.10	1.40	6.50
B1④	12.82 abAB	59.29	6.19	2.42	8.61	1.35	6.40
CK	12.40 bAB	86.75	6.12	1.47	7.59	1.30	5.84

2.2.2　同一浓度不同时期处理的效果

1% 浓度的果王液水溶液于花后第 10 天起，不同时期喷施，结果表明，各处理与对照之间的果实纵径没有显著差异；而 4 月 15 日和 4 月 20 日处理的果实横径和侧径极显著地大于对照，4 月 25 日处理的横径显著大于对照，4 月 30 日处理的横径和侧径与对照无显著差异；4 月 15 日和 4 月 20 日处理的果实的横径和侧径增长幅度大于 4 月 25 日和 4 月 30 日的。处理的落果率极显著地高于对照的，处理时间越早，落果率愈高（表 56-9）。

表 56-9　果王液同一浓度不同时期处理对果实大小和落果率的影响

处理	纵径（cm）	横径（cm）	侧径（cm）	单果重（g）	落果率（%）
B2 ①	5.41	4.55 aA	4.40 aA	70.43 aA	14.59 aA
B2 ②	5.56	4.50 abA	4.35 abA	70.37 aA	14.05 abA
B2 ③	5.52	4.41 abAB	4.24 abcAB	66.19 aAB	10.53 bcA
B2 ④ ·	5.51	4.35 bcAB	4.19 bcAB	65.96 aAB	9.09 cA
CK	5.33	4.22 cB	4.05 cB	57.82 bB	4.01 dB

各处理的果实可溶性固形物含量，与对照相比较无显著差异；4 月 15 日处理的 Vc 含量为 82.71 mg/100 g，对照果实的 Vc 含量为 86.75 mg/100 g，二者之间无显著差异，4 月 20 日、4 月 25 日和 4 月 30 日处理的 Vc 含量显著低于 4 月 15 日处理的和对照的，3 个处理之间无显著差异。总糖含量和糖酸比，以 4 月 25 日处理的最高，分别为 11.5% 和 9.23，其次为 4 月 20 日处理的，分别为 9.81% 和 8.04。4 月 15 日、4 月 30 日处理和对照的总糖含量均低于 8.0%，糖酸比均小于 6.0（表 56-10）。

表 56-10　果王液同一浓度不同时期处理对果实品质的影响

处理	可溶性固形物（%）	Vc（mg/100 g）	还原糖（%）	蔗糖（%）	总糖（%）	总酸（%）	糖酸比
B2 ①	12.86	82.71	5.65	1.48	7.13	1.25	5.70
B2 ②	12.13	51.61	6.15	3.66	9.81	1.22	8.04
B2 ③	12.88	63.63	5.83	5.71	11.54	1.25	9.23
B2 ④	13.19	61.43	6.15	1.65	7.80	1.40	5.57
CK	12.40	86.75	6.12	1.47	7.59	1.30	5.84

2.2.3　增甜剂与果王液混合后处理和分别处理的效果比较

试验的 2 种处理的统计结果表明，2 种处理之间的果实纵径无显著差异，但均大于对照，2 种处理的果实横径均显著高于对照，二者相比，以分开施用效果较好，其单果重显著高于对照，但二者的落果率均极显著地高于对照，分开施用的落果率比混施低 2.8 个百分点（表 56-11）。2 种处理的可溶性固形物、总糖含量和糖酸比均显著高于对照，但 Vc 含量低于对照。2 种处理之间，分施的果实品质较混施好，其可溶性固形物含量达 14.19%，总糖含量为 9.03%，糖酸比为 7.40（表 56-12）。

表 56-11 增甜剂与果王液混合后处理和分别处理的效果比较

处理	纵径（cm）	横径（cm）	侧径（cm）	单果重（g）	落果率（%）
C1	5.57	4.49 a	4.28 ab	69.59 ab	21.56 A
C2	5.55	4.64 a	4.46 a	75.13 a	18.73 A
CK	5.33	4.22 b	4.05 b	57.82 b	4.01 B

表 56-12 增甜剂与果王液混合后处理和分别处理的效果比较

处理	可溶性固形物（%）	Vc（mg/100 g）	还原糖（%）	蔗糖（%）	总糖（%）	总酸（%）	糖酸比
C1	13.35 aAB	75.50	5.90	1.70	7.60	1.21	6.28
C2	14.19 aA	66.13	6.60	2.43	9.03	1.22	7.40
CK	12.40 Bb	86.75	6.12	1.47	7.59	1.30	5.84

3 分析与讨论

3.1 关于增甜剂的作用

增甜剂为最新全营养型叶面肥，具有增甜退酸、改善品质和增大果实的作用，在果树生产上逐渐推广使用。增甜剂的使用效果与其施用时期和浓度密切相关。根据本试验结果，中华猕猴桃在5月5日即花后30天左右喷施增甜剂，能提高果实的总糖含量，降低酸度，从而提高果实的糖酸比，起到改善品质的作用。而使用浓度则以400倍稀释的浓度处理效果最佳，其处理的果实总糖含量达10.14%，比对照高出2.6个百分点。300倍稀释和500倍稀释的使用效果也较好。因此，增甜剂的使用浓度范围以300～500倍稀释为好，低于此范围作用不显著，高于此范围，由于生理的原因，效果也不明显。

3.2 关于果实膨大剂果王液的作用

吡效隆是一种活性很强的苯脲类细胞分裂素，具有强烈的促进细胞分裂、增大果实的作用。吡效隆的产品已在葡萄、枇杷、柑橘、甜瓜等瓜果上广泛应用，能大幅度地提高产量。吡效隆的使用效果也与使用时期和浓度密切相关。本试验结果表明，施用果王液浓度以1%～2%的增大作用较明显，其中以1.5%的浓度为最佳。施用时期则以在花后10～20天，即果实迅速膨大期使用效果最好，这与前人的经验相符（潘瑞炽，李玲著，1995；方金豹等，2000）。根据产品的要求，果王液在猕猴桃上的应用都采取浸果的方法，而根据笔者多年的试验及实际观察结果发现，采用浸果得到的果实虽然硕大，但外表粗糙甚至趋于变形，果实内部结构疏松，品质差。而采用喷雾方法得到的果实表皮光滑，果肉结构正常，果实品质略有提高。

3.3 关于果实膨大剂与增甜剂结合使用

使用膨大剂后，果实细胞分裂加速，结构疏松，成熟期提早，营养积累少，品质降低。如果在使用膨大剂的同时使用增甜剂来弥补使用膨大剂的不足，在生产上将具有很大意义。本试验结果表明，膨大剂与增甜剂结合使用在增大果实、提高产量的同时，也改善了果实品质。值得注意的是，使用膨大剂和增甜剂的同时，要加强果园的栽培管理，如合理施肥、疏花、疏果等，这样获得高产优质产品的同时，树体也得到了很好的养护，从而减轻因使用激素引起的树体衰退。

第五十七章　猕猴桃大面积早结高产优质栽培

广西植物研究所经过多年的努力，选育成桂海 4 号、实美 2 个猕猴桃新品种。桂海 4 号高产、稳产，成熟期早，8 月底 9 月初可上市，一般比各地的猕猴桃早 1～2 个月，抗性强，适应性广，果肉金黄色，风味好，是鲜果和加工兼用的品种，其加工产品果酱、果脯、果汁等深受人们青睐。"实美"果型大，平均单果重 100 g，最大 190 g，外观好，果肉绿色，细腻，汁多，香味浓郁，早结高产，抗性强。为大力开发这两个新品种，我所于 1998 年在临桂两江建立了 5 hm² 猕猴桃示范基地，以"桂海 4 号"为主，少量种植"实美"，第二年普遍挂果，2000 年验收，高产树平均株产果 16.5 kg，低产树平均株产果 9.0 kg。现将早结高产栽培技术简述如下。

1　定植

选用健壮嫁接苗。种植猕猴桃，要获得高产、优质，除了采用良种外，首先要选用优质健壮苗。嫁接健壮苗标准为：品种纯正，嫁接口完全愈合；距接口 5 cm 处主干直径 0.8 cm 以上，圆直，干高 30 cm 以上才分枝，生长健壮，具有 5 个以上饱满芽；主侧枝 3 条，长 15 cm 以上，根系发达。

施足底肥。挖好定植穴，在穴内施入腐熟杂肥 20 kg，磷肥 0.5 kg，骨粉 0.5 kg，与土充分混匀，然后填入表土平地面。

配置授粉雄株。猕猴桃是雌雄异株果树，要保证正常授粉，必须在果园中配置适当的授粉雄株。雌雄株配植比例一般为 8∶1。定植后短截。定植后，在植株萌动前及时在嫁接部位之上 20～30 cm 处进行短截，以利于苗木成活，促进苗木生长。竖立支架。猕猴桃是藤本植物，必须在种植前或种植后在园内竖立坚固耐用的支架。可采用利于植株直立向上生长的篱架方式或大棚架方式。

2　整形修剪

春季温度回升后，猕猴桃枝芽很快进入旺盛生长期，应在短截枝梢下端选择一个生长健壮的芽作为培养主干的对象，使其继续生长，其余芽全部抹除。在幼树旁插一根小竹竿，用小绳子把幼苗绑靠在竹竿上，让竹竿支撑幼苗向上生长。但要注意防止主干缠绕小竹竿生长，藤蔓一旦缠绕在竹竿上，往往长势减弱，生长缓慢或停止，则达不到培育主干的目的。对于一些春梢生长细弱，不能培养成主干的植株，要在夏梢抽生之前，再进行一次短截，方法是将距离地面 30 cm 左右的部位全部剪除，让剪口部位下方的芽萌发夏梢。一般夏梢较健壮，可按春梢的培养方法培养主干。在整个生长季节，苗木基部常萌发新梢，应随时抹除。

培养主蔓和结果母枝。主干长至棚架顶时，需要及时培养主蔓，无论是棚架方式或篱架方式，当主干长至高出支架顶部 80 ～ 100 cm 左右，在支架线下 10 ～ 15 cm 芽眼饱满处短截，促进剪口下的芽生长。在水肥条件较好的情况下，剪口下的芽大多数都能萌发，要及时抹芽，只选留靠剪口的 2 个芽，将其向相反方向引导，让其充分生长发育成主蔓。当主蔓生长超过两株间的支柱 20 cm 时，平支柱对其打顶，使其停止延伸生长，将这些主蔓萌发的新梢每隔 20 cm 左右选留一条培养成为结果母枝，为以后开花结果打下基础。

冬季修剪。原则上以轻剪为主。主要是剪去当年的短果枝和不充实的过密营养枝，适当剪去部分中果枝，长果枝留 12 ～ 15 个芽短截。

3 肥水管理

猕猴桃肥料管理要在施足基肥的基础上抓好追肥。植株春季萌芽抽梢前施氮肥 1 次，每株施入尿素 50 ～ 100 g，以促进萌发健壮的新梢；抽梢 3 ～ 5 cm 时，用 0.3% 过磷酸钙喷施 2 次，每 15 天喷 1 次；当主干长至棚架顶，短截前每株施复合肥 50 ～ 100 g，施后覆土；开花前每株追施复合肥 150 g；果实迅速生长期追肥，以人粪尿为主，配以磷钾肥和少量的镁肥、硼肥。此外，每周每次新梢生长期喷施根外肥 1 ～ 2 次。冬季施肥，肥料以堆肥、厩肥和腐熟的饼肥等有机肥为主，同时混施氮肥 150 g，磷肥 100 g。在水分管理上要注意排灌水，遇干旱天气，一般应灌透水 1 次，以保持充足的水分供应。

4 花果管理

人工辅助授粉。果园除配置授粉植株外，还应采取人工辅助授粉措施，以提高坐果率。开花时采集花粉，用小型喷雾器喷粉或喷雾授粉，以在晴天上午 8 : 00 ～ 10 : 00 时进行为宜。疏花疏果。猕猴桃花蕾多，开花量大，自然坐果率高，应做好疏花、疏果工作。

疏蕾、疏花主要是疏除花枝基部和尾部的蕾或花，适当疏去部分侧花，一般留蕾留花量比计划留果量大 40% 左右为宜，疏蕾疏花越早，其效果也越显著。疏果宜在花后 7 ～ 15 天进行。

5 病虫害防治

猕猴桃病虫害防治应以预防为主。冬季修剪后喷施波尔多液 1 次；在春梢生长季节喷托布津 1000 倍稀释液或多菌灵 800 ～ 1000 倍稀释液，每 10 天喷 1 次，连续 2 ～ 3 次。幼果期选用 90% 敌百虫 1000 倍稀释液，每 15 天喷施 1 次，连续 2 ～ 3 次。

参考文献

［1］安和祥，蔡达荣，母锡金，等 . 猕猴桃种间杂交的新种质［J］. 园艺学报，1995，22（2）：133-137.

［2］白素平，黄初升 . 毛花猕猴桃地上部分化学成分的研究［J］. 中草药，1977，28（2）：69-72.

［3］储鹏程 . 猕猴桃扦插繁殖育苗［J］. 安徽林业，2005（5）：27.

［4］崔致学 . 中国猕猴桃［M］. 济南：山东科学技术出版社，1993.

［5］陈根云，俞冠路，陈悦，等 . 光合作用对光和二氧化碳响应的观测方法探讨［J］. 植物生理与分子生物学学报，2006，32（6）：691-696.

［6］陈前绂，王圣梅，武显维，等 . 中华猕猴桃果实主要营养成分及其变化的研究［J］. 武汉植物学研究，1987，5（4）：391-396.

［7］陈庆红，张忠慧，秦仲麒，等 . 金魁猕猴桃的雄株选配及其花粉直感研究［J］. 中国果树，1996（2）：23-24.

［8］陈秋芳，王敏，何美美，等 . 果树辐射诱变育种研究进展［J］. 中国农学通报，2007，23（1）：240-243.

［9］陈善春，周育彬，张进仁，等 . 辐射诱育柑桔无核品系的细胞遗传学研究［J］. 中国农业科学，1992，25（2）：34-40，100.

［10］陈天，张皓冰 . 壳聚糖常温保鲜猕猴桃的研究［J］. 食品科学，1991（10）：37-40.

［11］大垣智昭著 . 石学根，高秀珍，陈学选，等译 . 猕猴桃的栽培和利用［M］. 北京：北京科学技术出版社 .

［12］戴月，薛跃规 . 濒危植物顶生金花茶的种群结构［J］. 生态学杂志，2008，27（1）：1-7.

［13］丁捷，刘书香，宋会会，等 . 红阳猕猴桃果实生长发育规律［J］. 食品科学，2010，31（20）：473-476.

［14］丁连忠 . 食品的"活性包装"技术［J］. 今日科技，1991（5）：6-7.

［15］董元火，周世力 . 物种濒危等级的划分和濒危机制研究进展［J］. 生物学教学，2008，33（6）：5-6.

［16］窦春蕊，吴万兴，李文华，等 . 黄土高原地区3个大扁杏品种的光合特性日变化研究［J］. 干旱地区农业研究，2005，23（6）：93-97.

［17］庹祖权，陈万章，岳金平，等 . 刺槐优良无性系根插繁殖试验［J］. 江苏林业科技，2003，30（5）：7-9.

［18］段庆伟 . 不同粗度和长度的插条对四倍体刺槐根插繁殖的影响［J］. 现代农业科技，2012（3）：244.

［19］范崇辉，杨喜良 . 秦美猕猴桃根系分布试验［J］. 陕西农业科学，2003（5）：13-14.

［20］范培格，安和祥，蔡达荣，等 . 美味猕猴桃海沃德与毛花猕猴桃种间杂交及优株的选育［J］. 果树学报，2004，21（3）：208-211.

［21］方金豹，陈锦永，张威远，等 . 授粉和CPPU对猕猴桃内源激素水平及果实发育的影响［J］. 果树科学，2000，17（3）：192-196.

［22］方精云，沈泽昊，唐志尧，等．"中国山地植物物种多样性调查计划"及若干技术规范［J］．生物多样性，2004，12（1）：5-9.

［23］冯永利．苹果辐射育种研究［J］．核农学通报，1993，14（2）：51-55.

［24］符军，王军，高建社，等．几个猕猴桃品种净光合速率和蒸腾速率与环境因素的关系［J］．西北植物学报，1998，18（1）：93-99.

［25］傅伟，王天铎．净光合速率与气孔导度相互关系的电学类比分析和模拟研究［J］．植物学报，1994，36（7）：511-517.

［26］G.额尔特曼．花粉形态与植物分类［M］．北京：科学出版社，1962.

［27］高本旺，周鸿彬，张双英，等．金魁猕猴桃温床硬枝扦插育苗［J］．林业实用技术，2003（8）：26-27.

［28］高瑞华，吴泽南．软枣猕猴桃硬枝及根插试验［J］．辽宁果树，1986（4）：23-24.

［29］高小宁，赵志博，黄其玲，等．猕猴桃细菌性溃疡病研究进展［J］．果树学报，2012（2）：262-268.

［30］龚弘娟，李洁维，张静翅，等．广西桂林猕猴桃不同时期硬枝扦插试验［J］．中国南方果树，2008，37（3）：75-76.

［31］龚弘娟，李洁维，蒋桥生，等．不同植物生长调节剂对中华猕猴桃扦插生根的影响［J］．广西植物，2008，28（3）：359-362.

［32］龚弘娟，李洁维，蒋桥生，等．珍稀濒危植物金花猕猴桃优势群落特征［J］．浙江农林大学学报，2012，29（2）：301-306.

［33］龚弘娟，蒋桥生，莫权辉，等．濒危物种金花猕猴桃生存群落特征及濒危原因分析［J］．西北林学院学报，2012，27（1）：43-49.

［34］龚弘娟，叶开玉，蒋桥生，等．猕猴桃根段扦插育苗试验［J］．南方农业学报，2013，44（8）：1333-1337.

［35］龚弘娟，叶开玉，蒋桥生，等．4种砧木嫁接的红阳猕猴桃光合特性比较［J］．西南农业学报，2014，45（10）：1825-1830.

［36］筑坂亮吾，近藤聪，石杏琴．水果保鲜剂［J］．国外农学果树，1990（4）：42-43.

［37］广西花坪林区综合考察队．广西花坪林区综合考察报告［M］．济南：山东科学技术出版社，1986.

［38］辜青青，房剑锋，罗正荣．两个异交不亲和梨品种授粉试验［J］．中国南方果树，2007，36（6）：68.

［39］郭建辉，黄锡栋．香蕉离体试管芽诱变育种的研究Ⅱ.性状变异观察调查［J］．福建农业学报，2002，17（1）：38-39.

［40］郭建辉，沈明山，蔡恩兴，等．香蕉离体试管芽诱变育种的研究Ⅴ.漳蕉8号株系基因组变异检测［J］．核农学报，2003，17（4）：255-258.

［41］何碧娟．建立133.3 hm² 猕猴桃种植基地的技术经济分析［J］．广西科学院学报，1997，13（4）：22-25.

［42］何科佳，王中炎，王仁才．夏季遮阴对猕猴桃园生态因子和光合作用的影响［J］．果树学报，2007，24（5）：616-619.

［43］何璐，虞泓，范源洪，等．植物繁殖生物学研究进展［J］．山地农业生物学报，2010，29（5）：456-460.

［44］何亚平，刘健全．植物繁育系统研究的最新进展和评述［J］．植物生态学报，2003，27（2）：151-163.

［45］何彦峰，彭祚登，马履一．香花槐根插育苗技术研究［J］．河北林果研究，2009，24（4）：385-387.

［46］胡利明，夏仁学，周开兵，等．不同砧木对温州蜜柑光合特性的影响［J］．园艺学报，2006，33（5）：937-941.

［47］胡世俊．生境片断化与隔离对濒危植物缙云卫矛（*Euonymus chloranthoides* Yang）种群特征的影响［D］．重庆：西南大学，2007.

［48］胡延吉，梁红，黎鋐昌，等．猕猴桃辐射诱变效应的初步研究［J］．北方园艺，2009（5）：23-26.

［49］胡延吉，梁红，刘文．猕猴桃辐射诱变育种研究初报［J］．中国农学通报，2012，28（19）：146-151.

［50］胡正月．中华猕猴桃种子育苗研究初报［J］．江西农业科技，1981（11）：25，13.

［51］花坪保护区珍稀濒危植物名录（属国家规定的保护种类）［J］．广西林业，2005（1）：45.

［52］华中农学院．果树研究法［M］．北京：农业出版社，1979.

［53］黄陈光，李瑞高，梁木源，等．阔叶猕猴桃的资源分布及生态特性［J］．广西农业科学，1985（4）：24-26.

［54］黄陈光，李瑞高，梁木源，等．中越猕猴桃资源及其生物学特性［J］．广西科学院学报，1986，2（2）：45-49.

［55］黄宏文．猕猴桃研究进展［M］．北京：科学出版社，2000.

［56］黄宏文．猕猴桃研究进展（Ⅲ）［M］．北京：科学出版社，2005.

［57］黄宏文，龚俊杰，王圣梅，等．猕猴桃属（*Actinidia*）植物的遗传多样性［J］．生物多样性，2000，8（1）：1-12.

［58］黄仁煌，王圣梅，武显维，等．中华猕猴桃硬枝扦插繁殖研究［J］．中国果树，1981（4）：15-17.

［59］黄仕训．元宝山冷杉濒危原因初探［J］．农村生态环境，1998，14（1）：6-9.

［60］黄仕训，陈泓，盘波，等．广西特有濒危植物狭叶坡垒群落特征研究［J］．西北植物学报，2008，28（1）：164-170.

［61］黄涛．大棚栽培条件下红阳猕猴桃生长发育及果实品质的研究［D］．成都：四川农业大学，2012.

［62］黄演濂．阔叶猕猴桃［J］．中国果树，1982（2）：37.

［63］黄正福，李瑞高，黄陈光，等．毛花猕猴桃资源及其生态学特性［J］．作物品种资源，1985（3）：2-3.

［64］黄正福，梁木源，黄陈光，等．猕猴桃果实性状及营养成分的初步研究［J］．广西植物，1983，3（1）：53-56，66.

［65］黄志伟，余树全，胡庭兴，等．不同木荷防火林带建设模式群落学特征比较［J］．林业科学，2008，44（1）：101-106.

［66］季永华，祝志勇，梁珍海，等．野生山桐子根插繁殖试验［J］．江苏林业科技，2008，35（2）：13-15.

［67］贾月慧，张克中，赵祥云，等．辐射亚洲百合"pollyanna"雄性不育突变体的RAPD分析［J］．核农

学报，2005，19（1）：29-32.

［68］蹇洪英，邹寿青.地毯草的光合特性研究［J］.广西植物，2003，23（2）：181-184.

［69］江苏新医学院.中药大辞典（下册）［M］.上海：上海人民出版社，1977.

［70］蒋桂华，高秀珍，谢鸣，等.中华猕猴桃雄性营养系选配的研究［J］.果树科学，1990，7（3）：147-
150.

［71］蒋桂华，谢鸣，陈学选，等.砧木对猕猴桃生长结果的影响［J］.浙江农业学报，1998（3）：161-
162.

［72］姜卫兵，俞开锦，高光林，等.梨不同砧穗组合光合特性［J］.园艺学报，2002，29（6）：569-570.

［73］金则新，柯世省.云锦杜鹃叶片光合作用日变化特征［J］.植物研究，2004，24（4）：447-452.

［74］康宁，王圣梅，黄仁煌.猕猴桃属9种植物的花粉形态研究［J］.植物科学学报，1993，11（2）：
111-116，201-205.

［75］兰小中，廖志华，王景升.西藏高原濒危植物西藏巨柏光合作用日进程［J］.生态学报，2005，25（12）：
3172-3175.

［76］兰宣.软枣猕猴桃的化学成分［J］.洛林科技，1982（1）.

［77］郎秀丽，陈良龙，聂乐群.猕猴桃扦插试验简报［J］.安徽林业科技，2002（3）：23.

［78］李勃，张力思，刘庆忠，等.砧木对甜樱桃幼树生长量及光合特性的影响［J］.园艺学报，2006，
33（1）：115-117.

［79］李聪.猕猴桃枝叶组织结构及内含物与溃疡病的相关性研究［D］.咸阳：西北农林科技大学，2016.

［80］李庚飞，周胜波，李瑶.猕猴桃枝条皮孔特征与抗溃疡病之间的关系初探［J］.中国植保导刊，2008，
28（5）：30-31.

［81］李嘉瑞，樊效义，柯尊芹，等.中华猕猴桃产地节能贮藏［J］.中国果树，1988（3）：41-43.

［82］李洁维，李瑞高，梁木源，等.猕猴桃属花粉形态研究简报［J］.广西植物，1989，9（4）：335-339，
391.

［83］李洁维，李瑞高，梁木源，等.猕猴桃优良株系果实生长发育规律研究［J］.广西植物，1992，12（2）：
152-156.

［84］李洁维，李瑞高，梁木源，等.中华猕猴桃优良雄株选择研究初报［J］.广西植物，1995，15（2）：
179-181.

［85］李洁维，毛世忠，梁木源，等.猕猴桃属植物果实营养成分的研究［J］.广西植物，1995，15（4）：
377-382.

［86］李洁维，李瑞高，梁木源，等.中华猕猴桃施肥试验研究初报［J］.广西植物，1996（2）：184-185.

［87］李洁维，李瑞高，王圣梅，等.猕猴桃属植物种质迁地保护研究［J］.广西植物，2003（广西珍稀濒
危植物迁地保护研究专刊）：88-95.

［88］李洁维，王新桂，莫凌，等.美味猕猴桃新品系"实美"的选育［J］.中国果树，2003（1）：26-28，
60.

［89］李洁维，王新桂，莫凌，等.美味猕猴桃优良株系"实美"的砧木选择研究［J］.广西植物，2004，
24（1）：43-48.

［90］李洁维.猕猴桃新种长果猕猴桃的生物学特性及评价［J］.中国果树，2007（1）：32-33.

［91］李洁维，莫权辉，蒋桥生，等.猕猴桃品种红阳在广西桂北的引种试验［J］.中国果树，2009（4）：35-37.

［92］李军红，田胜尼，丁彪.安徽天堂寨领春木群落结构研究［J］.安徽农业科学，2007，35（35）：11441-11443.

［93］李禄军，车克钧，蒋志荣，等.沙冬青光合速率日变化及其影响因子研究［J］.干旱区资源与环境，2007，21（5）：141-145.

［94］李黎，钟彩虹，李大卫，等.猕猴桃细菌性溃疡病的研究进展［J］.华中农业大学学报，2013,32（5）：124-133.

［95］李森，檀根甲，李瑶，等.猕猴桃品种叶片组织结构与抗溃疡病的关系［J］.安徽农业科学，2002，30（5）：740-742.

［96］李森，檀根甲，李瑶，等.猕猴桃品种枝条组织结构与抗溃疡病关系的初步研究［J］.安徽农业大学学报，2003，30（3）：240-245.

［97］李森，檀根甲，李瑶，等.猕猴桃品种对细菌性溃疡病的抗性机制［J］.植物保护学报，2005,32（1）：37-42.

［98］李森，檀根甲，李瑶，等.不同抗性猕猴桃品种感染溃疡病前后几种保护酶活性变化［J］.激光生物学报，2009，18（3）：370-378.

［99］李娜，储黄伟，文铁桥，等.水稻白色中脉Oswm突变体的遗传分析与基因定位［J］.上海农业学报，2007，23（1）：1-4.

［100］李瑞高，黄正福，梁木源，等.中华猕猴桃切接技术［J］.广西农业科学，1982（10）：16.

［101］李瑞高，黄陈光，梁木源，等.广西猕猴桃种质资源调查研究［J］.广西植物，1985，5（3）：253-267.

［102］李瑞高，梁木源，黄陈光，等.广西中华猕猴桃和美味猕猴桃资源分布及品种选择［J］.资源科学，1987（1）：81-86，95.

［103］李瑞高，梁木源，黄陈光，等.桂林种质圃中猕猴桃分类群的观察和测试［J］.广西植物，1987,7（4）：325-331.

［104］李瑞高，梁木源，李洁维，等.猕猴桃丰产技术［M］.南宁：广西科学技术出版社，1991.

［105］李瑞高，梁木源，李洁维，等.猕猴桃优良株系筛选鉴定研究［J］.广西植物，1995，15（1）：73-82.

［106］李瑞高，梁木源，李洁维，等.猕猴桃属植物生物学特征特性观测［J］.广西植物，1996，16（3）：265-272.

［107］李瑞高，梁木源，李洁维，等.中华猕猴桃"桂海4号"株系的优良性状［J］.广西科学院学报，1996（1）：27-30.

［108］李瑞高，梁木源，李洁维.猕猴桃高产栽培技术［M］.南宁：广西科学技术出版社，1998.

［109］李瑞高，梁木源，李洁维.中华猕猴桃桂海4号选育研究［J］.广西植物，1998，18（3）：281-284.

［110］李瑞高，梁木源，李洁维.猕猴桃良种桂海4号种苗繁殖技术［J］.广西农业科学，1998（2）：

72–73.

[111] 李瑞高，李洁维，王新桂，等.猕猴桃属植物九个新种［J］.广西植物，2003，23（3）：193–202.

[112] 李瑞高，李洁维，王新桂，等.广西猕猴桃三个新变种［J］.广西植物，2002，22（5）：385–387.

[113] 李舒养，罗四莲.野生猕猴桃营养成分的初步分析［J］.广西农业科学，1980（7）：31–32.

[114] 李思光，罗玉萍，陈万秋，等.猕猴桃基因组 DNA 的提取及其 RAPD 扩增研究［J］.南昌大学学报（理科版），2001，25（3）：264–268.

[115] 李鹏，李新华，张锋，等.植物辐射诱变的分子机理研究进展［J］.核农学报，2008，22（5）：626–629.

[116] 李先琨，苏宗明，向悟生，等.濒危植物元宝山冷杉种群结构与分布格局［J］.生态学报，2002，22（12）：2246–2253.

[117] 李先琨，苏宗明.元宝山冷杉种群濒危原因与保护对策［J］.北华大学学报（自然科学版），2002，3（1）：80–83.

[118] 李小红，周凯，谢周，等.不同葡萄砧木对矢富罗莎葡萄嫁接苗光合作用的影响［J］.果树学报，2009，26（1）：90–93.

[119] 李晓征，彭峰，徐迎春，等.不同遮阴下多脉青冈和金叶含笑幼苗叶片的气体交换日变化［J］.浙江林学院学报，2005，22（4）：380–384.

[120] 李秀霞，何春海，丁玉萍，等.黑龙江省狗枣猕猴桃扦插繁殖的研究［J］.中国高校科技与产业化（学术版），2006（21）：214，202.

[121] 李娅琼，游春.濒危药用植物短柄乌头丽江居群繁殖生物学研究［J］.云南中医学院学报，2011，34（1）：27–31.

[122] 梁畴芬.中国猕猴桃属分类志要［J］.广西植物，1980（1）：30–45.

[123] 梁畴芬.猕猴桃属新的分类群［J］.广西植物，1982，2（1）：1–6.

[124] 梁畴芬.中华猕猴桃种下分类群增订［J］.植物分类学报，1982（1）：101–104.

[125] 梁畴芬.论猕猴桃属植物的分布［J］.广西植物，1983，3（4）：229–248.

[126] 梁畴芬，福格逊（A. R. Ferguson）.中华猕猴桃硬毛变种学名订正［J］.广西植物，1984，4（3）：181–182.

[127] 梁畴芬，福格逊.中华猕猴桃属种下分类群订正［J］.广西植物，1985，5（2）：71–72.

[128] 梁畴芬.新种桂林猕猴桃［J］.广西植物，1988，8（2）：129–131.

[129] 梁畴芬，陆益新.新种漓江猕猴桃［J］.广西植物，1989，9（1）：21–23.

[130] 梁畴芬.毛花猕猴桃两新变种［J］.广西植物，1991，11（2）：118.

[131] 梁木源，李瑞高，黄陈光，等.金花猕猴桃资源及其生物学特性［J］.作物品种资源，1986（2）：12–14.

[132] 梁木源，李瑞高，黄陈光，等.猕猴桃种子发芽试验报告［J］.广西植物，1989，9（1）：83–86.

[133] 梁木源，李瑞高，李洁维，等.中华猕猴桃"桂海4号"的生物学特性［J］.广西科学院学报，1995（1）：21–23.

[134] 林存峰，李燕.钴60–γ射线辐射锦丰梨枝条的当代效应初报［J］.甘肃农业科技，2008（7）：

13–14.

［135］林明慧，邵廷富，刘祥建，等.猕猴桃常温贮藏的研究［J］.中国果树，1991（2）：11–13.

［136］林秀英，陈观姣，李瑞高，等.龙胜县猕猴桃资源及其良种选择［J］.广西科学院学报，1986，2（2）：50–57.

［137］刘娟.猕猴桃溃疡病抗性材料评价及其亲缘关系的ISSR聚类分析［D］.成都：四川农业大学，2015.

［138］刘兰芳.孢粉学基础［D］.广州：中山大学，1984.

［139］刘平平，叶开玉，龚弘娟，等.猕猴桃 ^{60}Co-γ 射线辐射诱变植株变异的ISSR分子标记研究［J］.西南农业学报，2016，29（10）：2457–2462.

［140］刘仁道，黄仁华，吴世权，等."红阳"猕猴桃果实花青素含量变化及环剥和ABA对其形成的影响［J］.园艺学报，2009，36（6）：793–798.

［141］刘荣光.水果生产手册［M］.南宁：广西科学技术出版社，1991.

［142］刘士华，高信芬，涂卫国，等.彭州白水河国家级自然保护区植物群落 α 多样性的海拔梯度变化［J］.应用与环境生物学报，2008，14（3）：303–307.

［143］刘引菊，段俊森，孙永强.猕猴桃全光照自动喷雾嫩枝扦插试验［J］.山西果树，2001（2）：41.

［144］刘应迪，李菁，石进校.美味猕猴桃净光合速率日变化与光合特性的初步研究［J］.生命科学研究，1999，3（4）：344–352.

［145］龙翰飞，陈建学，李彩屏.中华猕猴桃最佳采收期指标研究［J］.果树科学，1988，5（2）：65–69.

［146］楼世博，孙章.模糊数学［M］.北京：科学出版社，1985.

［147］楼枝春，王新建.猕猴桃扦插繁殖技术［J］.中国林业，2001（17）：42.

［148］卢开春，林佳珠，邱武凌.猕猴桃果实营养成分研究［J］.福建农业科技，1986（3）：24–25.

［149］陆文梁，沈世华，王伏雄.太行花生殖生物学研究Ⅱ：有性生殖与无性生殖的调查与研究［J］.生物多样性，1995，3（1）：8–14.

［150］罗志平，孟兰贞，张勇.园林植物育种中辐射育种的应用研究［J］.农业与技术，2015，35（6）：145–156.

［151］马庆华，毛永民，申连英，等.果树辐射诱变育种研究进展［J］.河北农业大学学报，2003，26（5）：57–63.

［152］马艳明，李斯深，范玉顶，等.黄淮麦区小麦品种（系）的ISSR位点遗传多样性分析［J］.植物遗传资源学报，2006，7（1）：13–17，23.

［153］马玉坤，贾永芳，马静芳，等.不同砧木对红地球葡萄光合日变化的影响［J］.江苏农业学报，2012，28（3）：638–642.

［154］毛世忠，梁木源，李瑞高，等.猕猴桃常温保鲜简述［J］.广西植物，1993，13（4）：385–388.

［155］毛伟海，杜黎明，包崇来，等.我国南方长茄种质资源的ISSR标记分析［J］.园艺学报，2006，3（5）：1109–1112.

［156］莫凌，李洁维，王新桂，等.美味猕猴桃优良株系"实美"的生物学特性观测［J］.广西植物，2002，22（6）：521–522，528.

［157］莫凌，李洁维，王新桂.果实增甜剂和猕猴桃果王液在中华猕猴桃桂海4号上的应用效果［J］.广西

农业科学, 2003 (5): 30-33.

[158] 莫凌, 韦兰英, 张中峰, 等. 桂北中华猕猴桃光合蒸腾特性及其影响因子研究 [J]. 西南农业学报, 2008, 21 (4): 968-971.

[159] 莫权辉, 张静翅, 叶开玉, 等. 金花猕猴桃扦插不同植物生长调节剂的促根效果研究 [J]. 中国南方果树, 2010, 39 (1): 77-78.

[160] 莫权辉, 李洁维, 龚弘娟, 等. 濒危植物金花猕猴桃繁殖生物学初步研究 [J]. 广西植物, 2016, 36 (6): 640-645.

[161] 莫权辉, 李洁维, 蒋桥生, 等. 猕猴桃易剥皮新品种 "桂翡" 的选育 [J]. 中国果树, 2016 (5): 80-82, 101.

[162] 潘瑞炽, 李玲. 植物生长发育的化学控制 [M]. 广州: 广东高等教育出版社, 1995.

[163] 潘晓云, 曹琴东, 王根轩, 等. 扁桃与桃光合作用特征的比较研究 [J]. 园艺学报, 2002, 29 (5): 403-407.

[164] 庞程, 李瑞高, 梁木源, 等. 猕猴桃嫁接试验 [J]. 广西植物, 1989, 9 (1): 77-81.

[165] 庞程, 李瑞高, 梁木源, 等. 猕猴桃硬枝扦插快速生根试验 [J]. 广西农业科学, 1988 (1): 13-15.

[166] 钱长发. 猕猴桃根插和硬枝扦插 [J]. 植物杂志, 1981 (2): 22.

[167] 钱长发, 李玲, 顾振惠. 中华猕猴桃根插试验初报 [J]. 农业现代化研究, 1982 (2): 19-22.

[168] 丘国维. 植物光合作用的效率 [M] // 植物生理学和分子生物学. 北京: 科学出版社, 1992.

[169] 全国 "星火计划" 丛书编委会. 猕猴桃品种选育及栽培利用 [M]. 武汉: 湖北科学技术出社, 1989.

[170] 全国中草药汇编编写组. 全国中草药汇编 (上册) [M]. 北京: 科学出版社, 1975.

[171] 融水县科委. 猕猴桃的埋根繁殖 [J]. 广西林业, 2001 (6): 23.

[172] 陕西省果树研究所. 果树资源调查手册 [M]. 北京: 农业出版社, 1964.

[173] 邵双喜, 张晋琳, 申光林, 等. 中华猕猴桃的保鲜贮藏研究 [J]. 化工时刊, 1992 (6): 17-20.

[174] 邵卫平, 刘永立. 猕猴桃实生苗抗性鉴定与砧木筛选 [J]. 安徽农业科学, 2015 (35): 214, 245.

[175] 石进校, 刘应迪, 李菁. 美味猕猴桃米良 1 号插条生根研究 [J]. 长沙大学学报, 2002, 16 (2): 54-56.

[176] 石泽亮. 中华猕猴桃种子萌发出苗与温度关系问题的探讨 [J]. 种子世界, 1985 (4): 14.

[177] 石志军, 张慧琴, 肖金平, 等. 不同猕猴桃品种对溃疡病抗性的评价 [J]. 浙江农业学报, 2014, 3 (26): 752-759.

[178] 宋圃菊, 等. 猕猴桃汁阻断亚硝基化合物合成的作用. 第五届全国猕猴桃科研协作会交流材料, 1988.

[179] 孙长清, 邵小明, 祝天才, 等. 掌叶覆盆子的根插繁殖 [J]. 中国农业大学学报, 2005, 10 (2): 11-14.

[180] 孙洪, 程静, 詹克慧, 等. ISSR 标记技术及其在作物遗传育种中的应用 [J]. 分子植物育种, 2005, 3 (1): 123-127.

[181] 孙磊, 章铁, 李宏开, 等. 柿树光合速率日变化及其影响因子的研究 [J]. 北方果树, 2006 (2): 4-6.

[182] 孙骞, 杨军, 张绍阳, 等. 钾营养对中华猕猴桃叶片光合作用及叶绿素荧光的影响 [J]. 安徽农业大学学报, 2007, 34 (2): 256-261.

［183］孙涛.猕猴桃秋季扦插繁殖技术［J］.农业科技通讯，2004（10）：16.

［184］孙晓莉，章铁，刘秀清.蝴蝶兰^{60}Coγ射线辐照材料的RAPD分子标记研究［J］.中国农学通报，2009，25（1）：156-159.

［185］王伯荪，余世孝，彭少麟，等.植物群落学实验手册［M］.广州：广东高等教育出版社，1996.

［186］王长泉，刘峰，李雅志.果树诱变育种的研究进展［J］.核农学报，2000，14（1）：61-64.

［187］王发明，莫权辉，叶开玉，等.猕猴桃溃疡病抗性育种研究进展［J］.广西植物，2019，39（12）：1729-1738.

［188］王发明，李洁维，胡亚康，等.猕猴桃属十个种的染色体倍性鉴定［J］.广西植物，2018，38（2）：220-224.

［189］王伏雄，喻诚鸿.花粉形态的研究1.术语及研究方法［J］.Journal of Integrative Plant Biology，1954（1）：81-104.

［190］王建波.ISSR分子标记及其在植物遗传学研究中的应用［J］.遗传，2002，24（5）：613-616.

［191］王莉，王圣梅，黄宏文.猕猴桃属种间嫁接亲和性试验研究及抗根结线虫砧木的初步筛选［J］.武汉植物学研究，2001，19（1）：47-51.

［192］王明忠，李明章.红肉猕猴桃新品种——"红阳"猕猴桃.猕猴桃研究进展（Ⅱ）［M］.北京：科学出版社，2003.

［193］王明忠.红阳猕猴桃质量体系研究——病虫害及其防治［J］.资源开发与市场，2005，21（5）：443-446.

［194］王明忠.红阳猕猴桃质量体系研究——果园建立［J］.资源开发与市场，2005，21（5）：483-486.

［195］王圣梅，武显维，黄仁煌，等.猕猴桃种间杂交结果初报［J］.植物科学学报，1989，7（4）：399-402.

［196］王圣梅，黄仁煌，武显维，等.猕猴桃远缘杂交育种研究［J］.果树科学，1994，11（1）：23-26.

［197］王新桂，李瑞高，李洁维，等.猕猴桃大面积早结高产优质栽培［J］.广西农业科学，2002（3）：151.

［198］王雯慧，丘琴，李生茂，等.毛花猕猴桃茎化学成分试验及其光谱鉴别的研究［J］.广西中医药，2010，33（1）：58-60.

［199］王阳，李邱华，李松林，等.电子束辐照百合鳞茎后对生长发育的影响及RAPD分析［J］.西北农业学报，2013，22（3）：140-147.

［200］王郁民，李嘉瑞.猕猴桃种子发芽研究［J］.种子，1991（2）：8-12.

［201］王玉霞，张超.猕猴桃扦插及扦插后的管理技术［J］.西南园艺，2002，30（1）：60-61.

［202］王玉霞，张超.猕猴桃扦插后的管理技术［J］.柑桔与亚热带果树信息，2004，20（9）：47.

［203］王元裕，李伯均，周碧英，等.甜柿砧穗组合嫁接亲和力研究［J］.园艺学报，1996，23（2）：110-114.

［204］王兆玉，林敬明，罗莉，等.小油桐种子的^{60}Co-γ射线辐射敏感性及半致死剂量的研究［J］.南方医科大学学报，2009，29（3）：506-508.

［205］王振荣，高同春，顾江涛，等.猕猴桃溃疡病主要发病条件研究［J］.安徽农业科学，1998，26（4）：

347-348，351.

［206］王振荣，高同春，顾江涛，等.猕猴桃溃疡病防治研究［J］.安徽农业科学，1998，26（4）：349-351.

［207］王志强，何方，牛良，等.设施栽培油桃光合特性研究［J］.园艺学报，2000，27（4）：245-250.

［208］王中炎.猕猴桃果实生长发育规律研究初报［J］.科研资料汇编（湖南园艺所），1987-1988：66-67.

［209］韦兰英，莫凌，曾丹娟，等.桂北地区中华猕猴桃光合作用的日变化特征［J］.西北农业学报，2008，17（6）：107-112.

［210］韦兰英，莫凌，袁维圆，等.不同遮阴强度对猕猴桃"桂海4号"光合特性及果实品质的影响［J］.广西科学，2009，16（3）：326-330.

［211］韦兰英，上官周平.黄土高原白羊草、沙棘和辽东栎细根比根长特性［J］.生态学报，2006，26（12）：4164-4170.

［212］文欢.猕猴桃抗溃疡病基因的生物信息学分析［D］.杭州：浙江大学，2016.

［213］吴春山.一种新的生鲜食品保鲜袋——SANBIL［J］.中国食品信息，1991（1）：17.

［214］吴德义，陈江美，任茂忠.猕猴桃采收期研究初报［J］.江西农业科技，1987（4）：23-24.

［215］吴冬，胡永红，黄姝博，等.福建地区小叶买麻藤生存群落特征［J］.福建林学院学报，2011，31（1）：24-30.

［216］吴姝，张树源，沈允钢.昼夜温差对小麦光合特性的影响［J］.西北植物学报，1998，18（1）：103-109.

［217］吴协保，但新球，刘扬晶.广西千家洞自然保护区珍稀濒危植物福建柏群落的研究［J］.江西农业学报，2007，19（5）：51-53，56.

［218］向成华，朱秀志，张华，等.濒危植物峨眉含笑的遗传多样性研究［J］.西北林学院学报，2009，24（5）：66-69.

［219］向小奇，陈军，陈功锡，等.猕猴桃夏季叶温、蒸腾及光合作用［J］.果树科学，1998，15（4）：368-369，385.

［220］小林章著，曲泽洲等译.果树的营养生理［M］.北京：农业出版社，1964.

［221］谢建国，李嘉瑞，赵江.猕猴桃若干光合特性研究［J］.北方园艺，1999（2）：26-28.

［222］谢田玲，沈禹颖，邵新庆，等.黄土高原4种豆科牧草的净光合速率和蒸腾速率日动态及水分利用效率［J］.生态学报，2004，24（8）：1679-1686.

［223］新田洋治.常温贮藏猕猴桃的新方法［J］.国外包装技术，1991（1）：23-26.

［224］邢莉莉，陈发棣，缪恒彬.切花菊"长紫"辐照后代减数分裂行为及ISSR遗传变异分析［J］.核农学报，2009，23（4）：587-591.

［225］熊治廷，黄仁煌，武显维.四种猕猴桃属植物的染色体数目观察［J］.植物科学学报，1985，3（3）：219-224.

［226］熊治廷，黄仁煌.猕猴桃属十种三变种的染色体数目［J］.植物分类学报，1988，26（3）：245-247.

［227］徐炳成，山仑，黄瑾.黄土丘陵区不同立地条件下沙棘光合生理日变化特征比较［J］.西北植物学报，2003，23（6）：949-953.

［228］许大全.光合作用气孔限制分析中的一些问题［J］.植物生理学通讯，1997，33（4）：241-244.

［229］许再富.稀有濒危植物迁地保护的原理与方法［M］.昆明：云南科技出版社，1998.

［230］杨建民，张林平，张国良，等.大石早生李幼树光合特性研究［J］.河北农业大学学报，1998，21（2）：34-38.

［231］杨清平，艾秀兰.猕猴桃扦插繁殖试验［J］.农业与技术，2001，21（3）：23-25.

［232］杨沅志，张璐，陈北光，等.珍稀濒危植物广东松林的群落特征［J］.华南农业大学学报，2006，27（2）：70-73.

［233］姚春潮，王跃进，刘旭峰，等.猕猴桃雄性基因RAPD标记S1032-850的获得及其应用［J］.农业生物技术学报，2005，13（5）：557-561.

［234］耶兴元，马锋旺，王顺才，等.高温胁迫对猕猴桃幼苗叶片某些生理效应的影响［J］.西北农林科技大学学报（自然科学版），2004，32（12）：33-37.

［235］叶春海，丰锋，吕庆芳，等.香蕉^{60}Co辐射诱变效应的研究［J］.西南农业大学学报，2000，22（4）：301-303.

［236］叶开玉，李洁维，蒋桥生，等.猕猴桃^{60}Co-γ射线辐射诱变育种适宜剂量的研究［J］.广西植物，2012，32（5）：694-697.

［237］叶开玉，蒋桥生，龚弘娟，等.不同授粉方式对红阳猕猴桃坐果率和果实品质的影响［J］.江苏农业科学，2014，42（8）：165-166.

［238］叶开玉，蒋桥生，龚弘娟，等.猕猴桃嫁接繁殖与砧木选择试验［J］.江苏农业科学，2014，42（1）：138-139.

［239］叶开玉，莫权辉，蒋桥生，等.红阳猕猴桃果实生长发育及主要营养物质动态变化［J］.江苏农业科学，2020，48（4）：127-131.

［240］易盼盼.不同猕猴桃品种溃疡病抗性鉴定及抗性相关酶研究［D］.咸阳：西北农林科技大学，2014.

［241］袁飞荣，王中炎，卜范文，等.夏季遮阴调控高温强光对猕猴桃生长与结果的影响［J］.中国南方果树，2005，34（6）：54-56.

［242］袁继存，张林森，李丙智，等.秦岭北麓猕猴桃主栽品种光合特性的研究［J］.西北林学院学报，2011，26（1）：39-42.

［243］岳春雷，高智慧，陈顺伟.湿地松等3种树种的光合特性及其与环境因子的关系［J］.浙江林学院学报，2002，19（3）：247-250.

［244］曾华，李大卫，黄宏文.中华猕猴桃和美味猕猴桃的倍性变异及地理分布研究［J］.武汉植物学研究，2009，27（3）：312-317.

［245］张德民，王洪庆.^{60}Co-γ射线对山楂试管苗辐射效应［J］.北方园艺，1991（2）：12-14.

［246］张慧琴，李和孟，冯健君，等.浙江省猕猴桃溃疡病发病现状调查及影响因子分析［J］.浙江农业学报，2013（4）：832-835.

［247］张慧琴，毛雪琴，肖金平，等.猕猴桃溃疡病病原菌分子鉴定与抗性材料初选［J］.核农学报，2014（7）：1181-1187.

［248］张建光，刘玉芳，施瑞德.不同砧木上苹果品种光合特性比较研究［J］.河北农业大学学报，2004，

27（5）：31–33.

［249］张建鹏，尚霄丽，李明泽，等．辐射技术在果树育种中的应用［J］．落叶果树，2014，46（2）：19–21.

［250］张洁，蔡达荣，王俊儒，等．中华猕猴桃嫩枝扦插试验［J］．中国果树，1979（1）：49–54.

［251］张杰，张蜀宁，徐伟钰，等．二、四倍体青花菜净光合速率日变化及其影响因子的相关和通径分析［J］．江苏农业科学，2006（6）：220–223.

［252］张静翅，莫权辉，李洁维，等．4种基质对濒危物种——金花猕猴桃扦插苗根系和叶片性状的影响［J］．中国农学通报，2010，26（21）：213–217.

［253］张利刚，曾凡江，刘波，等．绿洲—荒漠过渡带四种植物光合及生理特征的研究［J］．草业学报，2012，21（1）：103–111.

［254］张林，罗天祥．植物叶寿命及其相关叶性状的生态学研究进展［J］．植物生态学报，2004，28（6）：844–852.

［255］张瑞朋，杨德忠，傅连舜，等．不同来源大豆品种光合速率日变化及其影响因子的研究［J］．大豆科学，2007，26（4）：490–495.

［256］张小全，徐德应．杉木中龄林不同部位和叶龄针叶光合特性的日变化和季节变化［J］．林业科学，2000，36（3）：19–26.

［257］张小桐．猕猴桃对溃疡病抗性评价指标的研究［D］．合肥：安徽农业大学，2007.

［258］张荫芬，兰李桥，周瑞英，等．板栗辐射诱变育种的研究［J］．核农学通报，1988，9（2）：59–60.

［259］张颖，呼天明．普那菊苣夏季光合速率日变化及其影响因子的研究［J］．西北农业学报，2007，16（5）：184–187.

［260］张有平．中华猕猴桃育苗研究简结［J］．中国果树，1985（4）：11–13.

［261］张振文，张保玉，童海峰，等．葡萄开花期光合作用光补偿点和光饱和点的研究［J］．西北林学院学报，2010，25（1）：24–29.

［262］张芝玉．中华猕猴桃两变种染色体数目的观察［J］．中国科学院大学学报，1983，21（2）：161–163.

［263］张芝玉．猕猴桃科的花粉形态及其系统位置的探讨［J］．植物分类学报，1987，25（1）：9–23.

［264］张忠慧，王圣梅，黄宏文．中国猕猴桃濒危种质现状及迁地保护对策［J］．中国果树，1999（2）：49–50.

［265］章宁，苏明华，徐夙侠，等．应用RAPD技术辅助蝴蝶兰辐射育种［J］．亚热带植物科学，2007，36（3）：19–22.

［266］章文才．果树研究法［M］．北京：农业出版社，1979.

［267］赵淑兰，李继海，屈慧鸽，等．软枣猕猴桃绿枝扦插繁殖及快速成苗试验［J］．特产研究，1999（4）：46–47，59.

［268］中国科学院中国植物志编辑委员会．中国植物志第四十九卷（第二分册）［M］．北京：科学出版社，1984.

［269］中国科学院中国植物志编辑委员会．中国植物志49卷第二册［M］．北京：科学出版社，2004.

［270］中国农业科学院郑州果树研究所．猕猴桃研究报告集（1978—1980）［M］.1981.

［271］郑少泉，许秀淡，许家辉，等．枇杷辐射诱变育种研究Ⅰ．枝条辐射的适宜剂量及性状变异［J］．中国南方果树，1996，25（3）：25–27.

［272］郑小华，廖明安，李明章，等．猕猴桃叶片光合日变化与环境因子关系的研究［J］．中国南方果树，2008，37（5）：67–69.

［273］郑玉红，夏冰，杭悦宇，等．黄独遗传多样性研究［J］．西北植物学报，2006，26（10）：2011–2017.

［274］周怀军，张洪武，张晓曼，等．不同砧木大石早生李光合特性研究［J］．西北林学学报，2004，19（1）：18–21.

［275］周月，赵许朋，吴秀华，等．农杆菌介导 LJAMP2 基因导入"红阳"猕猴桃及分子鉴定［J］．生物工程学报，2014（6）：931–942.

［276］朱道圩，杨宵，理莎莎，等．^{60}Co–γ 射线种子辐射对中华猕猴桃组织培养幼苗生长的效应［J］．植物生理学通讯，2006，42（5）：987–988.

［277］朱鸿云，杜如民，李书林，等．猕猴桃远缘杂交试验研究初报［J］．河南农业科学，1994（1）：25–27.

［278］朱杰荣．根插繁育中华猕猴桃砧木苗试验［J］．湖北林业科技，1987（1）：19.

［279］竺元琦．猕猴桃高温干旱抗性研究［J］．湖北林业科技，1999（4）：14–15.

［280］Abe K，Kotoda N，Kato H，et al. Resistance sources to Valsa canker（*Valsa ceratosperma*）in a germplasm collection of diverse *Malus* species［J］. Plant Breed，2007，126（4）：449–453.

［281］Balmford A，Arise J C，Hamrick J L. Conservation genetics，case histories from nature［M］. Chapman & hal1. New York，1996.

［282］Allan P，Savage M J，Criveano T，et al. Supplementing winter chilling in Kiwifruit in subtropical areas by evaporative cooling and shading［J］. Acta Hort，1999（498）：133–141.

［283］Allan P，Carlaon C. Effect of shade level on Kiwifruit leaf efficiency in a marginal area［J］. Horticulture Science，2002（610）：509–516.

［284］Alvarenga A A D，Castro E M D，Lima Juniore E D C，et al. Effects of different light levels on the initial growth and photosynthesis of *Croton urucurana* Baill. in southeastern Brazil［J］.Revista Arvore，2003，27（1）：53–57.

［285］Balestra G M，Mazzaglia A，Quattrucci A，et al. Occurrence of *Pseudomonas syringae* pv. *actinidiae* in Jin Tao kiwi plants in Italy［J］. Phytopathologia Mediterranea，2009，48（2）：299–301.

［286］Balestra G M，Renzi M，Mazzaglia A. First report of bacterial canker of *Actinidia deliciosa* caused by *Pseudomonas syringae* pv. *actinidiae* in Portugal［J］. New Dis Rep，2010（22）：10.

［287］Beatson R. Breeding for Resistance to Psa：Strategies & Breeding［J］. Kiwifruit Vine Health，2014：677. http：//www. kvh. org. nz/vdb/document/.

［288］Biswas K K，Ooura C，Higuchi K，et al. Genetic characterization of mutants resistant to the antiauxin p–chlorophenoxyisobutyric acid reveals that AAR3，a gene encoding a DCN1–like protein，regulates responses to the synthetic auxin 2, 4–Dichlorophenoxyacetic acid in Arabidopsis roots［J］. Plant Physiology，

2007（145）：773-785.

[289] Bowden W M. A List of Chromosome Numbers in higher Plants. I. Acanthaceae to Myrtaceae [J] . American Journal of Botany, 1945, 32（2）：81-92.

[290] Bull C T, Clarke C R, Cai R, et al. Multilocus sequence typing of *Pseudomonas syringae* sensu lato confirms previously described genomospecies and permits rapid identification of *P. syringae* pv. *coriandricola* and *P. syringae* pv. *apii* causing bacterial leaf spot on parsley [J] . Phytopathology, 2011, 101（7）：847, 858.

[291] Buwalda J G, Meekings J S, Smith G S. Seasonal changes in photosynthetic capacity of leaves of kiwifruit（*Actinidia deliciosa*）vines [J] . Physiologia Plantarum, 1991, 83（1）：93-98.

[292] Buwalda J G, Meekings J S, Smith G S. Radiation and photosynthesis in kiwifruit canopies [J] . Acta Horticulturae, 1992（297）：307-313.

[293] Camacho Rubio F, Garcia C, Femández Sevilla J M, et al. A mechanistic model of photosynthesis in microalgae [J] . Wiley Periodicals, Inc. Biotechnol Bioeng, 2003, 81（4）：459-473.

[294] Cao T, Sayler R J, Dejong T M, et al. Influence of stem diameter, water content, and freezing-thawing on bacterial canker development in excised stems of dormant stone fruit [J] .Phytopathology,1999,89（10）：962-966.

[295] Chapman J R, Taylor R K, Weir B S, et al. Phylogenetic relationships among global populations of *Pseudomonas syringae* pv. *actinidiae* [J] . Phytopathology, 2012, 102（11）：1034-1044.

[296] Chartzoulakis K, Noitsakis B, Therios I. Photosynthesis, plant growth and dry matter distribution in kiwifruit as influenced by water deficits [J] . Irrigation Science, 1993, 14（1）：1-5.

[297] Clearwater M J, Seleznyova A N, Thorp T G, et al. Vigor-controlling rootstocks affect early shoot growth and leaf area development of kiwifruit [J] . Tree Physiol, 2006, 26（4）：505-515.

[298] Craine J M, Wedin D A, Chapin F S, et al. Relationship between thestructure of root systems and resource use for 11 North American grassland plants [J] . Plant Ecology, 2003, 165（1）：85-100.

[299] Craine J M, Wedin D A, Chapin F S, et al. The dependence of root system properties on root system biomass of 10 North American grassland species [J] . Plant and Soil, 2003, 250（1）：39-47.

[300] Cruz-Castillo J G, Lawes G S, Woolley D J, et al. Rootstock influence on kiwifruit vine performance [J] . N Z J Crop Horticult Sci, 1991, 4（19）：361-364.

[301] Datson P, Nardozza S, Manako K, et al. Monitoring the Actinidia germplasm for resistance to *Pseudomonas syringae* pv. *actinidiae* [J] . Acta Horticulturae, 2015（1095）：181-184.

[302] David S Wilcove, Lawrence L M. How many endangered species are there in the United States? [J] . Front Ecol Environ, 2005, 3（8）：414-420.

[303] Dirk h ölscher, Christoph Leuschner, Kerstin Bohman, et al. Leaf gas exchange of trees in old-growth and young secondary forest stands in Sulawesi, Indonesia [J] . Trees, 2005, 20（3）：278-285.

[304] Eric Garnier, Jacques Cortez, Billès, et al. Plant functional markers capture ecosystem properties during secondary succession [J] . Ecology, 2004, 85（9）：2630-2637.

［305］ Erper，Ismail，Tunali，et al. Characterization of root rot disease of kiwifruit in the Black Sea region of Turkey ［J］. Eur J Plant Pathol，2013，136（2）：291–300.

［306］ Farquhar G D，Sharkey T D. Stomatal conductance and photosynthesis［J］. Ann Rev Plant Physiol，1982（33）：317–345.

［307］ Farrish K W. Spatial and temporal fine root distribution in Three Louisiana forest soils［J］. Soil Science Society of America Journal，1991，55（6）：1752–1757.

［308］ Ferrante P，Scortichini M. Molecular and phenotypic features of *Pseudomonas syringae* pv. *actinidiae* isolated during recent epidemics of bacterial canker on yellow kiwifruit（*Actinidia chinensis*）in central Italy［J］. Plant Pathol，2010，59（5）：954–962.

［309］ Greef J M，Deuter M，Jung C，et al. Genetic diversity of European Miscanthus species revealed by AFLP fingerprinting［J］. Genetic Resources and Crop Evolution，1997（44）：185–195.

［310］ Greer D h，Laing W A，Kipnis T. Photoinhibition of photosynthesis in intact kiwifruit（*Actinidia deliciosa*）leaves：Effect of temperature［J］. Planta，1988，174（2）：152–158.

［311］ Greer D h，Laing W A. Photoinhibition of photosynthesis in intact kiwifruit（*Actinidia deliciosa*）leaves：Recovery and its dependence on temperature［J］. Planta，1988，174（2）：159–165.

［312］ Greer D h，Laing W A. Photoinhibition of photosynthesis in intact kiwifruit（*Actinidia deliciosa*）leaves：Effect of light during growth on photoinhibition and recovery［J］. Planta，1988，175（3）：355–363.

［313］ Greer D h，Laing W A. Photoinhibition of photosynthesis in intact kiwifruit（*Actinidia deliciosa*）leaves：Effect of growth temperature on photoinhibition and recovery［J］. Planta，1989，180（1）：32–39.

［314］ Greer D h，Laing W A. Photoinhibition of photosynthesis in intact kiwifruit（*Actinidia deliciosa*）leaves：Changes in susceptibility to photoinhibition and recovery during the growth season［J］.Planta，1992，186（3）：418–425.

［315］ Gregoriou K，Pontikis K，Vemmos S. Effects of reduced irradiance on leaf morphology，photosynthetic capacity，and fruit yield in olive（Olea europaea L）［J］. Photosynthetica，2007，45（2）：172–181.

［316］ Gonalves-Zuliani A M O，Nanami D S Y，Barbieri B R，et al. Evaluation of Resistance to Asiatic Citrus Canker among Selections of Pêra Sweet Orange（Citrus sinensis）［J］. Plant Dis，2016，100（10）：1994–2000.

［317］ Hoyte S M，Reglinski T，Elmer P，et al. Developing and using bioassays to screen for Psa resistance in New Zealand kiwifruit［J］. Acta Horticulturae，2015（1095）：171–180.

［318］ Jackson R B，Mooney h A，Schulze E D. A global budget for fine root biomass，surface area，and nutrient contents［J］. Proceedings of National Academy Science，USA，1997（94）：7362– 7366.

［319］ Joel P Olfelt，Glennr R Furnier，James J Luby. Reproduction and development of the endangered *Sedum integrifolium* ssp. *Leedyi*（Crassulaceae）［J］. American Journal of Botany，1998，85（3）：346–351.

［320］ John Robert，James W Dalling，Kyle E，et al. Soil nutrients influence spatial distributions of tropical tree species［J］. PNAS，2007，104（3）：864–869.

［321］ Narouei Khandan H N，Worner S P，Jones E E，et al. Predicting the potential global distribution of

Pseudomonas syringae pv. *actinidiae*（Psa）[J]．N Z Plant Protect，2013（66）：184–193.

[322] Lawes G S，Sim B L. Kiwifruit propagation from root cuttings [J]．New Zealand Journal of Experimental Agriculture，1980（8）：273–275.

[323] Lei Y S，Jing Z B，Li L. Selection and evaluation of a new kiwifruit rootstock hybrid for bacterial canker resistance [J]．Acta Hortculturae，2015（1096）：413–420.

[324] Li J Q，Li X W，Soejarto D D. *Actinidiaceae*. In：Wu C Y，Raven P，eds. Flora of China Volume（12）[M]．Beijing：Science Press and St. Louis：Missouri Botanical Garden Press，2007.

[325] Li J W，Ye K Y，Gong h J，et al. Studies on morphological，physiological，and biochemical characteristic of kiwifruit canker resistant germplasm-resource [C]．Mt Maunganui，New Zealand，2013.

[326] Li X W，Li J Q，Soejarto D D. Advances in the study of the systematics of *Actinidia Lindley* [J]．Chin Front Biol，2009，4（1）：55–61.

[327] Luckey T D. Hormesis with Ionizing Radiation [M]．Florida：CRC Press，1980.

[328] Mao A J，Wang T，Song Y R. Fine mapping of AST gene in Arabidopsis [J]．Acta Botanica Sinaca，2003，45（1）：88–92.

[329] Martin Schmalholz，Katariina kiviniemi. Relationship between abundance and fecundity in the endangered grassland annual *Euphrasia rostkoviana* ssp. *fennica* [J]．Annales Botanic Fennici，2007（44）：194–203.

[330] Mazzaglia A，Renzi M，Balestra G M. Comparison and utilization of different PCR-based approaches for molecular typing of *Pseudomonas syringae* pv. *actinidiae* strains from Italy [J]．Can J Plant Pathol，2011，1（33）：8–18.

[331] Mcneilane M A，Considine J A. Chromosome studies in some *Actinidia* taxa and implications for breeding [J]．New Zealand Journal of Botany，1989，27（1）：71–81.

[332] Michelotti V，Lamontanara A，Buriani G，et al. RNAs-eq analysis of the molecular interaction between *Pseudomonas syringae* pv. *actinidiae*（Psa）and the kiwifruit [J]．Acta Hort-amsterdam，2015（1096）：357–362.

[333] Midgley G F，Aranibar J N，Mantlana K B，et al. Photosynthetic and gas exchange characteristics of dominant woody plants on a moisture gradient in an African savanna [J]．Global Change Biology，2004，10（3）：309–317.

[334] Moacyr B D F. Photosynthetic light response of the C_4 grasses Brachiaria brizantha and B. humidicola under shade [J]．Scientia Agricola，2002，59（1）：65–68.

[335] Morgan D C，Stanley C J，Warrington I J. The effects of simulated daylight and shade-light on vegetative and reproductive growth in kiwifruit and grapeving [J]．Journal of horticultural Science，1985，60（4）：473–484.

[336] Montanaro G，Dichio B，Xiloyannis C. Response of photosynthetic machinery of field-grown kiwifruit under Mediterranean conditions during drought and re-watering [J]．Photosynthetica，2007，45（4）：533–540.

[337] Montanaro G，Dichio B，Xiloyannis C. Shade mitigates photoinhibition and enhances water use efficiency in

kiwifruit under drought［J］.Photosynthetica, 2009, 47（3）: 363-371.

［338］Nardozza S, Martinez-Sanchez M, Curtis C, et al. Screening actinidia germplasm for different levels of tolerance, or resistance, to Psa *Pseudomonas syringae* pv. *actinidiae*［J］.Acta horticulturae, 2015（1096）: 351-355.

［339］Oberle G D, Goerten K L. A method for evaluating pollen production of fruit varieties［J］. Amer. Soc hor. Sci. , 1952, 59（2）: 263-295.

［340］Penuelas J, Filella I, Llusia J, et al. Comparative field study of spring and summer leaf gas exchange and photobiology of the Mediterranean trees *Quercus ilex* and *Phillyrea Iatifola*［J］. Journal of Experiment Botany, 1998, 49（319）: 229-238.

［341］Petriccione M, Salzano A M, Cecco I D, et al. Proteomic analysis of the *Actinidia deliciosa* leaf apoplast during biotrophic colonization by *Pseudomonas syringae* pv. *actinidiae*［J］. J Proteomics, 2014（101）: 43-62.

［342］Petriccione M, Cecco I D, Arena S, et al. Proteomic changes in *Actinidia chinensis* shoot during systemic infection with a pandemic *Pseudomonas syringae* pv. *actinidiae* strain［J］. J Proteomics, 2013（78）: 461-476.

［343］Sakan T, et al. Chemical components in matabi. VI. The streo-chemical configuration of ctinidine［J］. Nippokagaku Zasshi, 1960（81）: 1447-1450.

［344］Satu Ramula, Lauri Puhakainen, Jukka Suhonen, et al. Management actions are required to improve the viability of the rare grassland herb *Carlina biebersteinii*［J］. Nordic Journal of Botany, 2008（26）: 83-90.

［345］Scortichini M, Marcelletti S, Ferrante P, et al. *Pseudomonas syringae* pv. *actinidiae*: A re-emerging, multi-faceted, pandemic pathogen［J］. Mol Plant Pathol, 2012, 13（7）: 631-640.

［346］Selman J D. The vitamin C Content of some Kiwifruits (*Actinidia chinnsis Planch.* , variety hayward)［J］. Food Chemisty, 1983, 11（1）: 63-75.

［347］Snelgar W P, Hpokirk G. Effect of overhead shading on yield and fruit quality of kiwifruit(*Actinidia deliciosa*)［J］. Journal of Horticultural Science, 1988, 63（4）: 731-742.

［348］Stewart A, Mc Carrison A M. Pathogenicity and relative virulence of seven Phytophthora species on kiwifruit［J］. New Zealand Journal of Crop and Horticultural Science, 1992, 19（1）: 73-76.

［349］Takebayashi N, Morrell L P. Is self-fertilization an evolutionary dead end？ Revisiting an old hypothesis with genetic theories and a macro-evolutionary approach［J］. American Journal of Botany, 2001, 88（7）: 1143-1150.

［350］Takikawa Y, Serizawa S, Ichikawa T, et al. *Pseudomonas syringae* pv. *actinidiae* pv. nov: The causal bacterium of canker of kiwifruit in Japan［J］. Ann Phytopath Soc Japan, 1989, 55（4）: 437-444.

［351］Tiyayon, Strik. Influence of time of overhead shading on yield, fruit quality, and subsequent flowering of hardy kiwifruit (*Actinidia arguta*)［J］. New Zealand Journal of Crop and horticultural Science, 2004, 32（2）: 235-241.

［352］ Tolerance of male selections to Psa–V in New Zealand［R］. Kiwifruit Vine health Inc www. kvh. org. nz/ Spring_Summer KVH Information Sheet：Male susceptibility to Psa–V，December 2012_Version 2.

［353］ Tynan K M，Scott E S，Sedgley M. Development of excised shoot and root assays for in vitro evaluation of Banksia species for response to Phytophthora species［J］. Plant Path，1998，47（4）：456–462.

［354］ Ueda Y，Nishihara S，Tomita h，et al. Photosynthetic response of Japanese rose species *Rosa bracteata* and *Rosa rugosa* to temperature and light［J］. Scientia horticulturae，2000，84（3）：365–371.

［355］ Vanneste J，Cornish D，Yu J，et al. First report of *Pseudomonas syringae* pv. *actinidiae* the causal agent of bacterial canker of kiwifruit on *Actinidia arguta* Vines in New Zealand［J］. Plant Dis，2014，98（3）：418.

［356］ Visser F R. Variations in Vitamin C content of some New Zealand grown vegetables［J］. New Zealand Journal of Science，1984（27）：105–112.

［357］ Wan R，Hou X，Wang X，et al. Resistance evaluation of Chinese wild Vitis genotypes against botrytis cinerea and different responses of resistant and susceptible hosts to the infection［J］. Front Plant Sci，2015（6）：854.

［358］ Wang T，Wang G，Jia Z H，et al. Transcriptome analysis of kiwifruit in response to *Pseudomonas syringae* pv. *actinidiae* infection［J］. INT J MOL SCI，2018，19（2）：373.

［359］ Wang Y L，Ma F W，Li M J，Liang D，et al. Physiological responses of kiwifruit plants to exogenous ABA under drought conditions［J］. Plant Growth Regul，2011（64）：63–74.

［360］ Wang Z P，Liu Y F，Li L，et al. Whole transcriptome sequencing of *Pseudomonas syringae* pv. *actinidiae* infected kiwifruit plants reveals species–specific interaction between long non–coding RNA and coding genes［J］. Scientific Reports，2017，7（4910）：DOI：10. 1038/s41598–017–05377–y.

［361］ Wang Z P，Liu Y F，Li D W，et al. Identification of circular RNAs in kiwifruit and their species–specific response to bacterial canker pathogen invasion［J］. Front Plant Sci，2017（8）：413. doi：10. 3389/fpls. 2017. 00413.

［362］ Wang Z Y，Patterson K J，Gould K S，et al. Rootstock effects on budburst and flowering in kiwifruit［J］. Sci Hort–amsterdam，1994，57（3）：187–199.

［363］ Wang Z P，Wang S B，Li D W，et al. Optimized paired–sgRNA/Cas9 cloning and expression cassette triggers high–efficiency multiplex genome editing in kiwifruit［J］. Plant Biotech J.，2018，16（8）：1424–1433.

［364］ Watanabe K，Takahashi B，Shirato K. Chromosome numbers in kiwifruit（*Actinidia deliciosa*）and related species［J］. Engei Gakkai Zasshi，1989，58（4）：835–840.

［365］ Wolff K，Zietkiewicz E，Hofstra H. Identification of chrysanthemum cuhivars and stability of DNA fingerprint patterns［J］. Theoretical and Applied Genetics，1995，91（3）：439–447.

［366］ Yan C J，Yan S，Zeng X h，et al. Fine mapping and isolation of Bc7（t），allelic to OsCesA4［J］. Acta Genetics Genomics，2007，34（11）：1019–1027.

［367］ Yang Y Q，Liu C，Han Y Z，et al. Influence of water stress and low irradiance on morphological and physiological characteristics of Picea aspeata seedlings [J] . Photosynthetica, 2007, 45 (4): 613–619.

[368] Zhang J, Beuzenberg E J. Chromosome numbers in two varities of *Actinidia chinensis* Planch [J] . New Zealand Journal of Botany, 1983, 21 (3): 353–355.

[369] Zhong C H, Wang S M, Jiang Z W. "Jinyan", an interspecific hybrid kiwifruit with brilliant yellow flesh and good storage quality [J] . HortScience, 2012, 47 (8): 1187–1190.

[370] Zietkiewicz E, Rafalski J A, Labuda D. Genome fingerprinting by simple sequence repeat (SSR) anchored polymerase chain reaction amplification [J] . Genomies, 1994, 20 (2): 176–183.

附 录

附录 I 猕猴桃生产技术规程（DB45/T 1200—2015）

（本标准为广西壮族自治区地方标准，由广西壮族自治区质量技术监督局于 2015 年 8 月 30 日发布，2015 年 9 月 30 日实施）。

前 言

本标准按照 GB/T 1.1—2009 给出的规则起草。

本标准由广西科学院提出。

本标准起草单位：广西壮族自治区中国科学院广西植物研究所。

本标准起草人：李洁维、龚弘娟、蒋桥生、莫权辉、叶开玉。

1 范围

本标准规定了猕猴桃生产的建园，土肥水管理，整形修剪，病虫害防治，果实采收要求。

本标准适用于广西境内猕猴桃的生产。

2 规范性引用文件

下列文件对于本文件的应用是必不可少的。凡是注日期的引用文件，仅所注日期的版本适用于本文件。凡是不注日期的引用文件，其最新版本（包括所有的修改单）适用于本文件。

《农药安全使用标准》（GB 4285）

《农药合理使用准则》（GB/T 8321）（所有部分）

《无公害食品 猕猴桃产地环境条件》（NY 5107）

3 术语和定义

下列术语和定义适用于本标准。

3.1 抽槽改土

对于积水田（排干水后进行改土）、或土层浅薄且底下是大卵石或沙性过重、机械无法深翻的地块用挖机挖定植沟的方法，然后多层填埋粗有机料和有机肥改良土壤。

3.2 "T" 形架

在一根支柱的近顶端处，加一横梁，使其整体架形像英文字母"T"的小支架。

3.3 平顶棚架

用固定高度的支柱，按统一的间距树立，全小区的支柱呈正方形排列，在支柱顶端搭建横梁或拉大号钢丝，横梁之间按固定间距从纵向和横向拉钢丝，形成正方形网格，即构成平顶棚架。

3.4 伤流期

从新伤口出现水滴状分泌物开始至新伤口不再出现水滴状分泌物为止的时期。

4 建园

4.1 园地选择

4.1.1 气候条件为年平均气温 13 ～ 18 ℃，无霜期 210 ～ 290 d，年降水量 1000 ～ 1500 mm。
4.1.2 土壤要求团粒结构好，疏松透气，有机质含量丰富，微酸性，地下水位 1 m 以下。
4.1.3 园地环境质量应符合 NY 5107 的规定执行。

4.2 坡向和等高线

选择平地或坡度≤ 25° 以下的向阳的南坡、东南坡和西南坡上建园。坡度 6° ～ 25° 的山地、丘陵山地建园，宜修筑水平梯田，丘陵栽植行沿等高线延长。

4.3 土壤改良

抽槽改土，挖大槽，抽通槽。挖深宽各 80 ～ 100 cm 的定植槽，取土时将表土和心土分别堆放两侧。在每 1 m 长槽内施入 50 kg 农家肥、钙镁磷肥 1 ～ 1.5 kg 或饼肥 3 ～ 4 kg。回填时要先放 20 ～ 30 cm 深的秸秆、杂草、绿肥等，拌以 1/5 左右腐熟有机肥和钙镁磷肥，然后回填表土，再均匀拌入 1/4 左右腐熟有机肥，然后将心土和有机肥、钙镁磷肥混合填入，最后在行间取耕作层熟土起垄，垄宽应大于施肥沟，一般为 120 cm 左右，土壤下沉后，垄面应高于地面 30 ～ 50 cm。

4.4 品种选择

因地制宜选择适合本区域的品种，桂北海拔 600 m 以下选择中华猕猴桃品种（包括红肉猕猴桃品种）为主栽品种，海拔 600 m 以上选择美味猕猴桃品种为主栽品种。在桂西和桂西北，海拔 1000 m 以下选择中华猕猴桃品种（包括红肉猕猴桃品种），海拔 1000 m 以上选择美味猕猴桃为主栽品种。

4.5 种苗要求

选用 1 年生以上嫁接苗，苗木具主侧根 3 个以上，高度 60 cm 以上，饱满芽 5 个以上，嫁接口以上 2 cm 处粗 0.9 cm 以上，无检疫对象，接口处无未愈合伤疤。

4.6 栽植

4.6.1 架式
采用平顶大棚架或"T"型架。

4.6.2 密度
"T"型架行株距 4 m×3 m，平顶棚架行株距 3 m×3 m。

4.6.3 时期
秋季至次年春季 2 月底前。

4.6.4 挖坑
挖 0.8 m×0.8 m×0.8 m 至 1 m×1 m×1 m 种植坑，或以此为标准挖种植沟。

4.6.5 底肥
每个种植坑施用有机肥 50 ～ 75 kg，钙镁磷肥 1 kg，石灰 1 kg。

4.6.6 深度
根全部埋入土里，根茎部与地面平。

4.6.7 方法
栽植时在回填好的垄面上，先定栽植点，挖深 20 ～ 30 cm 左右的定植穴，然后将苗木放入定植穴内，根系舒展开、苗木扶正，边填表土边轻轻向上颤动提苗、踏实，使根系与土壤密接，露出根颈部，浇足定根水，最后在上面覆盖一层细土保湿。

4.6.8 定干

苗木定植完成后在第 4 ～ 5 个饱满芽处短截定干。

4.6.9 雄株配种

选配专用的猕猴桃授粉雄株,按雌雄比例 8 ∶ 1 配种。

5 土肥水管理

5.1 土壤管理

5.1.1 深翻改土

每年秋季采果后全垄行带深翻,幼树离主干外 30 ～ 40 cm 向外深翻,深度 30 ～ 40 cm。

5.1.2 土壤管理制度

行间可以生草,或种植其他绿肥,三叶草宜 9 ～ 10 月秋播。也可以采用覆盖制度,6 月初进行,如遇雨季可适当延迟至雨季后覆盖。覆盖材料有稻草、麦秸、油菜秆、糠壳及杂草等,覆盖厚度约 20 cm,树干周围 10 cm 范围内不覆盖。

5.2 施肥管理

以有机肥为主,化学肥料为辅,增加或保持土壤肥力及土壤微生物活性,所施的肥料不应对果园环境或果实品质产生不良影响。

5.2.1 幼龄树施肥

全年施基肥 1 次,在秋冬季深翻扩穴时施入,每株施腐熟饼肥 1.5 ～ 2.5 kg,或牛、猪圈肥或土杂肥 30 ～ 50 kg,与土壤混合施入。

全年追肥 4 ～ 6 次。第一年每株施尿素 100 g,第二年施折合纯氮 100 g 的氮肥,第三年施折合纯氮 80 g 的氮肥,撒施后翻入途中或兑水淋施。

追肥从 2 月下旬开始(新植树 4 月上旬至 8 月下旬),每次间隔 25 天左右。

5.2.2 成龄树施肥

5.2.2.1 催梢肥
萌芽前施用,以速效氮肥和复合肥为主,施肥量为全年化肥的 20%。

5.2.2.2 壮果肥
谢花后 1 个月内施用,以速效磷、钾肥为主,施肥量为全年化肥用量的 20%。

5.2.2.3 秋冬肥
采果后至落叶期间进行,以有机肥为主,配施钙镁磷肥进行沟施或扩穴施,施肥量为全年的有机肥及 60% 的化肥。

5.2.3 根外追肥

全年 4 ～ 5 次，生长前期 2 次，以氮肥为主；后期 2 ～ 3 次，以磷肥、钾肥为主。
常用叶面肥浓度：尿素 0.3% ～ 0.5%，磷酸二氢钾 0.2% ～ 0.3%，硼砂 0.1% ～ 0.3%。
最后一次叶面肥在果实采收期前 20 天进行。

5.2.4 允许使用的肥料种类

5.2.4.1 农家肥
腐熟的堆肥、沤肥、厩肥、沼气肥、绿肥、作物秸秆肥、泥肥、饼肥等。

5.2.4.2 商品肥料
在农业行政主管部门登记或免予登记允许使用的各种肥料，包括商品有机肥、微生物肥、化肥、叶面肥、有机无机复合肥。

5.3 水分管理

5.3.1 灌溉水质量

灌溉水质量应符合 NY 5107 标准规定。

5.3.2 土壤含水量

土壤湿度保持在田间持水量 70% ～ 80%，低于 65% 时要灌水。秋季清晨叶片上不显露水时应灌水。

5.3.3 需水时期

猕猴桃有 4 个重要需水时期：发芽至开花期、新梢生长和幼果膨大期、果实迅速膨大和混合芽形成期、落叶前。

5.3.4 灌水

在广西萌芽期和花期雨水多，不必灌水；果实迅速膨大期根据土壤湿度灌水 2 ～ 3 次，特别是在果实迅速膨大和混合芽形成期正值盛夏高温季节，要保证土壤中有充足的水分，一般 35 ℃以上高温干旱 5 天左右就要灌水 1 次，以根系 30 ～ 40 cm 土层充分浸透为宜。果实采收前 15 天左右停止灌水。落叶越冬前灌水 1 次。

5.3.5 排水

低洼易发生涝害的果园周围修筑 100 cm 以上的排水沟，及时排出积水；果园面积较大时园内也应有排水沟，每 3 ～ 4 行树间挖排水沟 1 条，或采用高垄栽植，土壤湿润而不积水。

6　整形修剪

6.1　整形

幼树定植后第一年，选择 1 条直立向上生长健壮的新梢作主干培养，单主干上架，在苗木旁立一支柱，将新梢绑缚在支柱上，注意不让其缠绕在支柱上。当新梢长到架顶后在 1.6 m 处摘心，促使主干新梢健壮、芽体饱满。摘心后在其顶端抽发出的新梢中，选择 2 条着生方位适当并健壮生长的新梢作为主蔓，其余的摘心或疏除。当 2 个主蔓生长到超过架面 60 cm 左右时，在架面上将其分别沿中心铁丝伸展并绑缚于铁丝上，诱导其向两个相反方向生长，使 2 个主蔓在架面上呈"Y"形分布。主蔓的两侧每隔 20 cm 左右留一侧蔓作为结果母枝，结果母枝与行向呈直角固定在架面上。

6.2　修剪

6.2.1　冬季修剪

6.2.1.1　时间与方法
在冬季落叶后 2 周至翌年 1 月底前进行，避开伤流期。修剪方法主要有短截、缩剪、疏剪等。

6.2.1.2　结果枝的修剪
长果枝每枝留 12～16 个芽，中果枝留 8～12 个芽，短果枝留 3～5 个芽。

6.2.1.3　结果母枝的修剪
若衰老的母枝基部有充实健壮、腋芽饱满的结果枝或发育枝，可回缩到健壮部位；若结果母枝生长过弱或其上分枝过高，冬季修剪时应将其从基部潜伏芽处剪掉，促使潜伏芽萌发；由于从多年生枝上萌发的枝梢一般第一年不能结果，用这种更新方法如果处理不当，常常导致产量下降，为了避免减产，对结果母枝的更新要有计划地进行，通常每年更新全树三分之一左右的结果母枝。

6.2.1.4　营养枝的修剪
长度 1 m 左右的营养枝，剪留 70～80 cm；长度 50～80 cm 的中庸营养枝，剪留 40～50 cm；40 cm 以下的细弱枝一般不用的可作疏除处理，需要时剪留 10～20 cm。

6.2.1.5　徒长枝的修剪
在发育枝、结果枝数量不够时，也可选做结果母枝培养。用作更新的徒长枝，留 5～8 个饱满芽短截，第二年从其上萌发的健壮枝梢留作更新用。没有利用价值的徒长枝，及时从基部除去。

6.2.2　夏季修剪

6.2.2.1　时间与方法
在 4～8 月枝梢生长旺盛时进行，修剪的方法有抹芽、摘心、疏枝、疏花、疏蕾和绑枝等。

6.2.2.2　抹芽定梢
萌芽期进行。主要抹去主干及其基部、主枝以及侧枝上萌发的无用潜伏芽、双生芽或三生芽，一般只留一个，其余的抹去。如果结果母枝上萌发的芽过多，也可适当抹去一些。

摘心。开花后一周完成。对生长旺盛的雌株结果枝从最末一朵花起 7 ～ 8 片叶处摘心，营养枝留 10 ～ 12 片叶摘心，培养第二年的结果母枝。对基部抽生的强徒长枝要及时除去。

6.2.2.3　花后修剪

花后一个月进行。雄株谢花后立即修剪，剪除细弱枝和已开过花的枝条，短截健壮的营养枝培养作为第二年的开花母枝；雌株在抹芽定梢的基础上继续去除中下部萌蘖，对顶端已出现卷曲下垂的新梢在 1 m 左右及早摘心或剪截，还需疏去过密枝、细弱枝和病虫枝。

6.2.2.4　疏花疏果

花期疏侧花，方向位置不好的花。花后半个月左右疏果，先疏去畸形果、病虫果、小果，再疏去侧果，留中心果，在一个结果枝上疏基部留中上部果。短果枝留 1 ～ 2 个果，中果枝留 3 ～ 4 个果，长果枝留 5 ～ 6 个果。

6.2.2.5　果实生长期修剪

在果实缓慢生长的 7 月进行。雄株去除细弱枝，剪截作为第二年开花母枝的枝顶端；雌株在前几次夏剪的基础上除去萌发的新梢，对结果枝及时摘心和剪截，并对促发的副梢留 4 ～ 5 片叶反复摘心。

7　病虫害防治

7.1　原则

坚持以预防为主，综合防治，按照病虫害发生的特点，以农业防治为基础，综合利用物理、生物、化学等防治措施。

化学农药的使用应符合 GB 4285、GB/T 8321 的要求。

7.2　农业防治

冬季修剪剪除的病虫枝、枯枝、卵块，清除园中的杂草和落叶集中烧毁，翻耕土层，破坏病虫的越冬场所。

7.3　化学防治

7.3.1　冬季防治

修剪清园后，全园喷 1 次 3 ～ 5 波美度石硫合剂。用药石灰液（50 g 晶体石硫合剂 + 500 g 生石灰水 + 4000 g 水）进行树干刷白，刷掉树干孔隙处的越冬虫源。

7.3.2　生长季防治

详见附件，猕猴桃主要病虫害生长季化学防治方法。

7.4 采收时期

红阳猕猴桃成熟期在8月下旬至9月上旬，果实可溶性固形物达到7.0%～7.5%以上即可采收。其他中华猕猴桃品种成熟期在9月中下旬，果实可溶性固形物达到7%以上时采收。美味猕猴桃品种在9月下旬至10月上旬成熟，果实可溶性固形物达到7.5%～8.0%以上时采收。

7.5 采收准备

采前对贮藏库和临时存放场所进行全面清洁和消毒，准备好各种采收、包装器具和运输工具。采果人员需要剪短指甲、戴好手套。

7.6 采收方法

采果时要轻摘、轻放、轻运、轻卸，避免机械损伤。避免阴雨天、露水天、浓雾天和晴热高温的中午采果。采收后及时降温，散出田间热，进行分级包装，及时入贮藏库。

附件 猕猴桃主要病虫害生长季化学防治方法

名称	防治方法
金龟子	开花前2～3天，树冠喷布50%锌硫磷乳剂200倍稀释液，隔10天左右再喷1次
根腐病	刨开树盘，待土壤干燥时，浇灌70%甲基托布津700倍稀释液或用100倍45%晶体石硫合剂浇灌，或每株用金纳海2 g+众爱硼2 g+1 kg细沙土，在春季根系生长高峰期及5～7月高温高湿季节，隔7天用1次，施用2～3次。或浇灌绿亨2号400倍稀释液与敌克松1000倍稀释液
溃疡病	从9月至翌年4月，在感病区域每隔10天交替喷雾72%农用链霉素1300倍稀释液、90%新植霉素可溶性粉剂6000倍稀释液、8亿蜡质芽孢杆菌1000倍稀释液，或在采果后至萌芽前喷1次45%施纳宁300～500倍稀释液、5%绿亨6号1000倍稀释液，连续喷施8～9次
黑斑病	从4月坐果后开始，每隔10～15天交替喷雾12%腈菌唑乳油3000～4000倍稀释液、75%肟菌·戊唑醇水分散剂4000倍稀释液、30%吡唑醚菌酯·戊唑醇悬浮液1500～2000倍稀释液、25%咪鲜胺500～1000倍稀释液、25%嘧菌酯1500～2000倍稀释液等
褐斑病	展叶后喷1次5%多菌灵粉剂500～600倍稀释液。果实感病期喷1次70%甲基托布津1000倍稀释液
花腐病	用72%农用链霉素1300倍稀释液、50%异菌脲1500倍稀释液、10%世高4000倍稀释液、2%春雷霉素200倍稀释液或20%铜天下1000倍稀释液，在花蕾现白10%～30%和谢花后各喷1次，药剂交替使用

附录 II   猕猴桃苗木生产技术规程（DB45/T 1201—2015）

（本标准为广西壮族自治区地方标准，由广西壮族自治区质量技术监督局于 2015 年 8 月 30 日发布，2015 年 9 月 30 日实施）。

前　言

本标准按照 GB/T 1.1—2009 给出的规则起草。

本标准由广西科学院提出。

本标准起草单位：广西壮族自治区中国科学院广西植物研究所。

本标准起草人：叶开玉、莫权辉、李洁维、蒋桥生、龚弘娟。

1　范围

本标准规定了猕猴桃苗木培育的种子采集、处理、贮藏，实生苗培育，嫁接，嫁接苗管理，起苗、检疫、包装、运输的要求。

本标准适用于广西行政区内猕猴桃苗木的培育。

2　规范性引用文件

下列文件对于本文件的应用是必不可少的。凡是注日期的引用文件，仅所注日期的版本适用于本文件。凡是不注日期的引用文件，其最新版本（包括所有的修改单）适用于本文件。

《农药安全使用标准》（GB 4285）

《农药合理使用准则》（GB/T 8321）（所有部分）

《无公害食品　猕猴桃产地环境条件》（NY 5107）

3　种子采集、处理、贮藏

3.1　采集时间

9 ～ 10 月果实充分成熟时采果取种子。

3.2 砧木品种

美味猕猴桃品种采用本砧，中华猕猴桃品种既可采用本砧也可采用美味猕猴桃做砧木。

3.3 采种母树

选择品种纯正、植株生长健壮、无病虫害的优良单株作为采种母树。

3.4 采种果实

从采种母树上选择果大、果形端正、无病虫害的果实作为采种果实。

3.5 采种果实的处理

3.5.1 堆放

将采种果实堆放在干净的地面上，堆高不超过 15 cm，每隔 1～2 天翻动 1 次，待果实充分变软后及时用干净水洗出种子，在通风干燥处阴干，在干燥环境下保存。

3.5.2 净种处理

用筛净或风净法清除种子中的杂物、空粒、废种子。

3.6 包装

包装物可用双层布袋、木箱、瓦罐等，包装物应坚固无破损，清洁无病虫，无异种种子及其他杂物。

3.7 贮存

3.7.1 种子贮藏场所应干净、通风、干燥、无污染，注意防潮、防鼠害、防霉变。
3.7.2 分品种存放，不得混杂。入库种子有保管台账和登记卡。
3.7.3 砧木种子贮存适宜温度为 0～10 ℃，最高不超过 20 ℃。相对湿度 50%～70%。
3.7.4 经常检查，如发现漏雨、种子霉变、受病虫害侵袭等情况，要及时处理。

4 砧木苗的培育

4.1 种子质量

砧木种子要求种子净度不少于 90%，发芽率不少于 60%。

4.2 种子处理

4.2.1 种子精选与消毒

除去杂质和不合格种子，用3%的高锰酸钾溶液浸种1 h，取出后用清水冲洗数次。

4.2.2 种子沙藏

播种前40～60天，从1月上中旬开始，先将种子在35～40℃温水中浸泡2 h，或在冷水中浸泡4 h，种子充分吸收水分后捞出，与10倍干净湿润的河沙混合，进行层积贮藏。河沙的湿度以手握成团，手掌潮湿，松手散开为宜。沙藏的容器选择底部能排水的木桶或花盆等。先在容器底部铺厚3～5 cm的湿沙，然后铺厚约2 cm的与河沙混合的种子，再盖一层厚约3 cm的湿沙，如此层层铺入，最上层铺一层厚5 cm的湿沙即可。贮藏容器置于通风的室内，经常保持湿润，以河沙表面不干燥变白为度。贮藏期间经常检查，注意防治鼠害和霉变。

4.3 苗床准备

选择排灌方便，肥沃疏松，微酸性或中性的沙壤土作苗圃。播种前半个月深翻，平整细耙，除去杂草，每666.7 m² 施粪水2500 kg，复合肥10 kg，磷肥25 kg，然后起畦。畦面宽1.2 m、高15～20 cm。畦面铺一层土杂肥和草皮灰（每666.7 m² 施1000 kg）与表土拌匀。猕猴桃幼苗易受立枯病和猝倒病为害，最好在苗圃地施足基肥后，每平方米畦面用福尔马林50 mL加水6 kg喷洒，或666.7 m² 撒多菌灵2.5 kg，以消毒土壤。喷药2周后播种。

4.4 播种

桂北地区一般3月上旬播种，桂南2月下旬播种。采取撒播方式，将种子和混合的沙撒在畦面上，播种3～4 g/m²。播种后用木板稍压实畦面，用细筛筛一层厚2～3 mm的细土或火土覆盖种子，上面再盖一层稻草，淋透水。

4.5 苗床管理

4.5.1 搭设阴棚

播种或播种后应及时搭棚遮阴，阴棚覆盖度50%～60%。

4.5.2 灌水、施肥

在无雨情况下，播种后第2～3天用喷壶淋水1次；播种后15～20天，出苗率达50%～60%时，揭去覆盖的稻草，并及时拔除杂草，细心保护幼苗；每隔7～10天喷施1次0.1%～0.2%尿素或淋稀薄粪水。

4.5.3 病虫害防治

幼苗期常有立枯病、猝倒病、根腐病等为害，幼苗出土后，用 8 ∶ 2 草木灰加石灰粉撒施苗床，或用 50% 多菌灵可湿性粉剂 800 ～ 1000 倍稀释液，或 50% 托布津可湿性粉剂 1000 ～ 1200 倍稀释液轮流喷洒防治，每隔 15 天喷药 1 次。常见虫害，如地老虎、蝼蛄、金龟子等，于傍晚或早上用敌百虫 1500 倍稀释液喷杀。

4.6 移栽

4.6.1 露地移栽

幼苗长出 5 ～ 7 片真叶时移苗，转床培育。移植苗床宽 1 m，施足基肥，架设阴棚。在阴雨天或晴天的傍晚移苗。株距 10 cm，行距 15 cm，每亩移栽 2 万株左右。

4.6.2 容器移栽

幼苗长出 5 ～ 7 片真叶时，可直接移入装好基质的容器中。常用容器有纸袋、塑料薄膜袋、塑料钵或瓦钵，容器规格一般为直径 5 ～ 6 cm，高 8 ～ 10 cm。

4.7 移栽后的管理

4.7.1 肥水及土壤管理

移栽后一周内，每天早晚各淋 1 次水。移栽后 10 天，幼苗成活后，喷施 0.1% 的尿素或淋稀释的粪水，以后每半个月追施 1 次。注意定期除草、松土。

4.7.2 摘心

当幼苗长到 40 ～ 50 cm 高时打顶，同时抹除基部萌蘖，促进幼苗长粗。当年 12 月，幼苗茎粗达 0.6 cm 以上即可作砧木用。

5 嫁接苗的培育

5.1 品种

5.1.1 嫁接品种应选择经过审定的、适宜广西栽培的品种。

5.1.2 嫁接品种与砧木种子之间应为同种或同一变种，以保持亲和性。

5.2 接穗采集与保存

5.2.1 采穗植株

接穗应从品种纯正、长势健壮、无病虫害的优良单株上采集。采集时雌、雄株接穗单独存放，并分别标记区分。

5.2.2 接穗要求和标准

冬季接穗采集充实的 1 年生营养枝或结果枝中下部以上、芽眼饱满的枝段，粗度 0.4 cm 以上；夏季接穗采集已木质化的当年春梢，粗度 0.35 cm 以上。

5.2.3 接穗保存

冬季剪下的接穗，应立即放在阴凉处用湿沙埋藏备用，夏季接穗应随采随用。

5.3 嫁接时期

最适宜的嫁接时期是冬季落叶后至翌年萌芽前。采用单芽密封保湿切接法嫁接。芽穗长度为 1.5 ~ 1.8 cm。

5.4 嫁接方法

5.4.1 剪砧与削砧

将砧木在离地面约 10 cm 高的光滑处剪断，在断面斜削一刀，使斜切口成 45° 角的斜面。在斜削口处，从上往下于皮层与木质部之间纵切一刀，长约 1.5 cm。

5.4.2 削接穗

在枝条下端的第一个饱满芽同侧下方约 1.2 cm 处斜削一刀，斜面成 35°，翻转接穗，在芽基部起刀，深至皮层与木质部之间平削一刀，削面长 1.6 cm 左右，最后在上方 0.2 ~ 0.3 cm 处斜削一刀将接穗削下。

5.4.3 插接穗与绑缚

将接穗插入砧木的切口内，砧木与接穗的形成层对准。然后用长 50 cm、宽约 1.5 cm 的塑料薄膜带捆绑。捆绑时，要求接穗与砧木接口紧贴，一端薄膜封闭砧木断面，另一端封盖接穗顶端，把整个接穗封好，露出芽眼。

5.5 嫁接苗管理

5.5.1 遮阴

从嫁接苗出芽至当年9月，用竹条、木条或钢架搭架，架上铺上遮阳网遮阴避免日光直射，保持苗圃地湿度。

5.5.2 除萌蘖

及时抹除砧木萌蘖，一般每隔5～7天抹除1次。

5.5.3 摘心

当嫁接苗长出5～7张叶片时进行摘心，促进嫁接苗生长粗壮。

5.5.4 扶绑

嫁接成活后及时在旁边插竿做支柱绑缚。

5.5.5 解绑

当嫁接部位愈合完全，新梢半木质化后将薄膜解绑。

5.5.6 除草与施肥

在杂草生长季节，苗圃地要经常除草松土、追肥，保持土壤疏松。当嫁接苗长出3片叶后，每隔7天用0.1%～0.2%的尿素喷淋幼苗1次。摘心时，在苗床淋1次粪水。结合松土，施适量钾肥或复合肥，年生长周期内施2～3次。

5.5.7 病虫害防治

抽出的新梢幼嫩，易遭病虫危害，要注意及时防治。防治方法与实生苗相同。

起苗、检验、保管、包装、运输按照《猕猴桃苗木》(GB 19174—2010)规定执行。